U0960601

高等职业教育"十四五"规划教材

动物生理

曹授俊　郭　彤　主编

中国农业大学出版社
·北京·

内容简介

本教材采用“项目-任务”式编写体例，按照职业教育教学改革的要求，从生产和教学实际出发，立足岗位技能需求，以人才培养为目标，本着职业教育科学性、先进性、适用性原则进行编写。系统介绍了动物生命活动规律及其调控，重点突出与人类生产、生活密切相关的生理学知识。

本教材将动物生理基本知识分为11个项目，包括绪论、细胞的基本功能、血液、血液循环系统、呼吸系统、消化系统、体温、泌尿系统、神经系统、内分泌系统、生殖与泌乳，将动物的生理特点和实验加入每个项目中。全文语言简练，条理清晰，图文并茂，通俗易懂，适合学生学习使用。

本教材可作为高等职业院校畜牧兽医相关专业和成人教育相关专业教材，也可供一线生产技术人员参考。

图书在版编目(CIP)数据

动物生理 / 曹授俊，郭彤主编. --北京：中国农业大学出版社，2023.12(2025.2 重印)
ISBN 978-7-5655-2839-2

Ⅰ.①动… Ⅱ.①曹… ②郭… Ⅲ.①动物学-生理学-高等职业教育-教材 Ⅳ.①Q4

中国版本图书馆CIP数据核字(2022)第138501号

书　　名 动物生理
作　　者 曹授俊　郭　彤　主编

策　　划 张　玉　郭建鑫　　**责任编辑** 陈睿赜
封面设计 中通世奥图文设计中心
出版发行 中国农业大学出版社
社　　址 北京市海淀区圆明园西路2号　　**邮政编码** 100193
电　　话 发行部 010-62733489，1190　　读者服务部 010-62732336
编辑部 010-62732617，2618　　出　版　部 010-62733440
网　　址 http://www.caupress.cn　　**E-mail** cbsszs@cau.edu.cn
经　　销 新华书店
印　　刷 运河(唐山)印务有限公司
版　　次 2024年1月第1版　　2025年2月第2次印刷
规　　格 185 mm×260 mm　　16开本　　17.75印张　　424千字
定　　价 53.00元

编 审 人 员

主　编　曹授俊（北京农业职业学院）

　　　　　郭　彤（北京农业职业学院）

副主编　张玉仙（北京农业职业学院）

　　　　　王黎霞（北京农业职业学院）

　　　　　贾荣玲（南阳农业职业学院）

　　　　　冯洪港（湖北生物科技职业学院）

参　编　王明利（北京农业职业学院）

　　　　　曾　晓（南阳农业职业学院）

　　　　　杨飞霞（北京通和立泰生物科技有限公司）

　　　　　郝永峰（重庆三峡职业学院）

　　　　　聂晨睿（晋中职业技术学院）

　　　　　周　娴（湖北生物科技职业学院）

主　审　张庆茹（河北农业大学）

　　　　　赵景义（北京动物疾病预防控制中心）

前　言

职业教育与普通教育是两种不同类型教育，具有同等重要的地位。党的二十大报告明确指出："统筹职业教育、高等教育、继续教育协同创新，推进职普融通、产教融合、科教融汇，优化职业教育类型定位。"这为新时代职业教育改革指明了发展方向。为贯彻党的二十大和全国教育大会的精神，落实《教育部 财政部关于实施中国特色高水平高职学校和专业建设计划的意见》(教职成〔2019〕5号)和教育部《职业院校教材管理办法》的要求，深化教材与教法改革，推动课堂革命，组织编写本教材。

动物生理是畜牧兽医类专业人才培养必修的一门专业基础课程。本教材编写过程中坚持职普融通、产教融合、科教融汇的原则，充分体现畜牧兽医类高等职业教育特色和课程本身理论基础强的特点，突出教材的思想性、科学性、先进性、启发性和适用性，内容选取以"必需、够用、实用"为标准，充分阐明动物生理的基本理论、基本知识，注意学科的新知识、新进展，使学生了解动物生理的前沿状态。同时注重实践内容的可操作性，强调在操作中理解与应用理论。

教材共分11个教学项目、60个学习任务。每个项目包含知识目标、能力目标、素质目标、学习任务、操作与体验、拓展与链接、复习与思考等部分。每个项目分解不同的学习任务，并对学习任务提出"任务要求"和"认知与解读"，"任务要求"帮助学生理清学习的重点，"认知与解读"为学生应该学习掌握的动物生理基本理论和原理。"操作与体验"为"认知与解读"内容的验证或应用，在学习过程中可以两者结合完成，方便学生学习和教师教学。教材设置了与项目任务相关的"拓展与链接"知识内容，让学生了解相关的人物、贡献、应用技术等内容。

教材编写分工如下：曹授俊(北京农业职业学院)担任第一主编，负责教材编写提纲设计，全书统稿定稿，并负责项目三、项目四编写工作；郭彤(北京农业职业学院)担任第二主编，负责项目二和项目五编写工作；张玉仙(北京农业职业学院)、冯洪港(湖北生物科技职业学院)、郝永峰(重庆三峡职业学院)负责项目七、项目八编写工作；王黎霞(北京农业职业学院)、贾荣玲(南阳农业职业学院)、聂晨睿(晋中职业技术学院)负责项目九、项目十和项目十一编写工作；王明利(北京农业职业学院)、曾晓(南阳农业职业学院)负责项目一、项目六编写工作；杨飞霞(北京通和立泰生物科技有限公司)、周娴(湖北生物科技职业学院)负责附录编写工作。

本教材由河北农业大学张庆茹教授和北京动物疾病预防控制中心赵景义研究员共同担任主审，他们在教材编写过程中提出许多建议，对教材进行了详细审阅，在此表示衷心感谢。

动物生理知识博大精深，尽管我们学习和参考了国内外同类教材，但由于编者水平有限，书中定会存在不少缺点和不足，诚恳希望广大读者提出批评和改进意见。

编　者

2023年6月

目　　录

项目一

绪　　论

【知识目标】

- 了解动物生理的研究对象、任务、研究水平。
- 熟悉动物生理的研究方法。
- 掌握动物体生命活动的基本特征、机体的内环境和稳态的意义。
- 掌握动物体生理功能的调节方式。
- 掌握概念：内环境、稳态、新陈代谢、兴奋性、兴奋和抑制、适应性。

【能力目标】

- 能理解内环境与稳态的生理意义。
- 能用兴奋性相关知识解释刺激与人体反应的联系。

【素质目标】

- 培养学生具有良好的思想政治素质、行为规范和职业道德。
- 培养学生爱岗敬业、求真务实和积极探索的职业素养。
- 培养学生严谨的学风、科学的工作态度和团结协作的精神。

任务一　动物生理研究的对象、内容与方法

【任务要求】

了解动物生理研究的对象与任务；熟悉动物生理研究的内容和方法；能区分急性实验和慢性实验。

【认知与解读】

一、动物生理研究的对象与任务

（一）动物生理研究的对象

生理是生命科学重要的组成部分，是生物学的一个分支，是研究生物机体正常生命活动现象及其规律的科学。动物生理又是生理的一个分支，它是研究动物机体正常生命活动及其规律的科学。

动物生理以家畜、家禽、宠物等为主要研究对象，通过研究机体内部各系统的活动及其相互联系，以及动物机体和外界环境的关系，认识动物机体正常的生命活动规律。广大的畜牧兽

医工作者，应用所掌握的动物生理活动规律，在提高动物生产性能、防病治病等方面做了大量工作。例如，人工授精、同步发情、生物调控、疫病扑灭等技术的应用和推广，对保障动物体健康和畜牧业的发展具有重要的意义。

(二)动物生理研究的任务

动物生理的任务就是研究动物机体各个系统、各个器官、各个细胞的正常功能活动及不同细胞、器官、系统之间如何协调统一、机体和外界环境之间如何协调统一的生命活动过程。

二、动物生理研究的内容

构成机体的基本单位是细胞，由许多不同的细胞构成一定的器官。由共同完成某一生理功能的不同器官相互联系，构成一个系统。由许多不同的系统相互联系、相互作用，共同构成一个有机的整体，因此，动物生理的研究内容就是从细胞和分子水平、器官和系统水平、整体水平三个层次来研究。

(一)细胞和分子水平的研究

从分子水平和细胞水平研究动物体内各种物质分子的结构、功能以及细胞内部进行的各种生理活动。即研究细胞及其物质分子的结构与功能的关系，及它们内部所发生的各种生物化学变化与生物物理变化的过程和规律。

动物体各器官的生理功能都是由构成该器官的各种细胞的生理特性所决定的。如肌肉的收缩功能、腺体的分泌功能是由肌细胞和腺细胞的生理特性所决定的。因此，要研究各器官的功能原理，必须从细胞水平上进行研究。而细胞的生理特性是由构成细胞的各种物质分子，特别是生物大分子的化学和物理特性所决定的，因此，要认识生命的本质，就必须从分子水平上探究细胞内部这些分子特别是生物大分子的化学和物理特性，其中以基因及其表达的蛋白质特性最为突出。在不同条件下，基因的表达可发生相应的变化，从而引起细胞类型和功能的改变。例如，在恶劣生态条件下，机体许多基因的表达都被明显抑制。

(二)器官和系统水平的研究

研究动物各组织、器官和系统的生理活动以及它们之间的相互影响、相互制约关系。机体的生命活动都是由每一个器官、每一个系统完成的，每个器官、系统都有其独特的生理特性，因而能完成一定的生理功能，因此，要了解机体的生命活动规律，必须从研究每一个器官、系统的生命活动规律入手，也是我们学习动物生理的主要内容。

(三)整体水平的研究

研究动物各种生理活动协调统一的调控过程，以及整体活动与生存环境之间的辩证统一关系。在完整的有机体内，机体各器官、各系统之间相互联系、相互制约、相互依存、相互配合，使各器官、各系统的功能维持协调统一。同时，机体与周围环境之间也保持着协调统一。当外界环境的变化时，动物机体通过改变各器官、系统的机能来适应环境的变化，使动物能够在变化的环境中生存下去。

上述三个水平的研究之间不是孤立的，而是相互联系、相互补充的。要阐明任何一种生理活动，必须从其细胞分子水平、器官和系统水平以及整体水平上全面研究，才能全面了解这种生理活动的本质和规律。

三、动物生理的研究方法

动物生理是一门实验性科学，每一种生理功能的发现及其机理的揭示，都是通过科学实验获得的。17 世纪，英国医生威廉·哈维（William Harvey，1578—1657 年）首次用动物活体实验，科学地阐明了血液循环的途径和规律，证明心脏是血液循环的中心。1628 年他出版了《心与血的运动》一书，标志着近代生理即实验生理开始成为一门独立的科学。因此哈维被称为近代生理学的奠基人。

作为一门实验性科学，生理学的发展与其他自然科学的发展有密切的关系，并且相互促进。其他自然科学的发展，以及新的技术不断应用于生理实验，使生理学的研究日益深入，生理学的知识和理论不断得到新的发展。

动物实验是研究动物生理的基本方法，概括起来讲，可分为急性实验和慢性实验两类。

（一）急性实验

根据研究目的和需要可分为以下两种：

1. 活体解剖实验

在麻醉或破坏大脑的条件下，对动物进行活体解剖，暴露需要观察和研究的器官，给予各种刺激，观察、记录并分析所发生的反应，也称在体实验。

2. 离体器官实验

从活体内切除某一组织或器官，置于与体内环境相似的人工模拟环境中，使其在短时间内保持生理功能，然后观察、记录、分析其生理功能，也称离体实验。

这两种方法通常都不能持久，观察研究也只能在短期内进行，所以统称为急性实验。这类方法的优点是操作比较简单，实验条件容易控制，能对组织器官的功能进行直接观察和实验。其缺点是不能反映组织器官在正常生理条件下的功能状态。

（二）慢性实验

实验都是以健康的动物为实验对象，对动物施行手术，或者摘除、破坏某一器官（如切除某一内分泌腺），待手术动物恢复后，对其进行长期的观察和研究。这类方法的优点是能在接近正常的生理条件下，研究各个器官的功能活动，其不足之处是不便于分析诸多的影响因素。

总之，以上方法各有利弊，在进行生理研究时，应根据需要，选择适当的方法，并将各种研究技术有机地结合起来，才能更准确地反映机体的生命活动及其规律。

任务二　机体与内环境

【任务要求】

理解体液和内环境的概念；理解稳态的含义；能说出维持稳态的重要生理意义。

【认知与解读】

一、机体与内环境

（一）体液及其分布

体液是指存在于动物体内的水分和溶解于水中的各种物质（如无机盐、葡萄糖、蛋白质等）

所组成的液体。体液按其存在的部位可分为两部分：大部分体液存在于细胞内，称为细胞内液，占体重的40%～45%；其余的则存在于细胞外，称为细胞外液，占体重的20%～25%。细胞外液中主要是间质液（或组织液），约占体重的15%，其次是位于心血管系统内的血浆，约占体重的5%。此外还有少量的淋巴液和脑脊液。各种体液彼此隔开而又相互联系，通过细胞膜和毛细血管壁进行物质交换（图1-1）。

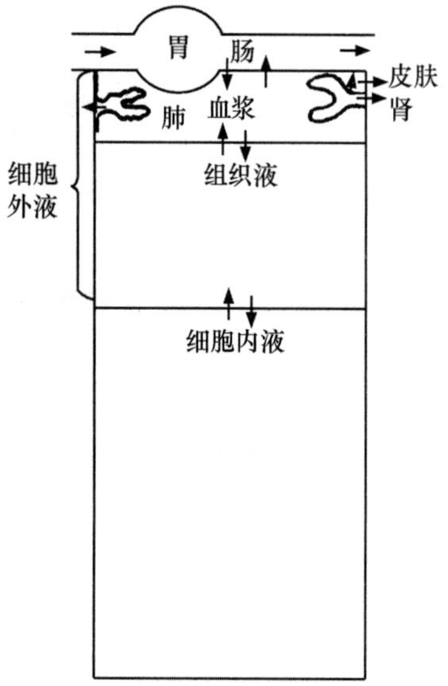

图1-1　体液分布及物质交换示意图

（二）内环境

机体是由细胞构成的，而细胞外液既是细胞的直接生存环境，又是细胞与外界进行物质能量交换的媒介，是细胞赖以生存的体内环境。细胞外液最根本的特点是其化学成分和理化特性（温度、渗透压、酸碱度等）经常在一定范围内变动，但又保持相对恒定性。内环境的这种相对恒定，是细胞进行正常生命活动的必要条件。故法国生理学家伯尔纳（Claude Bernard）将细胞外液称为机体的内环境，以别于机体所生存的外界环境。

二、内环境的稳态

美国生理学家坎农（W.B.Cannon）继承和发展了伯尔纳的研究，将内环境化学成分和生理特性保持相对稳定的生理现象称之为稳态。稳态包括两方面的含义：一方面是指细胞外液的理化特性保持相对稳定，不随外环境的变动而明显改变；另一方面是指稳定状态并非固定不变，而是不断在一定范围内变化，处于动态平衡之中。稳态是生理学的核心概念，即机体依赖调节机制，对抗内外环境变化的影响，维持生命指标和生命现象处于动态平衡的相对稳定状态，又称自稳态。

稳态的维持具有重要的生理意义：①稳态是机体生命活动正常进行的必要条件。如果细胞外液的温度或pH等发生变化，将改变有关酶的活性，从而影响体内各种酶促反应过程；②细胞正常兴奋性的维持需要膜内外离子浓度的相对稳定；③在外界环境剧烈变化时，内环境保持相对稳定是机体具有适应能力的前提。因此，伯尔纳说“生命活动的唯一目的在于维持机体内环境的恒定”。如果内环境稳态遭到破坏，即可发生疾病。如发热，就是体温超过了正常范围，会对机体产生许多不利影响。

当机体内外环境发生变化时，为维持内环境稳态，机体必须通过神经和体液等调节机制，改变相关器官的生理活动，使内环境维持相对的稳定。

任务三　机体生理功能的调节

【任务要求】

掌握神经调节、体液调节、自身调节的概念和特点；掌握机体生理功能的调节方式。

【认知与解读】

动物机体各器官、系统虽分别进行着各自不同的功能活动，但它们之间也在密切协调配合，是一个完整统一的整体，并且随着内外界环境条件的变化而发生协调一致的整体性反应，以适应内外界环境的变化，维持机体内环境的稳态。机体生理功能的调节有三种方式，即神经调节、体液调节及组织器官自身调节。

一、神经调节

通过神经系统的活动对机体功能进行的调节称为神经调节，它在机体功能调节中起主导作用。神经调节的基本方式是反射，包括非条件反射和条件反射（详见项目九）。反射是在中枢神经系统的参与下，机体对内外环境变化产生的规律性应答反应。反射活动的结构基础是反射弧。如图 1-2 所示，反射弧由五个基本环节组成，即感受器、传入神经、神经中枢、传出神经、效应器。感受器是感受内外环境变化并把这种变化转化为电信号（动作电位）的装置。传入神经是把感受器产生的电信号以神经冲动形式（传播着的动作电位）传到神经中枢的神经纤维。反射中枢是指位于脑和脊髓内一定部位的、执行某种机能的神经细胞群，其功能是对传入的神经冲动进行分析和综合。传出神经是将反射中枢发出的神经冲动传导到效应器（肌肉、腺体等）的神经纤维。效应器是完成反射动作的器官，主要包括肌肉和腺体等，它接受传出神经传来的兴奋，引起肌肉的收缩或腺体的分泌等。反射的完成有赖于反射弧结构的完整和功能的正常，反射弧五个环节中任何一个环节的结构受到损伤或功能发生障碍都会使反射减弱或消失。

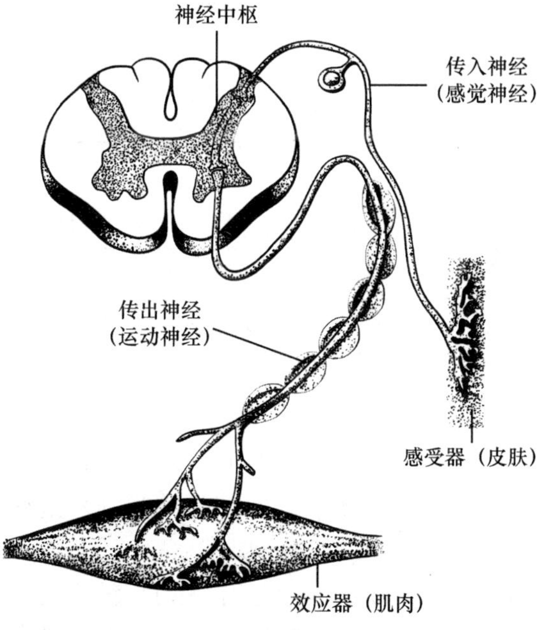

图 1-2　反射弧模式图

神经调节的主要特点是：作用迅速而准确，既表现高度的规律性，又表现高度的自动化；但作用范围局限，作用持续时间短暂。神经调节之所以迅速准确，是因为神经冲动的传导速度很快，反射弧的各个环节都有严格的定位，神经系统能通过不同的反射弧分别调节不同器官，甚至同一器官不同部位的精细活动。神经系统之所以有高度规律性，是因为不仅每一种反射的神经联系是有规律的，而且各种反射之间的互相影响也是有规律地进行的，因而整个机体活动表现协调，机体各个系统之间能够经常保持动态平衡。神经调节之所以能达到自动化，是因为不仅感受器和中枢可以通过反射调节效应器的活动，效应器也能反过来影响感受器和中枢的活动；不仅高级中枢能调节低级中枢的活动，低级中枢也能反过来影响高级中枢的活动。这些反馈性影响是神经调节达到自动化的关键。

二、体液调节

机体内某些细胞能合成并分泌某些具有信息传递功能的化学物质，经体液运送到全身的组织细胞，通过作用于细胞上相应的受体，对组织细胞的活动进行调节，称为体液调节。由体内内分泌腺分泌的各种激素，经过血液循环作用于相应的靶组织、靶细胞并调节其功能，是最典型的体液调节。例如，卵巢分泌的雌激素，经血液传递到不同的细胞，通过受体的转导，调节性功能的变化；甲状腺分泌的甲状腺激素，经过血液运输到各组织器官，起促进代谢、调节生长和发育等作用。

除了激素经血液循环发挥作用的内分泌途径之外，体内一些细胞分泌的某些激素或某些生物活性物质如组胺、激肽、前列腺素，代谢产物如二氧化碳、腺苷、乳酸等，经细胞外液扩散至邻近细胞，并调节其功能，这种调节属于局部性体液调节，称为旁分泌。

此外，许多激素的产生和分泌又直接或间接受到神经系统的调控，如下丘脑内一些神经细胞也能合成激素，并随神经轴突的轴浆送至末梢，释放进入血液，进而调节其他内分泌组织细胞的活动。这样体液调节实质上成了神经调节传出途径的一个环节，这类调节称为神经-体液调节（图 1-3）。

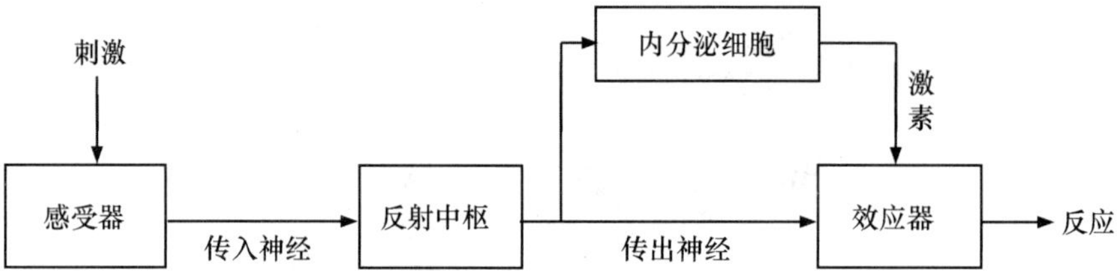

图 1-3　神经-体液调节

例如，处于热应激条件下的奶牛，中枢神经系统既通过交感神经直接作用于有关器官（如汗腺），同时还通过下丘脑-垂体-肾上腺轴，分泌肾上腺皮质激素间接调控有关器官的功能，前者属于神经调节，后者则属于神经-体液调节。从总体上讲，神经系统主要调节机体肌肉的活动和腺体的分泌，而体液系统则主要参与代谢的调节。

体液调节的特点：作用出现比较缓慢，作用范围比较广泛，作用时间也比较持久。这一特点对于调节持续性的生理活动，特别是对组织器官的代谢过程，对保持机体内部活动的相对恒定，以及对维持机体新陈代谢的动态平衡等方面，起着重要的作用。

三、自身调节

自身调节是指细胞、组织、器官在不依赖外来神经或体液调节的情况下，自身对刺激发生的适应性反应过程。如回心血量增加时，心肌细胞初长度增加，心肌收缩力量加强，使心脏血容量变化不大；又如脑、肾的血流量在一定范围内不随着动脉血压的升降而改变。这都是通过自身调节实现的。与上述两种调节方式相比较，自身调节较为简单，幅度小，也不十分灵敏，但对生理功能和稳态的维持仍有一定意义。

【拓展与链接】

动物生理功能的控制系统

美国数学家维纳(Nobert Wiener)于1948年出版了《控制论:关于在动物或机器中控制和通信的科学》一书,揭示了"控制论"的概念,认为:不论是机器还是生物体,甚至社会,尽管各属于不同性质的系统,但它们都能根据周围环境的某些变化来调整和决定自己的运动。动物有机体功能活动的调节原理与机器、通信系统的运作相似,它的功能调节网络也属于自动控制系统,控制部分与受控部分之间存在着密切联系。由控制部分发出的信号称为控制信息。由受控部分返回控制部分的,调整控制部分活动的信息称为反馈信息。反馈信息参与对控制部分活动的调节,因此,反馈是稳态调节的基础,是机体最基本的生理功能。

根据控制论的基本原理,控制系统可分为三大类:非自动控制系统、反馈控制系统和前馈控制系统。但在机体生理功能的调节过程中,非自动控制系统极为少见,主要通过反馈控制系统和前馈控制系统来进行调控。

(一)反馈控制系统

反馈控制系统又称为自动控制系统,指在控制部分发出指令管理受控部分的同时,受控部分又反过来影响控制部分的活动,控制部分进而再调节受控部分(图1-4)。这种控制方式是双向的,它具有自动控制的特征。生命活动过程中普遍存在反馈现象,例如,效应器细胞对内、外刺激做出的反应也可作为信息反馈回反射中枢,参与对反射中枢活动的调节,反射中枢根据实际情况不断纠正和调整发出的信息,从而达到精确的调节。这种由效应器(受控部分)发出反馈信息调整控制部分活动的作用称为反馈。

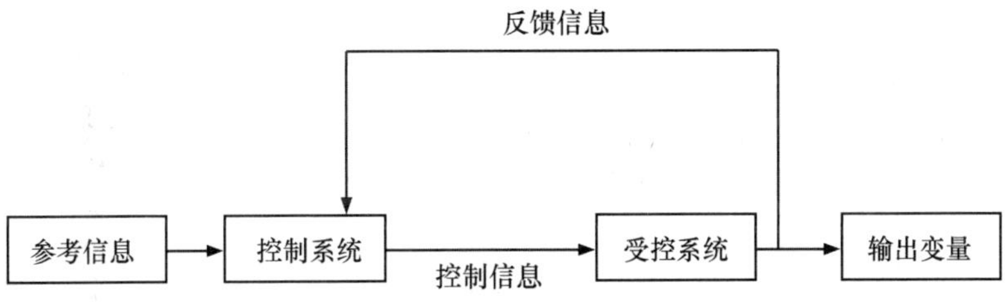

图1-4 反馈控制系统模式

根据反馈信息的作用效果,反馈可分为负反馈和正反馈两大类。

1. 负反馈

如果反馈信息可抑制或减弱控制部分的初始控制信息,则称为负反馈。例如,血液中葡萄糖浓度升高时,作用于胰岛B细胞膜上的相应受体,导致胰岛素分泌减少,胰岛素作用于相应的靶细胞受体,通过促进肝脏、肌肉和脂肪等组织对葡萄糖的利用,抑制糖原分解以及糖异生作用等,使血糖浓度降低,以重新建立稳态。

负反馈是体内普遍存在而有效的调节方式,它对于保证生理机能的稳定性和精确性是十分重要的。除激素分泌外,呼吸、体温、血压等生理活动的相对稳定,也都是通过负反馈调节来实现的。例如,心血管中枢发出控制信息加强心脏和血管的功能活动,使动脉血压升高,而动脉血压升高又通过压力感受器来影响心血管中枢的活动，使其发出控制信息减弱心脏和血管的功能活动，使动脉血压下降，从而维持血压的相对稳定。

2. 正反馈

正反馈是一种与负反馈作用相反的调节方式。如果反馈信息可促进或加强控制部分的初始控制信息，则称之为正反馈。如排尿反射、分娩过程、血液凝固等都属于正反馈。这些过程一旦被启动，就会通过正反馈使它们加强加快，直至全部过程完成为止。与负反馈相比，正反馈在体内是比较少见的。

（二）前馈控制系统

前馈控制系统是指干扰信号在作用于受控部分，引起输出变量改变的同时，还可直接通过感受装置作用于控制部分，即在未引起负反馈调节之前，同时又经另一快捷途径发出干扰信号直接作用于控制部分，及时调控受控部分的活动。前馈是受控部分的输出变量未出现“偏差”而引起负反馈调节之前，外界干扰信号对控制部分的直接作用。因而前馈可以避免负反馈在纠正“偏差”时易出现滞后现象和较大波动的缺陷。例如，体温调节中枢发出控制信息，控制产热器官和散热器官活动而改变体温，体温的变化信息又反馈给体温调节中枢，影响其控制信息，防止体温过高或过低。当外界环境温度升高或降低时，一方面可以通过影响机体的体温，而反馈给体温调节中枢进行体温调节；另一方面，可以通过皮肤温度感受器将环境变化的信息直接反馈给体温调节中枢，使机体在没有出现体温变化前就进行提前调节，防止了体温的升高或降低。此外，体内的各种条件反射也被认为是前馈控制，例如，动物看见食物就引起唾液分泌，比食物进入口腔中再引起唾液分泌发生得更早，它可使机体的反应更具有预见性和超前性。

【复习与思考】

1. 动物生理研究的对象和任务是什么？
2. 名词解释：急性实验、慢性实验、体液、内环境、稳态、神经调节、体液调节、自身调节。
3. 内环境保持相对稳定的生理学意义是什么？
4. 动物机体生理功能的调节方式有哪几种？各有何特点？

项目一复习与思考答案

项目二

细胞的基本功能

【知识目标】

- 了解细胞的结构。
- 掌握细胞膜的基本结构和跨膜物质转运功能。
- 掌握细胞的兴奋性和引起兴奋的条件，了解细胞的生物电现象。
- 了解细胞的信号转导功能。
- 理解静息电位及动作电位的概念。
- 了解骨骼肌的显微结构，理解和掌握肌肉收缩的机理及肌肉收缩的外部表现形式。

【能力目标】

- 能准确描述细胞的结构。
- 能用液态镶嵌模型理论描述细胞膜的构造。
- 能举例说明不同种类物质的细胞跨膜转运方式。
- 能根据肌丝滑行理论阐述肌细胞的收缩过程。
- 能说出骨骼肌收缩的形式及生理意义。

【素质目标】

- 培养学生严谨的学风、科学的工作态度。
- 具备初步的科研意识和自主学习的意识。
- 具备一定的语言表达能力和逻辑思维能力。
- 具备分析问题、解决问题的能力。

任务一　细胞膜的基本结构和物质转运功能

【任务要求】

在掌握细胞及细胞膜结构和功能的基础上，进一步掌握细胞跨膜物质转运的方式，重点理解和掌握被动转运和主动转运的概念、特点及生理意义，掌握简单扩散和异化扩散的概念、特点及异同点；了解出胞和入胞的过程。

【认知与解读】

细胞是生物体基本的结构和功能单位(病毒除外)。细胞的基本化学成分有蛋白质、核酸、脂类、糖类、水、无机盐、维生素等。细胞是由细胞膜、细胞质和细胞核组成。生物体内所有的生理功能和生化反应都是在细胞及其产物(如细胞间隙内的胶原蛋白和蛋白聚糖)的物质基础上进行的。300多年前,光学显微镜的发明促进了细胞的发现。此后对细胞结构和功能的研究,经历了细胞水平、亚细胞水平和分子水平等具有时代特征的研究层次,揭示出众多生命现象的机制,积累了极其丰富的科学资料。因此,学习生理应由学习细胞生理开始。

一、细胞膜的基本结构

(一)细胞膜的概念

细胞膜又称细胞质膜(plasma membrane),是细胞表面的一层连续而封闭的界膜。厚度为7～8 nm,它把细胞内容物与其周围环境分割开来。细胞膜不仅是一道屏障,防止了细胞内容物的流失,而且是细胞进行新陈代谢所必需的跨膜物质转运的媒介,还具有跨膜信息传递和能量转换等功能。

(二)细胞膜的分子组成和结构

关于细胞膜的分子结构形式,有许多假说,其中被实验事实所支持、目前被大多数学者所接受的是1972年由Singer和Nicholson提出的“液态镶嵌模型”(fluid mosaic model,图2-1)。该模型的基本内容是:膜的共同结构特点是以液态脂质双分子层为基架,其中镶嵌着具有不同分子结构和生理功能的蛋白质。

细胞膜的化学组成主要由脂类、蛋白质和糖类等物质组成。各成分含量分别约为50%、40%、2%～10%。其中,脂质的主要成分为磷脂和胆固醇。此外,细胞膜中还含有少量水分、无机盐与金属离子等。

1.脂类

细胞膜上的脂质主要由磷脂、胆固醇和少量糖脂构成。在大多数细胞的膜脂质中,磷脂占脂质总量的70%以上,胆固醇不超过30%,糖脂不超过10%。磷脂分子中的磷酸和碱基、胆固醇分子中的羟基以及糖脂分子中的糖链等亲水性基团分别形成各自分子中的亲水端,分子的另一端则是疏水的脂肪酸烃链。这些分子以脂质双层的形式存在于细胞膜中,亲水端朝向细胞外液或胞质,疏水的脂肪酸烃链则彼此相对,形成膜内部的疏水区。由于细胞膜以脂质双分子为骨架,所以水和水溶性物质一般不能自由通过细胞膜。因脂质的熔点较低,在体温条件下呈液态,故具有一定的流动性。膜的流动性大小与胆固醇、不饱和脂肪酸的含量有一定关系:胆固醇含量增加,膜的流动性降低;不饱和脂肪酸越多,膜的流动性越大。

2.蛋白质

膜蛋白质是以α-螺旋或球形结构分散镶嵌在膜的磷脂双分子层之中。根据蛋白质与膜脂质结合方式和在膜中排列的位置不同,可将膜蛋白分为两类:内在蛋白和外在蛋白。内在蛋白以疏水的部分直接与磷脂的疏水部分共价结合,两端带有极性,贯穿膜的内外;外在蛋白以非共价键结合在固有蛋白的外端,或结合在磷脂分子的亲水端,如载体、特异受体、酶、表面抗原等。理论上,镶嵌在脂质层中的蛋白质是可以横向漂浮移位的,因而应该是随机分布的;但是,实际上存在着区域性的分布(这可能与膜内侧的细胞骨架存在对某种蛋白质分子的局限作用有关),以实现其特殊的功能(如细胞与环境的物质、能量和信息交换等)。

3.糖类

细胞膜所含糖类甚少,主要是一些寡糖链和多糖链,它们都以共价键的形式与膜脂质或蛋

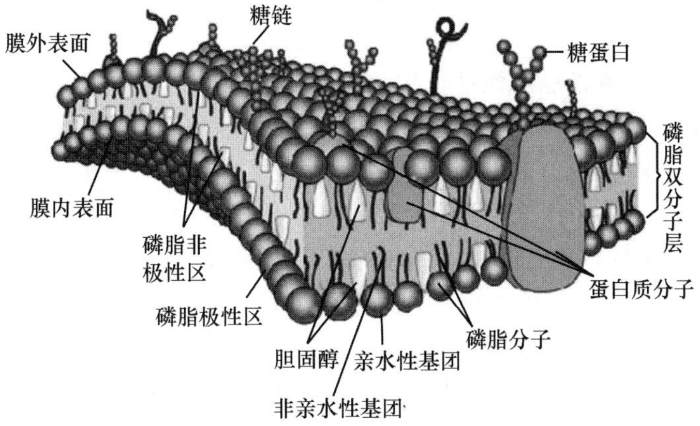

图 2-1　细胞膜的液态镶嵌模型

白质结合，形成糖脂和糖蛋白。糖类占细胞膜总质量的 2%～10%，这些糖链绝大多数呈树枝状裸露在膜的外面(非细胞质)一侧，其意义之一在于以其单糖排列顺序的特异性，作为它们所在细胞或它们所结合蛋白质的特异性“标志”。如有些糖链可作为抗原决定簇，表示某种免疫信息；有些作为膜受体的“可识别”部分，能特异地与递质、激素或其他化学信号分子结合。

二、细胞膜的物质转运功能

新陈代谢过程中进出细胞的物质种类繁多，理化性质各异，且大多数物质不溶于脂质或水溶性大于其脂溶性。由于细胞膜主要是由液态的脂质分子构成的，因此，除极少数脂溶性小分子物质能直接通过细胞膜进出细胞外，大多数物质的跨膜转运与膜蛋白质有关，一些团块性固态或液态物质的进出细胞过程(如吞噬、分泌)更复杂。总的来说，细胞膜的物质转运方式包括被动转运、主动转运、入胞和出胞。

(一)被动转运

当同种溶质、不同浓度的两种溶液在细胞膜两侧，溶质分子顺着浓度差(或电位差)产生净流动，称为被动转运。表面上看来被动转运不消耗能量，但事实上该被动转运的动力是电化学势能，并非与能量转换无关，只是不需要细胞膜或细胞另外提供其他形式能量的自发过程。被动转运包括单纯扩散和易化扩散。

1.单纯扩散

单纯扩散也称简单扩散，是指脂溶性物质由细胞膜高浓度一侧向低浓度一侧扩散的现象，是最简单的物质转运方式。

单纯扩散的基本原理是分子的热运动(布朗运动)，根据物理学原理，溶液中一切分子都处于不断的热运动之中，分子的运动动能与温度呈正比。当温度恒定时，分子因运动而离开某一区域的量，与此物质在该区域的浓度呈正比。因此，如设想两种不同浓度的溶液在细胞膜两侧，则高浓度一侧的溶质分子将向低浓度一侧发生净移动，这种现象称为扩散。物质分子移动量的多少可以用扩散通量来表示，即某种物质每秒通过每平方厘米假想平面的摩尔数或毫摩尔数[$mol/(s \cdot cm^2)$或$mmol/(s \cdot cm^2)$]。一般条件下，扩散通量的大小与膜两侧的浓度差呈正比，即浓度差越大，扩散通量越大。此外，由于细胞膜主要由脂质分子构成，物质扩散通量的大小除与膜两侧浓度差有关外，还与细胞膜对该种物质的通透性有关，通透性越大，则扩散通量越大。

在机体内，体液中存在的脂溶性物质并不很多，因而靠单纯扩散方式进出细胞膜的物质并不多。氧气、二氧化碳等气体分子能溶于水，也溶于脂质，它们可以顺浓度差自由进出细胞膜。此外，体内一些甾体(类固醇激素)也是脂溶性的，理论上也可以靠单纯扩散进入细胞内，但由于它们相对分子质量较大，近年来认为也需要膜上某种特殊蛋白质的“协助”，才能使转运过程加快。

单纯扩散的特点：①不消耗能量。②顺浓度梯度转运。

2. 易化扩散

易化扩散也称帮助扩散，是指非脂溶性的物质或脂溶性弱的物质，依靠细胞膜上一些特殊蛋白质的“帮助”，由细胞膜高浓度一侧向低浓度一侧扩散的现象。

易化扩散的特点是：①不需要消耗能量；②顺浓度梯度转运；③需要膜蛋白参与。

根据参与易化扩散的膜蛋白的不同，易化扩散可分为两类：

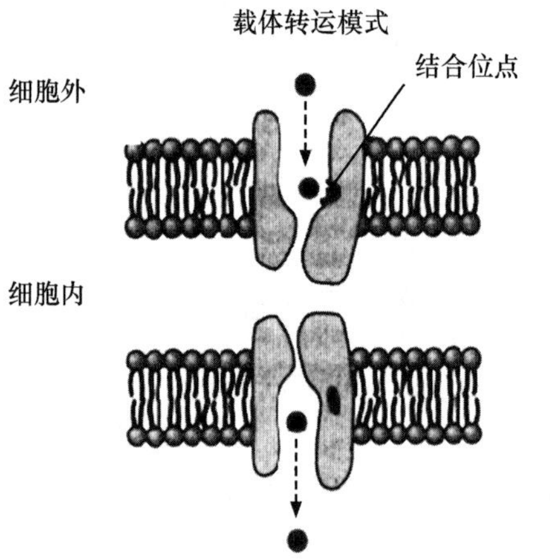

图 2-2 载体转运示意图

(1)由载体介导的易化扩散　细胞膜上某些蛋白质具有载体功能，即能与某些物质结合，并引起蛋白质变构，将物质从细胞膜高浓度一侧运到低浓度一侧，再与物质分离(图 2-2)。体内的葡萄糖、氨基酸等营养物质多是在特定载体“帮助”下通过细胞膜。

由载体介导的易化扩散具有以下特点：

①特异性　一般某种载体蛋白质的结合位点只能选择性地与具有某种特定化学结构的物质结合，因而，体内多数物质都有自己专用载体进行易化扩散。

②饱和性　当膜两侧物质浓度差达到一定程度后，物质扩散的速度不再随浓度差增加而增大，这是由于膜上某种载体及其结合位点的数量是有限的，因此，当物质的量超过膜上某种载体及其结合位点的数量时，即使物质再多，扩散通量也不会再增加。

③竞争性抑制　如果某种载体可以运输 A、B 两种物质时，则二者存在竞争现象，即当 A 物质增多时，B 物质的扩散就减少；当 B 物质增多时，A 物质的扩散就减少。这同样是由于载体数量是有限的，运输 A 的量增加时，运输 B 的量必然减少，反之亦然。

(2)由通道介导的易化扩散　是指由细胞膜上的通道蛋白帮助完成的易化扩散。如图 2-3 所示，通道蛋白像一个贯穿细胞膜并带有闸门装置的管道。当通道开放时，物质顺浓度差或电位差经通道转运；通道关闭时，即使膜两侧存在浓度差或电位差，物质也不能通过。各种离子如 Na^+、K^+、Ca^{2+} 等主要是通过这种方式进行转运的。通道蛋白开放或关闭受通道闸门控制，根据通道开放控制机制的不同，将通道蛋白分为电压门控通道(膜两侧电位差变化控制闸门开关)、化学门控通道(某种化学物质控制闸门开关)、机械门控通道(机械刺激引起闸门开关)等。

由于单纯扩散和易化扩散都是将物质分子从细胞膜高浓度一侧运到低浓度一侧，转运过程不需要细胞消耗能量，因此均属于被动转运。

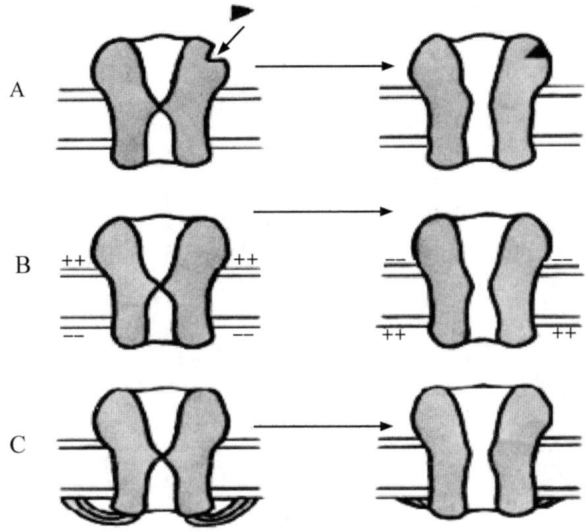

图 2-3　通道转运示意图

左侧示通道关闭状态，右侧示通道开放状态

A. 化学门控通道　B. 电压门控通道　C. 机械门控通道

(二)主动转运

主动转运指细胞通过本身的某种耗能过程，将某种物质的分子或离子逆着电化学梯度由膜的一侧移向另一侧的过程。

主动转运的特点：①需要消耗能量；②逆浓度梯度转运；③需要膜蛋白参与(钠泵、钙泵等)。

主动转运分为原发性主动转运和继发性主动转运，一般所说的主动转运是指原发性主动转运。

1. 原发性主动转运

在主动转运中，如果所需要的能量是由 ATP 直接提供的，称为原发性主动转运。它是通过某种生物泵把物质从低浓度一侧“泵”到高浓度一侧，就像水泵把水从低处泵到高处一样，必须提供能量。目前研究最充分、分布最广泛、作用最重要的生物泵是钠-钾泵，简称钠泵。

钠泵是镶嵌在细胞膜上的一种特殊蛋白质分子，它具有 ATP 酶活性，当细胞内 Na^+ 浓度升高或细胞外 K^+ 浓度升高时被激活，使 ATP 分解为 ADP，放出能量，并利用此能量进行 Na^+、K^+ 转运。1 分子 ATP 分解释放的能量可以将 3 个 Na^+ 运到细胞外，而将 2 个 K^+ 运到细胞内(图 2-4)，故钠泵也称为 Na^+-K^+ 依赖式 ATP 酶。钠泵活动具有重要的生理意义，它能维持细胞内外 Na^+、K^+ 浓度差，形成细胞外高 Na^+、细胞内高 K^+ 的不均衡分布，而这正是细胞生物电产生的基础。

2. 继发性主动转运

有些物质在进行逆浓度跨膜转运时，所需的能量并不直接由 ATP 分解供能，而是先由钠泵利用 ATP 分解供给的能量造成 Na^+ 在膜两侧的浓度差，在膜上一种被称为转运体的蛋白质帮助下，将 Na^+ 顺浓度差进行转运，同时将其他物质逆浓度差进行转运。这种间接利用 ATP 能量的主动转运过程称为继发性主动转运或联合转运(图 2-5)。葡萄糖和氨基酸在小肠黏膜上皮处的吸收以及它们在肾小管上皮处的重吸收等生理过程,均属于继发性主动转运。

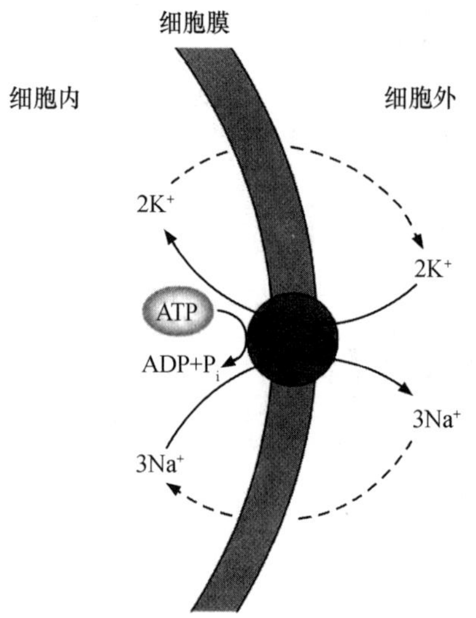

图 2-4 钠泵主动转运示意图

钠泵分解 ATP 供能,将 K^+ 逆浓度差运至细胞内,将 Na^+ 逆浓度差运至细胞外

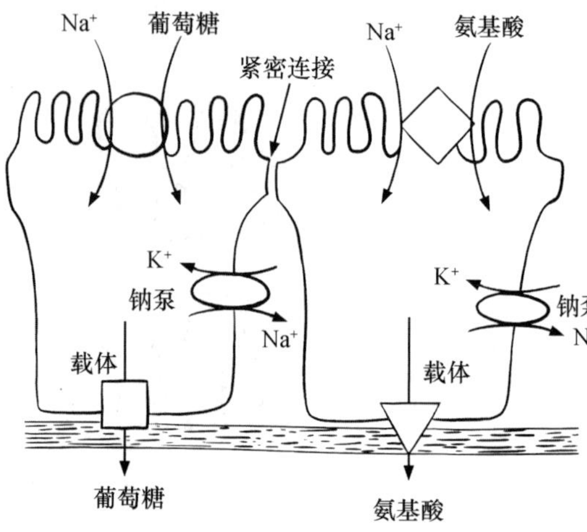

图 2-5 葡萄糖和一些氨基酸的继发性主动转运模式图

上方弯曲的管腔侧膜上的圆和方块,分别表示同葡萄糖或氨基酸的继发性主动转运有关的转运蛋白质分子;下方的基底侧膜上则有与此类物质易化扩散有关的载体

如果被转运的离子或分子都向同一方向运动,称为同向转运,相应的转运体也称为同向转运体;如果被转运的离子或分子彼此向相反方向运动,称为反向转运或交换,相应的转运体也称为反向转运体或交换体。

(三)入胞与出胞

大分子物质或团块不能直接通过上述方式通过细胞膜,而是通过细胞膜复杂的活动而进出细胞的。

1. 入胞

大分子物质或团块进入细胞内的过程称为入胞。如蛋白质、细菌、病毒、异物等进入细胞时都采用这种方式。入胞的过程首先是这些物质被细胞识别并相互接触,之后细胞膜逐渐向内凹陷包住异物等,最后与细胞膜断裂,使物质连同包裹它的细胞膜一起进入细胞内,形成吞噬小泡(图 2-6)。入胞包括两种方式:如进入细胞的物质是固体,称为吞噬;如进入细胞的物质是液体,称为吞饮。

2. 出胞

大分子物质或团块排出细胞的过程称为出胞。如内分泌腺细胞分泌激素、外分泌腺细胞分泌酶原、神经末梢释放递质等。大分子物质在细胞内形成后,通常被一层膜性结构所包被,形成分泌囊泡,当分泌活动开始时,囊泡向细胞膜移动、接触,使囊泡膜与细胞膜融合,进而在融合处向外破裂,将囊泡内的物质一次性全部排空。

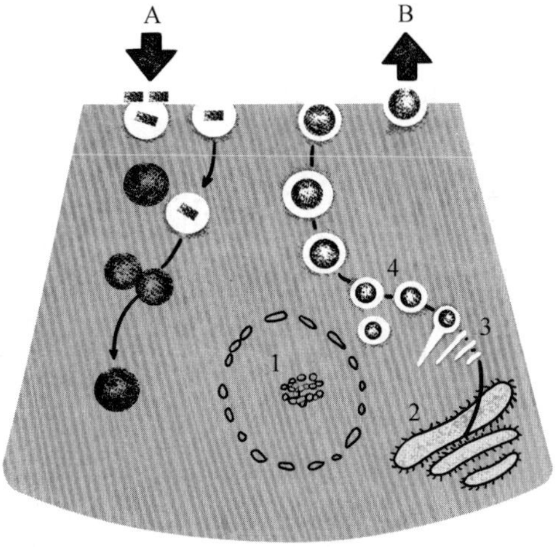

图 2-6　入胞和出胞示意图

A. 入胞　B. 出胞

1. 溶酶体　2. 粗面内质网　3. 高尔基复合体　4. 分泌颗粒

任务二　细胞膜的信号转导功能

【任务要求】

理解细胞膜受体的概念和特性；掌握细胞跨膜信号转导的概念及主要方式。

【认知与解读】

多细胞生物是一个统一的整体，细胞之间互相影响、协同活动是每时每刻都在发生的。调节机体内各种细胞在时间和空间上有序增殖、分化，协调它们的代谢、功能和行为，主要是通过细胞间数百种信号物质实现的，这些信号物质包括激素、神经递质和细胞因子等，而信号物质的传递是通过细胞膜受体实现的。

一、细胞膜的受体

受体是指细胞膜或细胞内能与某些化学物质（如递质、调质、激素等）发生特异性结合并诱发生物效应的特殊生物分子。能和受体发生特异性结合的化学物质统称为配体。能与受体发生特异性结合并产生相应生理效应的化学物质称为受体激动剂。而只发生特异结合，不产生生理效应的化学物质则称为受体拮抗剂。两者统称为配体。拮抗剂与受体结合后，或占据受体或改变受体的分子空间构型，使受体不能再与其他递质结合，从而阻断了递质的生理效应。

膜受体是镶嵌在细胞膜上的蛋白质，多为糖蛋白，占膜蛋白总量的1%～2%。一般认为，膜受体由三部分组成：①分辨部或识别器，调节亚单位，能识别不同的化学信号。②效应部或效应器，催化亚单位，一般具有酶的特性，当化学信号与受体结合后，该酶被激活，产生相应的生物学效应。③转换部或传导部，是调节亚单位和催化亚单位之间的耦联成分，它将分辨部接受的信息转换为蛋白质构象的变化，传给效应部。

受体与配体的结合一般具有以下三个特性：①特异性，特定的受体只能与特定的配体结合；②饱和性，分布于细胞膜上的受体数目是有限的，因此能与之结合的配体数量也是有限的；③可逆性，配体与受体的结合是可逆的，可以结合，也可以解离，但不同配体的解离常数是不同的，有些拮抗剂与受体结合后很难解离，几乎为不可逆结合。

二、细胞膜的信号转导功能

在心肌、内脏平滑肌和少量神经细胞之间，由于存在细胞间通道——缝隙连接而可以进行双向的直接电传递，除此之外，其他大部分细胞主要是通过神经递质、激素等各种化学分子为媒介物而进行兴奋和信息传递。这些活性分子本身并不进入它们的靶细胞或直接影响细胞内代谢过程（少数类固醇激素和甲状腺素例外），而是作用于细胞膜表面，通过引起膜结构中一种或多种特殊蛋白质分子的变构作用，将信息以新的信号形式传递到膜内，进而引起靶细胞功能的改变（靶细胞膜的电变化或其他细胞内功能的改变）。这一过程称为跨膜信号转导或跨膜信号传递。细胞跨膜信号转导的方式主要有以下几种。

（一）由具有特异感受结构的通道蛋白质完成的跨膜信号传递

一些门控通道具有受体的功能，它能与特定信号刺激结合，并引起其构象发生改变，从而允许某些离子通过，引起膜电位变化而引起细胞功能的改变。神经-肌肉接头的信息传递就是这种跨膜信号转导的典型代表。当运动神经末梢兴奋时，释放乙酰胆碱（Ach），与骨骼肌细胞终板膜上的N型乙酰胆碱受体结合，进而引起终板膜 Na^+ 通道开放，引起 Na^+ 内流，使骨骼肌细胞兴奋。

（二）由膜的特异受体蛋白质、G蛋白和膜的效应器酶组成的跨膜信号传递系统

在肾上腺素正常起作用时，它只是作用于细胞膜表面，通过某种发生在膜结构中的过程，先在胞浆中生成一种小分子物质，后者再促进糖原分解。这种小分子物质后来被证明是环一磷酸腺苷（cAMP），以后陆续发现其他许多激素都采用类似方式发挥作用，从而把激素等外来信号物质称为第一信使，而将胞浆内产生的cAMP等信号物质称为第二信使。cAMP的产生过程颇为复杂，它至少与下列三类特殊的蛋白质有关（图2-7）：

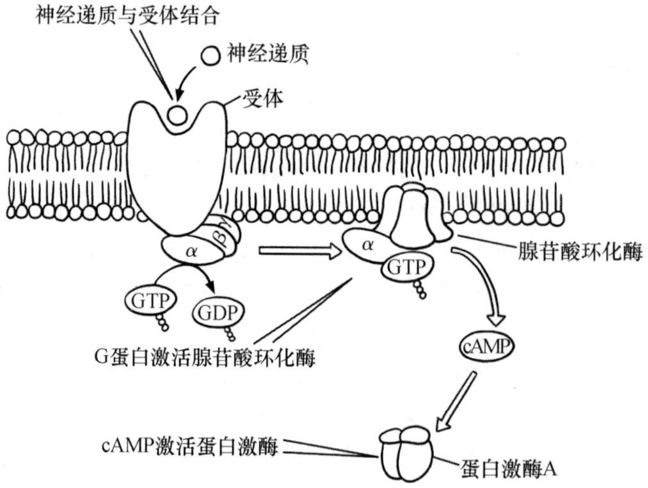

图2-7 G蛋白耦联受体实现的跨膜信号转导示意图

1. 受体蛋白

受体蛋白能够与到达膜表面的外来化学信号(第一信使)特异性结合。已发现近 100 种类似的分子结构,其肽链至少穿膜 7 次,N 末端位于细胞膜外侧,能识别、结合特定信号分子。C 末端位于细胞膜内侧,与 G 蛋白连接,当 N 末端与特定信号分了结合后,激活与 C 末端相连的 G 蛋白。

2. G 蛋白

G 蛋白即鸟苷酸结合蛋白,已发现数十种。通常由 α、β、γ 三个亚单位构成。α 亚单位起催化作用。G 蛋白未激活时与一分子 GDP 结合,激活的受体蛋白使 G 蛋白激活,使 G 蛋白 α 亚单位与 GDP 分离,而与 GTP 结合,并与 β、γ 亚单位分离,激活膜内效应器酶。

3. 膜内效应器酶

膜内效应器酶激活时,使胞浆中第二信使物质的生成量升高;抑制时则降低。目前发现的效应器酶主要有:①腺苷酸环化酶,能够将 ATP 转变成 cAMP;②磷脂酶 C,将磷脂酰甘油分解产生三磷酸肌醇(IP3)和二酰甘油(DG)。其中 cAMP、IP3、DG 等作为第二信使,使细胞内靶蛋白磷酸化或去磷酸化,产生特定的生物学效应。此外,Ca^{2+}、cGMP 等也是许多信号传导途径中的细胞内第二信使。

在神经递质类物质中,除氨基酸递质以外,不论是小分子的经典递质和近 50 种神经肽类物质,都通过突触后细胞中产生出第二信使类物质来完成跨膜信号传递。绝大多数肽类激素也通过这种方式进行跨膜信号传递。

(三)由酪氨酸激酶受体完成的跨膜信号传递

近年来研究发现,胰岛素及表皮生长因子(EGF)、神经生长因子、成纤维细胞生长因子等多种细胞因子是通过该途径实现传递的。

酪氨酸激酶受体只有一个膜外肽链、一个跨膜的 α 螺旋和一个膜内肽链。膜外肽链与特定配体结合后直接激活膜内肽链,使该肽链或其他蛋白质底物的酪氨酸残基磷酸化而引发细胞功能改变。

任务三　细胞的生命活动

【任务要求】

理解细胞生长、增殖和凋亡的概念。

【认知与解读】

凡是活的细胞,都具有下列生命活动。

一、细胞的生长与增殖

细胞生长和增殖是生物体的基本特征之一。

细胞生长表现为细胞体积的增加,细胞干重、蛋白质、核酸含量的增加。此外,细胞间质的增加也是细胞生长的一种形式。

细胞增殖是指细胞数量的增加。细胞以分裂的方式进行增殖。单细胞生物,以细胞分裂的方式产生新的个体。多细胞生物,以细胞分裂的方式产生新的细胞,用来补充体内衰老和死亡的细胞；有性生殖的多细胞生物可以由一个受精卵，经过细胞的分裂和分化，最终发育成一个新的多细胞个体。必须强调指出的是，通过细胞分裂，可以将复制的遗传物质平均分配到两个子细胞中去。可见，细胞增殖是生物体生长、发育、繁殖和遗传的基础。

二、细胞凋亡

(一)细胞凋亡的概念与生物学意义

细胞凋亡是一个主动的由基因决定的自动结束生命的过程，是细胞一种生理性、主动性的“自觉自杀行为”，犹如秋天片片树叶的凋落。由于这些细胞死得有规律，似乎是按编好了的程序进行的，所以又称为细胞编程性死亡。细胞凋亡是一种正常的生理过程，但是细胞凋亡过多或过少都可引起疾病发生。因此，近年来对于细胞凋亡的研究已成为医学界的热点之一。

细胞凋亡是细胞的一种基本生物学现象，对于多细胞生物个体的正常生长发育、自稳态平衡的维持和抵御外界各种因素的干扰方面都起着十分重要的作用。通过细胞凋亡，机体可以去除不需要的或异常的细胞而不引起炎症反应，因而具有重要的生物学意义。

机体内每小时都有数百万细胞凋亡，而每个凋亡的细胞，几乎都有新生的细胞来取代，这样才能使组织与器官维持原状。而一旦细胞的这种生与死失去平衡，机体就会产生很多疾病。如关节炎、过敏等疾病，就是由于本该凋亡的细胞却没有按照程序死亡，该死的时候没有死掉；而艾滋病则是由于病毒的攻击，使不该死亡的淋巴细胞大批死亡，从而破坏了人体的免疫能力；神经细胞的提前死亡，则能引起阿尔茨海默病。

近年来的科学研究还表明，细胞的凋亡是受细胞内部的基因所调控的，调控凋亡的基因有两类：一类是抑制凋亡的基因，另一类是启动或促进凋亡的基因。科学家们只要找出这些调控基因，分析其功能，就可以找出比放疗、化疗更有效果的诱导癌细胞凋亡的药物，从而产生一种独特的新疗法。

(二)细胞凋亡的特征

1.形态学变化

细胞凋亡的形态学变化是多阶段的，即便是一小部分细胞也是非同步发生的。首先出现的是细胞体积缩小，细胞间连接消失，与周围的细胞脱离；然后是细胞质密度增加，线粒体膜电位消失，通透性改变，释放细胞色素 c 到胞浆，核质浓缩，核膜、核仁破碎；胞膜上有小泡状体形成，膜内侧磷脂酰丝氨酸外翻到膜表面，胞膜结构仍然完整，最终可将凋亡细胞遗骸分割包裹为几个凋亡小体，无内容物外溢，因此，细胞凋亡并不引起周围的炎症反应，凋亡小体可迅速被周围专职或非专职吞噬细胞吞噬。

2.生物化学变化

细胞凋亡的一个显著特点是细胞染色体的 DNA 降解，这是一个较普遍的现象。这种降解非常特异并有规律，所产生的不同长度的 DNA 片段为 180～200 bp 的整倍数，提示染色体 DNA 恰好是在核小体与核小体的连接部位被切断，产生不同长度的寡聚核小体片段。实验证明，这种 DNA 的有控降解是一种内源性核酸内切酶作用的结果。此外，在细胞凋亡的过程中往往还有新的基因的表达和某些生物大分子的合成作为调控因子，例如在糖皮质激素诱导鼠胸腺细胞凋亡过程中，加入 RNA 合成抑制剂或蛋白质合成抑制剂，即能抑制细胞凋亡的发生。

任务四　细胞的兴奋性和生物电现象

【任务要求】

理解兴奋、兴奋性和可兴奋细胞的概念；掌握刺激引起兴奋的条件；能说出组织细胞兴奋时兴奋性的变化；了解细胞生物电现象；掌握静息电位和动作电位的概念。

【认知与解读】

一、细胞的兴奋性

(一)兴奋、兴奋性与可兴奋细胞的概念

实验发现，某些组织或细胞受到外界刺激时有发生反应的能力，称为兴奋性。事实上，几乎所有活的组织或细胞都具有兴奋性，只是反应的灵敏度和反应的表现形式有所不同。但在各种动物组织中，一般以神经细胞和肌细胞，以及某些腺细胞表现出较高的兴奋性，因此习惯上将它们称为可兴奋细胞或可兴奋组织。组织细胞受到刺激后，由相对静止或活动较弱的状态变为活动的或活动增强的过程，称为兴奋；反之，则称为抑制。

虽然细胞组织兴奋时表现各不相同，但却都首先表现为膜电位改变，产生动作电位，这是表现其他功能的前提或触发因素。因此在近代生理中，兴奋性被理解为细胞在受刺激时产生动作电位的能力。而兴奋就是指产生了动作电位，或者说产生了动作电位才是兴奋。

(二)刺激引起兴奋的条件

能引起组织细胞发生反应的各种内外环境因素统称为刺激。组织细胞受到刺激后发生的功能活动的改变称为反应，反应包括兴奋和抑制两种形式。但是并不是所有的刺激都能引起组织细胞发生反应，刺激要引起组织细胞产生反应必须具备以下条件：

1. 适宜刺激

引起可兴奋组织或细胞表现兴奋或出现动作电位的刺激必须是适宜刺激。不同细胞有不同的适宜刺激，同一种细胞也可以有多种适宜刺激。如食物的味道是味觉细胞的适宜刺激，而食物的形状是视网膜细胞的适宜刺激，而光线不能引起内耳听觉细胞产生兴奋，这都与刺激性质是否适宜有关。

2. 适宜的刺激强度

刺激必须达到一定强度才能引起组织细胞发生反应。能引起组织细胞发生反应的最小刺激强度称为刺激阈。等于刺激阈的刺激称为阈刺激；低于刺激阈的刺激称为阈下刺激；反之称为阈上刺激。刺激阈高低与组织细胞兴奋性有关，兴奋性越高，则刺激阈越低；兴奋性越低，则刺激阈越高。

3. 适宜的刺激时间

刺激作用于组织细胞必须达到一定时间才能引起反应。时间过短，则不能引起细胞发生反应；但时间过长，也会引起组织细胞适应而反应减弱或消失。

4. 强度和时间关系

在一定范围内，引起兴奋的强度对时间呈反变关系，即刺激强度越大，所需时间越短，反之亦然，如图 2-8 所示。当刺激持续时间超过一定的限度时，时间因素不再影响强度阈值，或者

说，存在一最低的或最基本的阈强度，称为基强度。当刺激强度为基强度的 2 倍时，刚能引起反应所需的最短刺激持续时间为时值。

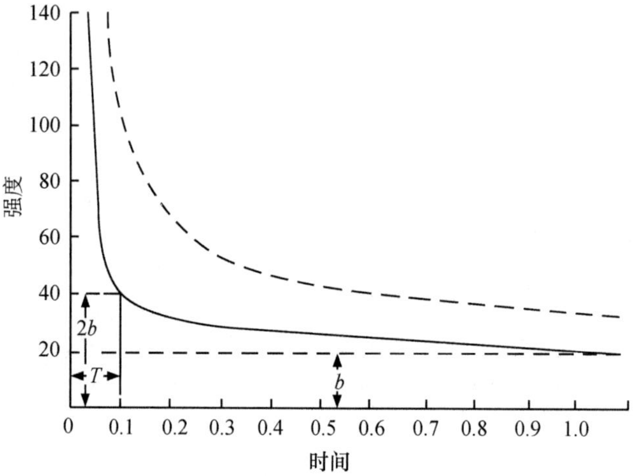

图 2-8　强度-时间曲线

b. 基强度　*T*. 时值

(三)细胞兴奋时的兴奋性变化

在细胞接受一次刺激而出现兴奋的当时和以后的一个短时间内，它们的兴奋性将经历一系列有规律的变化，然后才恢复正常。一般而言，细胞发生一次兴奋后，其兴奋性依次经历以下四个时期(图 2-9)：

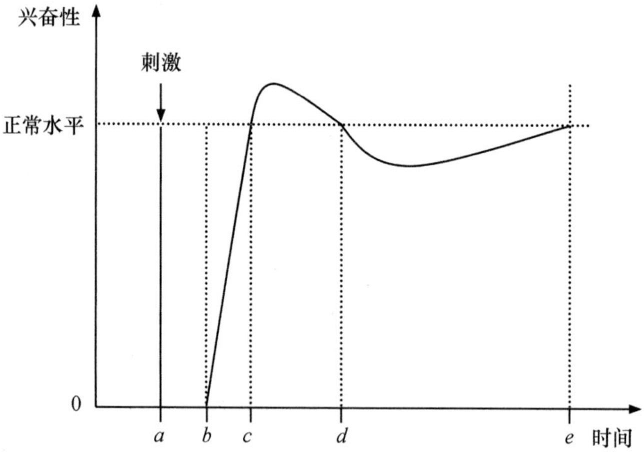

图 2-9　组织兴奋时兴奋性的变化示意图

ab：绝对不应期　*bc*：相对不应期　*cd*：超常期　*de*：低常期

1. 绝对不应期

绝对不应期指组织细胞兴奋性暂时消失，对任何刺激都不能发生反应的时期。此时期很短，一般持续时间为 0.3～0.5 ms，此时无论第二次刺激强度多大，都不能引起细胞再产生兴奋，这时组织兴奋性由正常水平（100%）暂时下降为零。

2. 相对不应期

相对不应期指绝对不应期后，组织细胞兴奋性逐渐恢复但仍低于正常水平的时期。此时只有阈上刺激可以引起组织细胞发生反应。相对不应期一般持续时间为 0.5～1.0 ms。

3. 超常期

超常期指组织细胞兴奋性高于正常水平的时期。即使阈下刺激在这时也能引起反应。一般持续时间为十到几十毫秒。

4. 低常期

低常期出现在超常期后，指组织细胞兴奋性低于正常的水平。这一时期持续时间较长，一般在 70 ms 以内，之后兴奋性恢复到正常水平。

组织细胞兴奋时的兴奋性变化具有十分重要的生理意义，特别是绝对不应期，它的长短决定了组织细胞两次兴奋间的最短时间间隔，从而对组织细胞的功能产生重要影响。如心室肌细胞绝对不应期特别长，从而使心肌收缩形成单收缩，完成泵血功能。而骨骼肌绝对不应期特别短，从而使骨骼肌能形成强直收缩，完成负重和运动功能。

二、细胞的生物电现象

细胞生命活动中出现的电现象称为细胞的生物电现象。生物电现象是细胞的基本特性之一，是细胞兴奋的基础，因此学习细胞生物电现象及其原理是学习生理的重要基础，同时也具有重要的临床价值。细胞的生物电现象有静息电位和动作电位两种表现形式。

（一）静息电位

静息电位，也称膜电位，指细胞未受刺激时，存在于细胞膜内外两侧的电位差。

细胞静息电位表现为同侧表面上各点间电位相等，内外两侧存在电位差，且所有动物细胞均为外正内负状态。如规定膜外电位为 0，则膜内电位一般在 −100～−10 mV。如枪乌贼巨大神经轴突及蛙骨骼肌细胞静息电位为 −70～−50 mV，哺乳动物神经细胞和肌细胞为 −90～−70 mV。

细胞在静息状态下呈现外正内负的状态称为极化。

（二）动作电位

动作电位是指可兴奋细胞受到刺激而兴奋时，在膜内外两侧发生一系列电位变化，这种膜电位的变化称为动作电位。动作电位是细胞处于兴奋状态的标志。

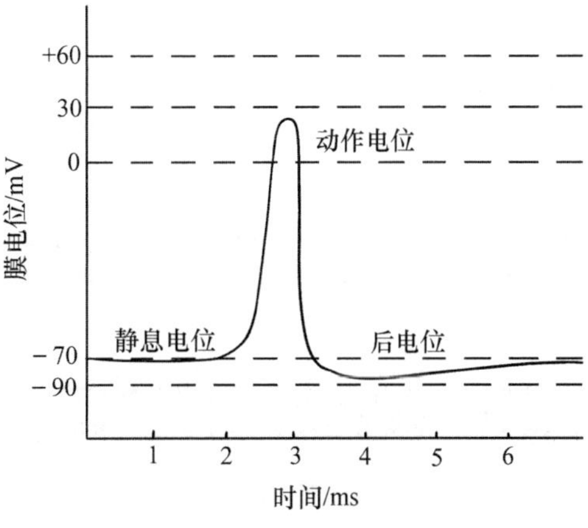

图 2-10　动作电位期间膜电位的变化

由图 2-10 可见，当细胞受到刺激时，膜电位发生迅速变化，首先，膜内电位迅速升高，从 −70 mV 升高到 0，极化状态逐渐减弱以至消失称为去极化，进而膜内电位继续升高，从 0 升高至 +30 mV，使膜电位变为内正外负状态，称为反极化或超射。去极化过程和反极化过程共同构成动作电位的上升支，历时约 0.5 ms。一般为叙述简便，常把去极化和反极化统称为去极化或除极化。去极化至顶点后，动作电位迅速下降，膜电位又回到外正内负的极化状态称为复极化。复极化过程构成动作电位的下降支。在动作电位过程中，其主要部分电位曲线呈刀锋状，习惯称为锋电位，共需 0.5～1.0 ms。锋电位产生是细胞兴奋的标志。在复极化末期，膜电位发生微小而缓慢的电位波动，称为后电位，包括负后电位和正后电位。后电位一般时程比较长，约为 44 ms。

细胞的动作电位与它兴奋性的周期性变化有一定的时间关系，一般锋电位相当于绝对不应期，负后电位前段相当于相对不应期，负后电位后段相当于超常期，正后电位相当于低常期（图 2-11）。

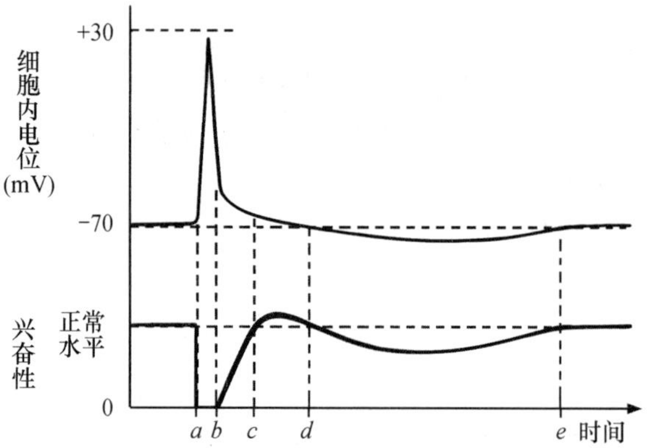

图 2-11　动作电位与兴奋性变化的时间关系

ab：锋电位——绝对不应期　*bc*：负后电位的前部分——相对不应期

cd：负后电位的后部分——超常期　*de*：正后电位——低常期

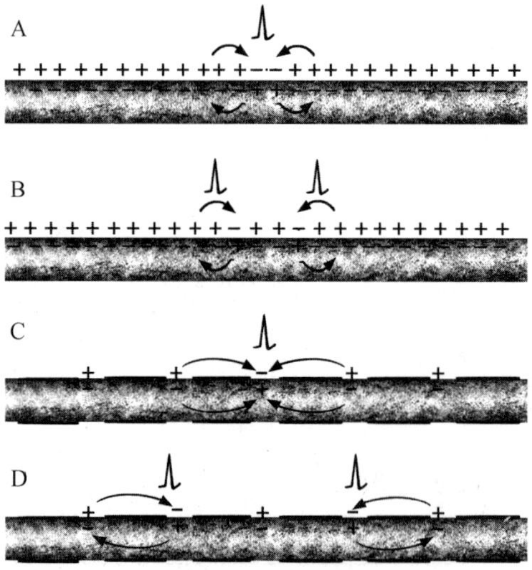

图 2-12　动作电位在神经纤维上的传导

A、B：动作电位在无髓神经纤维上依次传导

C、D：动作电位在有髓神经纤维上跳跃式传导

（三）动作电位的传导

动作电位的传导是指在细胞膜的任何一个部位产生动作电位后，都能沿细胞膜传播，使整个细胞膜兴奋的现象。

动作电位传导的机制用局部电流学说来解释。下面以无髓神经纤维为例加以说明。如图 2-12A、B 所示，当细胞任何一处产生动作电位而反极化时，与它相邻的未兴奋部位产生电位差，从而产生由正电位向负电位的电流流动即局部电流，其中在膜外侧，电流由未兴奋部位流向兴奋部位，在膜内侧，电流由兴奋部位流向未兴奋部位。结果使相邻的未兴奋部位的膜内电位升高，而膜外电位下降，即产生去极化，当去极化达到阈电位时，即可触发相邻未兴奋部位爆发动作电位，使之变成新的兴奋点。这样使动作电位进一步通过局部电流迅速向两侧传播，直至整个细胞膜都产生动作电位为止。由于无髓神经纤维动作电位的传导是从兴奋部位依次传遍整个细胞膜，故传导速度较慢。

有髓神经纤维的髓鞘具有绝缘作用，动作电位只能在没有髓鞘的郎飞氏结处进行。传导时，已经兴奋的郎飞氏结和相邻未兴奋的郎飞氏结之间产生局部电流，使相邻未兴奋的郎飞氏结产生动作电位，这样动作电位就从一个郎飞氏结传给相邻的郎飞氏结，称为跳跃式传导(图2-12C、D)。这种传导方式使兴奋传导速度大大加快，且更加节能，是一种经济、高效的传导方式。

任务五　肌细胞的收缩功能

【任务要求】

了解骨骼肌的细微结构；了解神经－肌肉间的兴奋传递；理解和掌握骨骼肌的收缩机制；理解和掌握等张收缩、等长收缩、单收缩、不完全强直收缩、完全强直收缩的概念；能运用所学知识解释骨骼肌收缩的实验现象。

【认知与解读】

机体的肌肉分为心肌、平滑肌和骨骼肌三种，它们的基本功能是收缩，三种肌细胞的收缩原理基本相同。本节以骨骼肌为例学习肌细胞的收缩功能，心肌和平滑肌的生理特点将分别在血液循环和消化与吸收项目中介绍。

一、骨骼肌的细微结构和收缩机制

(一)骨骼肌的结构特征

骨骼肌与收缩有关的结构主要包括肌原纤维和肌管系统(图2-13)。

1. 肌原纤维和肌小节

骨骼肌细胞内含有大量的肌原纤维，这是肌细胞收缩的结构基础。肌原纤维平行排列，纵贯肌细胞全长。在显微镜下观察，肌原纤维呈明暗相间的节段，分别称为明带(I带)和暗带(A带)。I带中央有一条与肌原纤维垂直的较暗的线，称为Z线；A带中央有一条亮纹，称为H带，其中央也有一条横线，称为M线。在肌原纤维上相邻两条Z线之间的部分称为一个肌小节，每个肌小节是由一个位于中间的暗带和两侧各1/2的明带所组成。肌小节是骨骼肌结构和功能的基本单位。

2. 肌管系统

肌管系统包括横管系统和纵管系统。

(1)横管系统(T管)　由肌膜在A带与I带交界处向内凹陷而成的垂直深入肌细胞内部的横行管道。横管走向与肌原纤维垂直，其作用是将肌膜上的电兴奋传入肌细胞深部。

(2)纵管系统(L管)　与肌原纤维平行，为沿肌原纤维长轴纵行排列的滑面内质网，末端在A带与I带交界处膨大，称为终末池。终末池是细胞内Ca^{2+}贮存库，故又称钙池。终末池通过对钙的储存、释放和再积聚，来触发和终止肌原纤维的收缩。横管系统和纵管系统交界处，以横管为中心，加上它两侧各一个终末池形成三联管结构。三联管结构是兴奋和收缩耦联的结构基础，它可以把从横管传来的兴奋信息(动作电位)和终末池释放Ca^{2+}联系起来，完成

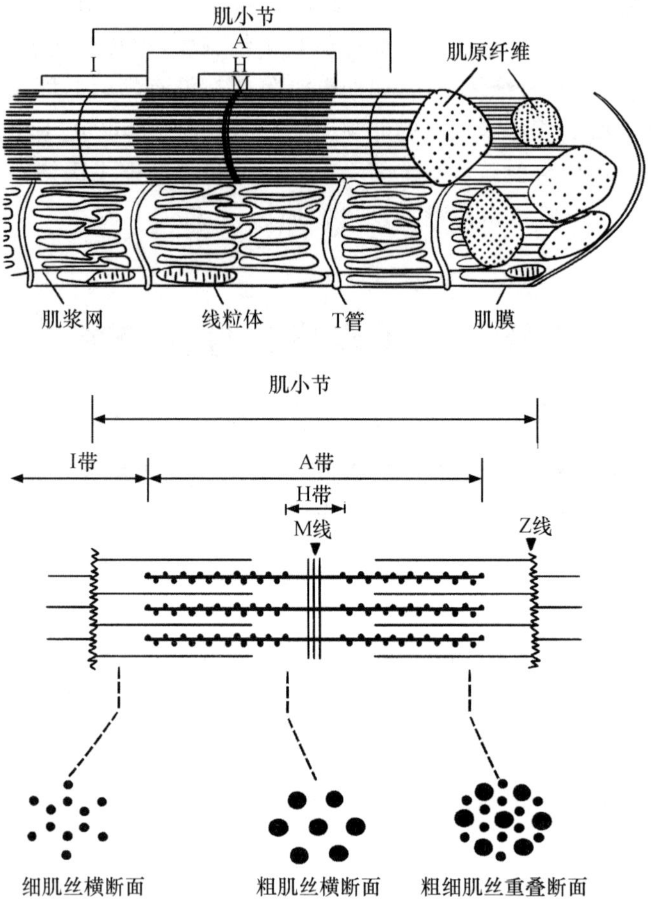

图 2-13 骨骼肌细胞的肌原纤维和肌管系统模式图

横管向纵管的信息传递。而终末池释放的 Ca^{2+} 则是引起肌肉收缩的直接因子。

(二)肌原纤维的超微结构

在电子显微镜下肌原纤维由大量肌丝组成,包括粗肌丝和细肌丝两种。

1. 粗肌丝

粗肌丝主要由许多肌球蛋白(又称肌凝蛋白)所组成。每个肌球蛋白分子分为杆部和头部两部分(图 2-14A),其杆部朝向 M 线,呈束状排列,而头部则规律地分布在粗肌丝表面,形成横桥(图 2-14B)。横桥的主要特性有两点:一是横桥在一定条件下可以和细肌丝上的肌动蛋白分子呈可逆性结合,引起横桥向 M 线方向摆动,继而与肌动蛋白分子分离,再与细肌丝上新的肌动蛋白分子结合,这样产生同方向连续的摆动,拉动细肌丝向 M 线方向滑行;二是横桥具有 ATP 酶的作用,可以分解 ATP 而获得能量,作为横桥摆动的能量来源。

2. 细肌丝

细肌丝由三种蛋白质分子组成,即肌动蛋白(又称肌纤蛋白)、原肌球蛋白(又称原肌凝蛋白)和肌钙蛋白(又称原宁蛋白)(图 2-14C)。许多肌动蛋白分子聚合成双螺旋状,组成细肌丝的主体,其上有与横桥结合的位点,它能与横桥结合并激活其 ATP 酶,引起肌丝滑行。原肌球蛋白分子也形成双螺旋结构，缠绕在肌动蛋白上。肌肉安静时，原肌球蛋白正好位于肌动蛋白和横桥之间，阻碍二者的结合。肌钙蛋白是有三个亚单位的球形蛋白质分子，结合在原肌球蛋白上，其作用是与 Ca^{2+} 结合并使原肌球蛋白分子构象改变和发生位移，暴露肌动蛋白与横桥的结合位点，使肌动蛋白与横桥结合，引起肌肉收缩。

肌动蛋白和肌球蛋白与肌丝滑行有直接的关系，故称为收缩蛋白。而原肌球蛋白和肌钙蛋白虽然不直接参加肌细胞收缩，但是它们对收缩过程起着重要的调控作用，故合称为调节蛋白。

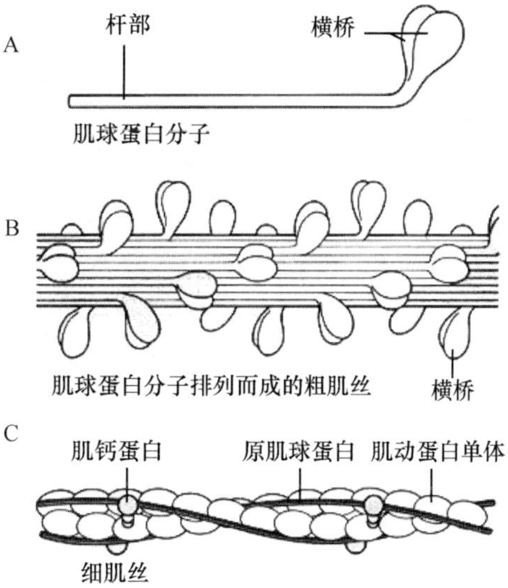

图 2-14　肌丝分子结构示意图

A. 肌球蛋白分子　B. 粗肌丝　C. 细肌丝

（三）神经-肌肉接头及其兴奋传递

动物所有骨骼肌的活动都是在中枢神经系统控制下完成的。从运动神经元的兴奋到肌肉的收缩共包括三个过程：首先，中枢神经系统发出的指令以神经冲动（动作电位）的形式，沿躯体运动神经传导，并传递给肌细胞，这个过程称为神经-肌肉间的兴奋传递；其次，肌细胞膜表面的动作电位通过肌细胞的三联管结构传到肌细胞内部，触发信息物质 Ca^{2+} 从肌浆网释放到肌浆，并将信息传递给肌浆内调节蛋白，这一过程称为兴奋-收缩耦联；最后，肌浆中高浓度 Ca^{2+} 通过肌浆内调节蛋白，触发收缩蛋白的结合，并使肌肉收缩。

1. 神经肌肉间的兴奋传递

（1）神经-肌肉接头的结构　运动神经元通过神经-肌肉接头将神经冲动传递给骨骼肌。运动神经纤维末梢和肌细胞（即肌纤维）相接触的部位，称为神经-肌肉接头或运动终板。一条运动神经纤维末梢，进行反复分支，每一分支都支配一条肌纤维。当某一神经元兴奋时，其冲动可引起它所支配的全部肌纤维收缩。每个运动神经元和它所支配的全部肌纤维，称为一个运动单位。

如图 2-15 所示，当神经分支的末端接近肌纤维时，失去髓鞘，末梢膨大，以裸露的神经末梢嵌入肌细胞膜的凹陷中，形成神经-肌肉接头。在神经末梢中含有大量囊泡，称为接头小泡，接头小泡内含有大量乙酰胆碱（Ach）分子。神经-肌肉接头由接头前膜、接头后膜、接头间隙三部分组成。接头前膜是运动神经末梢嵌入肌细胞膜的部位，即神经轴突的细胞膜。接头后膜（也称终板膜）是与接头前膜相对应的肌细胞膜，它较一般肌细胞膜厚，并有规则地向细胞内凹陷，形成许多皱褶，从而扩大与接头前膜的接触面积，利于兴奋传递。在接头后膜上有能与 Ach 特异性结合的 N 型乙酰胆碱受体，现已证明，它们是一些化学门控通道，具有能与乙酰胆碱特异性结合的亚单位和附着其上的胆碱酯酶。接头前、后膜之间有 20 nm 的间隙，称为接头间隙。接头间隙与细胞外液相通。

（2）神经-肌肉接头处兴奋传递的过程　在安静状态时，神经末梢只有少数囊泡随机进行自发释放，通常不足以引起肌细胞的兴奋。如图 2-15 所示，当神经冲动传到运动神经末梢时，立即引起轴突末梢细胞（简称轴膜）去极化，改变轴膜对 Ca^{2+} 的通透性，使细胞外液中的 Ca^{2+}

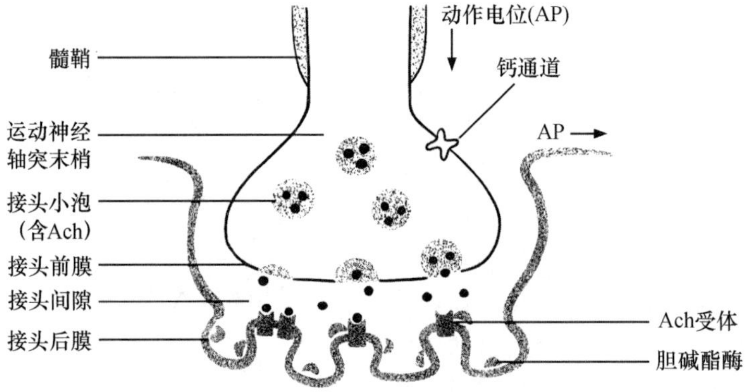

图 2-15　神经-肌肉接头的结构及其传递过程示意图

进入轴突内，触发囊泡移向前膜，并与接头前膜融合、破裂，将囊泡内 Ach 一次性全部释放到接头间隙中。Ach 通过接头间隙扩散到达接头后膜时，立即与 N 型乙酰胆碱受体结合，并使它的通道结构开放。通道开放时，允许 Na^+、K^+ 等通过，引起 Na^+ 的跨膜内流和 K^+ 的跨膜外流，但是以 Na^+ 的内流为主，导致接头后膜的去极化。这一终板膜的去极化，称为终板电位(EPP)。终板电位以电紧张的形式引起终板膜临近的一般肌纤维膜电压门控通道——钠通道大量开放，导致 Na^+ 大量内流而爆发动作电位并传遍整个肌细胞，引起肌细胞兴奋，从而完成一次神经与骨骼肌之间的兴奋传递。终板电位属于局部电位，不表现“全或无”的特性，而具有总和作用。它的大小与接头前膜释放的 Ach 多少呈正变关系。

在轴突末梢释放的乙酰胆碱，一般在 3 ms 内就被受体附近的胆碱酯酶破坏。每个神经冲动传到末梢，只释放一次递质，也只能与受体发生一次结合，并产生一次终板电位和动作电位，所以神经冲动与动作电位以 1∶1 的传递方式进行，这是神经肌肉间兴奋传递的一个重要规律，它不同于中枢神经系统内的突触传递。这对于肌肉能够准确完成适应性收缩反应极为重要。如果胆碱酯酶被破坏，则会导致乙酰胆碱在接头间隙积聚，使骨骼肌细胞持续兴奋和收缩而发生痉挛。临床上有机磷中毒就主要是由胆碱酯酶被破坏而引发的。

(3)神经-肌肉接头间兴奋传递的特点　神经-肌肉接头间的兴奋传递与动作电位在神经纤维上的传导不同，它具有以下特点：①1∶1 传递，即运动神经每兴奋一次，骨骼肌就兴奋和收缩一次。这主要是由于在正常情况下，运动神经一次冲动引起 Ach 释放所形成终板电位，一般都是引起肌细胞兴奋的阈电位的 3～4 倍，因此，神经每兴奋一次，足以引起肌细胞兴奋一次；另一方面，每次神经冲动释放的 Ach，在它发挥完作用后 3 ms 内即被存在于间隙和接头后膜上的胆碱酯酶分解而失效，以免再次作用于 N 受体，影响下次神经冲动到来时的效应。②单向传递，即兴奋只能从接头前膜传向接头后膜，而不能从接头后膜传向接头前膜。③时间延搁，即神经-肌肉接头间兴奋传递速度较慢，耗时较长的现象。这主要是由神经-肌肉接头间兴奋传递过程非常复杂所致，一般神经-肌肉接头间一次兴奋传递需要 0.5～1.0 ms，因此，其传导速度比动作电位在神经纤维上传导要慢得多。④易受环境因素的影响。由于接头间隙与细胞外液直接相通，因而各种环境因素如细胞外液的酸碱度、温度的改变和药物或其他体液性物质的作用都可以影响神经-肌肉接头处的兴奋传递。临床上，许多调节骨骼肌运动的药物如肌松药、骨骼肌兴奋药、胆碱酯酶复活剂等都是利用这一特点来进行治疗的。

2. 兴奋-收缩耦联

兴奋-收缩耦联是指以电位变化为特征的肌膜的兴奋过程和以肌丝滑行为基础的肌肉收缩过程之间的中介联系或中介过程。Ca^{2+} 在耦联过程中起了关键性作用。目前认为，它至少包括以下 3 个主要过程：

(1)动作电位传导　肌膜兴奋产生的动作电位通过横管系统传入肌细胞内部，到达三联管结构和每个肌小节。

(2)兴奋在三联管部位的传递　兴奋到达横管时，激活横管膜上的 L 型钙通道，使之发生变构和移位，解除对终末池膜上钙通道的阻塞，使之开放，从而使终末池内的 Ca^{2+} 大量进入肌浆内，引起肌丝滑行。

(3)纵管系统(肌浆网)中 Ca^{2+} 的释放和再积聚　Ca^{2+} 进入肌浆内，引起肌丝滑行后，在肌浆网膜上的钙泵($Ca^{2+}-Mg^{2+}-ATP$ 酶)作用下，将肌浆内的 Ca^{2+} 迅速泵回到肌浆网内，使肌浆内 Ca^{2+} 浓度下降，肌肉舒张。

3. 骨骼肌收缩机制

根据骨骼肌的结构特点以及它们在肌肉收缩时的改变，Huxley 等在 20 世纪 50 年代就提出了用肌小节中粗、细肌丝的相互滑行来说明肌肉收缩的机制，称为滑行学说。其主要内容是：肌肉收缩时虽然在外观上可以看到整个肌肉或肌纤维的缩短，但是，在肌细胞内并无肌丝或它们所含的蛋白质分子结构的缩短，而只是在每一个肌小节内发生了细肌丝和粗肌丝之间的滑行，即由 Z 线发出的细肌丝在某种力量的作用下主动向暗带中央移动，结果各相邻的 Z 线都互相靠近，肌小节长度变短，造成整个肌原纤维、肌细胞乃至整条肌肉长度的缩短(图 2-16)。

从分子水平来说，滑动的基本过程如图 2-17A 所示，肌肉处于舒张状态时，原肌球蛋白正好位于肌动蛋白和横桥结合位点之间，阻碍二者的结合。肌细胞产生动作电位引起肌浆中 Ca^{2+} 浓度升高时，Ca^{2+} 与肌钙蛋白结合，肌钙蛋白及原肌球蛋白相继发生构象改变，位阻效应解除，将肌动蛋白上的结合位点暴露出来，使横桥与之结合，激活横桥的 ATP 酶，分解 ATP 放出能量，使横桥发生摆动，将细肌丝往粗肌丝中央方向(M 线)拖动。经过横桥与肌动蛋白的结合、摆动、解离和再结合、再摆动所构成的循环过程，细肌丝不断向 M 线滑行，肌小节缩短(图 2-17B)。

Ca^{2+} 进入肌浆内，引起肌丝滑行后，在肌浆网膜上的钙泵($Ca^{2+}-Mg^{2+}-ATP$ 酶)作用下，将肌浆内的 Ca^{2+} 迅速泵回肌浆网内，使肌浆内 Ca^{2+} 浓度下降，Ca^{2+} 与肌钙蛋白分离，原肌球蛋白分子构象恢复，复位于肌动蛋白和横桥结合位点之间，使横桥与肌动蛋白分离，横桥停止摆动，细肌丝回到原位，肌小节变长，肌肉舒张。

二、骨骼肌收缩的外部表现形式

(一)等长收缩和等张收缩

骨骼肌收缩时，表现为张力和长度的改变，在不同情况下，骨骼肌收缩有不同的表现形式。

1. 等长收缩

肌肉收缩时长度基本不变，而主要表现为张力的增加，称为等长收缩。肌肉等长收缩所消耗的能量主要转变为张力增加，并无位移和做功，因此等长收缩的主要作用在于维持机体一定的姿势。

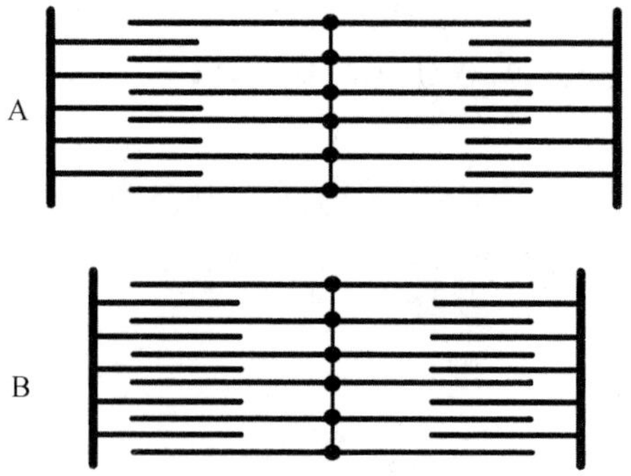

图 2-16　肌丝滑行示意图

A. 舒张　B. 收缩

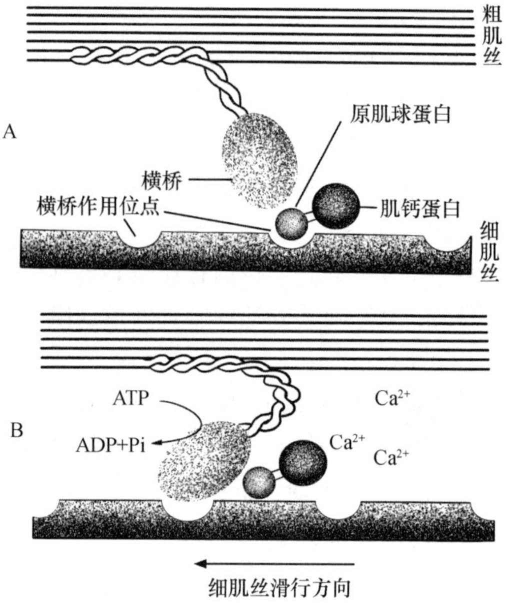

图 2-17　肌丝滑行机制示意图

A. 肌舒张　B. 肌收缩

2. 等张收缩

肌肉收缩时张力基本不变,而主要表现为长度发生缩短,称为等张收缩。肌肉等张收缩所消耗的能量主要转变为缩短肌肉及移动负荷而完成的功。

机体内骨骼肌的收缩大多数情况下是混合式收缩,既有张力增加,又有长度缩短,且总是张力增加在前,长度缩短在后。

(二)单收缩和强直收缩

运动神经元发放的冲动频率会影响骨骼肌的收缩形式和收缩强度。

1. 单收缩

肌肉受到一次刺激所引起的一次收缩,称为单收缩。单收缩包括潜伏期、缩短期和舒张期3个时期(图 2-18)。从给予刺激到肌肉开始收缩的一段时间,称为潜伏期。在此期间,肌肉发生着兴奋-收缩耦联的复杂过程。从肌肉开始收缩到收缩达到最大限度的一段时间称为缩短期。在此期间,肌肉内发生肌丝滑行,张力增加,长度缩短。从肌肉最大限度收缩到恢复至原

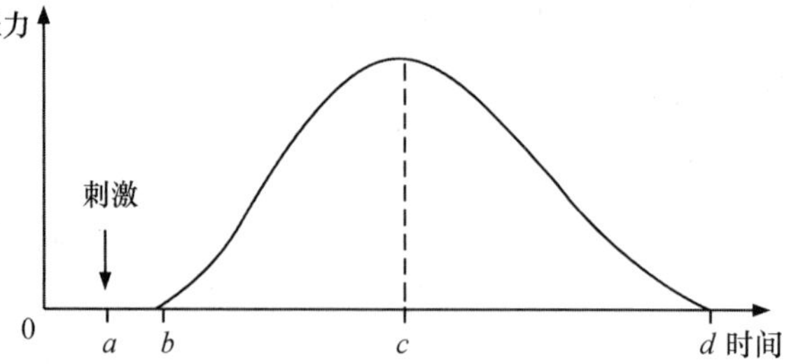

图 2-18　骨骼肌的单收缩曲线

ab:潜伏期　*bc*:缩短期　*cd*:舒张期

来的长度和张力的一段时间称为舒张期。在正常机体内一般不发生单收缩，因为支配肌肉活动的神经不发放单个冲动，而是发放一连串的冲动。

2. 强直收缩

在给肌肉连续刺激时，肌肉处于持续的缩短状态。这种收缩称为强直收缩。根据刺激频率的不同，强直收缩又分为以下两种情况：

（1）不完全强直收缩　给肌肉连续刺激时，若刺激频率较低，后一次刺激落在前一次刺激所引起收缩的舒张期内，则肌肉在未完全舒张时进行下一次收缩，形成锯齿状收缩曲线，称为不完全强直收缩（图 2-19A、B）。一般不完全强直收缩的幅度大于单收缩的幅度，这是由于收缩的总和作用引起的。

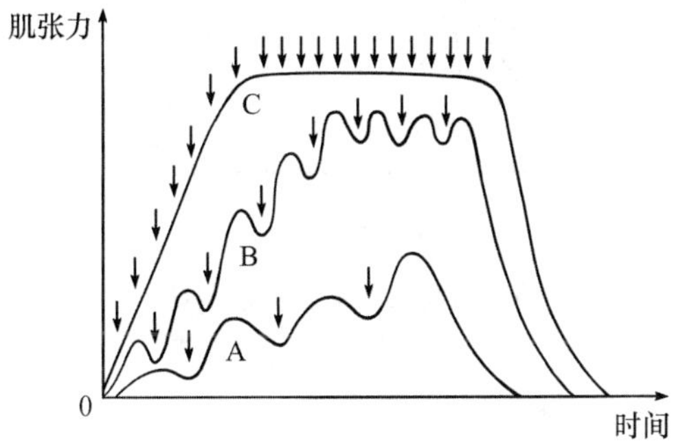

图 2-19　骨骼肌强直收缩曲线

A、B. 不完全强直收缩曲线

C. 完全强直收缩曲线（曲线上的箭头表示刺激）

（2）完全强直收缩　给肌肉连续刺激时，若刺激频率较高，后一次刺激落在前一刺激所引起收缩的缩短期内，则肌肉没有舒张时进行下一次收缩，形成平滑的收缩曲线，称为完全强直收缩（图 2-19C）。一般完全强直收缩的幅度大于单收缩和不完全强直收缩的幅度，因而可以产生更大的收缩效果。通常所说的强直收缩是指完全强直收缩。

在生理条件下，支配骨骼肌的传出神经总是发生连续的冲动，所以骨骼肌的收缩都是强直收缩。

三、影响骨骼肌收缩的因素

影响骨骼肌收缩的因素主要有前负荷、后负荷和肌肉的收缩能力。

1. 前负荷

前负荷是指肌肉收缩前所承受的负荷。前负荷决定了肌肉在收缩前的长度，亦即肌肉的初长度，因而初长度可以作为前负荷的观测指标。从图 2-20 可以看出，在一定范围内，肌张力（由于实验中通过增加砝码质量的方式增加肌负荷，即肌张力，而质量与张力呈正比，故本书中用质量单位表示肌张力）和肌肉的初长度呈正变关系，肌肉初长度越大，肌张力越大。当肌肉初长度增加到一定程度时，产生最大肌张力。使肌肉产生最大肌张力的肌肉前负荷称为最适前负荷，此时的肌肉初长度称为最适初长度。但是当超过最适前负荷后，肌张力和肌肉的初长度呈反变关系，肌肉初长度越大，肌张力越小。

2. 后负荷

后负荷是指肌肉开始收缩时才遇到的负荷。它是肌肉收缩的阻力。肌肉在有后负荷的情况下收缩，总是先有张力的增加以克服后负荷的阻力，然后才有长度的缩短。当肌肉处于最适初长度时，改变后负荷，测得在不同后负荷情况下肌肉收缩产生的张力－速度曲线（图 2-21），该曲线类似双曲线，表明二者呈反变关系，即后负荷越小，则肌张力越小，但收缩速度越快。显然，肌肉后负荷过大或过小都会降低肌肉的做功效率，因而，适当的后负荷才能获得肌肉做功的最佳效率。

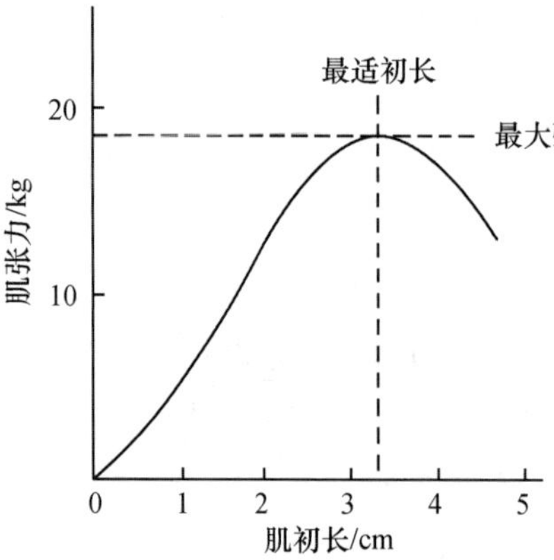

图 2-20　肌初长对肌张力的影响

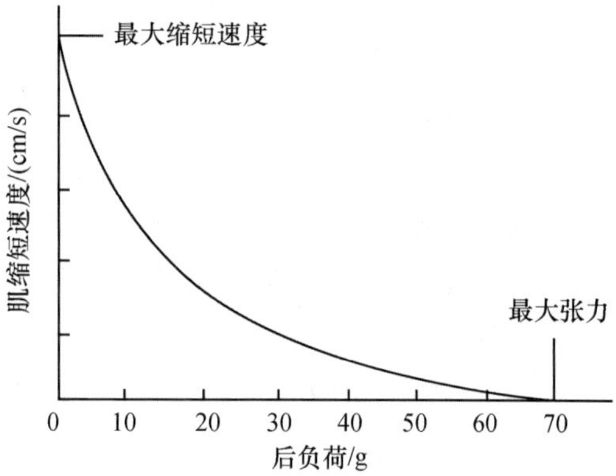

图 2-21　骨骼肌张力-速度关系曲线

3. 肌肉的收缩能力

肌肉收缩能力是指与负荷无关的、决定肌肉收缩效能的内在特性。它主要取决于兴奋-收缩耦联、肌肉内蛋白质或横桥功能特性等。其他条件不变时，肌肉收缩能力增强，肌肉收缩张力增加，收缩速度加快，做功效率提高。如钙离子、咖啡因、肾上腺素等因素可通过影响肌肉的收缩机制而提高肌肉收缩能力，而缺氧、酸中毒等则可降低肌肉的收缩能力。

【操作与体验】

技能一　蛙的坐骨神经-腓肠肌标本制备

【实验目的】熟悉蛙（或蟾蜍）的坐骨神经-腓肠肌标本的制作方法，初步掌握基本实验操作。

【实验原理】蛙类的一些基本生命活动和生理功能与温血动物相似，而其组织在离体状态下易于控制和掌握，所以蛙类的神经-肌肉标本常用于研究兴奋性、兴奋过程和刺激的一些规律和特性。

【实验对象】蛙或蟾蜍。

【实验材料】蛙类动物手术器械一套，包括普通剪刀、眼科剪刀、镊子、蛙针、锌铜弓、玻璃分针、蛙板、固定针、任氏液、瓷盘、培养皿、小烧杯、棉花、棉线、纱布、滴管等。

【方法与步骤】

1. 用蛙针破坏蛙的脑、脊髓，在荐尾关节上方 1.5 cm 处横断脊柱，弃去前半段，保留后半段备用。

2. 先剪去尾椎和泄殖腔附近的皮肤，然后从脊椎的断端向下撕去皮肤，将其全部剥去，直至趾端。将剥掉皮肤的标本放在蛙板上，滴上任氏液。

3. 沿脊柱正中将标本均匀地剪成左右两半，一半浸入盛有任氏液的烧杯中，另一半进一步剥制。

4. 先在标本的腹侧面用玻璃分针分离坐骨神经的腹腔段。将标本转至背侧，沿股二头肌及半膜肌所形成的肌沟分离坐骨神经大腿段，向下至腓肠肌直达趾端。

5. 剪断脊柱，使坐骨神经与一小段脊柱相连，剪去其他所有组织和骨头。

6. 将标本放入盛有任氏液的培养皿中，供实验之用。以上过程见图 2-22。

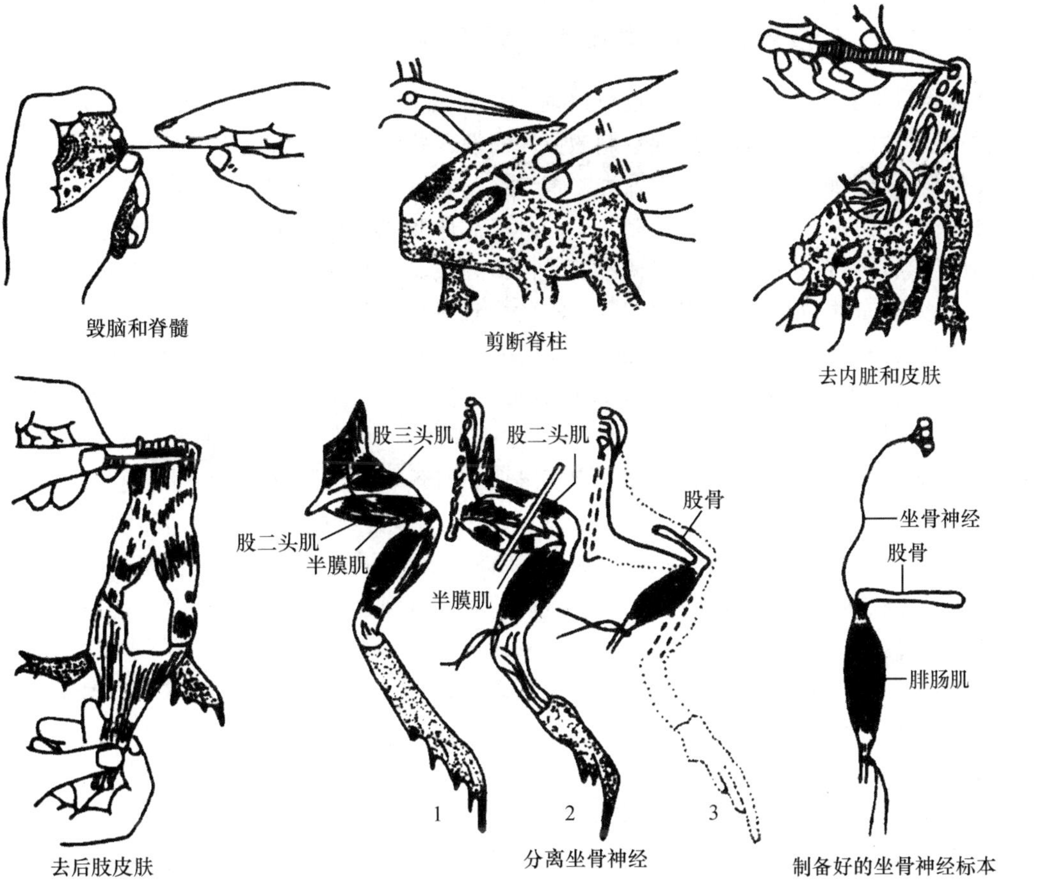

图 2-22　蛙的坐骨神经-腓肠肌标本制备过程

7.检查标本的兴奋性：用经任氏溶液润湿的锌铜弓轻轻接触一下坐骨神经，如腓肠肌发生迅速而明显的收缩，则表明标本的兴奋性良好，即可将标本放在盛有任氏液的培养皿中，以备实验用。若无锌铜弓，也可用中等强度单个电刺激做上述试验。其各部连接关系如下：脊柱小块→坐骨神经→膝关节→腓肠肌→跟腱→线（连接张力换能器）→股骨小段（固定于肌肉槽内的侧孔）。

【注意事项】

1.沿脊柱中央把下半身剪为左右两大半时，要剪正中，否则会损伤坐骨神经。

2.神经分离需用玻璃分针，分离过程中操作必须精细，避免用金属器械碰、夹神经，以免损伤。同时要注意持针分离方向应由中心向外周，以免将神经上段撕伤。坐骨神经周围的组织和神经的小分支，可用分针分离或用剪刀逐步剪掉。

3.所用的器械要洁净，接触蛙和蟾蜍（特别是蟾蜍）皮肤的用具必须洗净后使用。

4.应经常用任氏液湿润标本，防止干燥。

【实验思考题】

1.你制备的坐骨神经-腓肠肌标本的兴奋性如何？

2.根据个人体会，总结制备新鲜完整的坐骨神经标本过程中的注意事项和体会。

技能二 不同强度和频率刺激与反应的关系

【实验目的】观察给予不同强度刺激时骨骼肌的收缩情况，以验证刺激与反应的关系，理解有关兴奋性的一些基本概念；观察刺激频率对肌肉收缩形式及收缩力的影响。

【实验原理】蛙类的一些生理活动规律与温血动物相似，而维持其离体组织正常活动所需的理化条件较简单，易于建立和控制。坐骨神经和腓肠肌是可兴奋组织，将其置于人工配制的任氏液中，兴奋性在几小时内可保持不变。因此在实验中常用蛙类的坐骨神经-腓肠肌标本来观察和研究兴奋性、刺激与肌肉收缩等基本的生理现象和过程。神经受到一次阈刺激或阈上刺激，先产生一次动作电位，通过神经-肌肉接头处兴奋的传递，引起受支配的骨骼肌产生动作电位，然后通过兴奋-收缩耦联机制引起骨骼肌收缩。在一定范围内，随着刺激强度的增加，骨骼肌的收缩强度也随之增加。整块骨骼肌或单个肌细胞受到一次短暂而有效的刺激时，可产生一次机械收缩，称为单收缩。若给肌肉相继两个有效刺激，且使两个刺激的间隔时间小于该肌肉单收缩的总时程，则肌肉的收缩可以总和起来，出现连续的收缩，称为复合收缩。当骨骼肌受到一串有效刺激时，若刺激频率较低，则肌肉的反应表现为一连串单收缩，若刺激频率逐渐增加，肌肉收缩反应可表现为不完全强直收缩和完全强直收缩。

【实验对象】蟾蜍或蛙。

【实验材料】RM-6240 生理信号采集处理系统、张力换能器、电刺激器、蛙手术器械、肌动器、支架、肌槽、双凹夹、任氏液、棉线等。

【方法与步骤】

1. 制备坐骨神经-腓肠肌标本，放置于任氏液中备用。

2. 准备好 RM-6240 多道生理信号采集处理系统，将张力换能器固定于支架上并将输出线连接在 RM-6240 系统通道一“输出”孔内。

3. 将坐骨神经-腓肠肌标本股骨残端插入肌槽固定孔内，保持肌槽与张力换能器平行，将神经搭在肌槽的刺激电极上。将 RM-6240 系统刺激器的“输出孔”与肌槽刺激电极相连。

4. 将腓肠肌肌腱上的结扎线与张力换能器的金属片相连。线的位置应与水平面垂直，同时松紧适当。

5. 实验观察

(1)打开外置的仪器电源，然后开启计算机，双击屏幕上的“2. X”图标进入实验系统。点开“实验”/“肌肉神经”/“刺激强度与反应的关系”，系统即自动设置好实验参数、弹出刺激器对话框，并处于示波状态。此时应先调节好张力换能器的零点，然后点击“开始记录”进入记录状态，再点击刺激器对话框中的“开始刺激”键，刺激器即自动按幅度递增(从零开始，每发一次刺激，幅度自动递增)的方法产生刺激。可以观察到，当刺激增至某强度时，肌肉开始轻微收缩，此时的刺激强度即阈强度，刺激为阈刺激。此后，随着刺激逐步增强，收缩幅度逐步增大，当刺激强度达到某一数值时，肌肉收缩曲线不再随强度增大而增高。此时的刺激为最大刺激，肌肉收缩为最大收缩。强度超过阈值的刺激称为阈上刺激。一旦出现最大收缩，即可点击系统的停止记录键，再点击“停止刺激”，整个实验过程的波形就被记录下来。此时系统处于分析状态，我们可以利用系统的分析工具对波形进行测量和分析，如需保存波形，在退出系统前应保存文件。

(2)通过上步实验找出最适宜的刺激强度，即引起最大收缩的最小刺激强度，在这一强度下观察以下项目：

①单收缩：低频率刺激记录到的相互分离的收缩曲线。

②不完全强直收缩：当刺激频率达到某数值时，出现收缩曲线的重叠。随着频率的增大，出现由疏而密、由低而高的锯齿状曲线。

③完全强直收缩：刺激频率更高则出现平滑的曲线。

开启计算机进入系统实验环境，点开“实验”/“肌肉神经”/“刺激频率与反应的关系”/“常规实验项”，系统即自动设置好实验参数（从 1Hz 开始自动按 2Hz 的频率增量间歇发送刺激脉冲）、弹出刺激器对话框，并处于示波状态。此时应先调节好张力换能器的零点，设置最适宜的刺激强度，点击“开始记录”，再点击“开始刺激”，刺激器即自动按频率递增的方法自动产生刺激。在屏幕上可以观察到单收缩、不完全强直收缩和完全强直收缩波形。一旦出现完全强直收缩，即可点击“停止记录”，再点击“停止刺激”，整个实验过程的波形就被记录下来。

如需手动完成实验，可在刺激器对话框中将刺激方式设为单刺激，并手动调节刺激强度及发送刺激脉冲。

【注意事项】

1.用玻璃分针去除神经周围的结缔组织，避免用力牵拉神经或用金属器械夹捏神经，以防神经损伤。

2.每两次刺激之间要让肌肉休息 30 s，并用任氏液湿润标本，以保持良好的兴奋性。

3.标本连接松紧合适（用口吹气，线不动为佳），不能过分牵拉。

【实验思考题】

1.骨骼肌的收缩与刺激强度之间的关系如何？

2.不完全强直收缩、完全强直收缩的产生机制是什么？

3.在一定范围内，肌肉的收缩强度为什么会随着刺激强度的增加而增加？

4.同一块肌肉，其单收缩、复合收缩和强直收缩的高度是否相同？为什么？

5.肌肉发生强直收缩时，动作电位是否发生融合？

技能三　神经干动作电位的引导、传导速度和不应期测定

【实验目的】观察动作电位的基本波形、潜伏期、幅值及时程，观察不同刺激强度对神经干动作电位波形的影响。了解神经兴奋传导速度测定的基本原理和方法，以及神经兴奋后兴奋性变化的规律。

【实验原理】可兴奋组织如神经纤维在受刺激而兴奋时，细胞膜电位将发生一系列短暂的变化。由安静状态下的膜外正、膜内负的静息电位变为兴奋状态下的膜外负、膜内正的状态。因此，在膜外兴奋区相对于未兴奋区来说电位为负。这种电位差所产生的局部电流又引起邻近未兴奋区的去极化，使兴奋沿细胞膜传向整个细胞，而原来的兴奋区的膜电位又恢复到膜外正、膜内负的静息水平。这种可传播的、短暂的膜电位变化称为动作电位。可兴奋组织在一次兴奋之后，其兴奋性要经历一个规律的时相变化，依次是绝对不应期、相对不应期、超常期和低常期，然后才恢复到正常的兴奋性水平。

【实验对象】蟾蜍或蛙。

【实验材料】RM-6240 生理信号采集处理系统、蛙类手术器械、神经标本屏蔽盒、滴管、滤纸片、棉球、任氏液、棉线等。

【方法与步骤】

1.连接实验装置

将“生物电输入电缆”及刺激器输出电缆连接至仪器，见图2-23。在本实验中，神经干动作电位的引导只需使用一对引导电极R1。神经干兴奋传导速度的测定需使用两对引导电极。神经兴奋不应期的测定只需使用一对引导电极R1(接仪器通道1)，和神经干动作电位的引导不同的是本实验观察的是单相动作电位(用镊子将R1两个电极之间的神经夹伤)。

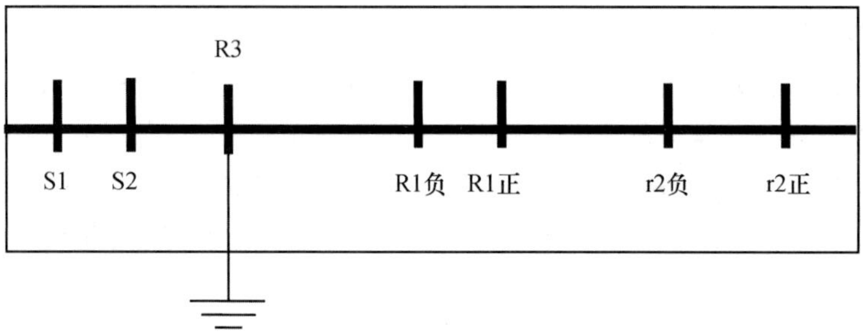

图2-23 观察神经干动作电位及测定神经冲动传导速度的电极设置

S1S2:刺激电极，建议S1接刺激器输出正端，S2接刺激器输出负端。

R3:接地电极，接放大器地线端，即生物电输入电缆地线。

R1:引导电极，“R1负”接放大器负输入端，“R1正”接放大器正输入端。

r2:引导电极，“r2负”接放大器负输入端，“r2正”接放大器正输入端。

在本仪器预设置的实验包内，R1接仪器通道1，r2接仪器通道2;通道1、2的地线均连接R3。

2. 手术操作

制作坐骨神经腓肠肌标本，将其浸泡在任氏液中数分钟，待其兴奋性稳定。然后，将神经标本屏蔽盒内所有的电极用任氏液棉球擦拭，用镊子夹住神经标本两端并扎线，将标本横搭在神经标本屏蔽盒的电极上，盖好标本盒盖，并将刺激电极、引导电极及地线等接线连好。

3.实验步骤

(1)按实验要求处理好蟾蜍坐骨神经干标本，将神经干置于标本屏蔽盒内，脊椎附近的主干靠近刺激电极端，各电极应靠近些，以获得较强的信号。

(2)打开RM-6240生理信号采集处理系统电源，实验设置同技能二。若需保存波形，用鼠标点击刺激器对话框内的“记录当前波形”键即可，每刺激一次，均可按此方法将当前波形保存起来。若保存了多幅波形，每幅波形作为一个子文件存在，以后可用“PgUp”与“PgDn”翻页查找。

此外，若在刺激器对话框中选择了同步触发，并点击了对话框中的“自动”，则系统会自动地每秒刺激一次和记录一幅波形(以临时文件形式)，直至点击“停止”。以后可用“PgUp”与“PgDn”翻页查找波形。选择理想的波形，用“当前屏图像输出”命令将其保存为正式文件。

(3)点开“神经干兴奋传导速度的测定”，刺激器对话框中选择同步触发，然后点击“开始刺激”键，稍等片刻屏幕上通道一和通道二均出现“双相动作电位”波形，可看到两个波形之间存在时间差。按上步的方法调节灵敏度或刺激幅度，直至获得满意的波形，然后用鼠标点击刺激器对话框内的“记录当前波形”键记录波形。

(4)用鼠标点击“传导速度测量”键，在系统弹出的对话框中输入电极距离(即 R1 和 r2 极性相同的两电极之间的距离)，如在该对话框中选择了“自动测量”，则点击“确定”键，系统即在“测量信息栏”将自动测量的有关信息显示出来；如在该对话框中选择了“手动测量”并点击“确定”键，则需用鼠标先在一个通道的动作电位波形上(如波峰)点击一次，然后在另一通道的动作电位波形相同位置点击一次，系统即在“测量信息栏”显示出有关信息。“测量信息栏”中的数据，可用测量信息栏的数据复制功能复制到 Word 等类型的文档中。

(5)点开“神经干兴奋不应期自动测定”并处于示波状态；刺激器对话框中选择同步触发，然后点击“自动”键，系统即自动产生双刺激，双刺激的波间隔(即两个刺激方波之间的时间间隔)从 20 ms 开始逐步减小，直至减小到 0.3 ms，系统在不应期自动测定中预设置了若干组波间隔，每一次刺激产生的波形都以临时文件形式自动记录下来(退出系统前执行保存命令即可长期保存)。随波间隔的逐步减小，第二个动作电位向第一个动作电位逐步靠近。当第二个刺激引起的动作电位幅度开始降低时，第二个与第一个刺激方波间的时间间隔(波间隔)即为不应期；以后第二个动作电位向第一个动作电位继续靠近，第二个动作电位逐渐消失，第二个动作电位刚消失时的波间隔为绝对不应期近似值。不应期减去绝对不应期即为相对不应期。按以上所述，利用系统的移动测量或两点测量功能，即可方便地找出不应期和绝对不应期，进而求得相对不应期。

利用刺激器对话框内的“开始刺激”，结合刺激器参数调节，也可手动完成不应期测定。在自动测定之前，可先用手动功能调试，以确定刺激幅度是否合适。在手动测定中波形未自动记录，需点击“记录当前波形”才能记录到硬盘上。

【注意事项】

1. 神经干标本长度越长越好，且要剥离干净，但又不能损伤神经主干。分离时应用眼科剪小心剪去神经分支及周围结缔组织，切忌撕拉。

2. 神经干标本应与记录电极紧密接触，特别要注意与中间接地电极的接触。神经干不能弯折，并经常保持湿润，又要注意防止电极间短路。

3. 刺激强度应从最小的强度开始，逐步增加刺激强度，且持续刺激时间不宜过长，防止损伤神经干。

【实验思考题】

1. 为什么记录到的双相动作电位的第一相和第二相的波形、幅值不对称？

2. 简述双相动作电位和单相动作电位的产生原理。两者在时程和幅度上有何不同？

3. 为什么在一定范围内，神经干动作电位的幅度随着刺激强度增大而增大？

4. 刺激落到相对不应期内时，其动作电位的幅值为什么减小？

5. 为什么在绝对不应期内，神经对任何强度的刺激都不再发生反应？

【拓展与链接】

G 蛋白耦联受体的发现及意义

细胞膜受体与胞外特定分子结合继而激活下游靶分子是细胞信号转导的关键阶段，细胞膜存在多种类型受体，其中G蛋白耦联受体(G-protein coupled receptors，GPCRs)是最重要的一类。2012年，两位美国科学家罗伯特·约瑟夫·莱夫科维茨(Robert Joseph Lefkowitz)和布莱恩·肯特·克比尔卡(Brian Kent Kobilka)因“G蛋白耦联受体研究”的贡献而获得诺贝尔化学奖。

GPCRs广泛的生物学作用使它们成为许多药物研究人员青睐的对象，他们可根据GPCRs结构特点设计药物，从而为多种疾病治疗带来新的希望。目前，30%～50%药物都是通过特定GPCRs发挥作用，从抗组胺药物到治疗胃溃疡药物，再到β-肾上腺素能受体阻断剂等。GPCRs的发现还使得许多药物作用机制有了新的解释，如1988年诺贝尔生理学或医学奖获得者布莱克(James Black)由于新药物设计原理获奖，他开发的最著名的2个药物——治疗心脏病的普萘洛尔(propranolol，β-受体阻断剂)和治疗胃溃疡的西咪替丁(cimetidine，H2受体拮抗剂)均通过GPCRs发挥生物学活性。此外，治疗过敏的马来酸氯苯那敏(chlorpheniramine，H1受体拮抗剂)和治疗精神分裂症的氯氮平(clozapine，多巴胺受体拮抗剂)等也是通过GPCRs产生疗效。随着研究的深入和对GPCRs结构和功能理解的加深，更多的药物将被设计、生产出来并进入临床应用。

【复习与思考】

1. 简述细胞膜的结构特点。
2. 细胞膜转运物质的形式有哪几种？它们是如何进行物质转运的？
3. 细胞跨膜信号转导的方式主要有哪几种？
4. 名词解释：被动转运、主动转运、易化扩散、单纯扩散、细胞凋亡、兴奋性、兴奋、可兴奋细胞、静息电位、动作电位、跨膜信号转导。
5. 细胞发生兴奋时，兴奋性经历怎样的变化过程？
6. 简述神经-骨骼肌接头处的兴奋传递过程及特点。
7. 以骨骼肌收缩的“滑动学说”说明骨骼肌收缩的机理。
8. 如何理解肌肉的收缩形式与刺激频率之间的关系？
9. 如何理解影响骨骼肌工作效率的因素？

项目二复习与思考答案

项目三

血　液

【知识目标】

- 掌握血液的组成、理化特性及各成分的生理功能。
- 掌握生理性止血、血液凝固的过程。
- 掌握临床上常采用的抗凝和促凝措施。
- 了解和掌握血型的分类及输血的原则。
- 掌握概念：血小板、生理性止血、血液凝固、血型、渗透脆性、悬浮稳定性、可塑性变形。

【能力目标】

- 能使用抗凝和促凝的方法解决临床和生产中的实际问题。
- 能准确说出红细胞、白细胞、血小板的生理特性、生成与破坏过程。
- 能熟练掌握交叉配血的方法并将其应用于临床。
- 能熟练掌握各种动物血液采集的方法。
- 能进行红细胞计数和血红蛋白测定。

【素质目标】

- 培养学生崇尚科学、积极探索的职业素养。
- 培养学生理论联系实际、理论指导实践的专业素养。
- 培养学生严谨的科研态度和自主学习的意识。
- 培养学生爱护实验动物的意识。

任务一　血液的组成与理化特性

【任务要求】

掌握血液的组成和理化特性；理解和掌握血浆胶体渗透压和血浆晶体渗透压的概念；能准确制备血浆和血清并能说出其区别。

【认知与解读】

血液是一种液体组织，在心脏收缩力驱动下，循环流动于心血管系统内。血液的主要功能是物质运输，它将从外界摄入的营养物质和氧气运送到全身各组织细胞，将各组织细胞产生的代谢产物运送到排泄器官排出体外；同时将内分泌腺产生的激素运送到靶器官、靶细胞并发挥调节作用。因而，血液起着沟通机体各部分之间和机体与外环境之间的作用。此外，血液还具有免疫保护机能、酸碱平衡调节机能等，因而，血液对维持内环境稳态和机体的正常生理功能是极其重要的。如果流经体内的任何器官的血流量不足，均可以造成严重的组织损伤甚至危及生命。

血液不仅是沟通各组织细胞与外部环境的最活跃的体液组分，而且体内各器官组织功能的变化往往反映到血液中来。因此临床上经常进行有关血液学检查，对诊断疾病具有重要价值。

一、血液的组成和血量

(一)血液的基本组成

血液是由血浆和悬浮在血浆中的血细胞组成。其中，血细胞包括红细胞、白细胞和血小板。取一定量的抗凝血液置于比容管中混合均匀，以 3 000 r/min 的速度离心 30 min 后，管中的血液可分为三层，上层淡黄色液体为血浆，下层深红色、不透明的积压较紧的部分为红细胞，中部夹着一薄层白色不透明的白细胞和血小板(图 3-1)。用这种方法可以测出血细胞在全血中所占的容积百分比，称为血细胞比容，由于血液中血细胞主要是红细胞，故血细胞比容也称红细胞比容。不同动物的红细胞比容不同，一般活泼动物的红细胞比容比较大，而运动缓慢的动物红细胞比容比较小。临床上测出红细胞比容，可以用来诊断脱水、贫血和红细胞增多症等。常见动物的红细胞比容见表 3-1。

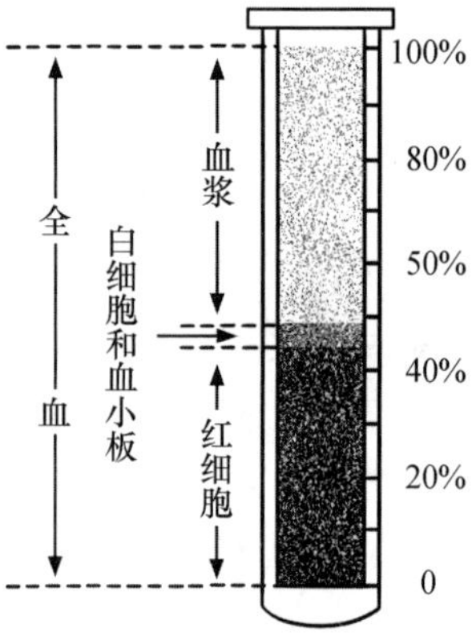

图 3-1 血液的组成示意图

表 3-1 常见动物的红细胞比容

动物	红细胞比容	动物	红细胞比容
马	0.35(0.24～0.44)	猪	0.42(0.32～0.50)
牛	0.35(0.24～0.46)	犬	0.45(0.37～0.55)
绵羊	0.38(0.24～0.50)	猫	0.37(0.24～0.45)
山羊	0.28(0.19～0.38)		

血液流出血管后，如不经抗凝处理，很快会凝固形成血块，随着血块逐渐回缩而析出淡黄色的清亮液体，称为血清。血清和血浆的主要区别在于血清中没有纤维蛋白原，一些凝血因子含量也显著减少。

(二)血浆的成分及功能

血浆是机体内环境的重要组成部分，其主要成分是水、无机物、有机物和少量气体。血浆含水量为 90%～92%，无机盐含量为 0.8%～1%，其中主要的阳离子是 K^+、Na^+、Ca^{2+}、Mg^{2+} 等，主要的阴离子是 Cl^-、HCO_3^-、HPO_4^{2-} 等，它们对于维持内环境的渗透压、酸碱平衡和神经肌肉组织的正常兴奋性具有十分重要的作用。血液中的有机物含量为 8%～9%，主要是血浆蛋白及营养物质(葡萄糖、氨基酸、脂肪酸等)、代谢产物、激素等。

血浆蛋白是血浆中各种蛋白质的总称，占血浆的 5%～8%。用盐析法可分为白蛋白(清蛋白)、球蛋白(电泳法等)和纤维蛋白原。球蛋白又可分为 α-球蛋白(α_1，α_2，α_3)、β-球蛋白、γ-球蛋白三种蛋白质。各种血浆蛋白在不同的动物中所占的比例有较大的区别，但同种动物的比例相对稳定。羊、兔、犬、猫等动物白蛋白多于球蛋白，而牛、马、猪、鸡等动物白蛋白只占血浆蛋白总量的 35%～50%，纤维蛋白原的含量通常不超过血浆蛋白总量的 10%。

血浆中还含有一些蛋白质或核酸的中间产物或终产物，如尿素、尿酸、肌酸、肌酐、氨基酸、胆红素、氨等，这些非蛋白含氮物质统称为非蛋白氮（NPN）。测定血液中 NPN 含量可以了解肾功能和蛋白质与核酸的代谢情况。此外，血浆中还含有葡萄糖、脂肪、胆固醇、脂肪酸等物质。

动物血液中的成分含量见表 3-2。

表 3-2　动物血液中的某些成分的含量

动物	全血/(mmol/L)			血清/(mmol/L)			血浆蛋白/(g/L)		
	葡萄糖	NPN	尿素氮	总胆固醇	钙	无机磷	总蛋白	白蛋白	球蛋白
马	2.8～4.8	14.3～28.6	3.6～7.1	1.9～3.9	2.3～3.8	3.6～7.1	65.0	32.5	32.5
牛	2.0～3.5	14.3～28.6	2.1～9.6	1.3～6.0	2.3～3.0	2.1～9.6	76.0	36.3	39.7
绵羊	1.5～2.5	14.3～27.1	2.9～7.1	2.6～3.9	2.3～3.0	2.9～7.1	53.8	30.7	23.1
山羊	2.3～4.5	21.4～31.4	4.6～10.0	1.4～5.2	2.3～3.0	4.6～10.0	66.7	39.6	27.1
猪	4.0～6.0	14.3～32.1	2.9～8.6	2.6～6.5	2.3～3.8	2.9～8.6	63.0	20.3	32.7
犬	4.0～6.0	12.1～27.1	3.6～7.1	3.2～6.4	2.3～2.8	3.6～7.1	62.0	35.7	26.3
猫	4.0～6.0		3.6～10.7	2.3～2.8	2.0～2.9	3.6～10.7	75.8	40.1	35.7

综上所述，血液的组成可概括如下：

- 血液
  - 血细胞（有形成分）（45%）
    - 红细胞
    - 白细胞
    - 血小板
  - 血浆（55%）
    - 水（90%～92%）
    - 溶质（8%～10%）
      - 血浆蛋白
        - 白蛋白
        - 球蛋白、纤维蛋白原
      - 无机盐：K^+、Na^+、Ca^{2+}、Cl^-、HCO_3^- 等
      - 非蛋白氮：尿素、尿酸、肌酐、氨基酸等
      - 不含氮的有机物：葡萄糖、脂肪、胆固醇等

（三）血量

动物体内血液的总量称为血量。动物血量用动物身体的质量的百分比来表示，哺乳动物的血量占身体质量的 5%～10%。体积大的动物血量相对少，幼年动物较成年动物多。通常大部分血量在心脏和血管内流动，这部分血量称为循环血量；少部分血量滞留在动物的肝、肺、脾、皮下静脉中，称为贮备血量。在剧烈运动、情绪激动或应急状态时贮备血量可释放，补充循环血量的相对不足，以满足机体的需要。常见动物的血量见表 3-3。

血量的相对稳定是维持正常动脉血压和器官血液供应的必要条件。健康动物一次失血不超过动物总血量的 10%时，一般不会影响健康。血浆中的水分和无机物可在 1～2 h 内由组织液得到补偿，血浆蛋白可以在 1～2 d 内由肝脏加速合成；但红细胞和血红蛋白的恢复较慢，首先由贮备血量来暂时补充，而后由骨髓在 1 个月内加速合成。如果动物一次失血超过总血量的 20%就会引起机体活动的明显障碍。如果动物一次失血超过总血量的 30%，就有生命危险。

表 3-3 常见动物血量

动物	每千克体重血量/mL	动物	每千克体重血量/mL
马(役用)	71.7	犬	92.5
奶牛	57.4	猫	66.7
绵羊	58.0	公鸡	90
山羊	70.0	母鸡	74
兔	56.4	鸭	102
猪	57.0	鸽	92

二、血液的理化特性

(一)血液的密度

血液的密度主要取决于血液中的红细胞的数量和血浆蛋白质的浓度。正常哺乳动物的血液的密度为 1.050～1.060,血浆的密度为 1.025～1.030。红细胞的密度为 1.070～1.090。血液中红细胞比容愈多则血液密度愈大,血浆中蛋白质含量愈多则血浆密度愈大。血液密度大于血浆,说明红细胞密度大于血浆。

(二)血液的颜色和气味

血液呈红色是因为红细胞内含有血红蛋白。动脉血中血红蛋白含氧量较多,血液呈鲜红色;静脉血中血红蛋白含氧量较少,血液呈暗红色。血浆因含少量的胆红素而呈淡黄色。

血液中因含氯化钠而呈咸味,因含挥发性的脂肪酸而有腥味。

(三)血液的黏滞性

液体流动时,由于液体分子间的摩擦而产生阻力,使液体流动缓慢并表现出黏着的特性,称为黏滞性。通常是在体外测定血液或血浆与水相比的相对黏滞性,这时血液的相对黏滞性为水的 4.5～6.0 倍,血浆为水的 1.5～2.5 倍。全血的黏滞性主要取决于所含的红细胞数量和在血浆中的分布状况,而血浆的黏滞性主要取决于血浆蛋白质的含量以及血中液体的含量。当血流缓慢时,红细胞可叠连或聚集成其他形式的团粒,使血液的黏滞性增大,血流阻力增加,影响血液正常循环。

(四)血浆渗透压

渗透压是溶液中的溶质促使水分子通过半透膜从一侧溶液扩散到另一侧溶液的力量。渗透压的大小取决于单位体积溶液中溶质颗粒的数目,与溶质的数目的多少呈正比,而与溶质的种类和大小无关。正常情况下,细胞内的渗透压与血浆渗透压基本相等。血浆渗透压包括晶体渗透压和胶体渗透压。由溶解于血浆中的晶体物质(如电解质)形成的渗透压,称为晶体渗透压,其中 80%来自 Na^+ 和 Cl^-。由血浆中蛋白质所形成的渗透压称为胶体渗透压,其中主要来自白蛋白。哺乳动物和禽类的血浆渗透压为 770 kPa,相当于 7.6 个大气压。其中晶体渗透压约占血浆渗透压的 99.5%,而胶体渗透压仅占血浆渗透压的 0.5%。

由于晶体物质可以自由进出毛细血管,使血浆与组织液中晶体物质的浓度几乎相等,所以它们的晶体渗透压也基本相等。但血浆和组织液的晶体物质中绝大部分不易透过细胞膜,所以细胞外液的晶体渗透压的相对稳定,对于保持细胞内外的水平衡及维持细胞正常形态和功能具有重要作用。此外,晶体渗透压对于消化道对水和营养物质的吸收、消化腺的分泌活动及肾小管的重吸收作用都有重要的作用。

血浆胶体渗透压虽然很低，但由于血浆蛋白一般不能透过毛细血管壁，使组织液中蛋白质很少，所以血浆的胶体渗透压明显高于组织液。因而，血浆胶体渗透压对于维持血管内外的水平衡（血浆与组织液的相对平衡）具有重要作用。

机体细胞的渗透压和血浆渗透压基本相等，故将和血浆渗透压相等的溶液称为等渗溶液。临床上常用的等渗溶液有0.9%NaCl溶液（生理盐水）或5%葡萄糖溶液。高于或低于血浆渗透压的溶液则相应地称为高渗或低渗溶液。

（五）血浆的pH

动物血浆的pH变动范围很小，正常哺乳动物的血浆pH为7.35～7.45。由于血浆pH影响酶的活性，进而影响细胞的新陈代谢及生理功能，因而血浆pH的相对稳定对于维持机体正常的生命活动具有十分重要的作用。血浆pH低于7.35称为酸中毒；血浆pH高于7.45称为碱中毒。如果血浆pH低于6.9或高于7.8，将危及生命。

血浆pH的相对稳定是血浆、肺、肾共同作用的结果。血浆pH主要取决于血浆中的缓冲对，血浆中主要缓冲对有$NaHCO_3/H_2CO_3$、Na_2HPO_4/NaH_2PO_4、蛋白质钠盐/蛋白质。其中$NaHCO_3/H_2CO_3$起着最重要的作用。在红细胞内尚有血红蛋白钾盐/血红蛋白、氧合血红蛋白钾盐/氧合血红蛋白、K_2HPO_4/KH_2PO_4、$KHCO_3/H_2CO_3$等缓冲对，都是很有效的缓冲系统。血浆缓冲对的作用在于将进入血液的强酸性或强碱性物质转变为弱酸性或弱碱性物质，使其对血浆pH的影响减至很小。由于机体代谢过程中主要产生大量的酸性代谢产物，所以起缓冲作用的主要是缓冲对中的弱碱盐，特别是$NaHCO_3$，故把血液中$NaHCO_3$的含量称为碱储。

任务二　血细胞生理

【任务要求】

掌握红细胞、白细胞、血小板的形态、生理特性和功能；掌握红细胞生成所需的原料；了解红细胞、白细胞、血小板的生成与破坏；理解生理性止血的概念和过程。

【认知与解读】

血液中的血细胞包括红细胞、白细胞和血小板三种。

一、红细胞

（一）红细胞的形态、数量

1. 红细胞的形态

大多数哺乳动物成熟的红细胞呈双面略凹的圆盘形（图3-2），无细胞核。直径为7～8 μm。这种形状由于表面积与体积之比较球形大，因而气体扩散面积大，扩散距离短，有利于红细胞的气体交换，也有利于红细胞发生可塑性变形，挤过口径比它小的毛细血管、血窦孔隙。骆驼、鹿的红细胞是椭圆形，无细胞核；禽类红

图3-2　哺乳动物的红细胞

细胞呈椭圆形，有细胞核。

2. 红细胞的数量

红细胞是血液中数量最多的一种血细胞，数量随动物种类、性别、环境不同而有所变化。习惯上单位是百万个/mm^3(10^{12} 个/L)。常见动物的红细胞数见表3-4。

表3-4 常见动物红细胞数 10^{12} 个/L

动物	红细胞数量	动物	红细胞数量
马	7.5(5.0～10.0)	公鸡	3.8
牛	7.0(5.0～10.0)	母鸡	3.0
绵羊	12.0(8.0～12.0)	雄鸭	2.7
山羊	13.0(8.0～18.0)	雌鸭	2.5
猪	6.5(5.0～8.0)	鹅	2.7
犬	6.8(5.0～8.0)	雄鸽	4.0
猫	7.5(5.0～10.0)	雌鸽	2.2

(二)红细胞的生理特性

1. 红细胞膜的通透性

红细胞膜具有选择通透性，氧气、二氧化碳及尿素可以自由通过，葡萄糖、氨基酸、负离子(Cl^-、HCO_3^-)较易通过，而正离子却很难通过。细胞膜上的钠泵维持胞内高钾低钠的状况，用于保持亚铁血红蛋白不致被氧化，也用于保持细胞膜的完整性和细胞的双凹圆盘形。

2. 红细胞的可塑性变形

红细胞经常要挤过口径比它小的毛细血管和血窦孔隙，这时红细胞将发生卷曲变形，通过后又恢复原形，这种变形称为可塑性变形。红细胞膜的流动性、弹性与可塑性变形能力呈正比，故衰老的红细胞可塑性变形能力降低；此外，红细胞内黏度增高可引起可塑性变形能力降低。

3. 红细胞的悬浮稳定性

将与抗凝剂混匀的血液静置于一支玻璃管(如分血计)中，红细胞由于密度较大，将因重力而下沉，但正常时下沉十分缓慢。红细胞在血浆中能够保持悬浮状态而不易下沉的特性称为红细胞的悬浮稳定性。通常以红细胞在1 h内下沉的距离来表示红细胞沉降的速度，称为红细胞沉降率(简称血沉，ESR)。红细胞沉降率愈小，表示悬浮稳定性愈大。某些疾病(如活动性肺结核、风湿热等)可以使红细胞下沉速度加快；大量脱水时血沉则减慢。

4. 红细胞的渗透脆性

由于红细胞内的渗透压与血浆渗透压相同，故血浆能维持红细胞的正常形态和功能。在高渗溶液中，红细胞内的水分将外渗而发生皱缩；而在低渗溶液中，水分将进入红细胞内，引起红细胞膨胀甚至破裂，使血红蛋白释出，这一现象称为红细胞溶解，简称溶血。但红细胞对低渗溶液的破坏有一定的抵抗力，红细胞在低渗溶液中抵抗破裂和溶血的特性，称为渗透脆性。如将正常红细胞悬浮在0.9% NaCl溶液中，红细胞保持正常大小和双凹圆盘形；在0.6%～0.8% NaCl溶液中，红细胞仅发生体积膨胀；在0.42% NaCl溶液中时才出现部分细胞溶血，在0.35%NaCl溶液中才发生全部溶血。衰老的红细胞及在某些溶血性疾病中，红细胞的渗透脆性明显增大。临床上常常通过测定红细胞的渗透脆性来了解红细胞的生理状态，或作为某些疾病诊断的辅助方法。

(三)红细胞的功能

红细胞的主要功能是运输 O_2 和 CO_2。在血液中由红细胞运输的 O_2 约为溶解于血浆 O_2 的 70 倍；在红细胞参与下，血液运输 CO_2 的量约为溶解于血浆中的 CO_2 的 18 倍。红细胞的双凹圆盘形使气体交换面积较大，由细胞中心到细胞表面的距离较短，因此气体进出红细胞的扩散距离也较短，有利于 O_2 和 CO_2 的跨膜转运。红细胞运输 O_2 的功能是靠细胞内的血红蛋白来实现的，一旦红细胞破裂，血红蛋白逸出，即丧失运输气体的功能。红细胞运输 CO_2 的功能，主要是由于红细胞内有丰富的碳酸酐酶，后者能使 CO_2 和 H_2O 之间的可逆反应速度加快数千倍。从组织扩散进入血液的大部分 CO_2 与红细胞内的 H_2O 发生反应，生成 H_2CO_3。此外，红细胞在酸碱平衡调节及免疫中也具有重要作用。

(四)红细胞的生成与破坏

1.红细胞的生成

(1)红细胞生成所需的原料　蛋白质和铁是合成血红蛋白的基本原料，如果供给不足则导致营养不良性贫血。临床上以缺铁性贫血最为常见，表现为血红蛋白含量减少，红细胞体积缩小，故也称为小细胞低色素性贫血。在幼红细胞的发育、成熟过程中，需要维生素 B_{12} 和叶酸的参与，如果维生素 B_{12} 和叶酸供给不足则也会引起贫血，表现为幼稚红细胞数量明显增加，体积增大，故也称为巨幼红细胞性贫血。此外，红细胞生成还需要维生素 B_6、维生素 B_2、维生素 C、维生素 E 和微量元素铜、锰、钴、锌等。

(2)红细胞生成过程　动物出生后，红骨髓是生成红细胞的唯一场所。红细胞由红骨髓的多功能造血干细胞分化增殖而成，其分化增殖过程依次经过多功能造血干细胞、髓系干细胞、红系祖细胞、原红细胞、早幼红细胞、中幼红细胞、晚幼红细胞、网织红细胞、成熟红细胞多个阶段。某些放射性物质或药物会抑制骨髓的造血功能，造成再生障碍性贫血。

(3)红细胞生成的调节　红细胞数量的稳定主要受爆式促进因子、促红细胞生成素的调节，此外，雄激素也有一定的调节作用。

爆式促进因子(BPA)的作用主要是促进早期红系祖细胞(爆式红系集落形成单位，BFU-E)的增殖。

促红细胞生成素(EPO)主要由肾脏产生的，肝脏也有少量的生成，在正常血液中维持一定的浓度，使红细胞数量相对稳定。该物质可以促进骨髓内造血细胞的分化、成熟和血红蛋白的合成，并促进成熟的红细胞释放进入血液，特别是对晚期红系祖细胞的增殖起重要作用。在机体贫血、组织中氧分压降低时，血浆中的促红细胞生成素浓度增加。但当促红细胞生成素浓度增加到一定水平时，反而能抑制促红细胞生成素的合成和释放。这种反馈调节，使红细胞数量相对稳定，以适应机体的需要。

雄激素可以直接刺激骨髓造血组织，促使红细胞和血红蛋白的合成，也可以作用于肾脏或肾脏以外组织以促进促红细胞生成素的合成，从而间接地促使红细胞生成，这也可能是雄性动物的红细胞数和血红蛋白量高于雌性动物的原因之一。

2.红细胞的破坏

(1)红细胞的寿命　红细胞的寿命因动物种类不同而有很大差异。不同动物红细胞的平均寿命是：马 140～150 d，牛 135～162 d，猪 75～97 d，鸡 28～35 d，鸭 42 d，鸽 35～45 d。

（2）红细胞的破坏　脾是破坏红细胞的主要场所。衰老的红细胞变形能力减退，脆性增加，容易被急速血流冲击而破坏（特别是血流湍急处），也不容易通过微小孔隙而滞留在脾和骨髓中，被吞噬细胞吞噬破坏。血管内红细胞被破坏后释放出的血红蛋白很快被分解成为珠蛋白、胆绿素和铁。珠蛋白和铁可重新参与体内代谢，胆绿素随即被还原成胆红素，经肝脏随胆汁排入十二指肠。

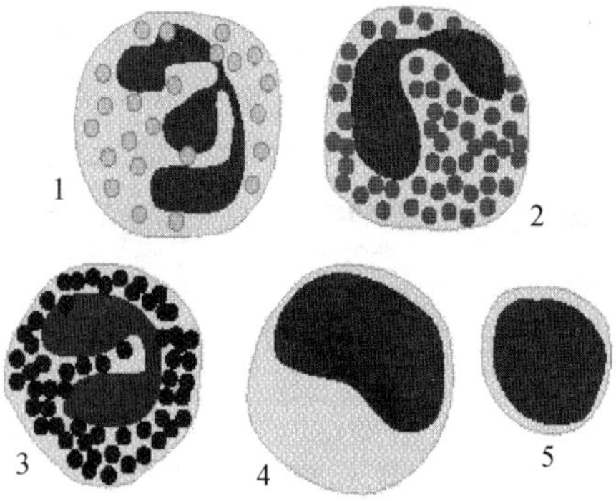

图 3-3　白细胞的形态与分类

1. 中性粒细胞　2. 嗜酸性粒细胞
3. 嗜碱性粒细胞　4. 单核细胞　5. 淋巴细胞

二、白细胞

（一）白细胞的数量和分类

白细胞为无色有核的细胞，比红细胞大，但密度比红细胞小。按其细胞浆中有无特殊嗜色颗粒，将白细胞分为粒细胞和无粒白细胞。粒细胞又依据所含颗粒对染色剂反应特性分为中性粒细胞、嗜碱性粒细胞、嗜酸性粒细胞，无颗粒细胞则可以分为单核细胞和淋巴细胞。白细胞的形态与分类见图 3-3。各自所占白细胞总数的百分比为：中性粒细胞 50%～70%，淋巴细胞 20%～40%，单核细胞 2%～8%，嗜酸性粒细胞 0～7%，嗜碱性粒细胞 0～1%。白细胞在不同的生理状态下变动范围大，如昼夜节律，清晨最低，午后最高，升幅可达 25%；在炎症、组织损伤及白血病等情况下，可发生明显变化。常见动物白细胞数量及各类白细胞比例见表 3-5。

表 3-5　常见动物白细胞数量及各类白细胞比例

动物	白细胞总数/10^9 个	各类白细胞所占百分比/%				
		嗜碱性粒细胞	嗜酸性粒细胞	中性粒细胞		淋巴细胞
				杆状核	分叶核	
马	8.77	0.5	4.5	4.5	53.0	34.5
牛	7.62	0.5	4.0	3.5	33.0	57.0
绵羊	8.25	0.5	5.0	2.0	32.5	59.0
山羊	9.70	0.1	6.0	1.0	34.0	57.5
猪	14.66	0.5	0.5	6.0	31.5	55.5
骆驼	24.00	0.5	8.0	7.0	47.5	35.0
犬	11.50	1.0	6.0	3.0	60.0	25.0
猫	12.50	0.5	5.0	0.5	59.0	32.0
公鸡	16.6	2.4	1.4	25.8	64	6.4
母鸡	29.4	2.4	2.5	13.3	76.1	5.7
雄鸭	24.0	3.1	9.9	52.0	31.0	3.7
雌鸭	26	3.3	10.2	32.0	47.0	6.9
鹅	18.2	2.2	4.0	50.0	36.0	8.0

(二)白细胞的生理特性和功能

白细胞中除淋巴细胞外,都能伸出伪足做变形运动,得以穿过血管壁。白细胞具有趋向某些化学物质游走的特性,称为趋向性。体内具有趋化作用的物质包括机体细胞的降解产物、抗原-抗体复合物、细菌毒素和细菌等,白细胞可按着这些物质的浓度梯度游走到这些物质的周围,把异物包围起来并吞入胞浆内,此过程称为吞噬作用。

白细胞的主要功能是参与机体的特异性免疫和非特异性免疫反应。

1.中性粒细胞的生理特性和功能

中性粒细胞具有活跃的变形能力、敏锐的趋化性和很强的吞噬及消化细菌的能力,是吞噬微生物病原体(特别是急性化脓性细菌)的主要细胞。此外,也能吞噬机体本身各种坏死的组织细胞及衰老、受损的红细胞。当中性粒细胞减少时,机体抗感染能力明显下降;而当体内发生细菌感染,尤其是化脓性细菌感染时,中性粒细胞数量显著增多,特别是幼稚型核中性粒细胞明显增多(核左移)。

2.嗜碱性粒细胞的生理特性和功能

嗜碱性粒细胞的胞质中存在较大、碱性染色很深的颗粒。颗粒内含有肝素和组胺。近年来发现嗜碱性粒细胞参与体内的脂肪代谢:食物中脂肪被吸收后,周围血液中的嗜碱性粒细胞数随即增加,释放出肝素,加快了脂肪分解为游离脂肪酸的速度。肝素还有很强的抗凝血作用。

嗜碱性粒细胞释放的组胺能引起局部毛细血管舒张,血管通透性增大,支气管、胃肠道平滑肌收缩;也能释放过敏性慢反应物质(SRS-A),血管通透性增大,细支气管平滑肌收缩,引起哮喘、荨麻疹等过敏反应。患某些过敏性疾病时,嗜碱性粒细胞数量明显增多。

3.嗜酸性粒细胞的生理特性和功能

嗜酸性粒细胞的数量随肾上腺糖皮质激素量的昼夜波动而表现日周期(清晨少、午夜多)。这类白细胞也具有吞噬功能。嗜酸性粒细胞在体内的作用是限制嗜碱性粒细胞在速发性过敏反应中的作用。当嗜碱性粒细胞被激活时,释放出趋化因子,使嗜酸性粒细胞聚集到同一局部,并从三个方面限制嗜碱性粒细胞的活性:一是嗜酸性粒细胞可产生前列腺素 E,使嗜碱性粒细胞合成释放生物活性物质的过程受到抑制;二是嗜酸性粒细胞可吞噬嗜碱性粒细胞所排出的颗粒,使其中的生物活性物质不能发挥作用;三是嗜酸性粒细胞能释放组胺酶等酶类,破坏嗜碱性粒细胞所释放的组胺等活性物质。此外,嗜酸性粒细胞还参与对蠕虫的免疫反应。当机体发生过敏反应或蠕虫感染时,常伴有嗜酸性粒细胞增多。

4.单核细胞的生理特性和功能

单核细胞从血流中进入肝、脾和淋巴结等组织后,即转变为细胞体积大、溶菌颗粒多、吞噬能力强的巨噬细胞。巨噬细胞能吞噬较大的异物和细菌。激活了的单核细胞和组织巨噬细胞能生成并释放多种细胞毒素、干扰素和白细胞介素,参与机体防卫机制,还产生一些能促进平滑肌细胞生长的因子。单核细胞还参与激活淋巴细胞的特异性免疫功能。

5.淋巴细胞的生理特性和功能

淋巴细胞是免疫细胞中的一大类,它们在免疫应答过程中起着核心作用。根据细胞发育过程和功能的不同,可分为两类:T 细胞和 B 细胞。在功能上 T 细胞主要与细胞免疫有关,B 细胞则主要与体液免疫有关。

(三)白细胞的生成与破坏

1. 白细胞的生成

白细胞与红细胞和血小板都起源于骨髓中的多功能造血干细胞,但淋巴细胞除来自骨髓外,还在淋巴组织(包括胸腺、淋巴结、扁桃体等)中产生;单核细胞除来自骨髓外,部分在网状内皮系统产生。白细胞分化增殖受一组造血生长因子(HGF)调节,HGF 由淋巴细胞、单核-巨噬细胞、成纤维细胞、内皮细胞分泌。此外,乳铁蛋白、转化生长因子-β 可直接抑制或通过限制上述 HGF 而抑制白细胞生成。

2. 白细胞的破坏

白细胞可因衰老死亡或执行防御功能被消耗而致破坏。破坏后有的被网状内皮系统吞噬,有的则通过消化、呼吸、泌尿道排出体外。

三、血小板

(一)血小板形态、数量

血小板是从骨髓中成熟的巨核细胞胞质脱落下来的具有生物活性的小块胞质。哺乳动物的血小板呈椭圆形、杆形或不规则形。循环血液中的血小板是无色、无核的透明小体,比红细胞小,有代谢现象。血小板的数量因动物种类不同而不同(表 3-6),并随机体情况发生变化,如剧烈运动和妊娠期显著增加(妊娠诊断),大量失血和组织损伤时则显著减少。

表 3-6 动物血小板数量 10^9 个/L

动物	血小板数量	动物	血小板数量
马	200～900	驴	400
牛	260～710	骆驼	367～790
绵羊	170～980	犬	199～577
山羊	310～1 020	猫	100～760
猪	130～450	兔	125～250

家禽的血液中没有血小板,而含有凝血细胞,其功能类似于哺乳动物的血小板。凝血细胞由骨髓单核细胞分化而来。细胞呈卵圆形,有一个圆形细胞核。凝血细胞的数量为:鸡 2.6×10^{10} 个/L,鸭 3.07×10^{10} 个/L。

(二)血小板的生理特性

血小板的生理特性主要有黏着、聚集、吸附与释放、收缩等。这些特性与血小板的止血功能和加速凝血的功能密切相关。

1. 黏着

当血管内皮损伤而暴露出胶原纤维时,立即引起血小板的黏着。血小板的黏着与血小板表面带负电荷而胶原纤维带正电荷有关。血小板与胶原纤维黏着引起血小板膜中的花生四烯酸生成血栓烷(TXA_2),血栓烷具有极强的促血小板聚集和血管收缩作用。

2. 聚集

血小板彼此之间互相黏着、聚合成团的过程称为血小板聚集。血小板的聚集过程分为两个阶段:第一阶段是血小板可逆性聚集,主要是由受损伤组织释放的外源性 ADP 所引起的,其特点是聚集后可解聚。第二阶段为不可逆聚集，主要是由血小板释放的内源性 ADP 所引起的，其特点是发生聚集后不再解聚。

3. 吸附与释放

血小板能从血浆中主动吸收 5-羟色胺(5-HT)、儿茶酚胺等，贮存于致密颗粒中。血小板还能吸附血浆中的凝血因子，使血小板聚集的局部凝血因子浓度增高，促进凝血反应。

血小板被激活时，可将贮存颗粒中的 ADP、5-HT 和儿茶酚胺等活性物质释放出来，这个过程称为血小板的释放过程。

4. 收缩

血小板内含有血小板收缩蛋白，血小板伪足伸入血凝块纤维蛋白网中，收缩时可使血凝块挤出其中的血清。

(三)血小板的功能

血小板的主要功能是吸附血浆中的多种凝血因子于表面，参与生理性止血和血液凝固的过程。

1. 维持毛细血管壁的正常通透性

血小板可以随时沉着在毛细血管壁上，以填补血管内皮细胞脱落留下的空隙，并可以融入血管内皮细胞，对血管内皮细胞的完整性和细胞修复有重要的作用。当血小板含量明显下降时，血管脆性增加，会产生出血倾向。微小创伤或仅血压增高也使皮肤和黏膜下出现出血点，甚至出现大块紫癜，称为血小板减少性紫癜。

2. 参与生理性止血

生理性止血是指当小血管受损，血液自血管内流出数分钟后，出现自行停止的过程。生理性止血过程主要包括以下三个过程：

(1)受损伤局部血管收缩　当小血管受损时，首先由于神经调节引起局部血管反射性收缩，继之血管内皮细胞和黏附于损伤处的血小板释放缩血管物质，使血管进一步收缩，封闭创口。

(2)血栓的形成　血管内膜损伤，暴露内膜下组织，激活血小板，使血小板迅速黏附、聚集，形成松软的止血栓堵住伤口，实现初步止血。

(3)纤维蛋白凝块的形成　血小板血栓形成的同时激活血管内的凝血系统，在局部形成血凝块，加固止血栓，起到止血作用。

3. 参与凝血

血小板表面的质膜结合有多种凝血因子(Ⅰ、Ⅴ、Ⅺ、Ⅻ等)，在血小板因子(PF)中，PF_2 和 PF_3 都是促进血凝的，PF_4 可中和肝素，PF_6 则抑制纤维蛋白溶解(以下简称纤溶)。血小板经表面激活后，能加速凝血因子Ⅻ和Ⅺ的表面激活进程。血小板所提供的磷脂表面(PF_3)，据估计可使凝血酶原的激活加快 20 000 倍；凝血因子Ⅹa 和因子Ⅴ连接于此磷脂表面后，还可以免受抗凝血酶Ⅱ和肝素对它们的抑制作用。

4. 对纤维蛋白的溶解作用

血栓形成早期，血小板可以释放抗纤溶酶因子(PF_6)和另一些抑制蛋白酶的物质，所以在形成血栓时，不致受到纤溶的干扰。在血栓形成的晚期，随着血小板解体，血小板内所含的纤溶酶系及其激活物也将释放出来；血纤维和血小板释放的5-羟色胺等也能使内皮细胞释放激活物，促使纤溶酶原活化，促进纤维蛋白解体，使血栓溶解，血流通畅。

(四)血小板的生成与破坏

1. 血小板的生成与调节

生成血小板的巨核细胞也是从骨髓中的造血干细胞分化发展来的。造血干细胞先分化生成巨核系祖细胞，也称巨核系集落形成单位(CFU-Meg)。祖细胞核内染色体是2倍体或4倍体时，具有增殖能力，数量增加；祖细胞进一步分化为8～32倍体的巨核细胞时，胞质开始分化，内膜系统逐渐完备；最后有一种膜性物质把胞质分隔成许多小区，当每个小区被完全隔开时即成为血小板。血小板一个个经静脉窦窦壁内皮间隙脱落入血。巨核细胞增殖、分化的调节机制类似于红细胞。巨核系集落刺激因子(Meg-CSF)和促血小板生成素(TPO)对两个分化阶段进行调节。

2. 血小板的破坏

血小板进入血液后，只在开始2 d具有生理功能，但平均寿命可有7～14 d。发挥生理功能时被消耗；衰老的血小板是在脾、肝和肺组织中被吞噬的。

任务三　血液凝固与纤维蛋白溶解

【任务要求】

理解和掌握血液凝固与纤维蛋白溶解的概念；掌握血液凝固的过程；了解血液中的抗凝物质；掌握临床上常用的抗凝和促凝措施。

【认知与解读】

血液凝固是指血液由流动的液体状态转变为不能流动的凝胶状态的过程，简称凝血。在凝血的过程中由于血浆中的可溶性纤维蛋白原转变为不溶的纤维蛋白，并交织成网，将血细胞网罗在内形成血凝块。血液凝固后1～2 h血块发生收缩，同时析出淡黄色的液体，称为血清。

凝血是一种防御性保护反应，它可以避免血液丢失过多而维持血量的相对稳定。

一、血液凝固

(一)凝血因子

血浆与组织中直接参与凝血的物质，统称为凝血因子，其中已按国际命名法编号的有12种(表3-7)。此外还有前激肽释放酶、高分子激肽原以及来自血小板的磷脂等。除因子Ⅳ和磷脂外都是蛋白质，且因子Ⅱ、Ⅶ、Ⅸ、Ⅹ、Ⅺ、Ⅻ及前激肽释放酶都是蛋白质酶。通常在血液中，凝血因子Ⅱ、Ⅶ、Ⅸ、Ⅹ、Ⅺ、Ⅻ都是无活性的酶原，必须通过有限水解(在其肽链上一定部位切断或切下一个片段)，以暴露或形成活性中心，才成为有活性的酶，这个过程称为激活。被激活的酶称为这些因子的“活性型”，习惯上在该因子代号后面加“a”字来表示。如凝血酶原被激活为凝血酶，即由因子Ⅱ变成因子Ⅱa。因子Ⅶ是以活性型存在于血液中的，但必须有因子Ⅲ(即组织凝血激酶)同时存在才能起作用，而在正常情况下因子Ⅲ只存在于血管外，所以通常因子Ⅶ在血流中也不起作用。

表 3-7　凝血因子

因子	同义名	合成部位	合成时是否需要维生素 K	凝血过程中的作用
Ⅰ	纤维蛋白原	肝	否	变为纤维蛋白
Ⅱ	凝血酶原	肝	需要	变为有活性的凝血酶
Ⅲ	组织因子	各种组织	否	启动外源凝血
Ⅳ	钙离子	—	—	参与凝血的多个过程
Ⅴ	前加速素	肝	需要	调节蛋白
Ⅶ	前转变素	肝	需要	参与外源凝血
Ⅷ	抗血友病因子	肝为主	否	调节蛋白
Ⅸ	血浆凝血激酶	肝	需要	变为活性型
Ⅹ	Stuart-Prower 因子	肝	需要	变为活性型
Ⅺ	血浆凝血激酶前质	肝	否	变为活性型
Ⅻ	接触因子	不明确	否	启动内源凝血
XⅢ	纤维蛋白稳定因子	肝	否	参与不溶性纤维蛋白的形成

(二)血液凝固的过程

Macfarlane、Davies 和 Ratnoff 在 1964 年分别提出并逐步完善了凝血过程的瀑布学说，他们认为凝血是一系列凝血因子相继酶解而激活的过程。

凝血过程大体上可分为三个阶段：凝血酶原激活物的形成；凝血酶原变成凝血酶；纤维蛋白原转变成纤维蛋白(图 3-4)。

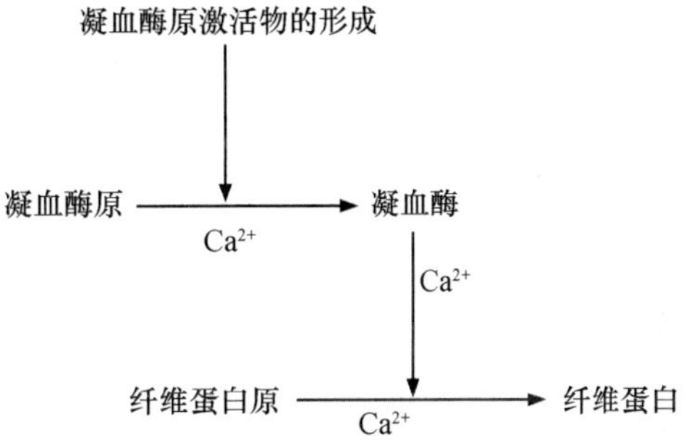

图 3-4　凝血的基本过程

1.凝血酶原激活物的形成

凝血酶原激活物的形成过程可以分为内源性激活途径和外源性激活途径两个途径(图 3-5)。如果只是损伤血管内膜或抽出血液置于玻璃管内，完全依靠血浆内的凝血因子逐步使凝血因子Ⅹ激活从而发生凝血的，称为内源性激活途径；如果是依靠血管外组织释放的因子Ⅲ来参与凝血因子Ⅹ的激活的，称为外源性激活途径，如创伤出血后发生凝血的情况。

(1)内源性途径　一般从凝血因子Ⅻ的激活开始。当血管内皮受到损伤时，暴露出血管内膜下组织，特别是胶原纤维，与凝血因子Ⅻ接触，可使凝血因子Ⅻ激活成Ⅻa。Ⅻa 可激活前激肽释放酶，使之成为激肽释放酶；后者反过来又能激活因子Ⅻ，这是一种正反馈，可使因子Ⅻa 大量生成。Ⅻa 凝血因子又激活凝血因子Ⅺ成为Ⅺa。由凝血因子Ⅻ激活到Ⅺa 形成为止的步骤，称为表面激活。表面激活所形成的Ⅺa 再激活因子Ⅸ生成Ⅸa，这一步需要有 Ca^{2+}(即因子Ⅳ)存在。凝血因子Ⅸa、Ⅷ和血小板因子Ⅲ(PF_3)及 Ca^{2+} 组成因子Ⅷ复合物，即可激活凝血因子Ⅹ生成Ⅹa。PF_3 可能就是血小板膜上的磷脂，它的作用主要是提供一个磷脂的吸附表面。凝血因子Ⅸa 和Ⅹ分别通过 Ca^{2+} 而同时连接于这个磷脂表面，这样，因子Ⅸa 即可使因子Ⅹ发生有限水解而激活成为Ⅹa。但这一激活过程进行很缓慢，除非有因子Ⅷ参与。因子Ⅷ本身不是蛋白酶，不能激活因子Ⅹ，但能使Ⅸa 激活因子Ⅹ的作用加快几百倍。遗传性缺乏因子

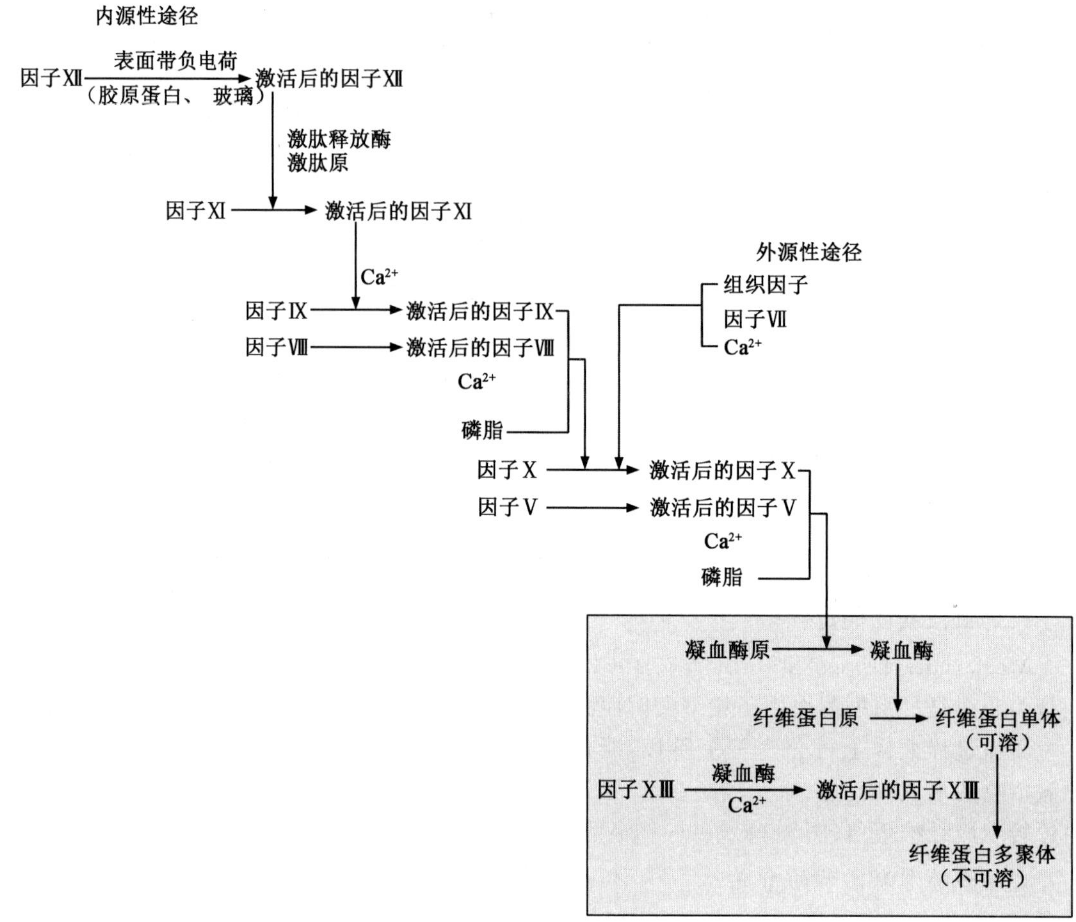

图 3-5　凝血过程示意图

Ⅷ将发生甲型血友病，这类病人的凝血过程非常慢，甚至微小的创伤也出血不止。先天性缺乏因子Ⅸ时，内源性途径激活因子Ⅹ的反应受阻，血液也就不易凝固，这种凝血缺陷称为B型血友病。

(2)外源性途径　外源性途径的启动来源于组织因子（TF，凝血因子Ⅲ）。因子Ⅲ，原名组织凝血激酶，广泛存在于血管外组织中，但在脑、肺和胎盘组织中特别丰富。血管损伤时释放组织因子进入血液，与因子Ⅶa结合组成TF-Ⅶa复合物，在有Ca^{2+}存在的情况下，激活凝血因子Ⅹ生成Ⅹa。Ⅹa又与凝血因子Ⅴ、PF_3和Ca^{2+}形成凝血酶原复合物，激活凝血酶原（凝血因子Ⅱ）生成凝血酶（Ⅱa）。

2. 凝血酶原转变成凝血酶

正常血液中的存在无活性的凝血酶原，在Ca^{2+}参与下，凝血酶原激活物催化凝血酶原转变生成凝血酶。

3. 纤维蛋白原转变成纤维蛋白

凝血酶的主要作用是使纤维蛋白原分解形成纤维蛋白单体，在Ca^{2+}和凝血因子ⅩⅢa作用下，纤维蛋白单体相互聚合形成不溶于水的纤维蛋白多聚体凝块，从而导致血液凝固。

血凝形成后由于血小板收缩蛋白的收缩作用，血凝块回缩面变得结实，同时析出血清。

从血液流出血管到出现丝状的纤维蛋白所需的时间称为凝血时间。不同动物凝血时间有所不同。马的凝血时间为 11.5 min；牛 6.5 min；绵羊 2.5 min；猪 3.5 min。动物患有某些疾病时可因某些凝血因子缺乏或不足，使凝血时间延长。

二、抗凝物质和纤维蛋白溶解

血液在心血管系统内循环，之所以不发生凝固，是因为①血管内膜光滑，很少出现异物面，凝血因子Ⅻ很少发生表面激活，血小板的黏附、聚集也不能发生；②即使血浆中有少量凝血因子成了活化型，也将被稀释，不足以引起凝血反应，并由肝脏清除或被吞噬细胞吞噬；③血浆中存在着一些抗凝物质和纤溶系统。

（一）抗凝物质

血浆中存在多种抗凝物质，其中主要有：

1. 抗凝血酶Ⅲ

抗凝血酶Ⅲ是血浆中一种丝氨酸蛋白酶抑制物，其分子上的精氨酸残基可以与凝血因子Ⅱa、Ⅶ、Ⅸa、Ⅻa 活性中心的丝氨酸残基结合，使后者封闭失活。抗凝血酶Ⅲ本身抗凝作用非常慢而弱，但与肝素结合后，抗凝作用可增加 2 000 倍。

2. 蛋白质 C

蛋白质 C 是由肝脏合成的维生素 K 依赖性血浆蛋白，以酶原形式存在于血浆中。凝血酶与血管内皮表面存在的凝血酶调制素结合后激活蛋白质 C。激活的蛋白质 C 具有多方面的抗凝血、抗血栓功能：①在 Ca^{2+} 和磷脂存在时可灭活凝血因子Ⅴ和Ⅷ。②限制凝血因子Ⅹa 与血小板的结合，使Ⅹa 激活凝血因子Ⅱ的作用大为减弱，③刺激纤溶酶原激活物的释放，从而增强纤维蛋白的溶解。

3. 组织因子途径抑制物（TFPI）

TFPI 是主要来自小血管内皮细胞的一种糖蛋白，目前被认为是体内主要的生理抗凝物质。

4. 肝素

肝素是一种酸性黏多糖，主要由肥大细胞和嗜酸性粒细胞产生，存在于大多数组织中。肝素在体内、外都具有抗凝作用。肝素抗凝的主要机制有：①它能结合血浆中的一些抗凝蛋白，增强其抗凝活性，如抗凝血酶Ⅲ和肝素辅助因子Ⅱ。肝素与肝素辅助因子Ⅱ结合后，凝血酶灭活速度可加快 1 000 倍。②刺激血管内皮细胞释放组织因子途径抑制物（TFPI）和其他抗凝物质。③增强蛋白质 C 的活性。④刺激血管内皮细胞释放纤溶酶原激活物，增强纤溶。

（二）纤维蛋白溶解

凝血过程中形成的纤维蛋白被分解、液化的过程称为纤维蛋白溶解，简称纤溶。参与纤溶的物质有纤溶酶原、纤溶酶以及纤溶酶原激活物和纤溶酶抑制物等，总称纤维蛋白溶解系统。纤溶的作用是使生理性止血过程中所形成的纤维蛋白凝块能及时溶解，防止血栓形成，此外纤溶系统还参与组织修复、血管再生等多种功能。

纤溶的基本过程可分为纤溶酶原的激活与纤维蛋白（或纤维蛋白原）的降解两个阶段（图 3-6）。

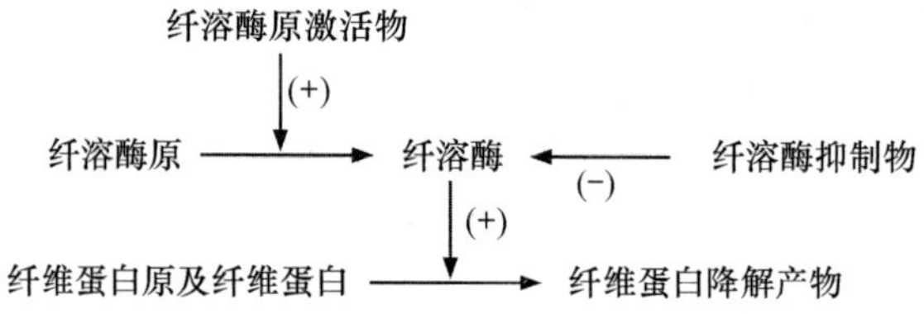

图 3-6　纤溶的基本过程

（+）促进作用　（−）抑制作用

纤溶酶原主要是在肝、骨髓、嗜酸性粒细胞与肾中合成。纤溶酶原激活有两条途径，其一是通过内源性凝血系统的有关凝血因子激活。该途径使血凝与纤溶互相配合，并保持平衡。其二是通过来自各种组织和血管内皮细胞合成的组织型纤溶酶原激活物激活（如肾合成分泌尿激酶）。该途径可以防止血栓形成，在组织修复、愈合中发挥作用。

此外，体内还存在多种纤溶抑制物（如纤溶酶原激活物的抑制剂-1、补体 C1 抑制物等），抑制纤溶系统的活性。

凝血和纤溶是两个对立又统一的功能系统，它们之间的动态平衡，使机体既不会发生出血，也不会在血管内形成血栓，维持血液在血管内循环流动和血管壁结构的完整性。

三、抗凝与促凝

在临床和实验室工作中，经常需要促进血凝过程（如止血、提取血清等）或延缓血凝过程（如防止血栓形成、提取血浆、血细胞检查等）。

（一）抗凝或延缓凝血的常用方法

1. 移钙法

凝血过程的三个主要阶段中均有 Ca^{2+} 参与，除去血浆中的 Ca^{2+} 可以达到抗凝的目的。移钙法是制备抗凝血的常用方法：血液中加入适量柠檬酸钠，可与 Ca^{2+} 结合成络合物——柠檬酸钠钙；加入适量草酸盐，如草酸钾、草酸铵，可与 Ca^{2+} 结合成不溶性草酸钙；用乙二胺四乙酸（EDTA）螯合钙等。

2. 肝素

肝素在体内、外均具有强大的抗凝作用，可注射到体内防止血管内凝血和血栓的形成，也可用于体外抗凝。具有用量少、对血液影响小、易保存的优点。

3. 脱纤法

使用小细木条或玻璃棒不断搅拌流入容器的血液，不久后木条或玻璃棒上将缠绕一团细丝状的纤维蛋白，即脱纤抗凝法。脱纤血不会凝固，但此方法不能保全血细胞。此外，也可在容器内放一些玻璃珠，不断摇动血液，也可达到脱纤的目的。

4. 低温

凝血过程是一系列酶促反应，酶的活性明显受温度影响。将盛血容器置入低温环境中，可以延缓凝血过程。

5. 血液与光滑面接触

盛血容器内壁预先涂一层石蜡，可因凝血因子Ⅻ的活化延迟等原因而延缓血凝。

6. 双香豆素

牛或羊吃了发霉的苜蓿干草，15 d 后血液凝固能力减弱，导致内部出血，在 30～50 d 内死亡。这种“苜蓿干草病”是由于饲草中的香豆素腐败后转化生成的双香豆素，具有在肝细胞内竞争性抑制维生素 K 的作用，阻碍了凝血因子Ⅱ、Ⅶ、Ⅸ、Ⅹ在肝内的合成，使血液凝固减慢。双香豆素可作为抗凝剂在临床中防止血栓形成。过量应用双香豆素后，可口服水溶性维生素 K 来解毒。

(二)促凝的常用方法

1. 加温和接触粗糙面

加温能提高酶的活性，加速凝血反应。接触粗糙面，可促进凝血因子Ⅻ的活化，也可促进血小板聚集、解体并释放凝血因子。手术中常用温热生理盐水纱布压迫术部，以加快凝血与止血，除了温度因素外，纱布粗糙面及其带有负电荷也是促凝的因素。

2. 维生素 K

许多凝血因子合成过程需要的维生素 K 参与，维生素 K 缺乏可导致凝血障碍，补充维生素 K 能促进凝血。

任务四　血型与输血

【任务要求】

理解和掌握血型的概念和分类；了解交叉配血试验的方法；能准确判断人的血型。

【认知与解读】

一、血型和红细胞的凝集

(一)血型

血型通常指红细胞膜上特异性抗原的类型，即红细胞血型。随着对血型本质的研究不断深入，有关血型的定义有狭义和广义之分。

狭义的血型是指能用抗体加以分类的血细胞的抗原类型，如人的 A 型、B 型、O 型、AB 型、MN 型和 Rh 型，牛的 A、B、C 系，猪的 A、B、C 系等血型。此种血型可用抗体进行检测。

广义的血型是指以蛋白质化学结构的微小差异(即蛋白质多态性)和同工酶为依据进行分类。例如，采用凝胶电泳法，可按血清或血浆中所含蛋白质划分为前白蛋白型、白蛋白型、运铁蛋白型和血浆铜蓝蛋白型等血型；又如，可按同工酶电泳图谱进行血型分类。

目前研究较多的是红细胞血型，其中以人血型研究较早、较系统。

(二)红细胞凝集

不相容血型的两种血液混合时，其中的红细胞会聚集成簇的现象称为红细胞凝集，红细胞凝集的本质是抗原-抗体反应。红细胞膜上存在着特异的抗原，称为凝集原，即血型抗原；血清中有能与红细胞膜上的凝集原起反应的特异抗体，称为凝集素，即血型抗体。

(三)人类的 ABO 血型系统

人类红细胞膜上含 A 凝集原(A 抗原)和 B 凝集原(B 抗原)两种抗原物质，血清中含 α 凝集素(抗 A)和 β 凝集素(抗 B)两种抗体。根据红细胞膜上是否含有凝集原 A、B,将血液分为 A、B、AB、O 型四种血型。红细胞膜上只含 A 抗原者为 A 型,红细胞膜上只含 B 抗原的称为 B 型,A 与 B 两种抗原都含有的称为 AB 型;这两种抗原都没有的称为 O 型。不同血型的人的血清中含不同的凝集素,即不含有对抗其自身红细胞凝集原的凝集素。在 A 型血的人的血清中,只含有抗 B 凝集素;B 型血的人的血清中,只含有抗 A 凝集素;AB 型血的人的血清中没有抗 A 和抗 B 的凝集素;而 O 型血的人的血清中则含有抗 A 和抗 B 两种凝集素(表 3-8)。

表 3-8　ABO 血型系统分类

血型	凝集原	凝集素
A	A	抗 B
B	B	抗 A
AB	A、B	—
O	—	抗 A、抗 B

(四)人类 Rh 血型系统

血型试验

把恒河猴的红细胞重复注射入家兔体内,引起家兔产生免疫反应,使家兔的血清中产生抗恒河猴红细胞的抗体(凝集素)。再用含这种抗体的血清与人的红细胞混合,发生血清凝集反应者称为 Rh 阳性血型,表明其红细胞上具有与恒河猴同样的抗原;若人的红细胞不被这种血清凝集,称为 Rh 阴性血型。我国大多数民族 99% 为 Rh 阳性,Rh 血型抗原不存在天然抗体,故初次输血时不会产生输血反应。

二、输血原则

输血前,首先应通过交叉配血试验测定 ABO 血型相合,多次输血时还应确定 Rh 血型也相合之后方可输血。

交叉配血试验的方法是:在 37℃下,将供血者的红细胞与受血者的血清进行配合试验,检查有无红细胞凝集反应(交叉配血试验的主侧)。同时还将受血者的红细胞与供血者的血清进行配合试验,检查有无红细胞凝集反应(交叉配血试验的次侧)。如果交叉配血的两侧均无凝集反应,即为配血相合,可进行输血。如果主侧有凝集反应,无论次侧反应如何,称为配血不合,不可以输血。如果主侧无凝集反应,次侧有凝集反应,在紧急情况下可以少量、缓慢输血。

近年来,由于血液成分分离机的广泛应用以及成分血的质量不断提高,输血疗法已经由输全血发展为成分输血,这样既能提高疗效,减少不良反应,又能节约血源,是将来输血疗法的主要发展方向。

【操作与体验】

技能一　家禽血液样品的采集

【实验目的】掌握家禽(鸡)血液样品采集的方法。

【实验对象】鸡。

【实验材料】干棉球，酒精棉球，采血针，灭菌针头，碘伏棉球，注射器，抗凝管，剪刀，镊子，烧杯，毛细吸管等。

【方法与步骤】

1. 鸡冠采血法

此法用于少量血液的采集。具体操作如下：将鸡只保定，使用75%的酒精棉球反复擦拭鸡冠进行消毒，酒精挥发彻底后，用灭菌针头刺入鸡冠采集所需量的血液；也可以剪去一小部分冠尖，用棉球吸取第一滴血液后弃去，然后用毛细吸管采集第二滴即可。此法吸取血液时要用手稍微用力挤压鸡冠，以便血液的溢出。该方法的操作简单。采血结束后，应注意伤口的止血和消毒，防止感染。

2. 翼下静脉采血法

将鸡只仰卧保定，暴露出鸡翅内侧。用碘伏棉球在采血处进行螺旋式消毒。采血人员左手拇指用力挤压近心端血管，待血管怒张后将采血针刺入，回抽采血针若有回血，则放松对血管的按压，同时采血人员把针的另外一端放入血液收集管中，进行采血。

3. 鸡心脏刺入采血法

此法用于采集大量血液。由于成年鸡与雏鸡在生理特点上相差很大，因此心脏采血手法也不同。

对成年鸡进行心脏采血时，应使鸡右侧卧，并进行保定。助手用左手固定鸡两腿的同时，右手固定翅膀根部，顺势用右手中指固定鸡头。取血时，在胸骨前端与背部凹陷两处的中间部位采血。将该部位用碘伏进行彻底的螺旋式消毒后，采血者保持采血针与穿刺部位垂直，缓慢进针2～3 cm，回抽时有回血即可缓慢抽取3～4 mL心脏血。取血完毕后，注意用棉球轻轻按压采血部位。

对雏鸡进行心脏采血时较为简单。左手抓鸡，右手将采血针平行插入颈椎，向胸腔前口方向缓慢推进，回抽发现回血即可向外牵拉采血针拉杆，抽取足够量的血液。同样，在采血完毕后，注意采血部位的消毒。

【注意事项】

1. 采血场所尽量保证干净清洁，光线充足。
2. 采血过程要做到无菌，所以要用酒精擦拭。
3. 采血结束后，采血部位要用碘伏充分涂擦以防止伤口感染。
4. 采血人员需穿戴整齐，做好防护工作。
5. 在翼下静脉采血时，速度应适中，过快易导致血管塌陷、遮挡针口从而无法吸出血液。
6. 翼下静脉采血完毕，在取血部位要按压至少30 s，以达到止血效果。

技能二　红细胞比容与血红蛋白的测定

【实验目的】观察血液的组成；了解红细胞比容（PCV）、血红蛋白（Hb）测定的原理，掌握其常用的测定方法。

【实验原理】将定量的抗凝血放在比容管（温氏分血管）中，经过定时、定速离心使血细胞与血浆分离。上层呈淡黄色的液体为血浆，中间很薄的灰白色层是白细胞和血小板，下层暗红色的是红细胞，彼此压紧而不改变红细胞的正常形态。根据比容管刻度的读数，可读出红细胞在全血中所占的容积百分比，即红细胞比容。

血红蛋白测定的方法有多种，最常用而最简单的是比色法。由于血红蛋白的颜色常随结合的氧量多少而改变，因而不利于比色，但血红蛋白与稀盐酸作用形成不易变色的棕色的高铁血红蛋白，再经蒸馏水稀释后，可与标准比色板比色，从而测得血红蛋白含量。通常以每 100 mL 血液中含血红蛋白的克数来表示。

【实验对象】动物种类不限，如兔、羊、犬、鸡等。

【实验材料】抗凝血、比容管（温氏分血管）、血红蛋白计（图 3-7）、长颈滴管或吸管、试管架、胶布、试管、离心机、天平、注射器、烧杯、采血针、脱脂棉、海绵条、0.1 mol/L 盐酸、蒸馏水、95%酒精、乙醚、草酸盐抗凝剂（0.8 g 草酸钾＋1.2 g 草酸铵＋甲醛 1 mL＋蒸馏水至 100 mL）或肝素等。

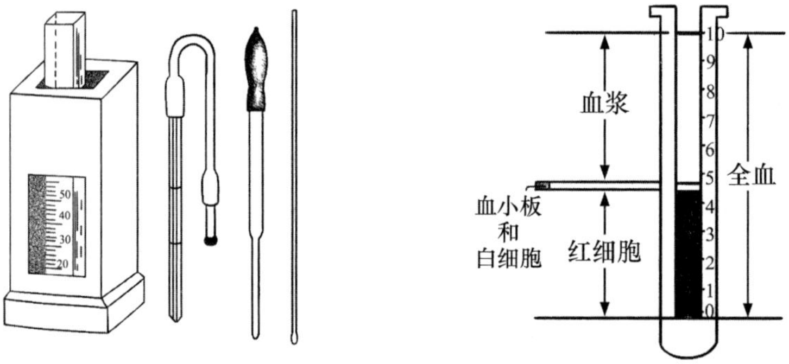

图 3-7　血红蛋白计

【方法与步骤】

1. 实验前先检查血红蛋白计的吸血管（可用一次性微吸管代替）和测定管、比容管是否清洁，如不清洁要洗涤干净，方可开始实验。

2. 采血：可静脉取血或心脏取血。将血液沿大试管（试管需用抗凝剂处理，烘干后备用）内壁缓慢放入管内，用涂有凡士林的大拇指堵住试管口，缓慢颠倒试管 2～3 次，让血液与抗凝剂充分混匀，且不能使血细胞破碎，制成抗凝血。

3. 取抗凝血 2～8 mL 置于比容管中离心，观察血液中各部位颜色变化。

4. 用长颈滴管吸取混匀的抗凝血（不得有气泡），插入比容管底部，自下而上缓慢地将抗凝血注入比容管内至 10 cm 刻度处，如超过刻度 10 cm，用少许脱脂棉将多余血液吸出。比容管用胶布封口，编号，以 3 000 r/min 的转速离心 30 min。取出比容管，观察红细胞所占的容积并记录其数值，然后再以同样的转速离心 5 min，如两次离心结果相同，表明红细胞被压紧，其读数即为红细胞比容（如读数为 4.0，则红细胞比容为 40%）。

5. 用滴管滴加 5～6 滴 0.1 mol/L 盐酸，加入血红蛋白计测定管中至刻度“2”或“10%”处。

6. 用血红蛋白计吸血管（或医用一次性吸血管）吸血 20 μL，用干棉球擦净吸血管周围血液，将血液立即吹入测定管的 0.1 mol/L 盐酸中，然后反复吸吹几次，使吸血管壁上的血液全部进入测定管中。进行吸吹时，要注意避免起泡。放置 10 min。

7. 以蒸馏水逐滴加入测定管中，每次加蒸馏水后，都要摇匀，再插入比色箱中进行比色。这样，测定管中的颜色逐渐变淡，直至与比色箱中的标准比色板相同时为止。

8. 从比色箱中取出测定管，读出其中液体表面(凹面)的刻度。测定管一般两边皆有刻度，其一边的刻度表示克数。如液体表面在刻度 15 处，即表示 100 mL 血液中含有 15 g 血红蛋白；另一边的刻度表示百分率，它与“g”之间的关系，因血红蛋白计的型号而不一样，可参照使用说明书。国产的沙里氏(Sahli)型血红蛋白计，通常 100%相当于 14.5 g，例如液体表面在刻度 70%处，要计算其绝对克数，可用下列比例式求得：

$$X:14.5=70:100$$

$$X=10.15(\text{g})$$

也可由测定管两边的刻度直接读出。

9. 实验完毕，清理和洗净仪器。

【注意事项】

1. 选择抗凝剂时必须考虑不能使红细胞变形、溶解。

2. 血液与抗凝剂混合、注血时应避免动作剧烈而引起红细胞破裂。

3. 血液和盐酸作用的时间不可小于 10 min，否则，血红蛋白不能充分转变成高铁血红蛋白，使结果偏低。

4. 离心后，如红细胞表面是斜面，则取倾斜部分的均值。

5. 比色最好在自然光下(避免直射的阳光)，而不应在黄色光下进行，以免影响结果。

6. 吸血管的清洗方法：①蒸馏水吸进、吹出 3 次。②95%酒精脱水 3 次。③乙醚脱酒精 3 次。④挤压乳头，管即干燥。

【实验思考题】

1. 测定红细胞比容的实际意义是什么？在哪些情况下，红细胞的比容会明显增加？

2. 各种家畜正常情况下血红蛋白的含量是多少？

3. 影响家畜血红蛋白含量的因素有哪些？

技能三　红细胞和白细胞计数

【实验目的】了解红细胞和白细胞计数的原理并掌握其计数的方法。

【实验原理】用特制的吸管吸取一定量的血液，用稀释液将血液稀释到一定的倍数，然后将稀释过的血液置于计数室中，在显微镜下计算一定容积的稀释血中的红细胞、白细胞数量，再将所得结果换算成每升血液内的红细胞、白细胞数。

常用的血细胞计数板是改良式牛鲍尔计数板，为优质厚玻璃制成。其中间有 4 条平行的纵槽沟。在中间的两条纵槽沟之间，有 1 条横槽沟，使其构成长方形的平台。平台比整个玻璃板的平面低 0.1 mm，所以当放上一块盖玻片后，平台与盖玻片之间距离(即高度)为 0.1 mm。两平台中心部分各有一计数室，为每边 3 mm 长的方格，并划分为 9 个大方格，每个大方格面积为 1 mm^2，体积为 0.1 mm^3。四角的大方格又各分为 16 个中方格，适用于白细胞计数。中央的一个大方格则划分为 25 个中方格，每个中方格面积为 0.04 mm^2，体积为 0.004 mm^3。每个中方格又分为 16 个小方格，适用于红细胞计数(图 3-8、图 3-9)。

【实验对象】猪、牛、羊、家兔等。

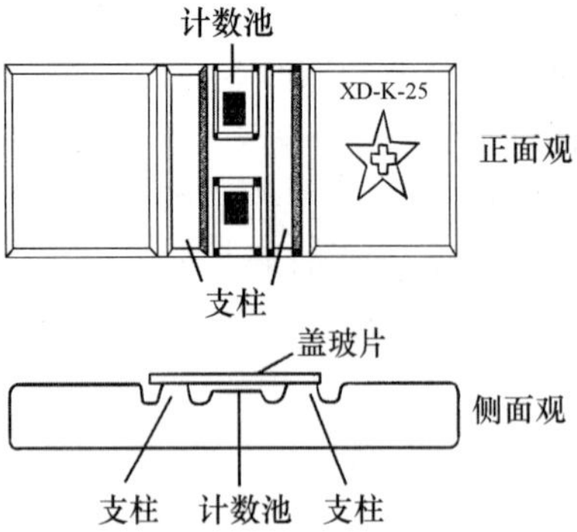

图 3-8　血细胞计数板的结构

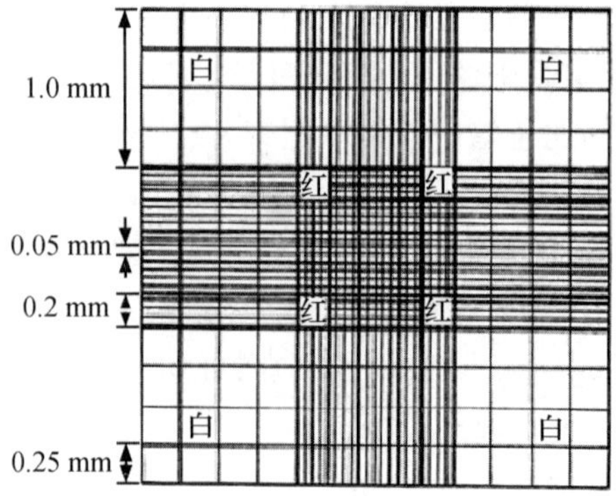

图 3-9　血细胞计数室

【实验材料】抗凝剂、血细胞计数板、显微镜、95%酒精、生理盐水、蒸馏水、乙醚、红细胞稀释液（NaCl 0.5 g，$Na_2SO_4 \cdot 10H_2O$ 2.5 g，$HgCl_2$ 0.25 g，蒸馏水加至 100 mL；也可用生理盐水做稀释液等）、白细胞稀释液（冰醋酸 1.5 mL＋1%结晶紫 1 mL＋蒸馏水至 100 mL；或醋酸溶液），盖玻片，特制吸管。

【方法与步骤】

1. 置血细胞计数板于低倍镜下，熟悉血细胞计数板的构造。

2. 制备抗凝血。

3. 血液混匀后，以红细胞吸管尖端插入血液，吸血到刻度 0.5 处。若吸血已超过 0.5 刻度，也可进而吸至刻度 1.0 处。如血液超过刻度时，可用手指轻触吸管口，慢慢移动，可以吸出一些血液，达到要求的刻度。吸时不能有气泡，否则要重做。用于棉球擦去吸血管外面的血液，立即吸取稀释液（或生理盐水）至刻度 10.0 处，然后用手指按住吸血管的上下两端，轻轻摇动吸血管，使血液与稀释液充分混合均匀，至此即可准备进行红细胞计数。

4. 将计数室上的盖玻片放妥后，弃去吸血管中流出的第 1～2 滴稀释血液，然后滴半滴于计数室与盖玻片交界处，稀释血液可自动均匀地渗入计数室。放置 1～2 min，待红细胞下沉后，就可将计数室置于低倍镜下进行观察，高倍镜下计数。计数时，选定中央大方格中的四角及中间共 5 个中方格（共 80 个小方格），数出其中所有的红细胞数。对四边压线的红细胞，只数其中相连的两边（如上边和左边），另两边（如下边和右边）的则不计。将所得的红细胞数乘以 10^{10}（如稀释 200 倍）或乘以 5×10^9（如稀释 100 倍），即为要求的每升血液中的红细胞总数。

计算公式：$(X/80)\times400\times10\times200\times1\,000\times1\,000$＝红细胞数/L

或：$(X/80)\times400\times10\times100\times1\,000\times1\,000$＝红细胞数/L

式中：X 为 80 个小方格即 5 个中方格内的红细胞总数；400 指一个大方格即 1 mm^2 面积内共有 400 个小方格；10 指盖玻片与计算室间的实际高度是 0.1 mm，乘以 10 后则为 1 μL；200（或 100）为稀释倍数；乘以 10^6 为 1 L。

5. 血液混匀后，用白细胞吸管吸取血液至刻度 0.5 或 1.0 处，再吸取稀释液（2%醋酸）至刻度 10.0 处（醋酸的作用是使红细胞破坏溶解）摇匀后，即稀释成 20 或 10 倍的血液。将吸血管中的血液放入计数室的方法和注意事项，亦与红细胞计数时相同。

6.于低倍镜下,数出计数室四角 4 个大方格(每个大方格分 16 个中方格)中白细胞的总数,如计数室四角没有大方格,则用正中的一个大方格,将数得的结果乘以 4。

计数公式:每升血液白细胞数$=(X/4)\times 20\times 10\times 1\,000\times 1\,000$

或:每升血液白细胞数$=(X/4)\times 10\times 10\times 1\,000\times 1\,000$

7.实验完后,洗净所用的器材。方法如下:

吸血管:吸血管中的血迹先用自来水洗去,再用蒸馏水洗 3 遍,然后用 95%酒精洗 2 次以除去管内的水分。最后吸入乙醚 1～2 次,以除去酒精,每次排除管内洗涤液时不要用嘴吹,以免吹入水汽,可把橡皮管折叠起来,挤压数次,便可驱尽。如有血迹不易洗去,还须用 1%稀氨水或 45%尿素浸一段时间,使血迹溶解后再按上法洗涤干净。

计数室:计数室只能用自来水和蒸馏水相继冲洗,然后以丝绢轻轻拭净,切不可用酒精或乙醚洗涤。

【注意事项】

1.计数时,要注意显微镜的载物台应绝对平置,不能倾斜,以免红细胞向一边集中。

2.光线不要过强,为此,可调节显微镜的虹彩光圈和集光器。

3.中方格之间的红细胞数相差超过 15 个时或发现各方格之间的白细胞数相差 10 个时,表示血细胞分布很不均匀,应重做。

4.吸血时将吸管下端开口放入血滴中部,尽量利用毛细管现象使血液自动进入吸管内。

5.红、白细胞计数所用的吸血管应分开使用。

【实验思考题】

1. 清洗血细胞计数器各部件时,为什么要用不同的方法?

2. 稀释液装入计数板后,为什么要静止一段时间才开始计数?

3. 引起血细胞计数误差的原因有哪些?

技能四　红细胞渗透脆性试验、血型测定

【实验目的】①学习测定红细胞渗透脆性的方法,理解细胞外液渗透压对维持细胞正常形态与功能的重要性。②观察红细胞凝集现象,学习 ABO 血型鉴定方法,掌握血型鉴定原理。

【实验原理】红细胞在低渗溶液中发生溶解,这种性质称为红细胞的渗透脆性。将血液滴入不同浓度的低渗盐溶液中,可以检查红细胞膜对于低渗溶液的抵抗力有多大。红细胞渗透脆性大的,则对低渗 NaCl 溶液的抵抗力小,只要 NaCl 溶液的渗透压稍有降低,此类红细胞便发生破裂而溶血。开始出现溶血时的 NaCl 溶液的浓度为红细胞的最小渗透抵抗力。完全溶血时的 NaCl 溶液的浓度为红细胞的最大渗透抵抗力。正常红细胞的最小渗透抵抗力为 0.4%～0.5% NaCl 溶液,最大渗透抵抗力为 0.3%～0.35% NaCl 溶液。

ABO 血型是根据红细胞表面存在的凝集原决定的。存在 A 凝集原的称为 A 血型;存在 B 凝集原的称为 B 血型;既有 A 凝集原,又有 B 凝集原的称为 AB 血型;既无 A 凝集原,又无 B 凝集原的称为 O 血型。而血清中还存在凝集素,其中 A 血型的血清中含抗 B 凝集素;B 血型的血清中含抗 A 凝集素;AB 血型的血清中不含凝集素;O 血型的血清中既含 A 凝集素,又含 B 凝集素。当 A 凝集原与抗 A 凝集素相遇,或 B 凝集原与抗 B 凝集素相遇时,会发生红细胞凝集反应。抗 A 标准血清中含有抗 A 凝集素,抗 B 标准血清中含有抗 B 凝集素,因此可以用

标准血清中的凝集素与被测者红细胞反应，以确定其血型。

【实验对象】鸡、人。

【实验材料】NaCl 、蒸馏水、天平、试管、试管架、刻度吸管、肝素、注射器、采血针、载玻片、牙签、抗 A 标准血清、抗 B 标准血清、75%酒精棉球、碘酒棉球。

【方法与步骤】

(一)红细胞渗透脆性测定

1. 心脏采血：用注射器吸取少许肝素，然后心脏采血(由教师示范完成)。

2. 将 20 支小试管分为两组，按 1～10 顺序编号，并分别排列在两个试管架上，按照表 3-9 所示，制备各种低渗盐溶液，混匀。

表 3-9　不同浓度的 NaCl 溶液

试液	试管号									
	1	2	3	4	5	6	7	8	9	10
1%NaCl/mL	1.40	1.30	1.20	1.10	1.00	0.90	0.80	0.70	0.60	0.50
蒸馏水/mL	0.60	0.70	0.80	0.90	1.00	1.10	1.20	1.30	1.40	1.50
NaCl 浓度/%	0.70	0.65	0.60	0.55	0.50	0.45	0.40	0.35	0.30	0.25

3. 在每个试管中加血液 1～2 滴，拿起试管架，振荡混匀，在室温下放置 1 h 后观察。

4. 观察结果。所得结果分为三种：无溶血、不完全溶血、完全溶血。

(1)试管内液体明显分层，下层呈混浊红色，上层为清亮、透明、无色，表示无溶血。

(2)试管内液体明显分层，下层呈混浊红色，上层呈透明红色，表示不完全溶血。

(3)试管内液体不分层，呈均匀一致的透明红色，表示完全溶血。

(4)试管内液体明显分层，下层呈混浊红色，上层为清亮、透明、淡红色，表示少量红细胞溶血，则该试管浓度即为红细胞最小渗透抵抗力(最大脆性)。

(5)出现完全溶血的最大浓度即为红细胞最大渗透抵抗力(最小脆性)。

(二)血型鉴定

1. 每人取 1 张载玻片，擦干放于白纸上面。

2. 在玻片上分别滴加抗 A 标准血清、抗 B 标准血清各 1 滴。

3. 每人发 1 个采血针和 1 根牙签。

4. 用碘酒棉球消毒指端，再用酒精棉球消毒。

5. 左手用拇指压紧采血手指指肚，右手用采血针垂直刺破皮肤，挤出 1 滴血液。

6. 用牙签一端沾上少许血液，在抗 A 标准血清中混合均匀；用牙签另一端沾上少许血液，在抗 B 标准血清中混合均匀。

7. 观察结果：用肉眼观察有无凝集反应。如果发生凝集反应，可见红细胞聚集成大小不等的团块，其余液体无色透明。摇动玻片或搅拌均不能使细胞分散。如果无凝集反应，则液体呈均匀粉红色。根据双侧标准血清内是否有凝集反应的发生，可鉴别受试者的血型(表 3-10)。

【注意事项】

1. 试管要干燥，加抗凝血的量要一致，轻轻混匀，不可剧烈振荡，以避免人为溶血。

2. 采血时，要做到一人一针，不能混用。

3. 牙签一端用于接触抗 A 标准血清，另一端用于接触抗 B 标准血清，不能混用，以免影响结果。

表 3-10　ABO 血型检查结果判断

受试者血型	抗 A 标准血清	抗 B 标准血清
A	+	−
B	−	+
AB	+	+
O	−	−

"+"表示无凝集反应；"−"表示有凝集反应。

【实验思考题】

1. 根据结果分析血浆晶体渗透压保持相对稳定的生理学意义及输液时应注意的问题。

2. ABO 血型分类标准是什么？输血前为什么要进行交叉配血实验？

3. 经 ABO 血型鉴定后，若是同型血，是否可直接输血？为什么？

【拓展与链接】

动物血型

动物血型比较复杂，动物主要用同种免疫血清的溶血反应，来检查红细胞抗原。马、牛、猪、绵羊、山羊、犬等动物红细胞的抗原型都已有大量研究，并被国际公认。血清蛋白型和酶型主要用凝胶电泳法等进行分类，已知的有白蛋白型、前白蛋白型、后白蛋白型、运铁蛋白型、血浆铜蓝蛋白型、血液结合素型、血浆脂蛋白型、血红蛋白型、碳酸酐酶型、淀粉酶型、碱性磷酸酶型、脂酶型、6-磷酸葡萄糖脱氢酶型、乳酸脱氢酶型等。

血型分析在畜牧兽医生产实践中的应用广泛。

1. 畜牧生产中可以用来指导建立血型系谱、亲子鉴定、辅助育种

从遗传学角度，动物的血型与生产性能都是可遗传性状，它们之间有一定的相关性。如通过研究血浆碱性磷酸酶、铜蓝蛋白、淀粉酶、前白蛋白、后白蛋白和运铁蛋白 6 个血浆蛋白位点的多态性进行检测，并根据测定各位点不同基因型与生长性能的关系，发现铜蓝蛋白位点 BB 基因型猪日增重显著高于 AA、AB 型。

2. 指导兽医临床实践

(1)诊断疾病　新生仔畜溶血病、牛异性双胎不育等疾病都可以通过血型原理来进行诊断。

(2)指导合理输血　家畜的正常血清中，红细胞血型抗体免疫效价很低，很少发生像人类 ABO 血型系统的红细胞凝集反应。动物输血的一般原则是：不同个体之间初次输血不超过 1 000 mL，一般影响不大，间隔 5 d 以内的重复输血也一般影响不大，超过 5 d 的重复输血极易引起休克，必须通过交叉配血实验来进行输血。

【复习与思考】

1. 简述血浆蛋白的种类及其生理作用。
2. 什么是血浆晶体渗透压、血浆胶体渗透压？各有何生理意义？
3. 血小板的生理功能是什么？
4. 简述血液凝固的过程。
5. 血液在维持内环境酸碱平衡中有什么作用？
6. 临床上常用的抗凝和促凝方法有哪些？
7. 血液的主要生理功能有哪些？

项目三复习与思考答案

项目四

血液循环系统

【知识目标】

- 了解心音的概念及产生；了解微循环的三条途径。
- 掌握心动周期、心输出量、动脉血压的概念及影响动脉血压的因素。
- 掌握心脏的泵血功能及评价。
- 掌握心肌细胞的生理特性。
- 了解和掌握心血管活动的神经调节和体液调节。
- 了解和掌握组织液和淋巴液的生成机制及生理意义。

【能力目标】

- 能够通过听诊判定不同的心音。
- 能独立或合作完成测定人或动物的心率、动脉血压。
- 能描述心动周期过程中，瓣膜、室内压、血流方向的变化规律。
- 能够根据理论知识判断组织水肿的可能原因。
- 能分析不同生理状态下血压的变化及机制。

【素质目标】

- 培养学生崇尚科学、勇于探索的职业素养。
- 培养学生理论联系实际、理论指导实践的专业素养。
- 培养学生严谨的科研态度和自主学习的意识。
- 培养学生爱护实验动物的意识。
- 培养学生具备一定的语言表达能力和逻辑思维能力。
- 培养学生具备分析问题、解决问题的能力。

任务一　心脏的泵血功能

【任务要求】

理解并掌握心动周期、心率、心输出量的概念；理解并掌握心脏的泵血过程，并能说出每一时期压力、瓣膜、血流的方向；了解心音，会给动物进行心音听诊。

【认知与解读】

循环系统主要由心脏和血管组成。血液在循环系统中按一定方向进行周而复始的流动，称为血液循环。心脏是血液循环的动力器官，它有规律地收缩和舒张，像泵一样产生推动力，推动血液在动脉、毛细血管、静脉所组成的闭锁系统中定向流动。血管是血液运行的管道，同时还起到血液分配的作用。血液循环的主要功能是物质运输，它运输营养物质、氧气和代谢产物，保证新陈代谢的正常进行；运输体内各内分泌激素，实现机体的体液调节；通过血液的循环流动，维持机体内环境的相对稳定和实现血液防卫功能。

一、心动周期和心率

（一）心动周期

心脏每收缩和舒张一次，称为一个心动周期。由于心脏是由心房和心室两个合胞体构成的，因此一个心动周期包括心房收缩、心房舒张、心室收缩、心室舒张四个过程。这四个过程有着严格的顺序性，分为三个阶段：①心房收缩期，此期左、右心房同时收缩，左、右心室处于舒张状态；②心室收缩期，左、右心房开始舒张，左、右心室几乎同时收缩；③全心舒张期（间歇期），心室、心房都处于舒张状态（图 4-1）。由于心室收缩时间长、力量大，是推动血液循环的主要力量，因此所谓心缩期和心舒期就是指心室的收缩期和舒张期。

心动周期时程的长短与心率有关。若在安静状态下平均心率为 75 次/min，则每个心动周期持续 0.8 s。其中心房收缩期约 0.1 s，心房舒张期约 0.7 s，心室收缩期约 0.3 s，心室舒张期约 0.5 s。可见，在每一个心动周期中心房和心室的舒张时间都大于收缩时间。所以，心肌在每次收缩后有足够的时间补充消耗的能量和排出代谢产物，这是心肌能够不断活动而不疲劳的根本原因。心动周期中的间歇期占总时间的 50%，可以有充足的时间让静脉血回流和充盈心室，并使心肌本身能从冠状循环中得到足够的血液供应。如果心率加快，心动周期缩短，收缩期和舒张期均相应缩短，但主要是舒张期缩短；即心肌工作时间相对延长，这对心脏的持久活动是不利的。

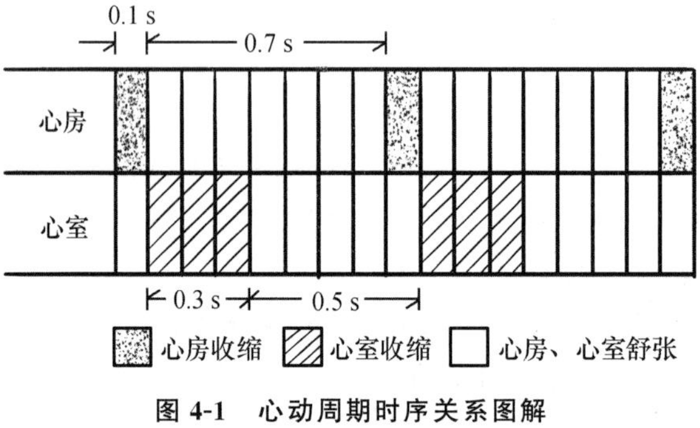

图 4-1　心动周期时序关系图解

（二）心率

心脏每分钟搏动的次数称为心率。不同种类、不同年龄、不同性别、不同生理情况下的动物，心率都有所不同（表 4-1）。一般而言，小型动物心率较大型动物快，雄性动物心率较雌性动物快，幼龄动物较老龄动物快，活动时比安静状态心率快。坚持锻炼的人、调教有素的动物平静时心率较慢，剧烈运动时心率加快程度也较小。

二、心脏泵血的过程

每一个心动周期，心脏射血一次。在射血过程中，心脏通过其自动节律性舒缩活动，造成心内容积和压力的改变以及心瓣膜规律性开启和关闭，从而推动血液在循环系统中沿单一方向周而复始地循环流动。

表 4-1 各种动物心率的正常变异范围

动物	心率/(次/min)	动物	心率/(次/min)
骆驼	25～40	猪	60～80
马	28～42	犬	80～130
奶牛	60～80	猫	110～130
公牛	30～60	兔	120～150
山羊、绵羊	60～80	鸡、火鸡	300～400

根据心室内压力、容积的改变以及瓣膜开闭与血流的情况，通常将一个心动周期过程划分为以下几个时期：

(一)心房收缩期

心房开始收缩前，心脏处于全心舒张期，血液由心房进入心室，随着心室不断充盈，心房、心室间压力差逐渐缩小。至心室舒张末期，心房开始收缩，心房容积缩小，房内压升高，血液顺压力差进入心室，使心室进一步充盈。由于心房壁较薄，心房收缩期较短，仅持续约 0.1 s，故心房收缩增加的心室充盈量仅占心室总充盈量的 10%～30%。心房收缩首先开始于心房与外周静脉的交界处，使心房收缩时血液不会逆流到外周静脉去。

(二)心室收缩期

心室收缩期包括等容收缩期、快速射血期、减慢射血期。

1. 等容收缩期

心房收缩结束转为舒张时，心室开始收缩，室内压迅速升高，当超过房内压时，心室内血液推动房室瓣关闭，使血液不会倒流回心房；这时，心室内压仍低于动脉内压，半月瓣处于闭合状态，心室成为一个密闭的腔体，由于血液是不可压缩的，所以尽管心室肌强烈收缩，室内压迅速上升，但心室的容积不变，因此称为等容收缩期。此期历时很短，约 0.05 s。

2. 快速射血期

随着心室肌进一步收缩，使室内压升高超过动脉压时，半月瓣打开，血液快速流入主动脉，称为快速射血期，历时约 0.1 s。快速射血期内，心室肌仍在收缩，室内压继续上升，心室容积则急剧减小。此期射入动脉的血量相当于整个心缩期内全部射血量的 2/3。

3. 减慢射血期

快速射血期后，因大量血液进入主动脉，动脉内压升高，与此同时，由于心室内血液减少，心室收缩力减弱，导致射血速度逐渐变慢，称为减慢射血期，历时约 0.15 s。在减慢射血期内，室内压已略低于大动脉压，但血液在惯性的作用下继续流入动脉，将总射血量的 1/3 血量射出。减慢射血期末，心室容积缩至最小。

(三)心室舒张期

1. 等容舒张期

心室收缩完毕，开始进入舒张状态，室内压急剧下降。主动脉内血液向心室方向返流，推动半月瓣关闭。这时室内压明显高于房内压，房室瓣依然关闭，心室又成为封闭腔。此时心室肌肉舒张，室内压以极快速度下降，但容积不改变，称为等容舒张期，持续 0.06～0.08 s。

2.快速充盈期

心室进一步舒张，室内压继续下降。当室内压低于房内压时，血液顺压力差推开房室瓣快速流入心室，称为快速充盈期，历时约 0.11 s。此时心房亦处于舒张状态，室内压下降所产生的“抽吸”作用，使大静脉的血液也经心房流入心室。因此，心脏有力的收缩和舒张，不仅有利于心室向动脉中射血，也有利于静脉血液向心房回流和心室的充盈。此期进入心室的血液量约占心室总充盈量的 2/3。

3.减慢充盈期

随心室内血量的增多，房-室间压力梯度逐渐减小，血流速度逐渐减慢，心室容积进一步增大，称为减慢充盈期，历时约 0.22 s。接着进入下一个心动周期，心房开始收缩。每个心动周期中左、右心室的射血量基本是相等的，但因肺动脉压只有主动脉压的 1/6 左右，故右心室内压力变化要比左心室内小得多。心动周期中心脏内压力及瓣膜活动见图 4-2。

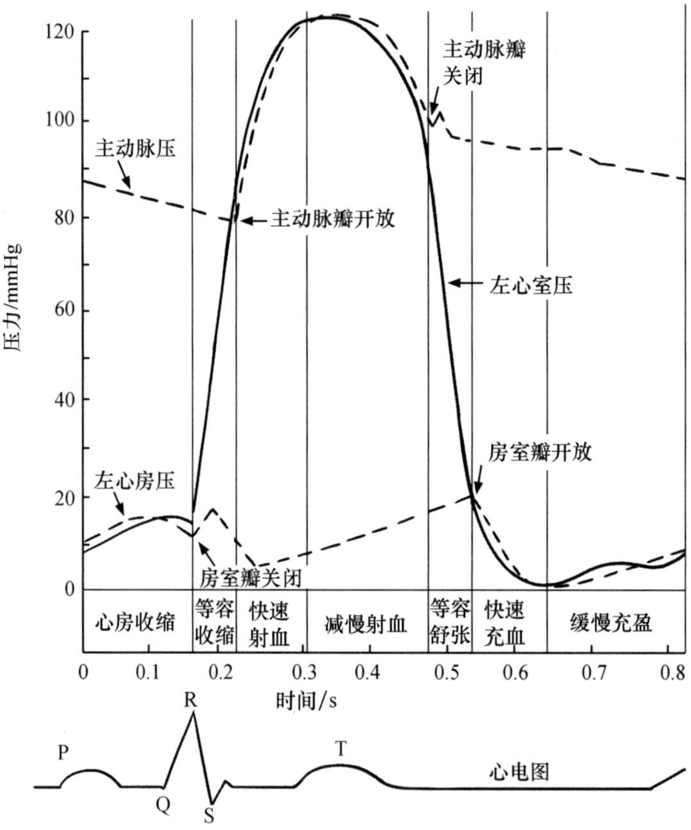

图 4-2 心动周期中心脏内压力及瓣膜活动

三、心脏泵血功能的评价

评定心脏泵血机能是否正常是临床上的重要问题。在通常情况下，从左、右心室射入主动脉或肺动脉中的血量是相等的，这是体循环与肺循环保持协调的必要条件。评价心脏泵血机能主要有以下几个指标：

(一)每搏输出量与射血分数

一个心动周期中一侧心室射出的血量称为每搏输出量。在静息状态下，每搏输出量占心室舒张期末期容积的40％～50％。通常把每搏输出量占心室舒张期末期容积的百分比称为射血分数。

每搏输出量与射血分数的大小反映了心脏的收缩能力和射血能力的大小。经过锻炼调教的动物的心脏，其射血分数相应较大，反映心肌射血能力强。反之，则反映心脏射血能力弱。

(二)每分输出量与心指数

一侧心室每分钟输出的血液总量称为每分输出量。它等于每搏输出量和心率的乘积，即：心输出量＝每搏输出量×心率。平时所指的心输出量，都是指每分输出量。心输出量是评价循环系统泵血功能的重要指标。

心输出量是以个体为单位计量的，但个体大小对心输出量影响很大，研究发现，在安静状态下心输出量与动物体表面积呈正比关系。在安静状态下，每平方米体表面积的每分心输出量称为心指数。用于评价不同大小个体间的心脏功能。

四、心音

心动周期中，由于心肌收缩、瓣膜启闭及血液撞击心血管壁引起的振动产生的声音，称为心音。心音可通过周围组织传递到胸壁；如将听诊器放在胸壁某些部位，就可听到心音。一般在一个心动周期中可听到两个类似“通-嗒”的声音，分别称为第一心音和第二心音。

第一心音发生于心室收缩期的开始，故又称心缩音。其音调较低、持续时间较长。产生的原因主要是心室收缩、血流急速冲击房室瓣使之关闭以及射血开始引起的主动脉管壁的振动。其大小反映心肌收缩力量和房室瓣的功能状态。

第二心音发生于心室舒张期的开始，故又称心舒音。其音调较高、持续时间较短。产生的原因主要是心室舒张时，半月瓣突然关闭，血液冲击瓣膜以及主动脉中血流减速引起的振动。其大小反映动脉血压的高低和半月瓣的功能状态。

胸廓前壁任一部位均能听到第一心音和第二心音，但有最佳听取部位。马心音部位见图 4-3。

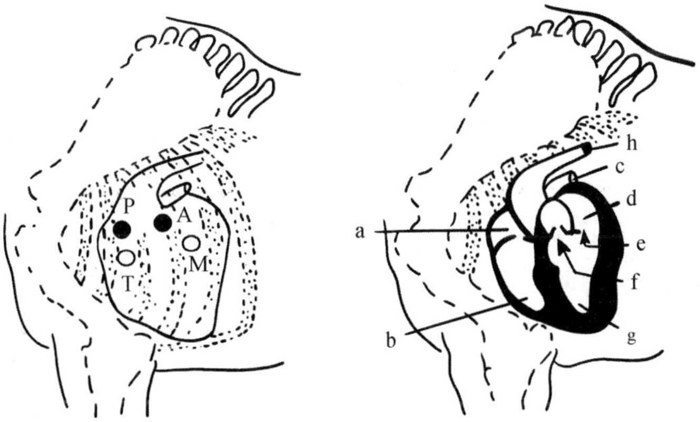

图 4-3　马心音最佳听诊部位

左图：P.肺动脉　A.主动脉瓣　T.三尖瓣　M.二尖瓣

右图：a.右心房　b.右心室　c.肺动脉　d.左心房

e.二尖瓣　f.主动脉瓣　g.左心室　h.主动脉

心脏某些异常活动可以产生杂音和或其他异常心音。因此，听取心音对于心脏疾病的诊断有一定的意义。心室肌肉肥厚时，心室收缩力量增强，第一心音增强；心肌炎时，心室收缩力量减弱，第一心音减弱；房室瓣闭锁不全和动脉口狭窄时，有收缩期杂音，如呼呼的咆哮声；房室瓣口狭窄和动脉瓣闭锁不全时，有舒张期杂音。机体在病理状态下，可能出现第三心音和第四心音增强，并伴随第一、第二心音之后出现，形成临床上所称“奔马节律性心音”。

任务二　心肌细胞的生物电现象与生理特性

【任务要求】

了解心肌细胞的分类和生物电现象；掌握心肌细胞的生理特性；理解正常起搏点、潜在起搏点、异位起搏点的概念；理解期前收缩和代偿性间歇的概念。

【认知与解读】

心房和心室不停歇地进行有顺序的、协调的收缩和舒张交替的活动，是心脏实现泵血功能、推动血液循环的必要条件。而心脏舒缩活动的生理基础就在于心肌细胞在兴奋性、自律性、传导性和收缩性方面具有独特的生理特性。其中兴奋性、自律性和传导性是以心肌细胞的生物电活动为基础的，而收缩性则是在心肌细胞膜的动作电位触发下产生的机械性收缩反应。

一、心肌细胞的生物电现象

（一）心肌细胞的类型及特征

心脏的心肌细胞并不是同一类型的，根据它们的组织学特点、电生理特性以及功能上的区别，粗略地分为两大类型：普通心肌细胞和特殊分化的心肌细胞。两类心肌细胞分别实现一定的职能，互相配合，完成心脏的整体活动。

1. 普通心肌细胞

包括心房肌细胞和心室肌细胞。其细胞浆内富含肌原纤维，主要功能是收缩做功，提供心泵活动的动力，所以又称为收缩细胞或工作细胞，具有接受外界刺激产生兴奋的能力，但不能产生自动节律性兴奋，属于非自律性细胞。

2. 特殊分化的心肌细胞

包括P细胞和浦肯野氏细胞。其细胞浆内不含肌原纤维，故缺乏收缩能力，但具有产生自动节律性兴奋的能力，属于自律性细胞。这些细胞构成了心脏传导系统，完成兴奋的传导功能。心脏传导系统包括窦房结、心房传导组织、房室结、房室束（又称希氏束）、浦肯野氏纤维以及心室传导组织（图4-4）。P细胞主要存在于窦房结中，是窦房结中产生自动节律性兴奋的细胞，所以也称为起搏细胞。浦肯野氏细胞广泛存在于除窦房结和房室结以外的所有心脏传导系统中。

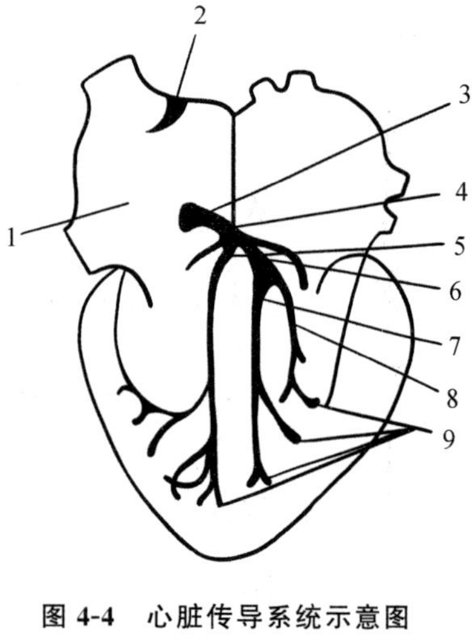

图4-4　心脏传导系统示意图

1.右心房　2.窦房结　3.房室结　4.希氏束　5.右支　6.左支　7.前分支　8.后分支　9.浦肯野氏纤维

(二)普通心肌细胞的生物电现象及产生机制

心肌细胞的动作电位与神经细胞、骨骼肌细胞等可兴奋细胞一样,也有两种基本的表现形式:静息电位和动作电位。以下以心室肌细胞为例,说明心肌细胞生物电现象的规律。

1. 静息电位

与其他可兴奋组织细胞的静息电位相似,心肌细胞也是由 K^+ 外流形成跨膜电位(膜外为正、膜内为负的极化状态)。心肌细胞的静息电位约为−90 mV。

2. 动作电位

心室肌细胞受到刺激兴奋后产生的动作电位,也是由去极化、反极化和复极化部分组成,但与神经细胞、骨骼肌细胞的动作电位相比,心室肌细胞动作电位的主要特征为:其升降支不对称,复极化过程复杂,持续时间较长。动作电位整个过程可分为 0、1、2、3、4 五个时期,其中 0 期为去极化和反极化过程,1、2、3、4 期为复极化过程。

(1)去极化过程 又称 0 期除极,表现为膜内电位由−90 mV 迅速上升到+20 mV～+30 mV(膜内电位由 0 转化为正电位的过程称为超射,又称反极化),构成动作电位的上升支。哺乳动物心室肌细胞的 0 期除极过程幅度大、速度快,仅 1～2 ms 就可完成,去极化速率达到 200～400 V/s。0 期除极的机制是快钠通道开放导致 Na^+ 内流。心室肌细胞在窦房结传来的兴奋冲动影响下,膜内电位上升至临界水平即阈电位(约为−70 mV),引起快钠通道蛋白变构,快钠通道开放(激活),于是膜外 Na^+ 顺着浓度差和电位差迅速内流,形成内向电流,使膜内电位急剧上升。在膜内电位达到 0 时,膜外钠离子仍可随膜内外浓度梯度继续内流,直至接近钠平衡电位。因为这种 Na^+ 通道激活快,失活也快,开放时间很短,因此称为快钠通道。以快钠通道进行 0 期除极的心肌细胞称为快反应细胞,包括心房肌细胞、心室肌细胞、浦肯野氏细胞,其动作电位称为快反应动作电位。快钠通道,可被河豚毒素(TTX)特异性阻断。以慢钙通道进行 0 期除极的心肌细胞称为慢反应细胞,包括 P 细胞,其动作电位称为慢反应动作电位。

(2)复极化过程 包括 1、2、3、4 四个时期。与神经、骨骼肌相比,心肌细胞的复极化过程要复杂得多,时程要长得多,可持续 200～300 ms。

1 期(快速复极初期):膜内电位由+30 mV 迅速下降到 0 mV 左右,历时约 10 ms。此期间复极开始,快钠通道已关闭,但有瞬时性的外向 K^+ 通道的激活,引起 K^+ 的快速外流,使膜内电位快速下降。K^+ 通道可被四乙胺和 4-氨基吡啶所阻断。0 期除极和 1 期复极这两个时期的膜电位变化都很快,记录图形上表现为刀锋状,故合称为锋电位。

2 期(平台期或缓慢复极期):当复极化 1 期,膜内电位达到 0 mV 左右之后,复极化过程就变得非常缓慢,膜内电位基本上停滞于 0 mV 左右,达 100～150 ms 之久。细胞膜两侧呈等电位状态,记录图形比较平坦,故复极化 2 期又称为平台期,是整个动作电位持续时间长的主要原因。2 期复极化主要由于慢钙通道开放,Ca^{2+}(伴有少量 Na^+)内流和 K^+ 外流所形成的离子电流动态平衡所致。Ca^{2+} 通道激活、失活以及再复活所需时间都很长,故称为慢钙通道。以 Ca^{2+} 通道进行去极化的心肌细胞称为慢反应细胞,其动作电位称为慢反应动作电位。初期是 Ca^{2+} 内流占优势,随着时间推移,K^+ 外向电流逐渐增强,导致膜电位缓慢变负。慢钙通道可被 Mn^{2+} 和多种钙通道阻滞剂如维拉帕米等所阻断。

3 期(快速复极末期):平台期后,由于慢钙通道完全失活,内向离子流终止,而 K^+ 外流则随时间而递增,因而膜的复极加速,导致膜电位快速复极化直至完成复极,占时 100～150 ms。

4 期(恢复期或静息期):3 期之后膜电位已恢复到静息水平,但离子分布状态尚未复原。在动作电位的变化过程中,多种离子发生了顺浓度梯度的跨膜转运,包括 Na^+ 和 Ca^{2+} 内流、K^+ 外流,造成膜内外正常的离子浓度梯度改变。通过心肌细胞膜上 Na^+-K^+ 泵的作用,将 Na^+ 的外运与 K^+ 的内运相耦联起来,形成 Na^+-K^+ 交换,实现 Na^+、K^+ 的主动转运。

心室肌细胞动作电位及主要离子活动见图 4-5。

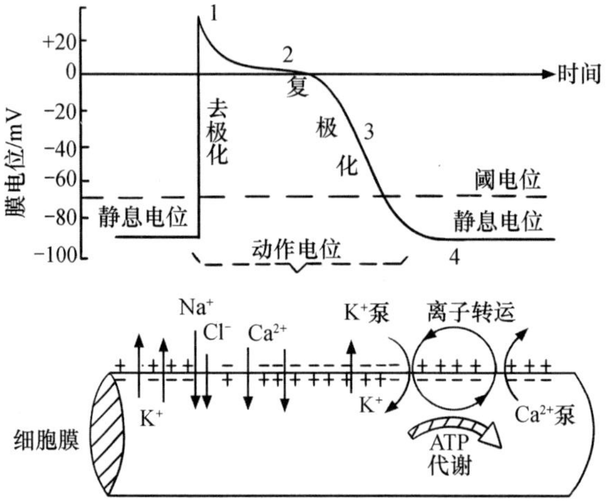

图 4-5 心室肌细胞动作电位及主要离子活动

二、心肌细胞的生理特性

心肌细胞具有兴奋性、自律性、传导性和收缩性四种生理特性。心肌的收缩性是指心肌能够在肌膜动作电位的触发下产生收缩反应的特性,它是以收缩蛋白质之间的生物化学和生物物理反应为基础的,是心肌的一种机械特性。兴奋性、自律性和传导性,则是以肌膜的生物电活动为基础的,故又称为电生理特性。心肌组织的这些生理特性共同决定着心脏的活动。

(一)心肌的兴奋性

所有心肌细胞都具有兴奋性。其中自律细胞能自发产生节律性兴奋,非自律细胞在接受外来刺激后发生兴奋。

1. 兴奋性的周期性变化

心肌细胞每产生一次兴奋,其膜电位将发生一系列有规律的变化,膜通道由备用状态经历激活、失活和复活等过程,兴奋性也随之发生相应的周期性改变。兴奋性的这种周期性变化,影响着心肌细胞对重复刺激的反应能力,对心肌的收缩反应和兴奋的产生及传导过程具有重要作用。心室肌细胞一次兴奋过程可分为以下几个时期:

(1)有效不应期　心肌细胞发生一次兴奋后,由动作电位的去极化开始到复极化 3 期膜内电位达到约 −55 mV 这一段时期内,不论给以多大的刺激,都不能引起心肌细胞产生任何程度的去极化,称为绝对不应期,此期膜上 Na^+ 通道全部处于失活状态,故细胞兴奋性为 0。膜内电位由 −55 mV 恢复到约 −60 mV 这一段时间内,如果给予的刺激有足够的强度,肌膜可产生局部的去极化,但并不能引起的动作电位传播,称为局部反应期,此期膜上只有极少量 Na^+ 通道处于备用状态,故兴奋性极低。因此把绝对不应期和局部反应期合称为有效不应期。

与神经细胞和骨骼肌细胞相比，心肌细胞有效不应期特别长，一直持续到心肌机械收缩的舒张期开始之后，使心肌收缩形成单收缩，而不会像骨骼肌那样产生完全强直收缩，从而使心脏有血液充盈的时期，这对心脏完成泵血功能十分重要。

(2)相对不应期　指膜电位从－60 mV继续复极化至－80 mV的这段时期。此期如果给予阈上刺激，心肌可产生新的兴奋。原因是此时部分 Na^+ 通道已经处于备用状态，但数量较少，故兴奋性仍然低于正常，故只对阈上刺激产生动作电位，而且去极化幅度和速度均较正常为小，传导速度也较慢。

(3)超常期　指心肌细胞继续复极，膜电位从－80 mV继续恢复至－90 mV的这段时期。Na^+ 通道绝大部分已恢复到备用状态，即兴奋性已基本恢复，而且此时的膜电位比正常电位更接近阈电位，因此以阈下刺激就可以使心肌兴奋，表明此期的兴奋性超过正常，故名超常期。随着膜通道经历上述变化直至正常，膜电位恢复静息时的备用状态，心肌的兴奋性也恢复正常，从而为后继的动作电位做好准备。

心肌细胞的动作电位和兴奋性变化见图4-6。

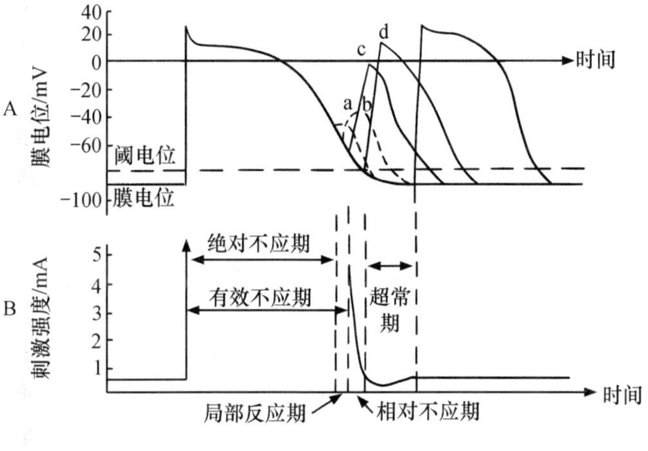

图4-6　心肌细胞的动作电位和兴奋性变化

A.动作电位与不同的复极化时期给予刺激所引起的反应

B.用阈值变化曲线(B中的实线)说明兴奋后兴奋性的变化

(二)心肌的自动节律性

心肌细胞在没有外来刺激的条件下，能自动发生节律性兴奋的特性和能力，称为自动节律性或自律性。具有自动节律性的组织或细胞，称为自律组织或自律细胞。衡量自律性的高低用自动兴奋的频率表示。很早以前就有人观察到，离体的动物心脏，在适宜的条件下即使未受到任何刺激，也能自动地、有节律地进行收缩，说明其具有自动节律性。高等动物心脏的自律性组织存在于心内膜下的心脏特殊传导组织中，包括窦房结(蛙类为静脉窦)、房室交界、房室束及浦肯野氏纤维等。这些组织的自律性高低不一，以猪为例，窦房结P细胞自律性最高，自动兴奋频率约70次/min；房室交界及其束支自律性居中，自动兴奋频率40～60次/min；浦肯野氏纤维自律性最低，自动兴奋频率约20次/min。

心脏始终是依照当时情况下自律性最高的部位所发出的兴奋来进行活动的。这就是说，各部分的活动统一在自律性最高部位的主导作用之下。在正常情况下，窦房结是支配整个心脏兴奋和跳动的节律起点，故称之为正常起搏点。由窦房结控制的心搏节律称为窦性心律；而窦房结P细胞以外的其他自律细胞在正常时都处于窦房结的控制之下而不表现自身的节律性，只起到传导兴奋的作用。只有在某种特殊情况下，如它们的兴奋性增高或窦房结兴奋传导阻滞时，才能自动发出兴奋，以较低的频率引发心脏活动，因此称为潜在起搏点，其所形成的节律称为异位心律。

（三）心肌的传导性和兴奋在心脏内的传导

心肌细胞兴奋产生的动作电位能够沿着细胞膜传播的特性称为传导性，其高低用动作电位沿细胞膜传播的速度来衡量。心肌细胞传导兴奋的机制是局部电流，即已兴奋部位与未兴奋部位膜之间存在的电位差产生局部电流而进行兴奋的传导。此外，心肌细胞之间的闰盘结构是低电阻的缝隙连接，使心肌细胞膜上任何部位的动作电位可以通过闰盘结构传至邻近的细胞，乃至整块心肌，使心肌组织在功能上成为一个合胞体而表现为左、右心房或心室的同步兴奋和收缩。

心脏内兴奋传导的途径始于窦房结产生的兴奋，经过渡细胞传至心房，通过优势传导通路传导到房室交界，再经房室束、房室束支、浦肯野氏纤维网至心室肌。

兴奋在心脏不同部位的传导速度不同，从窦房结到心室的传导具有快—慢—快的特点。窦房结P细胞发出的兴奋一方面经心房肌细胞（0.3 m/s）和前结间束（1 m/s）传导至左、右心房，引起心房收缩；另一方面通过结间束（1.7 m/s）传导至房室交界区（房室结，0.02 m/s），再依次经房室束（0.2 m/s）、左右希氏束（2～3 m/s）、浦肯野氏纤维（1.5～4 m/s）传导至左、右心室肌，经心室肌（0.5 m/s）迅速传导到所有心室肌细胞，引起左、右心室收缩。

可见，兴奋在左、右心房之间及左、右心室之间传导时，速度很快，从而保证兴奋几乎可同时到达心房或心室各部位，从而保证全部心房肌细胞或心室肌细胞几乎同时收缩，产生巨大的收缩力，推动血液循环流动。而兴奋在房室交界处的传导速度则很慢，仅0.02～0.05 m/s，形成一个时间延搁，称为房室延搁。房室延搁可使兴奋到达心房和心室的时间前后分开，使心房收缩结束后才开始心室收缩，保证了心室收缩之前有更多的血液充盈，因而有重要的生理意义。

（四）心肌细胞的收缩性

心肌的收缩性是指心房和心室工作细胞具有接受阈刺激产生收缩反应的能力。在正常情况下，它们只接受来自窦房结节律性兴奋的刺激。心肌细胞收缩机理与骨骼肌相同，在受刺激时，先在膜上产生电兴奋，然后通过兴奋-收缩耦联使心肌纤维缩短。但心肌细胞的收缩性有以下特点，这些特点都与心肌细胞兴奋性的周期性变化有关。

1. 不发生强直收缩

心肌兴奋性周期变化的特点是有效不应期特别长，相当于整个收缩期加舒张早期，在此期间，任何新刺激都不能引起心肌收缩，即心肌兴奋后，只有进入舒张期才能接受新的刺激，所以心肌细胞不发生强直收缩，始终保持着收缩与舒张交替的节律活动（图4-7）。

2. 同步收缩（合胞体性）

由于心肌兴奋性的传导特点，心房和心室各自构成了一个功能合胞体。由窦房结传来的兴奋几乎同时传导至全部心房肌细胞或心室肌细胞，使它们几乎同时兴奋，几乎同时收缩，产生巨大的收缩力，推动血液循环流动。

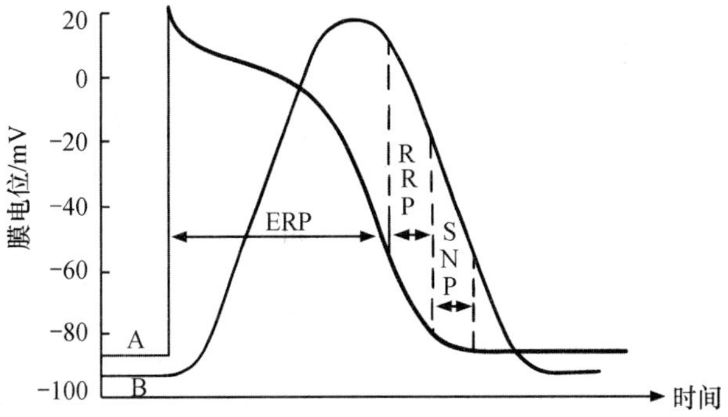

图 4-7　心室肌动作电位期间兴奋性的变化及其与机械收缩的关系

A.动作电位　B.机械收缩　ERP.有效不应期　RRP.相对不应期　SNP.超长期

3. 期前收缩与代偿性间歇

正常的心脏按照窦房结的节律进行活动时，窦房结发出的兴奋总是在心肌前一次兴奋的不应期终止之后，才传导到心房和心室，因此，心房和心室都能按照窦房结的节律，交替进行收缩和舒张的活动。但心室肌如果在有效不应期之后、正常的窦性节律到来之前受到一次额外的(人工或病理)刺激，可产生一次额外的兴奋和收缩，由于它发生在下一次窦房结兴奋所产生的正常收缩之前，所以称为期前收缩或额外收缩，也称早搏。由于期前收缩的出现，使紧接而来的窦房结兴奋往往落在期前收缩的有效不应期内，以致心室不能表现收缩反应，必须等到下一次窦房结的兴奋传来时，心室才发生收缩。这样，在一次期前收缩之后，常有一段较长的心脏舒张期，称为代偿性间歇(图 4-8)。心肌的这一特点，可以避免发生强直收缩，使心肌按照起搏点的节律性兴奋，进行舒缩交替活动，保证泵血功能的实现。

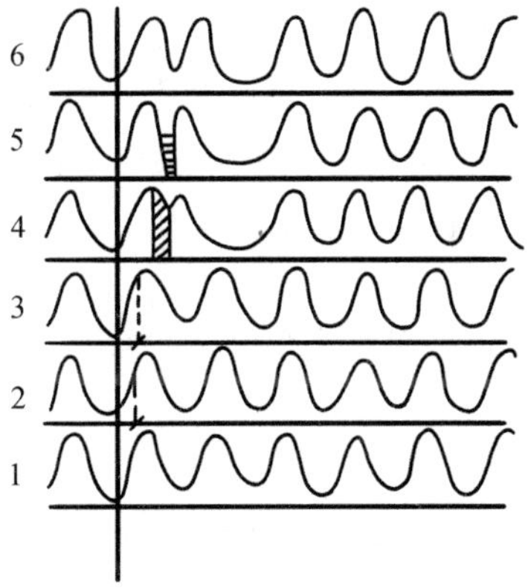

图 4-8　期前收缩和代偿性间歇

曲线 1～3 刺激落在有效不应期内，不引起反应

曲线 4～6 刺激落在相对不应期内，

引起期前收缩和代偿性间歇

任务三　血管生理

【任务要求】

了解血管的种类和功能；理解血流量、血流速度、血流阻力的概念；理解和掌握动脉血压和动脉脉搏的概念；掌握影响动脉血压的因素；掌握微循环的概念；了解微循环的三条途径；理解组织液和淋巴液的生成和回流。

【认知与解读】

一、血管的种类和功能

血管大致可分为动脉、毛细血管和静脉三大类。各类血管因在整个血管系统中所处的部位不同，结构各异，因此在功能上也具有不同的特点。按生理功能可将血管细分为以下几类：

(1)弹性贮器血管　指主动脉、肺动脉主干及其发出的大分支血管。这些血管的管壁坚厚，富含弹性纤维，具有较大的可扩张性和弹性，在心室收缩射血期被动扩张，使心室射出的血液只有一部分进入外周血管，而另一部分血液则贮存在大动脉中。心室舒张期大动脉管壁发生弹性回缩，释放贮存的部分血液。这样使心脏的周期性泵血活动变成了血管系统中连续的血流，同时缓冲了心动周期中血压的波动。

(2)分配血管　指介于弹性贮器血管和小动脉之间的动脉管道，功能是输送血液至各组织器官。

(3)毛细血管前阻力血管　包括小动脉和微动脉。其口径小，管壁富含平滑肌，在神经、体液因素作用下可明显地改变血管口径和血流阻力。

(4)毛细血管前括约肌　在真毛细血管的起始部环绕的平滑肌。可通过其舒缩活动控制其后真毛细血管的开放和关闭。

(5)交换血管　指真毛细血管。此类血管管壁纤薄，仅由单层内皮细胞构成，内皮细胞间有裂隙，外面仅有一薄层基膜，故有很大的通透性，为血液与组织液进行物质交换的场所。

(6)毛细血管后阻力血管　指微静脉。其管径小，对血流有一定阻力。通过其舒缩活动调节毛细血管压和体液在血管内与组织间隙的分配。

(7)容量血管　指静脉血管。与同级动脉相比，数量多，口径大，管壁薄，可扩张性较强，容量大，起血液贮存库的作用。在安静状态下，机体60%～70%的循环血量容纳在静脉中。

(8)短路血管　指直接联系小动脉和小静脉的吻合支。它们可使小动脉内的血液不经过毛细血管而直接流入小静脉。动物机体的脚趾、耳郭等处的皮肤中有许多短路血管存在，它们在功能上与体温调节有关。

二、血液在血管系统内的流动

血液在心血管系统中流动的一系列物理学问题属于血流动力学的范畴。血流动力学基本的研究对象是流量、阻力和压力之间的关系。由于血管是有弹性和可扩张的而不是硬质的管道系统，血液是含有血细胞和胶体物质等多种成分的液体，而不是理想液体，因此血流动力学除与一般流体力学有共同点之外，又有它自身的特点。

(一)血流量与血流速度

1. 血流量和器官血流量

单位时间内流过血管某一截面的血量称为血流量，也称容积速度，其单位通常以 mL/min 或 L/min 表示。血流量(Q)的大小主要决定于两个因素，即血管系统两端的压力差(ΔP)和血管对血流的阻力(R)。三者关系为：血流量与血管两端的压力差呈正比，与血流阻力呈反比。即：$Q=\Delta P/R$，ΔP 为血管系统两端的压力差；R 为血管对血流的阻力。

在体循环中，Q 相当于心输出量，按照流体力学规律，在封闭的管道系统中，各个横断面的流量都是相等的，因此，在整个循环系统中，动脉、毛细血管和静脉系统各段血管总横断面血流量也基本相等，即大致等于心输出量。ΔP 在体循环中，相当于主动脉血压与右心房血压之差，由于右心房血压接近于零值，所以 ΔP 实际相当于平均动脉压。

对于某一器官来说，前一公式中的 Q 为器官血流量，即单位时间内流过该器官的血流量。ΔP 为进出该器官的平均动脉压和静脉压的差，R 为该器官的血流阻力。在正常情况下，器官血流量是与该器官当时的代谢水平相适应的。

2. 血流速度

血流速度是指血液中的一个质点在血管内移动的线速度。各类血管的血流速度与该类血管的总横断面积呈反比。主动脉及其主要分支，血管口径虽然大，但其数量少，总横断面积最小，因而大、中等动脉内血流速度最快，如主动脉血流速度可达 45～50 cm/s。毛细血管虽细，但有无数分支，总横断面积最大，故毛细血管内血流速度最慢，仅达 0.05～0.08 cm/s，而这样的速度极有利于物质通过毛细血管壁进行交换(图 4-9)。

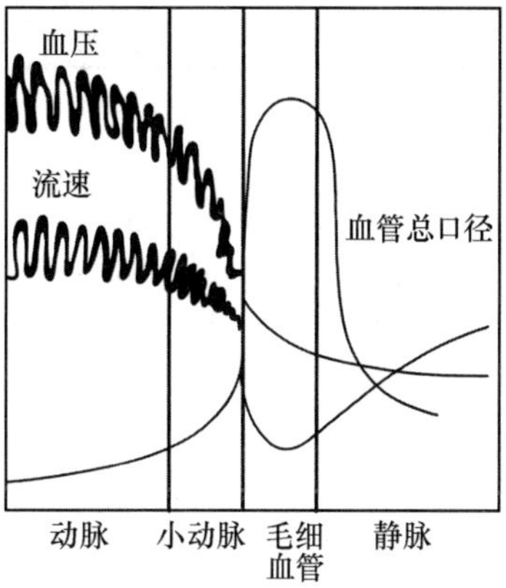

图 4-9　各段血管的血压、血流速度和血管总横断面积的关系示意图

(二)血流阻力

血液在血管内流动时遇到的各种阻力之和称为总外周阻力。在小血管(主要指小动脉和微动脉)内流动时遇到的阻力称为外周阻力。血流阻力的产生主要来源于血液内部分子之间的相互摩擦及血液与血管壁之间的摩擦力。

由于血管的长度和血液黏滞性相对比较稳定，因此血流阻力主要由血管口径，尤其是小动脉口径决定。阻力血管口径增大时，血流阻力降低，血流量就增多；反之，当阻力血管口径缩小时，器官血流量就减少。机体对循环功能的调节，就是通过控制各器官阻力血管口径来调节各器官之间的血流分配的。

血液在血管内流动时，还会出现层流和轴流现象。层流指血液因在血管内流动时的摩擦力不同而出现的流速分层的现象，在血管轴心处流速最快，越靠近管壁，流速越慢，但各层的方向一致。轴流指血液在血管内以层流方式流动时，血细胞沿血管中轴部分流动的现象。

(三)血压

血压是指血管内的血液对于单位面积血管壁的侧压力，即压强。国际单位是 Pa(N/m^2)，常用 kPa 表示。习惯单位是毫米汞柱(mmHg)，1 mmHg＝0.133 kPa＝133 Pa。并且常以大气压(760 mmHg)为血压的生理零点。

血压的形成需三方面条件：①血液充盈血管是形成血压的前提；②心室射血是产生血压的动力；③外周阻力是形成血压的必要条件。血压的形成是心室收缩和外周阻力相互作用的结果。

三、动脉血压和动脉脉搏

(一)动脉血压

1. 动脉血压的正常值

通常所说的血压，就是指体循环系统中的动脉血压，它是决定其他各类血管血压的主要动力。在每次心动周期中，动脉血压随着心室的舒缩活动而发生明显的周期性变化。收缩压是指心脏收缩期中动脉血压所达到的最高值，也称为高压，主要反映心室肌收缩力量的大小。舒张压是指心舒期中动脉血压下降所达到的最低值，也称为低压，主要反映外周阻力的大小。脉搏压是指收缩压与舒张压的差值，简称脉压，主要反映大动脉管壁的弹性大小。在一个心动周期中，每一瞬间动脉血压都是变动的，其平均值称为平均动脉压。估算公式为：平均动脉压＝舒张压＋1/3(收缩压－舒张压)。各种动物的血压正常值见表 4-2。

表 4-2　各种成年动物颈动脉或股动脉的血压　　kPa

动物	收缩压	舒张压	脉搏压	平均动脉压
马	17.3	12.6	4.7	14.4
牛	18.7	12.7	6.0	14.6
猪	18.7	10.6	8.1	13.3
绵羊	18.7	12.0	6.7	14.2
兔	16.0	10.6	5.4	12.4
猫	18.7	12.0	6.7	14.2
犬	16.0	11.7	5.3	13.5

2. 影响动脉血压的因素

(1)每搏输出量　在外周阻力和心率相对稳定的条件下，心室肌收缩力量加强，每搏输出量增大，心缩期射入主动脉的血量增多，心缩期中主动脉和大动脉内增加的血量变多，管壁所受的张力也更大，故收缩期动脉血压的升高更加明显。当每搏输出量增加而外周阻力和心率变化不大时，动脉血压的升高主要表现为收缩压的升高，舒张压可能升高不多，故脉压增大。反之，当每搏输出量减少时，则主要使收缩压降低，脉压减小。可见，在一般情况下，收缩压的高低主要反映心脏每搏输出量的多少。

(2)心率　如果心率加快，而每搏输出量和外周阻力都不变，由于心舒期缩短，在心舒期内流至外周的血液就减少，故心舒期末主动脉内存留的血量增多，舒张期血压就升高。由于动脉血压升高可使血流速度加快，因此在心缩期内可有较多的血液流至外周，收缩压的升高不如舒张压的升高显著，脉压比心率增加前减小。相反，心率减慢时，舒张压降低的幅度比收缩压降低的幅度大，故脉压增大。

(3)外周阻力　如果心输出量不变而外周阻力加大，则心舒期中血液向外周流动的速度减慢，心舒期末存留在主动脉中的血量增多，故舒张压升高。在心缩期，由于动脉血压升高使血流速度加快，因此收缩压的升高不如舒张压的升高明显，脉压也相应减小。反之，当外周阻力减小时，舒张压的降低比收缩压的降低明显，故脉压加大。可见，在一般情况下，舒张压的高低主要反映外周阻力的大小。外周阻力的改变，主要是由于小动脉管径(骨骼肌和腹腔器官阻力血管口径)的改变。另外，血液黏滞度也影响外周阻力。如果血液黏滞度增高，外周阻力就增大，舒张压就升高。

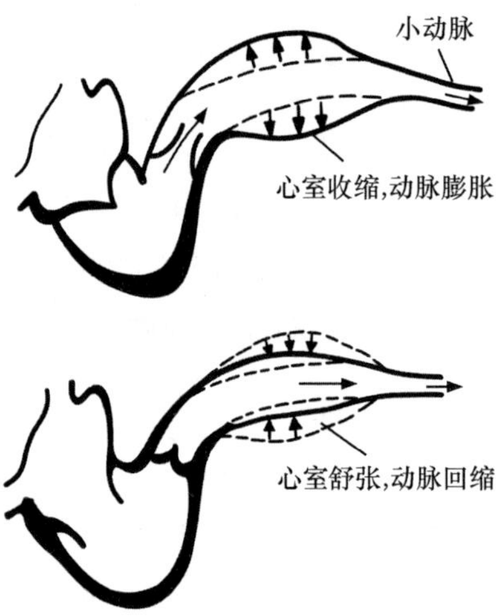

图 4-10　动脉管壁弹性对血流和血压的影响

(4)主动脉的弹性　主动脉管壁的扩张主要是起弹性贮器的作用而缓冲血压,使收缩压降低,舒张压升高,脉压减少。所以动脉管壁硬化,大动脉的弹性作用减弱,使收缩压升高而舒张压降低,故脉压增大(图4-10)。

(5)循环血量和血管系统容量比　循环血量和血管系统容量相适应,才能使血管系统足够充盈,维持一定的体循环平均充盈压。循环血量减少(如失血)后,血管系统的容量改变不大,则体循环平均充盈压必然降低,使动脉血压降低。在另一些情况下,如果循环血量不变而血管系统容量增大,也会造成动脉血压下降。

上述影响动脉血压的各种因素,都是在假设其他因素不变的前提下,分析某一因素发生变化时对动脉血压可能产生的影响。实际上,在各种不同的生理情况下,上述影响动脉血压的各种因素可能同时发生改变。因此,在某种生理情况下动脉血压的变化,往往是各种因素相互作用的综合结果。

(二)动脉脉搏

脉搏是指每个心动周期中,随着心室收缩和舒张而引起血管壁的起伏波动。在每个心动周期中,动脉内的压力发生周期性的波动。随着心脏节律性泵血活动,使主动脉管壁发生的扩张-回缩的振动以弹性波的形式沿血管壁传向外周,就形成了动脉脉搏。通常所说的脉搏就是指动脉脉搏。在手术时暴露动脉,可以直接看到动脉随每次心搏而发生的搏动。用手指也可摸到身体浅表部位的动脉搏动。

在外周触摸到的动脉脉搏并非血液对手指的冲击,而是沿着动脉管壁向外周血管传播的振动波,其传播的速度远较血流速度快。脉搏波的传播速度与动脉管壁的弹性呈反比关系。主动脉弹性最大,故脉搏波在主动脉的传播速度最慢,为3～5 m/s,在大动脉的传播速度加快到7～10 m/s,到小动脉可加快到15～35 m/s。动脉硬化时主动脉管壁的扩张性减小,脉搏波的传播速度加快。微动脉段以后脉搏波动大幅减弱;到毛细血管,脉搏基本消失。

脉搏的速度、幅度、硬度和频率等特性,不但能够直接反映心率和心动周期的节律,而且在一定程度上能够反映整个循环系统的功能状态,所以检查动脉脉搏具有十分重要的临床意义。

检查各种动物脉搏的部位:牛在尾动脉、颌外动脉、腋动脉或隐动脉;马在颌外动脉、尾中动脉或面横动脉;猪在桡动脉;猫和犬在股动脉或胫前动脉。

四、微循环

微循环是指微动脉和微静脉之间的血液循环。血液循环最基本的功能是进行血液和组织液之间的物质交换,这一机能就是在微循环部分实现的。

(一)微循环的组成

微循环的结构在不同的组织器官中会有一定的差异,典型的微循环一般由微动脉、后微动脉、毛细血管前括约肌、前毛细血管、真毛细血管网、动-静脉吻合支和微静脉等七部分组成。

(二)微循环的通路

血液流经微循环有三条途径。

1. 动-静脉短路

血液从微动脉经动-静脉吻合支直接回流到微静脉称为动-静脉短路。此通路的血管壁厚,血流迅速,完全不进行物质交换,因此这条通路又称为“非营养通路”。动-静脉短路多见于皮肤、皮下组织和肢端等处的微循环中,在一般情况下多处于关闭状态。当环境温度升高时,动-静脉吻合支开放增多，血流量增加，使皮肤温度升高，有利于散热；环境温度降低时，吻合支关闭，皮肤血流量减少，有利于保存热量。黄牛颈部的肉垂中有大量动-静脉吻合支，对调节体温有重要作用。

2. 直捷通路

血液从微动脉经后微动脉和通血毛细血管进入微静脉，为直捷通路。此通路经常处于开放状态，血液流速较快，其主要功能不是进行物质交换，而是使一部分血液迅速经微循环进入静脉，以保证静脉回心血量。直捷通路在骨骼肌的微循环中较多见。

3. 营养通路或迂回通路

血液经微动脉、后微动脉、毛细血管前括约肌和真毛细血管网汇集到微静脉，为营养通路或迂回通路。此通路迂回曲折，血流缓慢，真毛细血管相互交织成网状，且真毛细血管壁较薄，内皮细胞之间存在着细微的裂隙，通透性大，是血液和组织液之间进行物质交换的场所。

五、组织液和淋巴液

组织液存在于组织细胞的间隙中，是血液与组织细胞之间进行物质交换的媒介。组织液绝大部分呈胶冻状，不能自由流动，因此不会因重力作用而流至身体的低垂部分。组织液中有极小一部分呈液态，可自由流动。组织液中各种离子成分与血浆相同，组织液中也存在各种血浆蛋白质，但其浓度明显低于血浆。

(一)组织液的生成与回流

毛细血管壁的通透性很大，血液在流经毛细血管时，除大分子血浆蛋白和血细胞不能滤过外，其余血浆成分可以通过血管壁进入组织间隙，形成组织液，组织液也可以进入毛细血管内。

组织液的生成和回流取决于有效滤过压的大小。作用于毛细血管壁两侧的压力主要有四个因素，即毛细血管血压、血浆胶体渗透压、组织液静水压和组织液胶体渗透压。其中，毛细血管血压和组织液胶体渗透压是促使液体由毛细血管内向血管外滤过(组织液生成)的力量，而血浆胶体渗透压和组织液静水压是将液体从血管外重吸收入毛细血管内(组织液回流)的力量。滤过的力量和重吸收的力量之差，称为有效滤过压，即：

有效滤过压＝(毛细血管血压＋组织液胶体渗透压)－(血浆胶体渗透压＋组织液静水压)

有效滤过压大于0，则组织液生成；有效滤过压小于0，则组织液回流。如图4-11所示，在毛细血管动脉端的有效滤过压为正值1.33 kPa (10 mmHg)，组织液生成；而在毛细血管静脉端的有效滤过压为负值－1.06 kPa(－8 mmHg)，组织液被重吸收。总的说来，流经毛细血管的血浆，约有0.5%在毛细血管动脉端以滤过的方式进入组织间隙成为组织液，其中约90%在静脉端被重吸收回血液，其余约10%进入毛细淋巴管，成为淋巴液。

(二)影响组织液生成与回流的因素

在正常情况下，组织液不断生成，又不断被重吸收，保持动态平衡，故血量和组织液量能维持相对稳定。如果这种动态平衡遭到破坏，发生组织液生成过多或重吸收减少，组织间隙中就有过多的液体潴留，形成组织水肿。凡是影响有效滤过压和毛细血管通透性的各种因素，都可影响组织液的生成与回流。

1. 毛细血管血压

凡能引起毛细血管血压升高的因素，都可促进组织液的生成；反之，则减少其生成。例如，

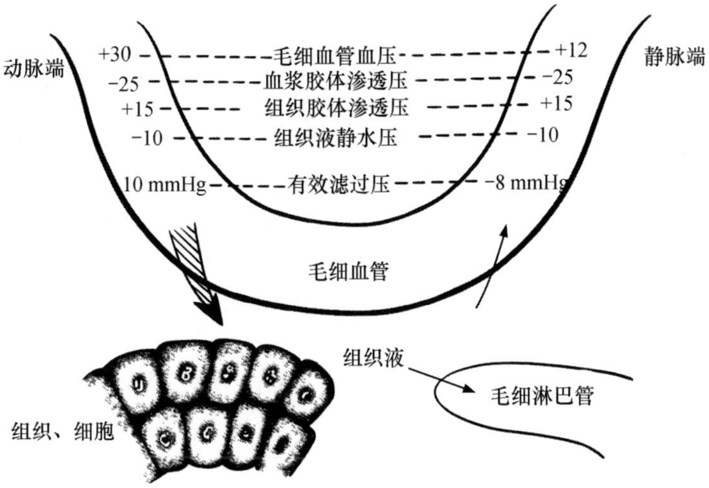

图 4-11　组织液生成与回收示意图

+代表促使液体滤出毛细血管的力量

-代表促使液体吸收回毛细血管的力量

右心衰竭时，静脉回流受阻，毛细血管血压升高，因而有效滤过压增大，组织液生成增多而回流减少，从而出现水肿。炎症时，炎症部位小动脉扩张，进入毛细血管的血量增加而使毛细血管血压增高，引起局部水肿。

2. 血浆胶体渗透压

凡能引起血浆蛋白质含量增减而使血浆胶体渗透压发生改变的因素都可影响组织液的生成。当蛋白质摄入不足(低蛋白水平日粮、消化道疾病等)、蛋白质消耗过多(慢性消耗性疾病、肝病等)或排出过多(肾病等)时，均可使血液中血浆蛋白含量减少，血浆胶体渗透压降低，有效滤过压增大，导致组织液生成增多，引起组织水肿。

3. 淋巴回流

毛细血管动脉端滤出的液体，有一部分是通过淋巴回流入血液的，若淋巴回流受阻(丝虫病、肿瘤压迫)，则组织液积聚起来可导致水肿。

4. 毛细血管通透性

在正常情况下毛细血管壁的通透性变化不大，只有在病理情况下，才有较大的改变。例如在烧伤、过敏反应中，由于局部组织释放大量组胺，使毛细血管壁的通透性加大，部分血浆蛋白渗出，血浆胶体渗透压降低，而组织液胶体渗透压升高，有效滤过压升高，组织液生成增多，出现局部水肿。

(三)淋巴液及其回流

回流的组织液中有10%进入毛细淋巴管，即成为淋巴液。毛细淋巴管比毛细血管的通透性大，故组织液中的蛋白质分子、病原微生物等容易进入毛细淋巴管中。毛细淋巴管逐级汇集成小淋巴管和大淋巴管，流入集合淋巴管和淋巴结，最后经淋巴导管(胸导管和右淋巴导管)进入前腔静脉，加入血液循环。所以淋巴回流系统是组织液向血液循环回流的一个重要辅助系统。

淋巴回流的生理意义在于:①回收蛋白质。组织液中的蛋白质分子绝大部分经淋巴系统运回血液,从而维持血浆蛋白的正常浓度和血浆胶体渗透压,这是淋巴回流最为重要的意义。据测定,人体一天(24 h)回收的蛋白质达 75～200 g,占血中蛋白质的一半。②吸收脂肪及其他营养物质。由肠道吸收的脂肪 80%～90%是经过淋巴回流被输送入血液的。③平衡血浆与组织液。通过淋巴途径回收多余的组织液,以调节血浆和组织液之间的液体平衡。④淋巴结的防御、屏障作用。淋巴液在流入血液途径中要经过许多淋巴结,淋巴结内有大量巨噬细胞,能清除淋巴液中的细菌或其他异物,减少感染扩散的危险。淋巴结还产生淋巴细胞和浆细胞,可参与机体的免疫反应,因此,淋巴循环对机体具有防御屏障作用。

任务四　心血管功能的调节

【任务要求】

理解并掌握神经和体液因素对心血管活动的调节的过程。

【认知与解读】

动物机体在不同的生理状况下,各器官组织的代谢水平不同,对血流量的需要也不同。机体通过神经和体液机制可对心脏和各部分血管的活动进行调节,从而适应各器官组织在不同情况下时血流量的需要,有效地进行各器官之间的血流分配。

一、神经调节

心肌和血管平滑肌接受植物性神经的支配。机体通过各种心血管反射实现对心血管活动的调节。

(一)心脏和血管的神经支配

1. 心脏的神经支配

心脏受心交感神经和心迷走神经的双重支配。

(1)心交感神经　支配心脏的交感神经来自脊髓胸腰段 1～6 节脊髓灰质侧角,在颈前、颈中和星状神经节更换神经元,节后纤维在心脏附近形成心脏神经丛,支配心脏的各个部分。右侧纤维大部分终止于窦房结;左侧纤维大部分终止于房室结和房室束;两侧均有纤维分布到心房肌和心室肌。

心交感节后神经元末梢释放的递质为去甲肾上腺素,与心肌细胞膜上的 β 型肾上腺素能受体结合,可导致心率加快(正性变时作用)、房室交界传导速度加快(正性变传导作用)、心肌收缩能力加强(正性变力作用)。β 受体阻滞剂(如普萘洛尔等)可以阻断心交感神经对心脏的兴奋作用。

(2)心迷走神经　支配心脏的副交感神经是迷走神经的心脏支。右侧迷走神经心脏支的大部分神经纤维终止于窦房结;左侧迷走神经的心脏支大部分终止于房室结和房室束。两侧均有纤维分布到心房肌,但心室肌只有少量迷走神经支配。

心迷走神经节后纤维末梢释放的递质为乙酸胆碱,可作用于心肌细胞的 M 型胆碱能受体,导致心率减慢(负性变时作用)、房室交界传导速度减慢(负性变传导作用)、心肌收缩能力减弱(负性变力作用)。M 受体阻断剂(如阿托品等)可以阻断心迷走神经对心脏的抑制作用。

心脏神经的作用特点：①交感神经兴奋则心脏活动增强，迷走神经兴奋则心脏活动受抑制，二者的效应是对立统一的。②正常条件下，二者均对心脏有作用，而以迷走神经支配占优，称为迷走紧张，即迷走神经对心脏产生经常而持久的作用，使心脏活动的速度和强度限制在一定水平之内的情况。长期锻炼可使迷走神经紧张性提高，心率减慢，这可以理解为心力贮备的中枢机制。

2. 血管的神经支配

血管系统中，除毛细血管外，所有血管壁均有平滑肌，绝大多数血管平滑肌都受植物性神经支配，但毛细血管前括约肌主要受代谢产物调节。支配血管平滑肌的神经纤维称为血管运动神经纤维。根据不同的神经支配效应，将血管运动神经纤维分为缩血管神经纤维和舒血管神经纤维两大类。

(1)缩血管神经纤维　缩血管神经纤维来源于交感神经，故又称为交感缩血管神经纤维。体内几乎所有的血管都受缩血管神经纤维支配，但不同部位的血管中缩血管神经纤维的分布密度不同。一般同一部位的皮肤分布最密，骨骼肌和内脏次之，冠状血管、脑血管较少。动脉血管较密，特别是微动脉最密，静脉分布较少。多数血管受缩血管神经纤维单一支配。缩血管神经纤维对血管的调节作用主要通过血管紧张性活动实现。安静状态下，缩血管神经纤维持续发放 1～3 次/s 的低频冲动，称为交感缩血管紧张。这种紧张性活动使血管维持一定的收缩状态，在此基础上，紧张性增强时血管进一步收缩，紧张性下降时血管舒张。

缩血管神经纤维来源于交感神经，其节后纤维末梢释放去甲肾上腺素，作用于血管平滑肌上的 α 肾上腺素能受体和 β_2 肾上腺素能受体。去甲肾上腺素与 α 受体结合，引起血管平滑肌收缩；与 β_2 受体结合导致血管平滑肌舒张。由于去甲肾上腺素与 α 受体结合能力比与 β_2 受体结合的能力强，故缩血管神经纤维兴奋时主要引起缩血管的效应。由于不同器官血管的受体种类不同，如皮肤血管、胃肠道、肾脏等内脏血管以 α 受体为主，而骨骼肌血管则以 β_2 受体为主，且不同器官的缩血管神经分布密度不同，故当交感神经兴奋时，会导致有的器官(如皮肤、胃肠道、肾脏)血流量显著减少，而骨骼肌、冠状血管、脑血管则血流量增加，实现血液的重新分配，这对于机体在紧急情况下保证重要器官的血液供应具有重要作用。

(2)舒血管神经纤维　体内有部分血管除接受缩血管神经纤维支配外，还接受舒血管神经纤维支配。其节后纤维末梢释放乙酰胆碱，与血管平滑肌的 M 型胆碱能受体结合，使血管舒张。舒血管神经纤维来源很多，主要包括：①交感舒血管神经纤维，主要分布于骨骼肌血管。交感舒血管神经纤维安静时，没有紧张性冲动发放，只有动物处于情绪激动和发生防御反应时才发放冲动，使骨骼肌血管舒张，血流量增多。②副交感舒血管神经纤维，主要分布于脑、唾液腺、胃肠道外分泌腺和外生殖器等少数器官的血管平滑肌。其活动只对组织、器官的局部血流起调节作用，对循环系统总外周阻力的影响甚小。③脊髓背根舒血管神经纤维。感觉传入纤维中的脊髓背根在外周末梢处可发出分支，支配邻近的微动脉。当皮肤受到伤害性刺激时，感觉冲动在延传入神经向中枢传导的同时，可在末梢分叉处延分支达到微动脉，使其扩张，局部皮肤出现红晕。这种仅通过轴突外周部位完成的反应，称为轴突反射。这种神经纤维也称为背根舒血管纤维。

(二)心血管调节中枢

神经系统对心血管活动的调节是通过各种神经反射实现的。生理中将与控制心血管活动有关的神经元集中的部位称为心血管调节中枢。控制心血管活动的神经元分布在中枢神经系统从延髓到大脑皮层的各个水平上，它们各具不同的功能，又互相密切联系，使整个心血管系统的活动协调一致，并与整个机体的活动相适应。

1. 延髓心血管中枢

实验发现，只要保持延髓和脊髓的结构完整，动物血压就基本维持稳定，这表明延髓心血管中枢是维持正常血压和心血管反射的基本中枢，主要包括缩血管中枢、心交感中枢和心迷走中枢三部分。在安静状态时，心迷走中枢占优势，不断发出冲动，经迷走神经传到心脏，使心跳减慢减弱，这一现象称为“迷走紧张”。在血管方面，则缩血管中枢占优势，发放低频率神经冲动，使肌肉、皮肤和内脏血管处于微弱而持久的收缩状态，以维持正常的血压。

2. 高级中枢

在延髓以上的脑干、下丘脑、大脑和小脑中也都存在与心血管活动有关的神经元，其中以下丘脑和大脑皮层最为重要。它们可以将心血管活动和机体其他功能进行整合，使心血管功能和机体其他功能相适应。例如下丘脑是一个非常重要的整合部位，在体温调节、摄食、水盐平衡以及发怒、恐惧等情绪反应的整合中，都起着重要的作用。这些反应都包含有相应的心血管活动的变化。例如电刺激下丘脑的“防御反应区”，可立即引起动物的警觉状态，骨骼肌肌紧张加强，表现出准备防御的姿势等行为反应，同时出现一系列心血管活动的改变，主要是心率加快，心搏加强，心输出量增加，皮肤和内脏血管收缩，骨骼肌血管舒张，血压稍有升高。这些心血管反应显然是与当时机体所处的状态相协调的，主要是使骨骼肌有充足的血液供应，以适应防御、搏斗或逃跑等行为的需要。

大脑的一些部位，特别是边缘系统的结构，如颞极、额叶的眶面、扣带回的前部、杏仁核、海马等，能影响下丘脑和脑干其他部位的心血管神经元的活动，并和机体各种行为的改变相协调。

（三）心血管反射

机体的各种内、外感受器，尤其是存在于心血管本身的感受器，受到刺激后，都可以反射性地调节心血管的活动，使之产生各种适应性的变化。机体内主要的心血管反射有压力感受性反射和化学感受性反射。

1. 颈动脉窦和主动脉弓的压力感受性反射

（1）动脉压力感受器　在颈动脉窦和主动脉弓血管壁的外膜下，有丰富的感觉神经末梢，主要感受血压变化对血管壁产生的牵张刺激，常称为压力感受器（图 4-12）。在一定范围内，该感受器发放冲动的频率，随血压升高而增大。

（2）传入神经和中枢的联系及反射效应　颈动脉窦的传入神经为窦神经，随舌咽神经进入延髓。主动脉弓的传入神经随迷走神经进入延髓。但兔的主动脉弓传入神经在颈部自成一束，称为主动脉神经或减压神经，在颅底并入迷走神经干。当动脉血压升高时，血管壁扩张，刺激颈动脉窦和主动脉弓压力感受器，使其发放冲动的频率增加，经窦神经和主动脉神经进入延髓，在孤束核交换神经元。孤束核神经元兴奋，其轴突一方面投射到迷走神经疑核或背核，兴奋心迷走中枢；另一方面投射到延髓腹外侧部，抑制心交感中枢和缩血管中枢。于是出现心脏活动减慢减弱，心输出量减少，小动脉血管舒张，外周阻力下降，使血压降低到接近于原来的正常水平。血压突然降低时，压力感受器发放冲动的频率减少，使心迷走中枢抑制，心交感中枢

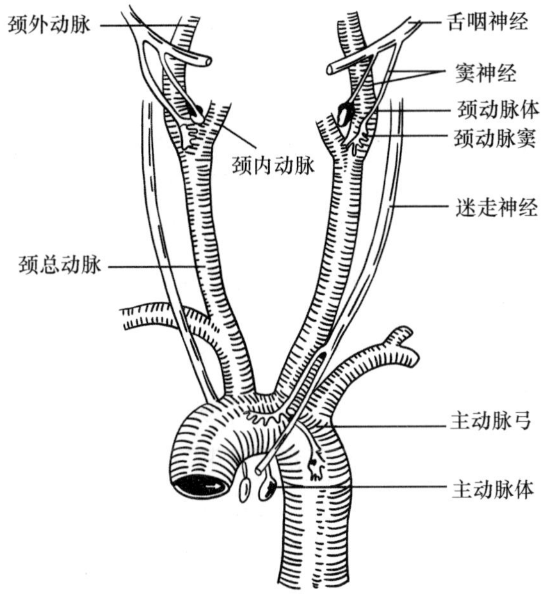

图 4-12　颈动脉窦区与主动脉弓区的压力感受器与化学感受器

和缩血管中枢兴奋，使心率加快，心输出量增加，外周血管阻力增高，血压回升。但是，应该指出，在一般安静状态下，动物的动脉血压值就已高于压力感受器的感受阈值。所以，由颈动脉窦和主动脉弓压力感受器发放冲动引起血压降低的反射活动，不仅发生在血压升高时存在，而且在平静状态下也存在，这也是心迷走神经经常有冲动（迷走紧张）的原因，据此，常把这种压力感受器反射称为减压反射。

(3)压力感受性反射的生理意义　压力感受性反射是负反馈调节机制，它的生理意义在于使动脉血压保持相对稳定。动物实验发现，窦内压为正常平均动脉压（约 13.3 kPa，即 100 mmHg）时，颈动脉窦压力感受器最为敏感。这时如果窦内压出现微弱变动，就可以通过压力感受性反射恢复到相对稳定的水平。但是，如果血压变化偏离正常血压太远，或血压出现持续而缓慢的变化，则压力感受性反射明显减弱，因为压力感受器对这类血压变化不敏感。这说明动脉血压在一定生理范围内快速波动时，压力感受性反射稳定血压的作用大，并表现明显的缓冲功能。故在生理中常把窦神经和主动脉神经称为“缓冲神经”。如果切除动物两侧的缓冲神经，动物血压就会出现大幅度的波动而不能保持相对稳定。

2. 颈动脉体和主动脉体的化学感受性反射

位于颈总动脉分支处的颈动脉体和主动脉弓下方的主动脉体，可感受血液中的化学变化并发放神经冲动，称之为化学感受器。由该感受器发放神经冲动所引起的反射活动，称为化学感受器反射。当血液中出现缺氧、CO_2 分压升高和 H^+ 浓度增加时，上述感受器即发放冲动，经窦神经和迷走神经进入延髓，引起呼吸和心血管活动的变化。整体上一般表现为呼吸加深加快、心率增加、心输出量增多、脑及心脏的血流量加大、腹腔内脏的血流量减少等综合效应。

在正常情况下，该反射对心血管活动不起明显的调节作用，只是在严重缺氧、窒息、脑部供血不足、血压过低和酸中毒等情况下，才明显发挥作用。因此，化学感受性反射对心血管调节的意义主要是参与机体应急状态时(如大量失血)循环功能的调节,维持血压,使血液重新分配,保证心、脑等重要器官的血液供应。

二、体液调节

心血管活动的体液调节是指血液和组织液中的某些化学物质对心血管活动所产生的调节作用。按化学物质的作用范围,可分为全身性体液调节和局部性体液调节两大类。

(一)全身性体液调节

体液中这类化学物质不易被破坏,可随血液循环到达机体各部,对心血管活动产生调节效应。

1. 肾上腺素和去甲肾上腺素

循环于血液中的肾上腺素和去甲肾上腺素主要来自肾上腺髓质,其中肾上腺素约占80%,去甲肾上腺素约占20%。肾上腺素和去甲肾上腺素在化学结构上都属于儿茶酚胺类。肾上腺素能神经纤维末梢释放的递质去甲肾上腺素也有一小部分进入血液循环。

血液中的肾上腺素和去甲肾上腺素对心脏和血管的作用有许多共同点,但并不完全相同,因为两者对不同的肾上腺素能受体的结合能力不同。肾上腺素可与α和β两类肾上腺素能受体结合。在心脏,肾上腺素与β肾上腺素能受体结合,产生正性变时和变力作用,使心输出量增加;在血管,肾上腺素的作用取决于血管平滑肌上α和β肾上腺素能受体分布的情况。在皮肤、肾、胃肠、血管平滑肌上,α肾上腺素能受体在数量上占优势,肾上腺素的作用是使这些器官的血管收缩;在骨骼肌和肝脏的血管平滑肌上,β肾上腺素能受体占优势,小剂量的肾上腺素主要引起β肾上腺素能受体的兴奋,引起血管舒张,大剂量时也兴奋α肾上腺素能受体,引起血管收缩。去甲肾上腺素主要与血管平滑肌上的α受体结合,引起血管平滑肌的收缩,使外周阻力增大,血压升高;也可与心肌β受体结合,但强心作用较弱。这也是临床上将肾上腺素作为强心剂,而去甲肾上腺素作为收缩血管的升血压药物的原因。

2. 肾素-血管紧张素-醛固酮系统

血管紧张素是一组多肽类物质,它的产生经历一系列复杂过程。当循环血量减少,动脉血压下降,使肾血流量减少时,可刺激肾脏产生并释放肾素。血浆中无活性的血管紧张素原在肾素的作用下水解,生成血管紧张素Ⅰ。在血浆和组织中,特别是在肺循环血管内皮表面,存在有血管紧张素转换酶,在后者的作用下,血管紧张素Ⅰ水解,生成血管紧张素Ⅱ。血管紧张素Ⅱ在血浆和组织中的血管紧张素酶A的作用下,生成血管紧张素Ⅲ。血管紧张素Ⅱ和血管紧张素Ⅲ作用于血管平滑肌和肾上腺皮质等细胞的血管紧张素受体,引起相应的生理效应。其中以血管紧张素Ⅱ的作用最为重要,其主要作用包括:①可直接使全身微动脉收缩,血压升高;也可使静脉收缩,回心血量增多。②可作用于交感神经节后纤维,使其释放递质增多。③作用于中枢神经系统内一些神经元的血管紧张素受体,使交感缩血管神经元的紧张性加强。④与血管紧张素Ⅲ一起强烈刺激肾上腺皮质球状带细胞合成和释放醛固酮,后者可促进肾小管对Na^+、水的重吸收,使循环血量增加。

由于肾素、血管紧张素、醛固酮三者关系密切,故将它们联系起来称为肾素-血管紧张素-醛固酮系统。在某些病理情况下,如大量失血时,肾素-血管紧张素-醛固酮系统的活动加强,促使血压回升和血量增加,对循环功能的调节起重要作用。

3. 血管升压素

血管升压素(VP)在下丘脑的视上核和室旁核合成,经下丘脑-垂体束运输到神经垂体储存,需要时释放入血。其主要作用是促进肾远曲小管和集合管对水的重吸收,故又称抗利尿激素(ADH)。血管升压素对循环系统的重要作用是引起全身血管平滑肌收缩,使血压升高。在正常生理情况下,由于血管升压素浓度过低而对血压调节作用不大。但在机体大量失血、严重失水等情况下,血管升压素大量释放,对保留体内液体、维持动脉血压具有重要意义。

(二)局部性体液调节

研究发现,血管升压素、血管内皮生成的血管活性物质、缩血管物质、激肽释放酶-激肽系统、心钠素、前列腺素、阿片肽、组胺等对心血管的活动也具有一定的调节作用。这类化学物质容易受到破坏或易被稀释而失效,只能在产生这些化学物质的局部组织器官发挥调节作用。

1. 血管内皮生成的血管活性物质

多年来一直以为血管内皮只是衬在心脏和血管腔面的一层单层细胞组织,及在毛细血管处通过内皮进行血管内外的物质交换。近年的研究已证实,内皮细胞可以生成并释放若干种血管活性物质,引起血管平滑肌舒张或收缩。

(1)血管内皮生成的舒血管物质 血管内皮生成和释放的舒血管物质有多种。其中比较重要的是内皮舒张因子(EDRF)。EDRF 的化学结构尚未完全弄清,但多数人认为可能是一氧化氮(NO)。EDRF 可使血管平滑肌内的鸟苷酸环化酶激活,cGMP 浓度升高,游离 Ca^{2+} 浓度降低,故血管舒张。同时,它还可以减弱缩血管物质对血管平滑肌的直接收缩效应。

(2)血管内皮生成的缩血管物质 血管内皮细胞也可产生多种缩血管物质,称为内皮缩血管因子(EDCF)。近年来研究的较深入的是内皮素(ET)。内皮素是已知的最强烈的缩血管物质之一。给动物注射内皮素可引起持续时间较长的升血压效应。但在升血压之前常先出现一个短暂的降血压过程。

2. 激肽释放酶-激肽系统

激肽释放酶存在于动物血浆和某些组织中,能分解底物激肽原为激肽。激肽是一类舒血管多肽物质,最常见的为舒缓激肽和血管扩张肽。这类激肽有强烈的舒血管作用,使血管平滑肌舒张,增加毛细血管的通透性;但对其他的平滑肌则引起收缩。

3. 心钠素

心钠素(ANP)是由心房肌细胞合成和释放的一类多肽。心钠素可使血管舒张,外周阻力降低;也可使每搏输出量减少,心率减慢,故心输出量减少。心钠素作用于肾的受体,还可以使肾排水和排钠增多,故心钠素也称为心房钠尿肽。此外,心钠素还能抑制肾的球旁细胞释放肾素,抑制肾上腺皮质球状带细胞释放醛固酮;在脑内,心钠素可以抑制血管升压素的释放。这些作用都可导致体内细胞外液量减少。

4. 前列腺素

前列腺素(PG)是一组活性强、类别多、功能复杂的脂肪酸衍生物,几乎存在于全身的所有组织中。各种前列腺素对血管平滑肌的作用是不同的,例如前列腺素 E_2 具有强烈的舒血管作用,前列腺素 $F_{2\alpha}$ 则使静脉收缩。前列环素(即前列腺素 I_2)是在血管组织中合成的一种前列腺素,有强烈的舒血管作用。

5. 阿片肽

垂体释放的β-内啡肽可使血压降低，其降压作用可能主要是中枢性的。血浆中的β-内啡肽可进入脑内并作用于某些与心血管活动有关的神经核团，使交感神经活动抑制，心迷走神经活动加强。除中枢作用外，阿片肽也可作用于外周的阿片受体。血管壁的阿片受体在阿片肽的作用下，可导致血管平滑肌舒张。交感缩血管神经纤维末梢也存在接头前阿片受体，这些受体被阿片肽激活时，可使交感神经纤维释放递质减少。

6. 组胺

当组织受到损伤或发生炎症以及过敏反应时，存在于疏松结缔组织的肥大细胞就可释放组胺。组胺可以使局部毛细血管高度扩张，血管壁的通透性明显增加，导致局部组织水肿。

三、自身调节

实验证明，如果将调节血管活动的外部神经、体液因素都去除，则在一定的血压变动范围内，器官、组织的血流量仍能通过局部血管的舒缩活动得到适当的调节。这种调节机制存在于器官组织或血管本身，故也称为自身调节。心脏的泵血功能的自身调节机制已在前面叙述。血管方面的自身调节，有两种不同的学说。

（一）肌源学说

该学说认为，血管平滑肌经常保持一定程度的紧张性收缩活动，是一种肌源活动。当器官的血管灌注压突然升高时，血管平滑肌受到牵张刺激，肌源性活动加强，使器官血流阻力加大，这样不会因灌注压升高而增加血流量。反之，当灌注压突然降低时，肌源性活动减弱，血管平滑肌舒张，器官血流阻力减小，器官血流量不因灌流压下降而减少。

（二）局部代谢产物学说

该学说认为，器官血流量的自身调节主要取决于局部代谢产物的浓度。当代谢产物腺苷、CO_2、H^+、乳酸和 K^+ 等在组织中的浓度升高时，可使局部血管舒张，器官血流量增多，将代谢产物运走。于是局部代谢产物浓度下降，导致血管收缩，血流量恢复到原有水平，使血流量与代谢活动水平相适应。

总之，血压的调节是复杂的过程，有许多机制参与。每一种机制都在一个方面发挥调节作用，但不能完成全部的、复杂的调节。神经调节一般是快速的、短期的调节，主要是通过对阻力血管口径及心脏活动的调节来实现的；而长期调节则主要是通过肾对细胞外液量的调节实现的。

任务五　家禽血液循环的特点

【任务要求】

了解家禽血液循环的特点。

【认知与解读】

一、心脏生理

禽类心脏也分为左、右两个心房和心室，心跳频率远高于哺乳动物。例如成年公鸡平均心率达 350 次/min 以上，母鸡更高，可达 390 次/min；成年鹅心率为 200 次/min。

由于心率快，禽类心电图通常只出现 P、S 和 T 三个波；心率更快时，P 波可能与 T 波融合在一起。

心输出量与性别有关。公鸡的心输出量大于母鸡，但按每千克体重计算，则母鸡的心输出量大于公鸡。

二、血管生理

成年公鸡的收缩压为 25.3 kPa，舒张压为 20.0 kPa，脉搏压为 5.3 kPa。血压与心率并无直接相关，家鸡与火鸡血压差异大，鸡与火鸡的收缩压分别为 23.3 kPa 和 33.3 kPa，但它们的心率差异不大（均为 300～400 次/min）。

禽类血液循环时间短于哺乳动物。鸡血液流经体循环和肺循环一周的时间约为 2.8 s；鸭为 2～3 s，潜水时血流减慢，循环时间可增大为 9 s。

三、心血管活动的调节

和哺乳动物一样，禽类心脏也受迷走神经和交感神经支配。不同的是，在安静状况下，两种神经对禽心脏具有均衡的调节作用，而在哺乳动物则经常处于“迷走紧张”状态。

禽类外周压力感受器和化学感受器也参与血压调节，但敏感性较差。儿茶酚胺类激素可使禽类血压升高。禽类血液中 5-羟色胺和组胺含量高于哺乳动物，给鸡注射这类物质有明显的降压效应。催产素在哺乳动物有缩血管作用，使血压上升，但对鸡却是有降血压作用，可能是舒血管效应的结果。

【操作与体验】

技能一　期前收缩和代偿性间歇、蛙心起搏点观察

【实验目的】①用结扎法观察两栖类动物心脏起搏点和心脏不同部位传导系统自动节律性的高低。②学习蛙类心脏活动曲线的描记方法。③理解心动周期中心脏兴奋性变化的规律及有效不应期长的特点。

【实验原理】心脏的特殊传导系统具有自动节律性，但各部分的自动节律性高低不同。两栖类动物的心脏起搏点是静脉窦（哺乳动物的是窦房结）。正常情况下，静脉窦（窦房结）的自律性最高，能自动产生节律性兴奋，并依次传到心房、房室交界区、心室，引起整个心脏兴奋和收缩，因此静脉窦（窦房结）是主导整个心脏兴奋和搏动的正常部位，称为正常起搏点；其他部位的自律组织仅起着兴奋传导作用，故称之为潜在起搏点。

蛙类的心肌与其他动物的心肌一样，其兴奋后具有较长的不应期。在心脏的收缩期和舒张早期，任何刺激均不能引起心肌兴奋与收缩，而在心肌舒张早期以后，正常节律性兴奋到达之前，给心脏施加一个阈上刺激就能引起一次提前出现的心肌收缩，称为“期前收缩”或“额外收缩”。同理，期前收缩也有一个较长的不应期，因此，如果下一次正常的窦性节律性兴奋到达时，正好落在期前收缩的有效不应期内，就不能引起心肌收缩。这样，期前收缩之后往往出现一个较长时间的间歇期，称为“代偿性间歇”（图 4-13）。

【实验对象】蛙或蟾蜍。

【实验材料】滴管、玻璃分针、蛙板、蛙钉、探针、蛙心夹、手术剪、手术镊、眼科剪、眼科镊、万能支架、纱布、细线、刺激电极、张力换能器、RM-6240 多道生理信号采集处理系统、任氏液。

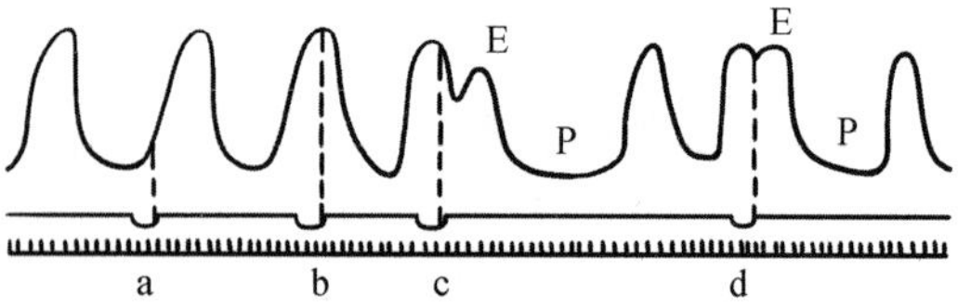

图 4-13　期前收缩与代偿性间歇曲线

E.期前收缩　P.代偿性间歇　a 和 b.刺激落在有效不应期,无反应

c 和 d.刺激落在相对不应期,产生期前收缩与代偿性间歇

【方法与步骤】

1.在体蛙心的制备

取蛙一只,破坏脑、脊髓后,背位固定于蛙板上,左手持镊子提起胸骨后端的皮肤剪一小口,然后向左、右两侧锁骨外侧剪开皮肤。把游离的皮肤掀向头端。再用镊子提起胸骨后方的腹肌,剪开一小口后,剪刀伸入胸腔(勿伤及心脏和血管),沿皮肤切口剪开胸壁,剪断左、右乌喙骨和锁骨,使创口呈一倒三角形,充分暴露心脏部位。持眼科镊提起心包膜并用眼科剪剪开心包膜,暴露心脏。

2.实验项目

(1)观察心脏的结构及各部分收缩的顺序。认真识别蛙类心脏,在心脏腹面可观察到心室、心房、动脉球和主动脉。用玻璃分针向前翻转蛙心,暴露心脏背面,可观察到静脉窦和心房。从心脏背面观察静脉窦、心房和心室的跳动,同时记录每分钟的收缩次数,注意它们的跳动次序。

(2)用蛙心夹于心室舒张时夹住心尖,将系于蛙心夹上的线连在张力换能器上。

(3)将刺激电极固定于支架上,并使心脏处于两电极之间,无论心室收缩或舒张时,均能与两电极接触。

(4)张力换能器接 RM-6240 通道一,刺激电极接 RM-6240 的刺激器输出。

3.实验步骤

进入系统实验环境,用鼠标点开显示屏上端的“实验”菜单,然后用鼠标单击“循环”栏目中的“期前收缩和代偿性间歇”项,系统即自动设置好实验参数、弹出刺激器对话框,并处于示波状态,此时可在屏幕上观察到正常的心搏曲线,曲线向上为心室收缩,向下为舒张。用鼠标在刺激器对话框中先选择“触发捕捉”,再选择“下降沿捕捉”,然后在显示通道中单击鼠标,即可在单击位置呈现一水平显示线,通过调节单击点在屏幕上纵向的位置可调节该水平显示线的高低,该水平显示线与心搏曲线下降沿的交点就是给予刺激的可能位置(具体位置由发出“开始捕捉”命令的时刻决定)。由于在舒张早期以后给予刺激才会产生期前收缩,故应调节水平显示线至心搏曲线中间偏下的位置。此后每次用鼠标点击刺激器对话框中的“开始捕捉”键,刺激器即会在“开始捕捉”命令发出后、心搏曲线与水平显示线的第一个下降沿交点处发出刺激信号,调节水平显示线高低位置及刺激强度即可观察到期前收缩和代偿性间歇现象。如需记录期前收缩和代偿性间歇波形,应在系统记录状态发出“开始捕捉”命令。

(1)斯氏第一结扎　分离主动脉两分支的基部,用眼科镊在主动脉干下引一细线。将蛙心心尖翻向头端,暴露心脏背面,在静脉窦和心房交界处的半月形白线(即窦房沟)处将预先穿入的线做一结扎(即斯氏第一结扎),以阻断静脉窦和心房之间的传导。观察蛙心各部分的搏动节律有何变化,并记录各自的跳动频率(次/min)。待心房、心室复跳后,再分别记录心房、心室的复跳时间和蛙心各部分的搏动频率,比较结扎前后有何变化。

(2)斯氏第二结扎　第一结扎实验项目完成后,再在心房与心室之间即房室沟用线做第二结扎(即斯氏第二结扎)。结扎后,心室停止跳动,而静脉窦和心房继续跳动,记录其各自的跳动频率。经过较长时间的间歇后,心室又开始跳动,记录心室复跳时间和蛙心各部跳动频率。

【注意事项】

1.结扎前要认真识别心脏的结构。

2.结扎部位要准确落在相邻部位的交界处,结扎时用力逐渐增加,直到心房或心室搏动停止。

3.斯氏第一结扎后,若心室长时间不恢复跳动,实施斯氏第二结扎则可能使心室恢复跳动。

4.张力传感器与蛙心夹之间的细线应保持适宜的紧张度。

5.双极刺激电极与心室接触良好的同时,应尽量避免其阻碍心脏的自发收缩。

6.经常给心脏滴加任氏液,以保持心脏适宜的环境。

【实验思考题】

1.如何证明两栖类心脏的起搏点是静脉窦?它为什么能控制潜在起搏点的活动?

2.实验结果说明心肌有哪些特性?

3.在什么情况下,期前收缩之后可以不出现代偿性间歇?

4.心肌的有效不应期较长,有何生理意义?

技能二　离体蛙心灌流实验

【实验目的】学习蛙类离体心脏灌流方法;观察 Na^+、K^+、Ca^{2+}、H^+、肾上腺素、乙酰胆碱(或毛果芸香碱)等因素对心脏活动的影响。

【实验原理】离体和脱离神经支配的动物心脏,若保存在适宜的环境中,在一定的时间内,仍能保持自动的、有节律的舒缩活动。本实验所用灌流液——任氏液,是一种比较接近两栖动物内环境的液体、因此用任氏液灌流蛙心,蛙心仍能近于正常地跳动相当长时间。在此基础上,改变灌流液的理化性质,心脏的活动也会随之改变。这说明内环境的相对稳定是维持心脏正常活动的先决条件。另外,心脏受植物性神经支配。当交感神经兴奋时,其末梢释放递质去甲肾上腺素,后者作用于心肌细胞膜上的β受体,从而使心跳加快、加强。当迷走神经兴奋时,末梢释放递质乙酰胆碱,作用于细胞膜的 M 受体,从而使心跳变慢、变弱。因此,当把递质或受体阻断剂直接加入灌流液中时,心脏的活动也会发生相应的变化。

【实验对象】蛙或蟾蜍。

【实验材料】探针、玻璃分针、蛙板、蛙钉、蛙心套管、蛙心夹、蛙心套管夹、手术剪、眼科剪、滴管、试剂瓶、烧杯、双凹夹、万能支架、细线、张力换能器、计算机、RM-6240 多道生理信号采集处理系统、任氏液、2% NaCl、2% $CaCl_2$、1% KCl、2.5% $NaHCO_3$、3%乳酸、1∶10 000 肾上腺素、1∶10 000 乙酰胆碱(毛果芸香碱)等。

【方法与步骤】

1. 离体蛙心标本制备(斯氏蛙心插管法)

取蟾蜍一只,破坏脑和脊髓,打开胸腔,暴露心脏。在主动脉干下方穿双线,一根在左主动脉上端结扎作插管时牵引用;另一根在动脉球上方打一活结备用(用以结扎和固定套管)。用玻璃分针将心脏向前翻转,在心脏背侧找到静脉窦,在静脉窦以外的地方做一结扎(切勿扎住静脉窦),以阻止血液继续回流心脏(也可不进行此操作)。

左手提起左主动脉上方的结扎线,右手持眼科剪在左主动脉根部(动脉球前端)沿向心方向剪一斜口,将盛有少许任氏液的蛙心套管由此开口处轻轻插入动脉球。当套管尖端到达动脉球基部时,应将插管稍向后退(因主动脉内有螺旋瓣,会阻碍套管前进),并将套管尾端稍向右主动脉方向及腹侧面倾斜,使套管尖端向动脉球的背部后方及心尖方向推进,在心室收缩时经主动脉瓣进入心室(图 4-14)。注意套管不可插得过深,以免套管下口被心室壁堵住。

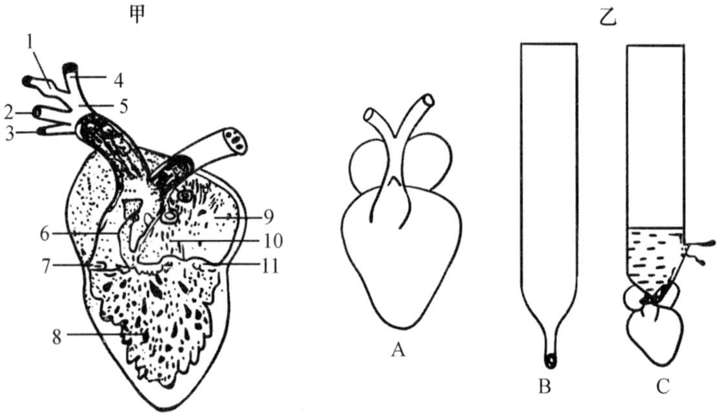

图 4-14 蛙心套管的插入

甲:蛙心的纵剖面 1. 动脉球 2. 大动脉 3. 肺皮动脉 4. 舌动脉 5. 颈动脉 6. 螺旋瓣 7. 半月瓣 8. 心室 9. 左心房 10. 右心房 11. 三尖瓣

乙:A. 心脏主动脉上所剪的破口 B. 斯氏蛙心套管 C. 套管已插入心脏

若套管中任氏液面随心室的收缩而上下波动,则表明套管进入心室,可将动脉球上已准备好的松结扎紧,并固定于插管侧面的钩上,以免蛙心套管滑出心室。剪断结扎线上方的血管,轻轻提起插管和心脏,在左、右肺静脉和前、后腔静脉下引一细线并结扎,于结扎线外侧剪去所有相连的组织则得到离体蛙心。此步操作中应注意静脉窦不受损伤并与心脏连接良好。最后,用任氏液反复换洗套管内的任氏液,直到套管中无残留血液为止。至此离体蛙心标本制备完成。

2. 实验装置连接

将蛙心插管固定于支架上,在心室舒张时将连有细线的蛙心夹在心脏舒张时夹住心尖,并将细线以适宜的紧张度与张力换能器相连。张力换能器导线连接于 RM-6240 多道生理信号采集处理系统放大器通道 1 插孔,参数设置为:采样频率 400 Hz;扫描速度 2 s/div;灵敏度 5 mV;时间常数为直流;滤波常数 10 Hz;50 Hz 限波开。离体蛙心灌流实验装置见图 4-15。

3. 实验步骤

(1)描记正常心脏收缩曲线　在记录状态下,用鼠标左键在其波形上选择两点,确定测量区域，则系统将自动在数据板中给出相应参数值。

(2)Na^{+}的作用 将4～5滴2% NaCl溶液加入灌流液中，记录并观察心跳变化。有变化出现时，应立即以等量任氏液换洗数次，至心跳曲线恢复正常。

(3)Ca^{2+}的作用 将1～2滴2% $CaCl_2$溶液加入灌流液中，记录并观察心跳变化。有变化出现时，应立即以等量任氏液换洗数次，至心跳曲线恢复正常。

(4)K^{+}的作用 将1～2滴1% KCl溶液加入灌流液中，记录并观察心跳变化。有变化出现时，应立即以等量任氏液换洗数次，至心跳曲线恢复正常。

(5)肾上腺素的作用 将1～2滴1∶10 000肾上腺素加入灌流液中，记录并观察心跳变化。有变化出现时，应立即以等量任氏液换洗数次，至心跳曲线恢复正常。

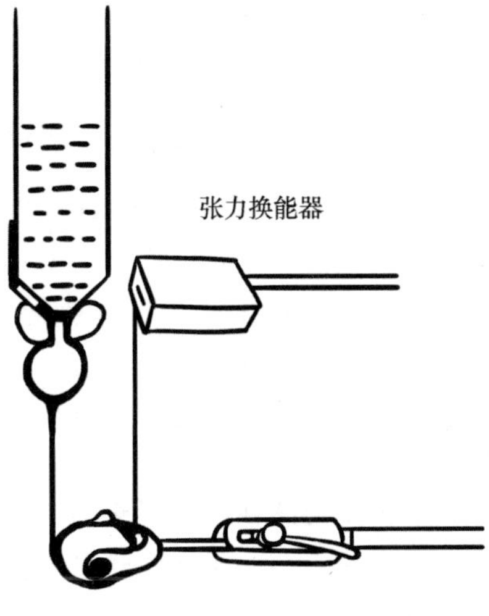

图 4-15 离体蛙心灌流实验装置

(6)乙酰胆碱(或毛果芸香碱)的作用 将1～2滴1∶10 000乙酰胆碱(或毛果芸香碱)加入灌流液中，记录并观察心跳变化。有变化出现时，应立即以等量任氏液换洗数次，至心跳曲线恢复正常。

(7)H^{+}的作用 将1～2滴3%乳酸加入灌流液中，记录并观察心跳变化。有变化出现时应立即以等量任氏液换洗数次，至心跳曲线恢复正常。

(8)碱的影响 将1～2滴2.5% $NaHCO_3$加入灌流液中，记录并观察心跳变化。有变化出现时应立即以等量任氏液换洗数次，至心跳曲线恢复正常。

(9)温度的作用 取40℃热水试管与静脉窦接触3～5 s，记录并观察心跳变化。待心跳曲线恢复正常后，取冰块与静脉窦接触3～5 s，记录并观察心跳变化。

【注意事项】

1.制备离体心脏标本时，切勿伤及静脉窦。

2.蛙心夹应在心室舒张期一次性夹住心尖，避免因夹伤心脏而导致漏液。

3.每一观察项目都应先描记一段正常曲线，然后再加药并记录其测量结果并存盘。加药时应在心跳曲线上予以标记，以便观察分析。

4.各种滴管应分开使用，不可混用。

5.在实验过程中，套管内灌流液面高度应保持恒定；仪器的各种参数一经调好，应不再变动。

6.给药后若效果不明显，可再适量滴加，并密切注意药物剂量添加后的实验结果。给药量必须适度，加药出现变化后，应立即更换任氏液，否则会造成不可挽回的后果，尤其是K^{+}、H^{+}稍有过量，即可导致难以恢复的心脏停跳。

7.标本制备好后，若心脏功能状态不好(不搏动)，可向插管内滴加1～2滴2% $CaCl_2$或1∶10 000肾上腺素，以促进(起动)心脏搏动。在实验程序安排上也可考虑促进和抑制心脏搏动的药物交换使用。

8.谨防灌流液沿丝线流入张力换能器内而损坏其电子元件。

【实验思考题】

1.正常蛙心搏动曲线的各个组成部分分别反映了什么？

2. 根据心肌生理特性分析各项实验结果。

3. 以上实验结果归纳起来，说明了什么问题？

技能三　动脉血压的直接测量及影响因素

【实验目的】①研究各种因素对动物血压的影响，加深理解动脉血压作为心血管功能活动的综合指标及其相对恒定的调节原理和重要意义。②掌握直接测量动物血压的方法，掌握兔静脉注射技术及麻醉方法，掌握兔手术的基本过程和技术。③了解血压换能器的使用方法。

【实验原理】动脉血压是心血管功能的综合指标。正常的心血管活动在神经、体液因素的调节控制下保持相对稳定，维持动脉血压的相对恒定。通过改变神经、体液因素或施加药物，观察动脉血压的变化，可以间接反映诸因素对心血管活动的调节及影响。

心脏受交感神经和副交感神经（迷走神经）的双重支配。交感神经兴奋通过其末梢释放的去甲肾上腺素与心肌细胞膜上的β_1受体结合，引起心率加快、心肌收缩力增强、心输出量增加、血压升高。迷走神经兴奋时，其末梢释放的乙酰胆碱与心肌细胞膜上的 M 受体结合，引起心率减慢、心房肌收缩力减弱、心输出量减少、血压降低。在神经调节中以颈动脉窦-主动脉弓的减压反射尤为重要，当动脉血压升高时，压力感受器发放冲动增加，通过中枢反射引起心率减慢、心肌收缩力减弱、心输出量下降、血管舒张和外周阻力降低，使血压降低。

家兔的主动脉弓压力感受器的传入神经在颈部从迷走神经分出，自成一支，称为减压神经，其传入冲动随血压变化而变化。本实验是应用液导系统直接测定动脉血压，即由动脉插管与压力传感器连通，其内充满抗凝液体，构成液导系统，将动脉插管插入动脉，动脉内的压力及其变化可通过封闭的液导系统传至压力感受器，由计算机采集系统记录下来。

【实验对象】家兔。

【实验材料】兔手术台、剪毛剪、手术刀、手术剪、眼科剪、手术镊、止血钳、台秤、纱布、动脉插管、动脉夹、铁架台、注射器、棉线、血压换能器、RM-6240BD 多道生理信号采集处理系统、刺激电极、保护电极、5%水合氯醛酒精（或 3%戊巴比妥钠）、1∶10 000 肾上腺素、1∶10 000 的毛果芸香碱。

【方法与步骤】

1. 实验装置连接

将血压换能器固定在铁架台上，换能器的位置大致与心脏在同一水平，将动脉套管经三通与血压换能器正中接口相连，换能器的侧管与另一三通连接，换能器的输入端与 RM-6240BD 多道生理信号采集处理系统通道 1 插孔相连。启动计算机并进入 RM-6240BD 多道生理信号采集处理系统，点击“实验”/“循环”/“动脉血压测量”。在示波状态下确定各种参数，用注射器通过换能器正中接口的三通管缓慢向换能器及动脉导管内注满肝素生理盐水，将换能器和动脉插管内的空气排尽，同时观察显示器上的压力变化，使换能器中的压力达到 12 kPa，随即旋动旋柄，将该三通管关闭（注意：注入肝素生理盐水前应保证换能器通过动脉插管与大气相通，否则注入肝素生理盐水时将会使换能器内压力剧升而损坏换能器）。刺激器电极输入端与刺激输出插孔连接，刺激电极输出端与保护电极连接。

2. 兔颈动脉插管手术

（1）麻醉与保定　称重后，用 5%水合氯醛酒精按每千克体重用 4 mL 的剂量从耳缘静脉缓慢注入，动物麻醉的标志为四肢松软，角膜反射消失。麻醉后用绳子将动物背位固定于手术台上。兔的耳静脉注射及固定方法见图 4-16、图 4-17。

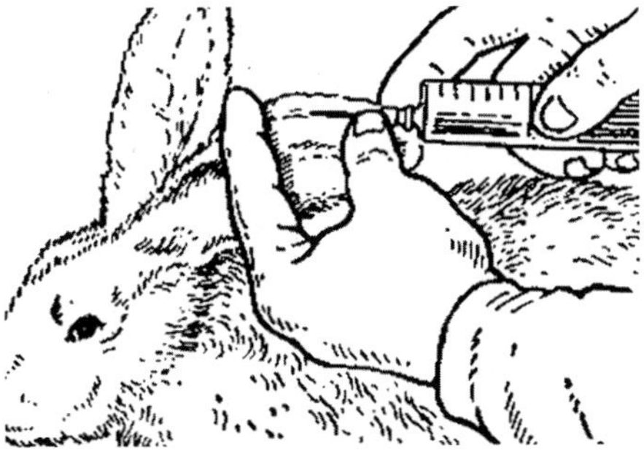

图 4-16　兔的耳静脉注射

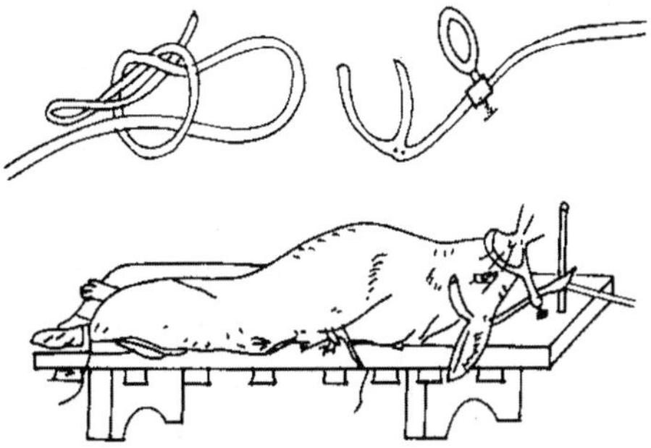

图 4-17　兔的固定

（2）动脉与神经的分离　用剪毛剪剪去颈部被毛，沿颈部正中线切开皮肤 6～7 cm，用止血钳沿正中线钝性分离皮下组织及肌肉，暴露出气管。用两把组织钳分别夹住气管两侧的皮肤和肌肉的边缘，并将其拉向两侧，即可见到气管两侧与气管平行的左、右颈总动脉及与其相伴而行的一束神经，这束神经中包括迷走神经、交感神经和减压神经。用玻璃分针小心分离颈动脉鞘，仔细辨认三条神经。迷走神经最粗，交感神经较细，减压神经最细且常与交感神经紧贴在一起。游离两侧颈总动脉和一侧迷走神经、交感神经、减压神经。一般先分离颈总动脉与迷走神经，然后分离减压神经与交感神经。每条神经各分离出 2～3 cm，并在各神经下穿一条不同颜色的丝线以便区别和使用。右侧颈总动脉下穿一条线备用，左侧颈总动脉用于血压测量，在其远心端和近心端各穿一条线备用。兔颈部血管、神经的解剖位置见图 4-18。

（3）插动脉插管　插管前先通过三通管向插管内注满肝素生理盐水，排除空气，并检查插管有无破裂，插管尖端是否光滑。将一侧左颈总动脉（未游离神经的一侧）的远心端结扎，用动脉夹（与动脉垂直并处于水平位置）夹住动脉的近心端。在远心端用眼科剪剪一个 V 形切口，将动脉插管向心脏方向插入动脉，用已穿好的线结扎紧插入动脉的插管。在插管的适当位置固定插管并使其与动脉的走向一致，以防止插管刺破动脉。血压换能器的位置应大致与心脏在同一水平。移去动脉夹，此时即可见血液冲入动脉插管，见图 4-19。

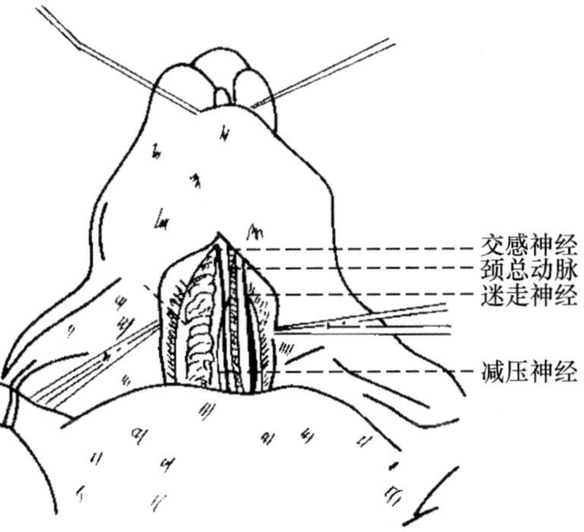

图 4-18　兔颈部血管、神经的解剖位置

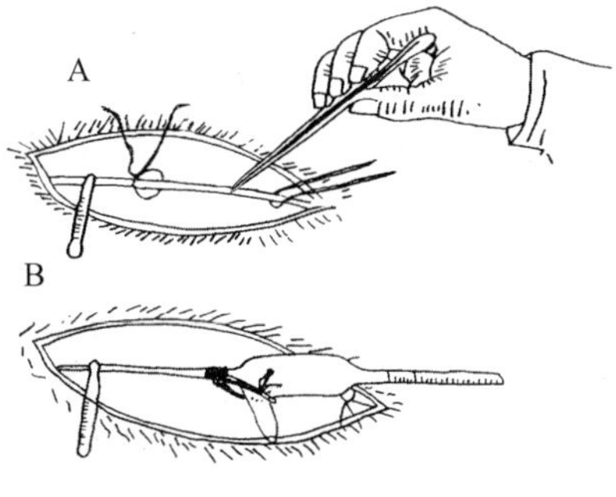

图 4-19　动脉插管

A. 剪出切口　B. 安装插管

3.实验步骤

(1)点击"开始记录"键,描记正常状态下的血压曲线。从正常血压曲线上可见到三级波:一级波即心跳波,是由于心脏舒缩而引起的血压波动,与心率及其节律一致。二级波即呼吸波,是由于呼吸时肺的张缩而引起的血压波动,与呼吸周期及其节律一致。一般一个呼吸波中有3～5个心跳波。三级波不甚明显,有时可清楚看到,其原因不完全清楚,可能是由于血管运动中枢紧张性活动的周期性变化所致。三级波历时最长,一个三级波中有数个呼吸波。

(2)松开两后肢的固定夹,并快速抬起躯体后部,观察外周阻力对血压的影响。

(3)用动脉夹夹闭另一侧颈总动脉15 s,观察血压的变化。在出现一段明显变化后,突然放开动脉夹,观察血压的变化。

(4)待血压恢复后,扯动颈动脉窦的提线,或用镊子轻轻夹压颈动脉窦,观察血压的变化。

(5)将CO_2发生装置的橡胶管与家兔鼻孔相连,对侧鼻孔和嘴用手或胶皮手套堵住,观察血压的变化。

(6)自耳静脉注入1∶10 000肾上腺素0.1～0.2 mL,观察血压的变化。

(7)自耳缘静脉注入1∶10 000毛果芸香碱0.2～0.3 mL,观测血压的变化。

点击"切换"到刺激面板,刺激模式选择"连续单刺激";方式选择"正电压刺激";强度5 V;波宽2 ms;延时0 ms;频率30 Hz。

(8)先剪断一侧减压神经,观察血压的变化。然后用中等的脉冲刺激向中端,观察血压变化。

(9)结扎一侧迷走神经,并自结扎处的向中端剪断,观察血压的变化。刺激离中端,观察血压的变化。

(10)向耳静脉注射20 mL生理盐水,观察记录心率与血压的改变。

【注意事项】

1.麻醉药注射速度要缓慢,不能过量。

2.避免损伤动、静脉,严防出血。如发现出血现象,应立即止血。

3.每项实验必须等待血压恢复正常后,才能开始下一项实验。

4.每一项实验结束后,必须对图像和测量数据进行记录。

5.在实验结束后,必须结扎颈总动脉近心端后再拔除动脉插管。

6.为血压换能器定标,最好在血压换能器接入动脉血管前进行。

【实验思考题】

1.正常血压曲线的一级波、二级波及三级波各有何特征?其形成机制如何?

2.动物动脉血压是怎样形成的?如何受神经和体液的调节?

3.短时间夹闭右侧颈总动脉(未插管一侧)对全身的血压和心率有何影响?若夹闭部位在颈动脉窦上,影响是否相同?

4.试分析以上各种实验因素引起动脉血压和心率变化的机制。

5.如何证明减压神经是传入神经?

技能四　动脉血压的间接测定

【实验目的】学习间接测定动脉血压的方法并掌握其测定原理。

【实验原理】间接测定动脉血压的部位,人为上臂肱动脉,马、牛、驴、骡等大家畜为尾根部尾动脉，在猪、羊等小家畜为股部股动脉。间接法测量动脉血压的原理是用血压计的袖带在所测动脉外施加压力，再根据血管音的变化来测定血压。通常血液在血管内流动时听不到声音，但如果在血管外施加压力使血管变窄，则血流通过狭窄处形成涡流可发出声音。当缠于上臂的血压计袖带内压力超过收缩压时，完全阻断了肱动脉的血流，此时在肱动脉的远端（袖带下）听不到声音，也触不到肱动脉的脉搏。当徐徐放气减小袖带内压，在其压力降到低于肱动脉收缩压的瞬间，血液在血压达到收缩压时才能通过被压迫变窄的肱动脉，形成涡流，此时能在肱动脉的远端听到声音和触到脉搏，此时袖带内压力的读数为收缩压。若继续放气，当袖带内的压力越接近于舒张压，通过的血流量也越多，血流持续时间越长，听到的声音也越清晰。当袖带内压力等于或稍低于舒张压的瞬间，血管内血流由断续的流动变为连续流动，此时声音突然由强变弱或消失，脉搏也随之恢复正常，此时袖带内的压力为舒张压。

【实验对象】人或家畜。

【实验材料】听诊器、血压计。

【方法与步骤】

1.熟悉血压计的结构

常用血压计有两种类型，一种是汞柱式血压计，另一种是弹簧式血压计。两种血压计均由检压计（或压力表）、袖带和气球三部分组成。汞柱式血压计的检压计是一个标有 0～40 kPa（0～300 mmHg）（1 mmHg＝0.133 kPa，1 kPa＝7.5 mmHg）刻度的玻璃管，上端与大气相通，下端与水银贮槽相通。袖带是一个外包布套的长方形橡皮囊，借橡皮管分别和检压计的水银槽及橡皮球相通。橡皮球是一个带有螺丝帽的球状橡皮囊，供充气和放气之用。近年来又有一种新型的电子血压计在临床上应用。

2.测量动脉血压

(1)保持动物处于安静状态。

(2)松开血压计的橡皮气球螺丝帽，驱出袖带内的残留气体后将螺丝帽旋紧。

(3)将袖带平整、松紧适宜地缠绕在距尾根部 2 cm 处，开启水银槽开关。

(4)将听诊器两耳器塞入外耳道，务必使耳器弯曲方向与外耳道一致。

(5)在袖带内侧先用手触及尾动脉搏动所在部位，再将听诊器胸器不留缝隙地轻轻贴在上面。

(6)测量收缩压：挤压橡皮球将空气打入袖带内，使血压表上水银柱逐渐上升到听诊器听不到脉搏音为止，再继续打气使水银柱再升 20～30 mmHg。随即慢慢松开气球螺丝帽，徐徐放气，在观察水银柱缓缓下降的同时仔细听诊，在听到“崩”样第一声清晰而短促的脉搏音时，血压表上所示水银柱高度即代表收缩压。

(7)测量舒张压：使袖带继续徐徐放气，这时声音先依次增强，后又逐渐减弱，最后完全消失。在声音突然由强变弱（或声音变调）这一瞬间，血压表上所示水银柱高度代表舒张压。

(8)血压记录常以收缩压/舒张压表示，如收缩压、舒张压分别为 14.70 kPa（110 mmHg）和 9.33 kPa（70 mmHg），记为 14.70/9.33 kPa（110/70 mmHg）。

(9)列表记录你所测得的动脉血压。

【注意事项】

1.室内必须保持安静，测血压前受试者至少休息 10 min，消除体力劳动及精神紧张的影响。

2.打气速度不要太快，以防水银喷出管外，加压切勿超过 300 mmHg。

3.重复测量时，应让汞柱回到零点后再测，以防静脉回流不畅。

4.听诊器胸器放在尾动脉搏动位置上面时不能压得太重，更不能压在袖带底下进行测量，还必须注意听诊器胸器不能接触过松以致听不到声音。

5.血压计用毕应将袖带内气体驱尽、卷好、放置在盒内，以防玻璃管折断；并关闭水银贮槽。

6.血压应在 10 min 内测完，以免造成静脉回流受阻。

【实验思考题】

1.袖带的松紧度及充气与放气速度对血压测定有何影响？

2.试述哪些因素可影响血压的正确测定。

3.如果受试者直到血压计零刻度仍能听到搏动声，如果不是病理原因，可能是什么问题？

技能五　蛙肠系膜微循环观察

【实验目的】观察肠系膜血管内血流情况，了解各种血管内的血流特点。

【实验原理】蛙类的肠系膜很薄，在显微镜下可以直接观察其血流循环，根据血管口径的粗细、管壁的厚度以及分支情况、血流方向等，可区分动脉、静脉和毛细血管内血流的特点。

【实验对象】蛙。

【实验材料】显微镜、有孔的软木蛙板、蛙类手术器械、大头针、20%氨基甲酸乙酯溶液、任氏液。

【方法与步骤】

1. 取蛙 1 只，以 20%氨基甲酸乙酯进行皮下淋巴囊注射，剂量：每千克体重 2 mg，10～15 min 后进入麻醉状态。

2. 将蛙固定在蛙板上(背位或腹位)，于下腹部的旁侧剪一长形切口，拉出一段小肠，用大头针数枚将肠系膜展开并固定在有孔的蛙板上，手术过程中要避免出血，为防止肠系膜干燥，需不断滴加任氏液，但也不宜过多。

3. 在低倍镜下，分辨小动脉、小静脉和毛细血管，观察其中血流的速度特征以及血细胞在血管内流动的景象。

【注意事项】小动脉与小静脉的区别在于：小动脉内血流较快，不均匀，有时可见脉搏样搏动，能区分出轴流与壁流；小静脉内流速较慢，但比毛细血管中的血流稍快，看不到壁流的存在。

【实验思考题】区分动脉、静脉和毛细血管内血流的特点。

技能六　心音听诊

【实验目的】①学会听诊器的使用。②初步掌握心音听诊方法，了解正常心音的特点及其产生原理，为临床心音听诊奠定基础。

【实验原理】心脏泵血过程中，由于瓣膜关闭和血流冲击等因素而产生心音。将听诊器置于胸前壁可听到两种音调不同的心音，分别称为第一心音(S1)和第二心音(S2)。S1 标志着心缩期开始，S2 标志着心舒期开始。4 套瓣膜各有特定的听诊部位，当某心瓣膜病变而产生杂音时，则在该瓣膜听诊区听到的杂音最清楚。

【实验对象】人。

【实验材料】听诊器。

【方法与步骤】

1.受试者解开上衣，裸露前胸，静坐或卧坐。检查者坐在其对面或站在受试者卧床的右侧。

2.以右手拇、食、中指轻持听诊器头，观察(或用手触诊)受试者心尖搏动处，将听诊器头紧贴此部位，听取心音，并仔细区分 S1 或 S2。

3.在左房室瓣听诊区听取心音后，再按主动脉瓣、肺动脉瓣及右房室瓣听诊区的顺序听心音。4 套瓣膜听诊区如下：①左房室瓣听诊区，在左锁骨中线第五肋间稍内侧部(心尖部)；②右房室瓣听诊区，在第四肋间胸骨上缘或右缘处；③主动脉瓣听诊区，在第二肋间胸骨右缘处；④肺动脉瓣听诊区，在第二肋间胸骨左缘处。

【注意事项】

1.保持环境安静。

2.听诊器头按于听诊部位，不宜过重或过轻。

【实验思考题】

1.第一心音和第二心音是如何产生的？有什么区别？

2.心音听诊在临床上有什么意义？

技能七　减压神经放电

【实验目的】观察减压神经放电现象。

【实验原理】家兔主动脉区的主动脉弓压力感受器的传入神经在颈部单独成一束，称为减压神经或主动脉弓神经。减压神经具有稳定动脉血压的作用。当动脉血压升高或降低时，压力感受器的传入冲动也随之增多或减少，使减压反射相应地增加或减弱，以保持动脉血压相对稳定。

【实验对象】家兔。

【实验材料】RM-6240BD 多道生理信号采集处理系统、手术器械、兔手术台、玻璃分针、神经干动作电位引导电极及支架、监听器、医用石蜡油(加温至 38～40 ℃)、生理盐水、丝线、气管插管、注射器(20 mL、5 mL 各一只，1 mL 两只)、针头、玻璃分针、5%水合氯醛酒精溶液(或3%戊巴比妥钠)、1∶10 000 肾上腺素溶液、1∶10 000 毛果芸香碱、纱布。

【方法与步骤】

1.仪器安装

将减压神经放电引导电极接 RM-6240BD 放大器通道一，并将引导电极在支架上固定好，监听器接 RM-6240 监听插孔。

2.手术

(1)称重后，用 5%水合氯醛酒精按每千克体重用 4 mL 的剂量从耳缘静脉缓慢注入，动物麻醉的标志为四肢松软，角膜反射消失。麻醉后用绳子将动物背位固定于手术台上。

(2)分离减压神经，在减压神经下穿两根用生理盐水浸湿的丝线备用。

(3)用玻璃分针轻轻提起放在引导电极上,电极的接地线(黑色)夹在动物颈部切口皮下,若使用金属支架也应该接地。在电极与组织之间衬一小片用石蜡油浸过的硫酸纸以绝缘。在神经上面盖一小片浸过石蜡油的棉花,以防止神经干燥;或用止血钳将神经周围皮肤提起,做成皮兜,向皮兜内滴入石蜡油,浸泡神经(如观察时间短,环境不十分干燥,该步骤可免)。

3.实验观察与记录

(1)记录正常减压神经放电:用鼠标点开显示屏上的"实验"菜单,然后用鼠标单击"循环"栏目中的"兔减压神经放电"项,系统即进入示波状态。调节监听器音量,达到刚能听见类似火车开动的声音,在屏幕上观察减压神经群集放电的节律、波形和幅度(幅度的大小可调节放大器灵敏度),注意减压神经群集放电和监听器音响之间的关系。显示波形正常即可开始记录。

(2)从耳缘静脉注射 1∶10 000 毛果芸香碱 0.5 mL 并做好标记,开始注药的同时,观察减压神经放电的变化。

(3)从耳缘静脉注射 1∶10 000 肾上腺素 0.5 mL 并做好标记,开始注药的同时,观察减压神经放电的变化。

(4)双重结扎减压神经,在结扎线间剪断减压神经,分别记录中枢端及外周端神经放电。

【注意事项】

1.在体记录神经干动作电位时,外来干扰较离体记录时大得多,仪器与动物应接地良好。若在屏蔽条件下进行,效果更好。若听到类似火车开动放电声,但看不到图形,可用少量生理盐水冲洗神经,然后吸干机体上的生理盐水即可,也可将电极在近心端附近移动一下位置。

2.神经不能分离得太长,若分离得太长,则用其周围的组织覆盖;挂神经时最好直接用玻璃分针把神经轻轻提起放至引导电极上,不要用线。

3.注意神经的保温和防止干燥,如放电电压降低,可将引导电极向外周端移动。

【实验思考题】

1.减压神经有什么作用?

2.减压神经的放电活动与动脉血压之间有何关系?

【拓展与链接】

一、威廉·哈维与血液循环

16 世纪的医学界,对生命及血液活动的权威解释是盖伦的理论。古罗马医学家盖伦对认识人体的结构和生理有过很大的贡献,但也有不少错误观点,其中关于血液流动的"潮汐学说"曾长期阻碍着人们对血液循环的认识。他认为肝是有机体生命的源泉,是血液活动的中心。他的理论被教会采用后,在医学界保持了上千年的权威,谁也不敢反对。

16 世纪的欧洲文艺复兴促进了科学的发展。当时比利时的医生维萨里认为盖伦的理论是错误的。不久,西班牙的医生、宗教改革者塞尔维特便提出了血液在心肺之间进行小循环的看法。但两人为探索科学付出了生命的代价,维萨里受到宗教裁判所的迫害,被判处死刑,塞尔维特由于出版了《基督教的复兴》,在日内瓦被当成"异教徒"而被活活地烧死。

科学前进的步伐是无法阻止的。哈维继承了他们的事业,深入研究了心脏的结构之后,发现在心脏的每一半之间有一个只准单向通行的瓣膜,它只允许血液从上面的心房流到下面的心室,而不会发生血液倒流;同时发现,静脉里有一种静脉瓣,它使血液只能朝着心脏方向流动。由此,他提出了一个前所未有的概念,即血液始终朝着一个方向流动,它从静脉通过心脏而流入动脉，然后进入静脉和肌肉的管孔结构中，并通过那些环绕周身到中心的静脉流回，由较小的静脉进入较大的静脉，再次进入肺脏和心脏。流出的血液又流回来，这样周而复始，构成了血液循环。1628 年，哈维在法兰克福出版了《动物心血管运动的解剖研究》一书。哈维的这部著作结构紧凑，论证严密，以确凿的实验证据论证了血液循环的途径，体现了尊重事实、重视实验的科学思想，以敏锐的观察力和科学的实验取代了主观的猜测，开创了生物学的实验研究方向。

二、影响心肌细胞生理特性的因素

（一）K^+ 对心脏活动的影响

心肌对细胞外 K^+ 浓度变化比较敏感，但是不同部位心肌的敏感性有所不同，心房肌最敏感，房室束-浦肯野纤维系统次之，窦房结敏感性较低。

细胞外液钾浓度增高时，对心脏兴奋性的影响与其浓度增高的程度有关。当 K^+ 浓度轻度或者中度升高时，细胞内外 K^+ 的浓度梯度减小，K^+ 外流的力量减弱，静息电位（RP）的绝对值减小，和阈电位（TP）差值减小，细胞的兴奋性增高；当 K^+ 的浓度显著升高时，RP 的绝对值减小（膜内 -55 mV 左右）时，钠通道的开放效率降低，钠通道逐渐失活，兴奋性降低或者丧失，严重时可导致心肌停搏于舒张状态。此时，仅由 Ca^{2+} 的内流来构成动作电位，故上升支小而缓慢，使兴奋传导速度减慢，传导性降低。

当细胞外 K^+ 的浓度升高时，细胞膜对 K^+ 的通透性增高，心室肌细胞复极过程加速，平台期缩短，不应期也缩短。

高钾对心肌收缩功能有抑制作用。因为细胞外的 K^+ 和 Ca^{2+} 在细胞膜上有竞争性抑制作用，因此当膜外 K^+ 的浓度升高时，平台期内流的 Ca^{2+} 减少，心肌细胞内的 Ca^{2+} 浓度难升高，减小了 Ca^{2+} 的兴奋-收缩耦联作用，从而减弱了心肌收缩能力。由于 4 期自动除极速度减慢，窦房结自律性降低，心率减慢。

（二）Ca^{2+} 对心脏活动的影响

细胞外 Ca^{2+} 在心肌细胞膜上对 Na^+ 的内流有竞争性抑制作用，称为膜屏障作用，因此，当细胞外 Ca^{2+} 浓度发生变化时，与 Ca^{2+} 内流和 Na^+ 内流相关的生物电活动都将受到影响，而对静息电位则无明显作用。

当细胞外 Ca^{2+} 的浓度升高时，对 Na^+ 的屏障作用加大，由于这种抑制作用，触发 Na^+ 快速内流产生 0 期去极化就比较困难，即出现阈电位上移，从而与静息电位的差距加大，兴奋性降低；发生兴奋后，Na^+ 内流的抑制则导致 0 期去极化速度和幅度下降，传导性下降。Ca^{2+} 内流是慢反应细胞 0 期去极化、4 期自动去极化和快反应细胞动作电位 2 期复极的主要离子活动。细胞外的高钙促使 Ca^{2+} 内流加快，慢反应细胞 0 期去极化加快并加强，结果是其传导性和自律性增高。快反应细胞动作电位平台期将因 Ca^{2+} 的内流加速而缩短，复极加速，不应期和动作电位时程均缩短。在快反应自律细胞，4 期自动去极化速度将因 Na^+ 内流的抑制而减慢，同时阈电位上移，所以自律性下降。

Ca^{2+} 的浓度升高时，心室肌细胞平台期 Ca^{2+} 内流增加，心肌收缩力增强，故钙剂在临床上常用作强心剂（心率加快、收缩力增强），但是当细胞外的 Ca^{2+} 浓度过高时，心脏就会停搏于收缩状态，称为钙僵直，因此临床上静脉注射钙剂时，速度不可以过快。

Ca^{2+} 的浓度下降的影响与升高时基本相反。

(三)Na^+ 对心脏活动的影响

Na^+ 内流是快反应心肌细胞 0 期去极化的基础。Na^+ 浓度改变主要通过影响去极化的程度和速度来影响心肌细胞的生理特性。但心肌细胞对 Na^+ 浓度改变敏感性不强，Na^+ 浓度的小幅度改变对心肌细胞影响不大。

当 Na^+ 浓度显著升高时，细胞内外 Na^+ 浓度梯度加大，使快反应心肌细胞 0 期去极化的程度和速度都增加，传导性增高；在快反应自律细胞，4 期 Na^+ 内流加速，自动去极化速度加快，自律性升高。由于细胞内 Ca^{2+} 外运和 Na^+ 内流相耦联，故 Na^+ 浓度显著升高时，Na^+ 内流加速促进 Ca^{2+} 外运增加，使细胞内 Ca^{2+} 浓度下降，使心肌细胞收缩减弱。

当 Na^+ 浓度显著降低时，影响与高钠正好相反。

(四)H^+ 对心脏活动的影响

细胞外 H^+ 浓度升高时，H^+ 和 Ca^{2+} 竞争性结合肌钙蛋白的结合位点，从而抑制 Ca^{2+} 与肌钙蛋白结合，使心肌收缩力量减弱。如再加入 2.5% $NaHCO_3$ 后，解除了 H^+ 对 Ca^{2+} 的抑制作用，Ca^{2+} 又可与肌钙蛋白结合，心肌的收缩力量增加。

(五)温度的影响

适宜的温度是维持心肌正常生理特性的必要条件，其中以窦房结的自律细胞最为敏感。温度升高时，细胞物质代谢增强，自律性升高；反之，自律性下降。

(六)神经因素的影响

心脏的活动受交感神经和迷走神经的双重支配，交感神经末梢释放去甲肾上腺素，使心肌收缩力加强，传导速度加快，心率加快；迷走神经末梢释放乙酰胆碱，使心肌收缩力减弱，心肌传导速度减慢，心率减慢。

【复习与思考】

1. 在一个心动周期中，心脏内的压力、容积及瓣膜开关、血流方向发生了哪些变化？
2. 心肌有哪些生理特性？与心脏机能有何联系？
3. 试述动脉血压的形成及其影响因素。
4. 简述影响组织液生成与回流的因素。
5. 试述心交感神经、心迷走神经对心脏的作用及其机制。
6. 试述肾上腺素和去甲肾上腺素对心血管作用的异同。

项目四复习与思考答案

项目五

呼吸系统

【知识目标】

- 理解并掌握呼吸运动的过程。
- 掌握氧气和二氧化碳在体内运输的过程。
- 掌握呼吸运动的反射性调节和化学因子对呼吸的调节作用。
- 掌握概念：内呼吸、外呼吸、肺通气、肺换气、氧合反应。

【能力目标】

- 会用生理学知识解释不同条件下呼吸变化的原因。
- 能解释气体在血液中的运输形式。
- 能说出呼吸道的主要功能及呼吸的基本过程。

【素质目标】

- 培养学生崇尚科学、勇于探索的职业素养。
- 培养学生理论联系实际、理论指导实践的专业素养。
- 培养学生严谨的科研态度和自主学习的意识。
- 培养学生具备一定的语言表达能力和逻辑思维能力。
- 培养学生具备分析问题、解决问题的能力。

呼吸系统起始于鼻腔和口腔，经气道延伸至肺，其主要功能是进行气体交换。动物在进行新陈代谢的过程中，需要不断地从外界摄取氧气，氧化营养物质获取能量。同时又必须把在代谢过程中产生的二氧化碳排出体外。机体与外界环境之间的这种气体交换过程称为呼吸。通过呼吸，机体从大气中摄取新陈代谢所需要的 O_2，排出所产生的 CO_2。呼吸系统的主要功能是将氧气吸入肺脏，并转送到血液中，以及排出二氧化碳，维持内环境中 O_2 和 CO_2 含量的相对稳定，保证生命活动正常进行。

在高等动物和人体，呼吸过程包括三个环节：①外呼吸或肺呼吸，包括肺通气(外界空气与肺之间的气体交换过程)和肺换气(肺泡与肺毛细血管之间的气体交换过程)；②气体在血液中的运输；③内呼吸或组织呼吸，即组织换气(血液与组织、细胞之间的气体交换过程)，有时也将细胞内的氧化过程包括在内(图 5-1)。三个环节相互衔接，同时进行，并且有赖于呼吸系统和血液循环系统的相互配合，其中任何一个环节发生障碍，均可引起组织缺氧和二氧化碳蓄积，使新陈代谢发生障碍，甚至危及生命。

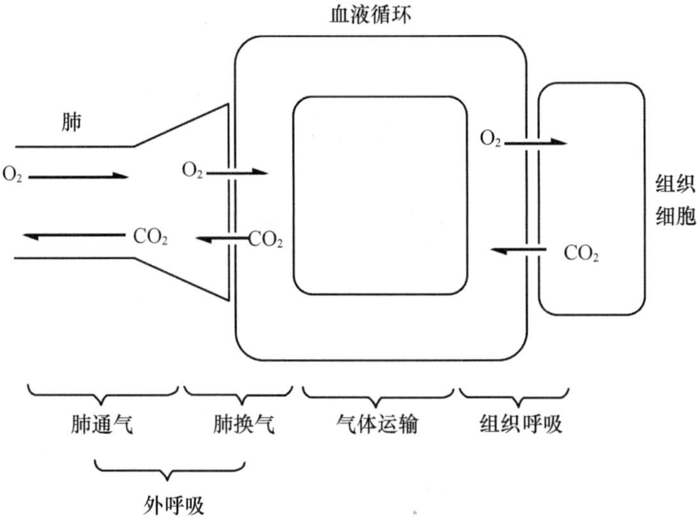

图 5-1 呼吸全过程示意图

任务一 肺 通 气

【任务要求】

理解和掌握肺通气的概念;掌握呼吸道的结构与功能;理解肺通气的动力;了解呼吸的类型,呼吸音的概念以及在生产实践中的应用;理解胸内负压的形成;了解肺通气功能的评价方法。

【认知与解读】

肺与外界环境之间进行气体交换的过程称为肺通气。

一、肺通气的结构基础

实现肺通气的结构基础是呼吸道、肺和胸廓。呼吸道是气体进出的通道,肺泡是气体交换的场所,呼吸肌舒缩引起的胸廓节律性运动是气体进出的动力。

肺通气

(一)呼吸道

呼吸道(气道)是气体进出肺的通道,包括鼻、咽、喉(上呼吸道)和气管、支气管及其在肺内的分支(下呼吸道)。呼吸道有骨或软骨作支架,以保证管腔的畅通。上呼吸道黏膜含有丰富的毛细血管和黏液腺,并分泌黏液,因此对吸入的冷空气和干燥的空气有增温和加湿的作用。下呼吸道黏膜由纤毛上皮构成,纤毛可作定向摆动,黏膜含黏液腺并分泌黏液,可将吸入空气中的尘埃、微生物等黏着在纤毛顶端,借其摆动移至咽部排出体外,因此呼吸道也有清洁和滤过空气的作用。下呼吸道,尤其是细支气管有极丰富的平滑肌,收缩时呼吸道口径变细,通气阻力增大。舒张时,呼吸道口径变粗,通气阻力减小。

呼吸道与外界直接相通,易受病原微生物的侵袭而发炎。呼吸道黏膜对刺激非常敏感,喉、气管、支气管黏膜一旦受到刺激常引起咳嗽反射,鼻黏膜受刺激则引起喷嚏反射。

(二)肺泡

肺是一对含有丰富弹性组织的气囊,由呼吸性细支气管、肺泡管、肺泡囊和肺泡四个部分组成的功能单位称为肺单位(图 5-2),均具有交换气体的功能,其中以肺泡为主。在肺泡气与肺毛细血管血液之间含有多层组织结构,组成呼吸膜,肺泡气即经过此膜与血液进行气体交换。

在电子显微镜下,呼吸膜含有 6 层:①肺表面活性物质层;②液体层;③肺泡上皮细胞;④间质层(弹力纤维和胶原纤维);⑤毛细血管基膜;⑥毛细血管内皮细胞(图 5-3)。6 层结构的总厚度仅为 0.2～1 μm,通透性大,气体容易扩散通过。

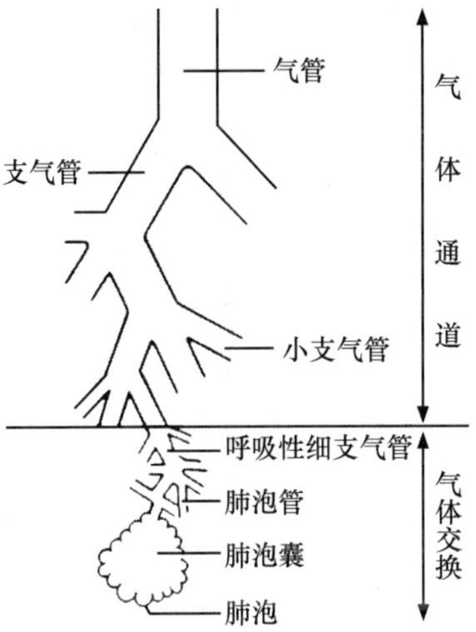

图 5-2　肺单位结构模式图

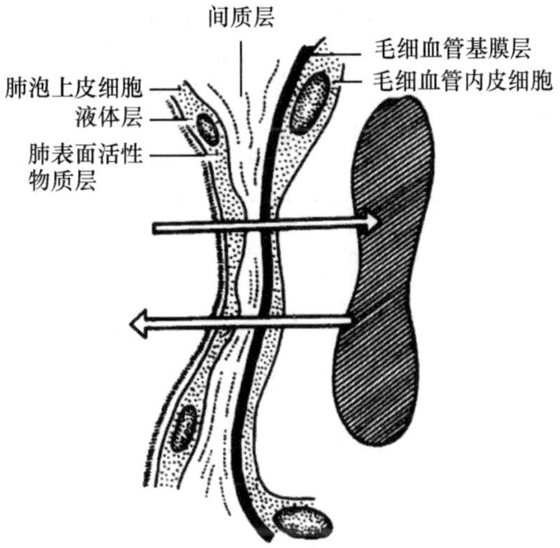

图 5-3　呼吸膜结构示意图

(三)呼吸肌

呼吸运动是肺通气的动力,参与呼吸运动的肌肉称为呼吸肌,包括吸气肌和呼气肌。使胸廓扩大产生吸气动作的肌肉称为吸气肌,主要是膈肌和肋间外肌。深吸气时,上锯肌、斜角肌、提肋肌、胸锁乳突肌也参与吸气。使胸廓扩大产生吸气动作的肌肉称为呼气肌,主要是肋间内肌、腹壁肌。

二、肺通气的动力

气体进出肺是由于大气和肺泡气之间存在压力差的缘故。在自然呼吸条件下,肺内压是由于肺的张缩所引起的肺容积的变化引起,可是肺本身不具有主动张缩的能力,它的张缩由胸廓的扩大和缩小所引起。而胸廓受呼吸肌舒缩支配。呼吸肌收缩、舒张所引起的胸廓的节律性扩大和缩小,称为呼吸运动。呼吸运动是肺通气的原动力。

(一)呼吸运动

呼吸运动包括吸气运动和呼气运动。

吸气过程:(主动)平和(静)吸气时,膈肌收缩,中心后移,使胸廓前后径扩大。肋间外肌收缩,牵引肋骨向前向外展开(1～2 cm),使胸廓左右径、上下径加大,容积增加 4/5。胸廓扩大导致胸内压下降,进而引起肺扩张和肺内压下降,当肺内压低于大气压时,外界的空气经呼吸道进入肺泡，产生吸气。深吸气（用力吸气）时，膈肌、肋间外肌收缩力量加大，辅助吸气肌也参与收缩，吸气量增加。

呼气过程：平和（静）呼气时，吸气肌舒张使胸廓回位，引起肺回缩和肺内压升高，当肺内压高于大气压时，肺泡内的空气经呼吸道进入外界环境，产生呼气。深呼气（用力呼气）时，呼气肌（肋间内肌、腹壁肌）也发生收缩，牵拉肋骨内收，使胸廓容积更小，肺内压更高，呼出气体更多。因而，机体平和（静）呼气时，呼气是被动的，而深呼气（用力呼气）时，呼气是主动的。

（二）呼吸频率、呼吸类型和呼吸音

1. 呼吸频率

动物每分钟内呼吸的次数为呼吸频率。各种动物的呼吸频率，随个体大小、年龄、机体状态而有所差异。一般与机体的代谢强度相关，代谢活动强，呼吸频率快。各种成年动物的呼吸频率见表 5-1。

表 5-1　成年动物的呼吸频率　次/min

种类	呼吸频率	种类	呼吸频率
马	8～16	猪	10～20
骡	8～16	骆驼	5～12
驴	8～16	犬	10～30
牛	10～30	兔	10～15
羊	12～30	鸡	15～30
猫	10～25	鸭	16～28

2. 呼吸类型

根据呼吸过程中，呼吸肌活动的强度和胸腹部的起伏变化程度将动物呼吸分为三种类型：如果吸气时以肋间外肌收缩为主，胸壁起伏明显，称为胸式呼吸；吸气时以膈肌收缩为主，腹部起伏明显，称为腹式呼吸；吸气时肋间外肌与膈肌都参与，胸壁和腹壁的运动都比较明显，称为胸腹式呼吸（混合式呼吸）。正常情况下，家畜中（除妊娠后期母畜和犬为胸式呼吸外）均为胸腹式呼吸。只有患病时，才表现有某一种单一式的呼吸。例如，患胸膜炎时，常表现为腹式呼吸；患腹膜炎时，常表现为胸式呼吸。因此，观察动物的呼吸方式对诊断疾病具有重要的临床意义。

3. 呼吸音

呼吸时，气体通过呼吸道进出肺泡产生的声音称为呼吸音。在胸部表面一般可以听到肺泡呼吸音，偶尔也可听到支气管呼吸音。在肺功能发生改变或发生炎症时，呼吸音明显增强或减弱，甚至出现病理性呼吸音，如干、湿啰音等，因此听诊呼吸音是判断肺功能状态及肺部疾病的重要方法。

（三）胸膜腔与胸内压

1. 胸膜腔

胸膜腔由两层胸膜构成，即紧贴于肺表面的脏层和紧贴于胸廓内壁的壁层。两层胸膜形成一个密闭的、潜在的腔隙，为胸膜腔。胸膜腔内仅有少量浆液，没有气体，这一薄层浆液的作用：一是在两层胸膜之间起润滑作用；二是浆液分子的内聚力使两层胸膜紧紧贴附在一起，不易分开，所以肺就可随着胸廓的运动而运动。因此，胸膜腔的密闭性和两层胸膜间浆液分子的内聚力有重要生理意义。如果胸膜破裂，胸膜腔与大气相通，空气将立即进入胸膜腔内，形成气胸。此时两层胸膜彼此分开，肺将因其本身的回缩力而塌陷，肺便失去了通气机能。

2.胸膜腔负压

胸膜腔内的压力称为胸内压，又称胸膜腔内压，通常情况下为负值，所以又称胸内负压。检测时，将连着检压计的胸套管刺入动物的胸膜腔内(图 5-4)，检压计的液面即可直接指示出胸膜腔内的压力。

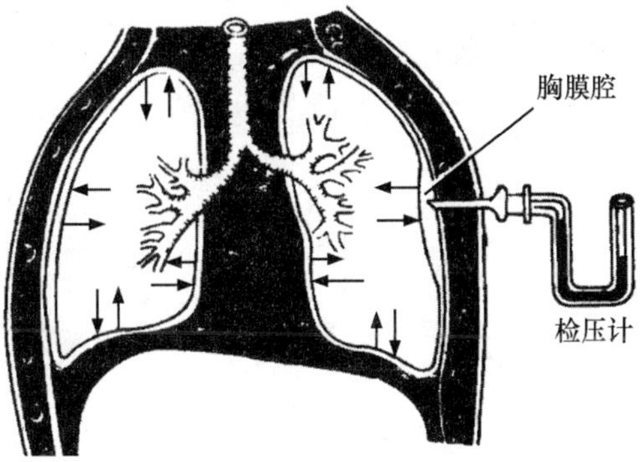

图 5-4 胸膜腔内压测定示意图

测定表明：无论吸气时还是呼气时，胸膜腔内压都比大气压低，以大气压作为生理零值时，则称低于大气压为负压。胸内负压值随着呼气与吸气而变化着，吸气时负值增大，呼气时负值减小。

胸内负压是如何形成的呢？由于胸膜腔内没有气体，不产生压力，因此，胸内压实际上是通过胸膜脏层作用于胸膜腔间接形成的压力。胸膜壁层的外表面有坚厚的胸廓组织支持，胸壁上的大气压力不会影响胸膜腔。而胸膜脏层却受到两方面力的影响，其一是肺内压，即大气所加的压力，使肺泡扩张；其二是肺的回缩力，使肺泡缩小。因此，胸膜腔内的压力是上述两种方向相反的力的代数和，即：

胸内压 = 肺内压 − 肺回缩力

在吸气之末和呼气之末，肺内压等于大气压，因此：

胸内压 = 大气压 − 肺回缩力

如果定义一个大气压为生理零值，则：

胸内压 = − 肺回缩力

由此可见，胸内负压是由肺的回缩力造成的。吸气时肺扩张，回缩力增大，负压也增大；呼气时相反，负压减小。如马在平和呼吸时，吸气末胸内负压值为 2.12 kPa(−16 mmHg)，呼气末为 0.79 kPa(−6 mmHg)。

胸内负压具有重要的生理意义。首先，胸内负压是肺扩张的重要条件，由于胸膜腔与大气隔绝，处于密闭状态，因而对肺有牵拉作用，使肺泡保持充盈气体的膨隆状态，能持续地与周围血液进行气体交换，不致在呼气之末肺泡塌陷无气体而中断气体交换；其次，胸内负压对胸腔内的其他器官有明显的影响。如吸气时，胸内压降得更低，引起腔静脉和胸导管扩张，促进静脉血和淋巴回流。胸内负压还可使胸部食管扩张，食管内压下降，有利于动物的呕吐反射和反刍动物的逆呕。

综上所述，可将肺通气的动力概括如下：呼吸肌的舒缩形成的呼吸运动是肺通气的原动力；由于呼吸运动引起的肺的被动扩张和回缩所形成的肺内压与大气压之间的压差是肺通气的直接动力；胸内负压是实现肺通气的重要条件。

三、肺通气功能的评价

（一）肺容量

肺容量是指肺内容纳气体的量。在呼吸运动过程中，肺容量随气体的吸入或呼出而发生变化，其变化幅度与呼吸深度有关。肺所能容纳的最大气量称为肺总量，它由潮气量、补吸气量、补呼气量、余气量四部分组成（图5-5）。各种动物的肺容量不同，如马的肺容量为40 L。马的潮气量为6 L，补吸气量与补呼气量各为12 L，余气量为10 L。

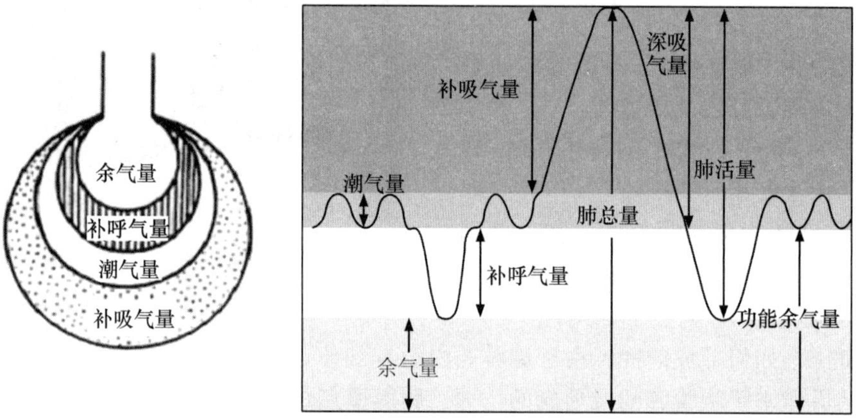

图5-5　肺总量各成分及其变化曲线

1. 潮气量（TV）

每次吸入或呼出的气量称为潮气量，受机体代谢水平、运动量、情绪等因素的影响。运动或使役时增大。

2. 补吸气量（IRV）

补吸气量是指平静吸气末再尽力吸气所吸入的气量。潮气量与补吸气量之和称为深吸气量（IC），它受吸气肌肌力、肺和胸壁弹性、气道阻力等影响，是衡量最大通气潜力的重要指标。

3. 补呼气量（ERV）

指平静呼气末再尽力呼气呼出的气量，体位和膈肌位置对补呼气量影响较大。

4. 余气量（RV）

最大呼气末存留于肺内的气量，也就是在肺总量状态下呼出肺活量后的气量。平静呼气末存留于肺内的气量称为功能余气量（FRC）。其生理意义在于缓冲呼吸过程中肺泡气O_2和CO_2分压的过度变化。当肺处于FRC时，这部分气量起着稳定肺泡气体分压的作用。当FRC降低时，肺泡内氧和二氧化碳的浓度在呼气和吸气期将出现较大的波动，特别是在呼气时，肺泡内若无足够的残余气体继续与肺循环血流进行气体交换，未经氧合的还原血将直接进入体循环，产生相当于右-左静动脉分流的效应。FRC过于增加时，吸入的新鲜气体将被肺泡内残余气所稀释，肺泡气氧分压降低，二氧化碳分压增高。因此FRC是反映机体通气状态的一项重要的指标。

5. 肺活量(VC)

肺活量指最大吸气后作最大呼气所呼出的气量,肺活量 = 潮气量 + 补吸气量 + 补呼气量,是反映肺通气功能的重要指标。但肺活量未考虑时间因素,因此更客观的指标是用力肺活量(FVC),指最大吸气后,尽力尽快呼气所呼出的气量。而在一定时间内所呼出的气量占用力肺活量的百分比则称为用力呼气量(FEV),其中第一秒钟呼出的气量称为 1 秒用力呼气量(FEV_1),在临床上最为常用。

(二)肺通气量

1. 每分通气量

每分通气量是指每分钟进肺或出肺的气量,每分通气量 = 潮气量 × 呼吸频率;健康动物的潮气量和呼吸频率随着机体代谢水平而变化。代谢水平增高,如运动或使役时,呼吸频率和潮气量都会增大,每分通气量也增大。如马在休息时,每分通气量为 35～45 L/min,平地步行时为 80～150 L/min,负重时为 150～250 L/min,挽拽时为 300～450 L/min。

以最快速度尽力呼吸时每分钟吸入或呼出的气量则称为最大随意通气量(MVV)或最大通气量,它是一项能反映肺通气动态功能的指标。健康动物的最大通气量可比平和呼吸时的每分通气量大 10 倍多。肺的最大通气量反映了肺在每分钟的最大通气能力,它是比肺活量更能客观地反映肺通气机能的指标之一。应当注意的是测定最大通气量一般只测 10～15 s,再换算成每分钟,以保证准确性并避免过度通气。由于通气功能有极大的储备力,除非有严重的通气障碍,一般静息通气量不会显示异常。

2. 肺泡通气量

每次吸入的气体,一部分停留在呼吸性细支气管以上部位的呼吸道内,这部分气体不能参与肺泡间的气体交换,称为解剖无效腔或死腔。进入肺泡内的气体,也可能由于血液在肺内分布不均而未能与血液进行气体交换。未能发生气体交换的这部分肺泡容量称为肺泡无效腔。肺泡无效腔与解剖无效腔一起合称为生理无效腔。健康动物的肺泡无效腔接近于 0,因此,生理无效腔几乎与解剖无效腔相等。

由于无效腔的存在,每次吸入的新鲜空气,一部分停留在无效腔内,另一部分进入肺泡。可见肺泡通气量才是真正的有效通气量。由于无效腔的存在,每次吸入肺泡的新鲜空气量小于潮气量,应该等于潮气量减去无效腔通气量。因此肺泡通气量是指每分钟吸入肺泡的新鲜空气量,即肺泡通气量 = (潮气量 - 无效腔通气量) × 呼吸频率,它决定了血中 CO_2 分压的水平,是反映肺通气效率的重要指标。由于无效腔的存在,一定的呼吸频率范围内,深而慢的呼吸比浅而快的呼吸肺泡通气量要多得多,因而效率更高。

例如,一匹马解剖无效腔通气量为 1.5 L/次,潮气量为 6 L/次,呼吸频率为 12 次/min,则每分通气量为 6 L/次 × 12 次/min = 72 L/次,肺泡通气量为(6 L/次 - 1.5 L/次) × 12 次/min = 54 L/次。若潮气量减半,呼吸频率加倍,每分通气量则不变,但肺泡通气量可因无效腔的存在而发生很大变化,表现为呼吸变浅、变快,肺泡通气量显著减少。从气体交换效果看,浅而快的呼吸对机体不利,适当深而慢的呼吸有利于气体交换(表 5-2)。

每分通气量与肺泡通气量之差,除以呼吸频率所得的商,即生理无效腔量。生理无效腔与解剖无效腔通气量之差,可反映非功能性肺泡容量。

表 5-2　每分钟通气量与肺泡通气量的比较

呼吸频率 /(次/min)	潮气量 B /(L/次)	无效腔通气量 C /(L/次)	每分通气量 $A\times B$ /(L/min)	肺泡通气量 $(B-C)\times A$ /(L/min)
12	6	1.5	72	54
6	12	1.5	72	72
24	3	1.5	72	36

任务二　气体交换

【任务要求】

理解气体分压、肺换气、组织换气的概念；了解气体交换的动力；能准确描述肺换气和组织换气的过程。

【认知与解读】

气体交换是指在呼吸器官中的血液与外环境间的气体交换，以及在组织器官中的血液与组织细胞间的气体交换。气体交换包括肺换气和组织换气，它们均是通过物理扩散的方式实现的。

一、气体交换的动力

气体分子不停地进行着无定向的运动，其结果是气体分子从分压高处向分压低处发生净转移，这一过程称为气体扩散，于是各处气体分压趋于相等。机体内的气体交换就是以扩散方式进行的。

单位时间内气体扩散的容积称为气体扩散速率，它主要受下列因素的影响。

(一)气体分压差

气体分压是指混合气体中，每种气体分子运动所产生的压力。其大小取决于气体的浓度和总压力。

气体分压 = 总压力 × 该气体的容积百分比

气体分压差是气体扩散的动力，气体扩散速率与气体分压差呈正比。

(二)气体的分子量和溶解度

气体扩散速率与气体溶解度呈正比，与气体分子量的平方根呈反比。气体溶解度与气体分子量的平方根之比称为扩散系数。气体扩散速率与气体扩散系数呈正比。气体溶解度是指在单位分压下溶解于单位容积液体中的气体量，一般以 101.325 kPa、38 ℃时 100 mL 液体中溶解气体的毫升数来表示。因为 CO_2 在血浆中的溶解度(51.5 mL)是 O_2 在血浆中的溶解度(2.14 mL)的 24 倍，CO_2 的分子量(44)略大于 O_2 分子量(32)，故 CO_2 的扩散系数是 O_2 的 20 倍，这是临床上常发生缺氧而很少发生 CO_2 滞留的主要原因。

(三)扩散面积和距离

气体扩散速率与扩散面积呈正比，气体扩散速率与扩散距离呈反比。

(四)温度

气体扩散速率与温度呈正比。

二、气体交换的过程

(一)肺换气

肺换气是指肺泡气与肺泡壁毛细血管内血液间进行气体交换的过程。

肺泡内 pO_2 为 13.59 kPa (102 mmHg),pCO_2 为 5.33 kPa (40 mmHg)。肺毛细血管内 pO_2 为 5.33 kPa(40 mmHg), pCO_2 为 6.13 kPa(46 mmHg)(表 5-3)。气体总是由分压高的一侧透过呼吸膜向分压低的另一侧扩散。因此,肺泡气中的 O_2 透过呼吸膜扩散进入毛细血管内,而血中的 CO_2 透过呼吸膜扩散进入肺泡内。

O_2 与 CO_2 的扩散极为迅速,仅需 0.3 s 即可完成。通常情况下,血液流经肺毛细血管的时间约 0.7 s,所以当血液流经肺毛细血管全长约 1/3 时,已基本完成气体交换。可见在通常情况下,肺换气的时间绰绰有余。

表 5-3　肺泡气、血液和组织中的 pO_2 与 pCO_2　　kPa(mmHg)

气体	肺泡气	动脉血	静脉血	组织
O_2	13.60(102)	13.33(100)	5.33(40)	4.00(30)
CO_2	5.33(40)	5.33(40)	6.13(46)	6.67(50)

当高 CO_2 分压(46 mmHg)低 O_2 分压(40 mmHg)的静脉血流经肺部时,与肺泡气存在较大的分压差,O_2 从肺泡扩散入血液,而 CO_2 则从血液扩散到肺泡,实现肺换气,这样流经肺部的肺泡的静脉血变成了动脉血。

(二)组织换气

组织换气又称内呼吸,是指血液与组织细胞间进行气体交换的过程,它包括组织细胞消耗 O_2 和产生 CO_2 的过程。高 O_2 分压和低 CO_2 分压的动脉血在流经组织细胞时,因为分压差的存在,O_2 扩散入细胞,CO_2 则扩散入血液,这样流经组织毛细血管内的动脉血,边流动边进行气体交换,逐渐变成静脉血。如体循环毛细血管中动脉血的 pO_2 为 13.33 kPa (100 mmHg), pCO_2 为 5.33 kPa(40 mmHg);而组织中由于氧化营养物质不断消耗 O_2,pO_2 为 4.76 kPa (35 mmHg);在组织代谢过程中由于不断产生 CO_2,pCO_2 为 6.00～7.33 kPa(45～55 mmHg)。依据气体由高分压向低分压扩散的规律,组织中的 CO_2 进入血液,而血液中的 O_2 进入组织。

任务三　气体在血液中的运输

【任务要求】

掌握氧气和二氧化碳在血液中运输的形式和过程;掌握氧气和血红蛋白结合的特点。

【认知与解读】

气体运输是指机体通过血液循环把肺摄取的氧气运送到组织细胞,又把组织细胞产生的二氧化碳运送到肺的过程。

一、气体在血液中的存在形式

O_2 与 CO_2 都以物理溶解和化学结合两种形式存在于血液中，但以物理溶解形式存在的极少，绝大部分呈化学结合形式（表 5-4）。

表 5-4　每 100 mL 血中 O_2 与 CO_2 的含量　　mL

气体	动脉血			混合静脉血		
	化学结合	物理溶解	合计	化学结合	物理溶解	合计
O_2	20.0	0.30	20.3	15.2	0.12	15.32
CO_2	46.4	2.62	49.02	50.0	3.00	53.00

体内血液中的 O_2 和 CO_2 的物理溶解和化学结合状态时刻保持着动态平衡。物理溶解的气体量虽然很少，却很重要。因为在肺或组织进行气体交换时，进入血液中的 O_2 和 CO_2 都是先溶解，提高分压后再结合。O_2 和 CO_2 从血液释放时，也是溶解的先逸出，分压下降，结合的再分离出来补充所失去的溶解的气体。

$$\text{肺泡}\begin{cases}O_2 \rightarrow \text{溶解 } O_2 \rightarrow \text{化学结合 } O_2 \rightarrow \text{溶解 } O_2 \rightarrow O_2 \\ CO_2 \leftarrow \text{溶解 } CO_2 \leftarrow \text{化学结合 } CO_2 \leftarrow \text{溶解 } CO_2 \leftarrow CO_2\end{cases}$$

二、氧的运输

血液中的 O_2 主要是与红细胞内的血红蛋白（Hb）结合，以氧合血红蛋白（HbO_2）的形式运输，占 98.4%；溶解 O_2 甚微，仅占 1.6%。

红细胞内的血红蛋白是一种结合蛋白。1 分子的血红蛋白（Hb）由 1 个珠蛋白和 4 个亚铁血红素组成。每个珠蛋白有 4 条多肽链，每条多肽链与 1 个亚铁血红素相连接构成血红蛋白的亚单位。血红蛋白与 O_2 结合有下列特征：

（1）既能快速结合，也能快速分离，且不需酶催化　Hb 与 O_2 的结合与分离主要取决于的 pO_2 高低。pO_2 高时（肺部），血红蛋白与 O_2 结合形成氧合血红蛋白（HbO_2）；pO_2 降低时（组织内），氧合血红蛋白迅速解离，释放 O_2。

$$Hb + O_2 \underset{pO_2\text{ 低（组织）}}{\overset{pO_2\text{ 高（肺部）}}{\rightleftharpoons}} HbO_2$$

（2）血红蛋白与 O_2 的结合是氧合反应而不是氧化反应　血红蛋白与 O_2 的结合后，其中铁仍为二价，所以该反应不是氧化而是氧合。

（3）只有亚铁血红蛋白才具有运输 O_2 机能　当血红素中的 Fe^{2+} 氧化成 Fe^{3+} 时，Hb 失去运氧能力。亚硝酸盐中毒的机理就在于亚硝酸盐将血液中的亚铁血红蛋白氧化为高铁血红蛋白而引起机体缺氧。

（4）1 分子血红蛋白可与 4 分子 O_2 结合　1g Hb 可以结合 1.34～1.36 mL 的 O_2，100 mL 血液中 Hb 所能结合的最大氧量称为氧容量。Hb 实际结合的 O_2 量称为氧含量。氧含量与氧容量的百分比为氧饱和度，即：

$$\text{Hb 氧饱和度} = \frac{\text{Hb 氧含量}}{\text{Hb 氧容量}} \times 100\%$$

三、二氧化碳的运输

CO_2 在血中以溶解形式存在的量仅占 5%，但以化学结合形式存在的量却高达 95%。CO_2 主要以两种结合形式运输：即碳酸氢盐和氨基甲酸血红蛋白，前者约占 87%，后者约占 7%。

（一）碳酸氢盐

组织中的 CO_2 扩散进入血液后透过红细胞膜进入红细胞内，由于红细胞内含有较高浓度的碳酸酐酶，在其作用下，H_2O 和 CO_2 迅速生成 H_2CO_3，并迅速分解成为 H^+ 和 HCO_3^-。即：

$$CO_2 + H_2O \xrightleftharpoons{\text{碳酸酐酶}} H_2CO_3 \rightleftharpoons HCO_3^- + H^+$$

在生成 H_2CO_3 的同时，红细胞内的氧合血红蛋白钾盐（$KHbO_2$），由于组织内的 pO_2 低而放出 O_2，生成脱氧血红蛋白钾盐（KHb）。KHb 酸性较弱，它所结合的钾容易被 H_2CO_3 中的 H^+ 所置换，生成 HHb 和 $KHCO_3$，即：

$$KHbO_2 \xrightarrow{\text{组织 } pO_2 \text{ 低}} KHb + O_2$$

$$KHb + H_2CO_3 \longrightarrow HHb + KHCO_3$$

CO_2 不断进入红细胞，使 HCO_3^- 含量逐渐增多，当超过血浆中 HCO_3^- 的含量时，HCO_3^- 透过红细胞膜扩散进入血浆，并与血浆中的 Na^+ 结合生成 $NaHCO_3$。在 HCO_3^- 扩散入血浆的过程中，又有等量的 Cl^- 从血浆扩散入红细胞，以维持红细胞内外正负离子的静电平衡。这种 Cl^- 与 HCO_3^- 的交换现象，称为氯转移。这样 HCO_3^- 不致在红细胞内蓄积，以利于组织中的 CO_2 不断进入血液。生成的 $KHCO_3$（红细胞中）和 $NaHCO_3$（血浆中）经血液循环运至肺部。

当静脉血流经肺泡时，由于肺泡中的 pCO_2 比静脉血低，同时红细胞中的还原型血红蛋白（HHb）大部分与氧结合生成氧合血红蛋白（HbO_2），氧合血红蛋白又与 $KHCO_3$ 作用生成 H_2CO_3。红细胞内的 H_2CO_3 在碳酸酐酶催化下，分解为 CO_2 和 H_2O，CO_2 扩散进入血浆，进而扩散到肺泡气中，经肺呼出体外。

这样，红细胞内的 H_2CO_3 逐步降低，于是血浆中的 $NaHCO_3$ 分解，HCO_3^- 进入红细胞内，与此同时红细胞内的 Cl^- 又返回血浆，进行反向的氯转移（图 5-6）。

（二）氨基甲酸血红蛋白

一部分 CO_2 进入红细胞内，与 Hb 的—NH_2 结合，形成氨基甲酸血红蛋白（HHbNH-COOH），亦称碳酸血红蛋白（$HHbCO_2$）。

$$HbNH_2O_2 + H^+ + CO_2 \xrightleftharpoons[\text{在肺}]{\text{在组织}} HHbNHCOOH + O_2$$

这一反应很迅速，无需酶参与。调节这一反应的主要因素是氧合作用。HbO_2 的酸性高，难与 CO_2 直接结合；而 HHb（还原型血红蛋白）酸性低，容易与 CO_2 直接结合。O_2 与 Hb 的结合可促进 CO_2 的释放，这一现象称为何尔登效应。因此，在组织毛细血管内，CO_2 与 HHb 结合形成 HHbNHCOOH（即 $HHbCO_2$）；血液流经肺部时，Hb 与 O_2 结合，促使 CO_2 释放进入肺泡而排出体外。这种运输 CO_2 方式的效率很高。在平和呼吸时，以 HHbNHCOOH 方式存在的 CO_2 仅占静脉血中 CO_2 总量的 7%左右，但在肺部的 CO_2 总量中，由 HHbNHCOOH 释放出的 CO_2 却占 20%～30%。

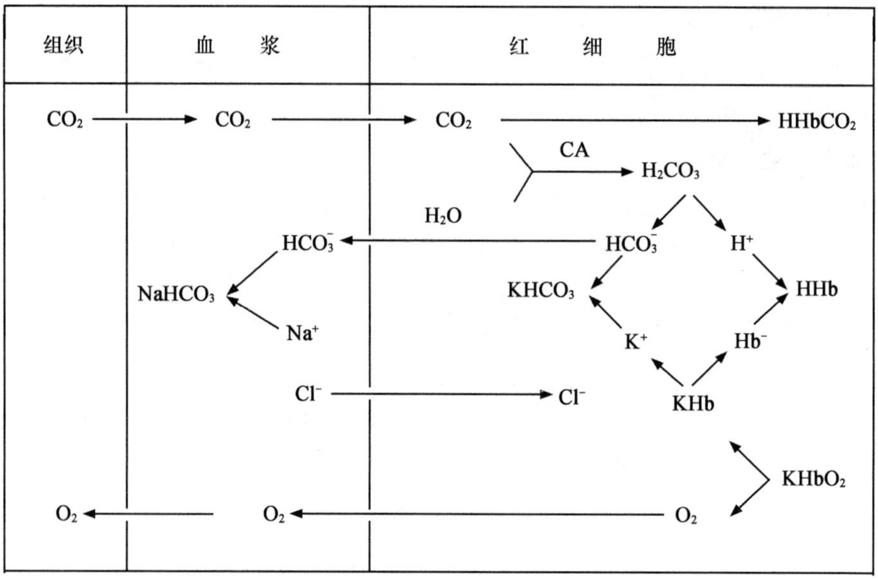

图 5-6　O_2 与 CO_2 在血液中的运输示意图(CA 为碳酸酐酶)

任务四　呼吸运动的调节

【任务要求】

了解呼吸运动的神经调节;掌握体液因素对呼吸运动的调节。

【认知与解读】

呼吸运动是一种节律性的活动,其深度和频率随体内、外环境条件的改变及代谢水平的改变而改变,从而使肺通气量和机体的新陈代谢水平相适应。呼吸节律的形成及其与新陈代谢水平的相适应是通过神经系统的调节实现的。

一、神经调节

呼吸中枢是指中枢神经系统内产生和调节呼吸运动的神经细胞群,分布在大脑皮层、间脑、脑桥、延髓和脊髓等部位。其中最基本的呼吸中枢是延髓,而正常呼吸节律的形成有赖于延髓与脑桥的共同配合。

1. 脊髓

脊髓是呼吸运动的初级中枢。脊髓中支配呼吸肌的运动神经元位于第 3～5 颈段(支配膈肌)和胸段(支配肋间肌和腹肌等)前角。实验发现,在延髓和脊髓间横断,呼吸就停止。所以,可以认为节律性呼吸运动不是在脊髓产生的。脊髓只是联系上(高)位脑和呼吸肌的中继站和整合某些呼吸反射的初级中枢,并通过位于腹角的运动神经元支配呼吸肌的运动。

2. 低位脑干

低位脑干指脑桥和延髓。横切脑干的实验表明,呼吸节律产生于低位脑干,呼吸运动的变化因脑干横断的平面高低而异(图 5-7)。

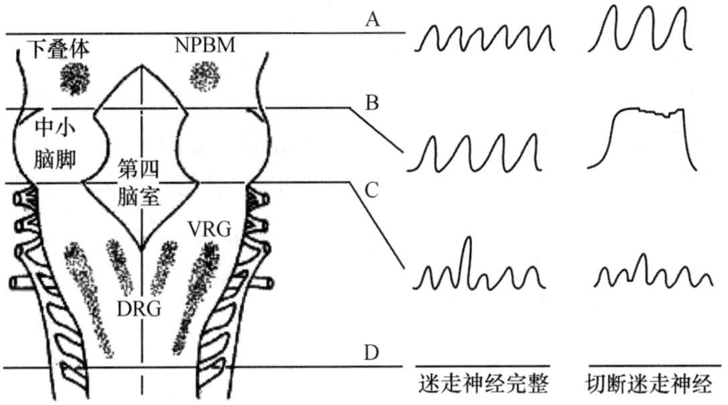

图 5-7　脑干呼吸有关核团(左)和在不同平面横切脑干后呼吸的变化(右)示意图

DRG:背侧呼吸组　VRG:腹侧呼吸组　NPBM:臂旁内侧核

A、B、C、D 为不同平面横切

在动物中脑和脑桥之间进行横切(图 5-7,A 平面),呼吸无明显变化。在延髓和脊髓之间横切(D 平面),呼吸停止。上述结果表明呼吸节律产生于下位脑,上位脑对节律性呼吸不是必需的。如果在脑桥上、中部之间横切(B 平面),呼吸将变慢变深,如再切断双侧迷走神经,吸气便大大延长,仅偶尔为短暂的呼气所中断,这种形式的呼吸称为长吸式呼吸。这一结果提示,脑桥上部有抑制吸气的中枢结构,称为呼吸调整中枢。

延髓是呼吸的基本中枢,有吸气神经元和呼气神经元,两者之间存在交互抑制关系。吸气神经元兴奋时,呼气神经元抑制,引起吸气运动。

在脑桥上部,呼吸神经元相对集中于臂旁内侧核和相邻的 Kolliker-Fuse(KF)核,合称 PBKF 核群,主要为吸气-呼气神经元。PBKF 的作用为限制吸气,促使吸气向呼气转换。

3. 高级呼吸中枢

呼吸还受脑桥以上部位的影响,如大脑皮层、边缘系统、下丘脑等。大脑皮层可以随意控制呼吸,发动说、唱等动作,在一定限度内可以随意屏气或加强加快呼吸。下丘脑、边缘系统是内脏活动和心理活动的重要中枢,兴奋时,可引起呼吸等内脏功能的变化,使机体的呼吸功能与其他机能相适应。例如情绪激动、血液温度升高时,通过对边缘系统和下丘脑体温调节中枢的刺激作用,反射性地引起呼吸加强加快。

二、呼吸的反射性调节

中枢神经系统接受各种感受器传入的神经冲动,实现对呼吸运动调节的过程,称为呼吸的反射性调节。其中主要包括机械感受性反射和化学感受性反射。

1. 机械感受性反射

(1)肺牵张反射　由肺扩张或肺缩小引起的吸气抑制或兴奋的反射为肺牵张反射或黑-伯反射(1868 年由 Breuer 和 Hering 发现),它包括肺扩张反射和肺缩小反射。其传入神经均为迷走神经。肺牵张反射有明显的种族差异,在兔的最强,人的最弱。肺牵张反射的生理意义是参与维持呼吸的深度和频率,若切断兔的双侧迷走神经,则出现吸气过深,呼吸频率变慢。病理情况下,肺顺应性降低,肺扩张时使气道扩张较大,刺激较强,可以引起该反射,使呼吸变浅变快。

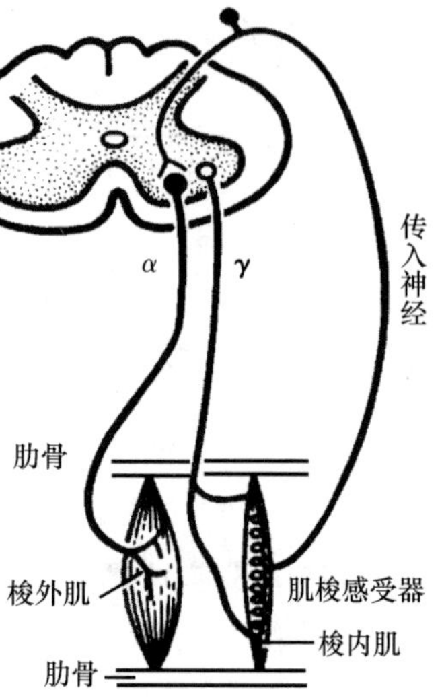

图 5-8　肋间外肌本体感受性反射

(2)呼吸肌本体感受性反射　呼吸肌本体感受性反射是指呼吸肌的本体感受器肌梭(属机械感受器)受牵张刺激时,上传冲动而引起呼吸肌反射性收缩加强。肌梭和腱器官是骨骼肌的本体感受器,当肌梭受到牵张刺激时可以反射性地引起受刺激肌梭所在肌的收缩,为牵张反射,属本体感受性反射。当呼吸肌收缩时,其内的本体感受器受到牵张刺激,反射性地引起呼吸肌收缩增强,使呼吸运动达到一定的深度。此外,当呼吸道通气阻力增大时,通过本体感受性反射增强呼吸肌的收缩力,克服通气阻力,保持足够的肺通气量(图 5-8)。

(3)防御性呼吸反射　当鼻腔、咽、喉、气管与支气管的黏膜受到机械或化学刺激时,则会引起防御性反射。此反射具有清除刺激物、以防异物进入肺泡的作用。常见的呼吸性防御反射有咳嗽反射和喷嚏反射。

①咳嗽反射:机械或化学刺激喉、气管和支气管黏膜感受器时,感受器兴奋,冲动经迷走神经的传入纤维传到延髓,引起咳嗽反射,排出异物。大支气管以上部位的感受器对机械刺激敏感,支气管以下部位对化学刺激敏感。传入冲动经迷走神经传入延髓,触发一系列协调的反射反应,引起咳嗽反射。剧烈咳嗽时,因胸膜腔内压显著升高,可阻碍静脉内流,使静脉压和脑脊液压升高。有时咳嗽可产生痰液,为一种由肺脏排出的黏液、碎片和细胞组成的混合物。

②喷嚏反射:机械刺激鼻腔黏膜感受器时,感受器兴奋,冲动沿三叉神经传入延髓,引起喷嚏反射,排出鼻腔中的异物。

2.化学感受性反射

动脉血或脑脊液中的 pO_2、pCO_2 和 H^+ 通过化学感受器反射性引起呼吸机能的改变称为化学感受性反射。呼吸感受性反射是一种持续发挥调节作用的反射性呼吸调节活动,对于维持着血液与脑脊液中 pCO_2、pO_2、H^+ 浓度的相对恒定具有十分重要的作用。

化学感受器是感受适宜化学物质刺激的感受器。参与呼吸调节的化学感受器因其所在部位的不同,分为外周化学感受器和中枢化学感受器。

(1)外周化学感受器　颈动脉体和主动脉体是调节呼吸和循环的重要的外周化学感受器,对血液中缺 O_2 和 H^+ 浓度增高很敏感。它能感受血液中 pCO_2、pO_2、H^+ 浓度的变化,动脉血 pO_2 降低、pCO_2 或 H^+ 浓度升高都可刺激外周感受器,产生兴奋,冲动经窦神经和迷走神经传入延髓,反射性地引起呼吸加深加快和血液循环的变化。在呼吸调节中,颈动脉体的作用远大于主动脉体。

(2)中枢化学感受器　中枢化学感受器位于延髓腹外侧浅表部位,左右对称。中枢化学感受器的生理刺激是脑脊液和局部细胞外液的 H^+ 浓度,而且其敏感性远高于外周化学感受器。但是在体内,血液中的 H^+ 不易通过血液屏障,故血液 pH 的变化对中枢化学感受器的直接作用不大,也较缓慢。而血液中的 CO_2 能迅速通过血脑屏障,使化学感受器周围液体中的 H^+ 浓度升高,从而刺激中枢化学感受器,引起呼吸中枢的兴奋,由于中枢化学感受器的敏感性明显高于外周化学感受器，故血液中 pCO_2 轻度升高即可引起呼吸机能的变化。但是，由于脑脊液中碳酸苷酶含量很少，CO_2 与水的水合反应很慢，所以对 CO_2 的反应有一定的时间延迟。

3. pCO_2、H^+ 浓度和 pO_2 对呼吸的影响

(1) pCO_2 对呼吸的影响　一定浓度的 CO_2 是维持呼吸中枢兴奋性的必需条件。因此，CO_2 是调节呼吸的最重要的生理性体液因子。

CO_2 对呼吸的影响是经两个途径实现的：一是血液中的 CO_2 透过血脑屏障进入脑脊液，CO_2 和水生成 H_2CO_3，解离出 H^+，刺激延髓的中枢化学感受器，反射性引起呼吸中枢兴奋，呼吸加深加快。二是血液中 CO_2 刺激外周化学感受器，反射性引起呼吸中枢兴奋，导致呼吸加深加快，增加肺通气。当 CO_2 轻度升高时，其加快呼吸的作用以兴奋中枢化学感受器为主。但由于中枢化学感受器的反应慢，pCO_2 急剧升高时，则主要通过刺激外周化学感受器调节呼吸机能。

但是，当吸入气中 pCO_2 陡升，CO_2 堆积过多时，会抑制中枢神经系统(包括呼吸中枢)的活动，发生呼吸困难、头痛、头昏，甚至昏迷。

总之，CO_2 在呼吸调节中是最重要的化学刺激，在一定范围内动脉血 pCO_2 的升高可以加强对呼吸的刺激作用，但超过一定限度则有抑制和麻醉效应。

(2) H^+ 浓度的影响　H^+ 浓度升高时，主要通过兴奋外周化学感受器而兴奋呼吸中枢，使呼吸加深、加快，肺通气增加。H^+ 浓度降低时，呼吸受到抑制。虽然中枢化学感受器对 H^+ 的敏感性比外周化学感受器高，约为外周的 25 倍，但由于 H^+ 较难通过血脑屏障，故血中 H^+ 浓度增高以外周作用为主。但是血中 H^+ 浓度增高，引起呼吸加强，会排出过多的 CO_2，导致血中 pCO_2 降低，从而又限制了呼吸的加强。因此，H^+ 对呼吸的影响不如 CO_2 明显。

同样，当体内特别是中枢神经系统组织液中 H^+ 浓度过高时，则引起中枢抑制，发生呼吸困难。

(3)低 pO_2 对呼吸的影响　当血液中 pO_2 降低时，兴奋外周化学感受器，反射性引起呼吸加深、加快，肺通气增加。但外周化学感受器对 pO_2 降低敏感性不高，一般在动脉血 pO_2 下降到 10.64 kPa(80 mmHg)以下时，肺通气才出现可觉察到的增加，可见动脉血 pO_2 对正常呼吸的调节作用不大，仅在特殊情况下低 O_2 刺激才有重要意义。如严重肺气肿、肺心病患者，肺换气受到障碍，导致低 O_2 和 CO_2 潴留。长时间 CO_2 潴留使中枢化学感受器对 CO_2 的刺激作用发生适应，而外周化学感受器对低 O_2 刺激适应很慢，这时低 O_2 对外周化学感受器的刺激成为驱动呼吸的主要刺激。

但 pO_2 降低对呼吸中枢具有直接抑制作用，重度缺氧时，则呼吸中枢被抑制。

上述三因素是相互联系、相互影响的，在探讨它们对呼吸的调节时，必须进行全面的观察分析，才能得出正确的结论。

任务五　家禽呼吸系统的特点

【任务要求】

了解家禽呼吸系统的结构特点；了解家禽气体交换及呼吸运动的调节。

【认知与解读】

一、呼吸系统的结构特征

家禽呼吸系统由鼻腔、咽、喉、气管、支气管及其分支、气囊和肺及某些骨骼中的气腔组成。其结构上主要具有以下特征。

(一)禽类支气管在肺内不形成支气管树

禽类气管在肺内不分支成气管树,而是分支成1～4级支气管(图5-9)。各级支气管间互相连通。每侧支气管入肺前称为肺外一级支气管,进入肺内后称为肺内一级支气管,然后分支形成二级和三级支气管,三级支气管又称副支气管,各级支气管互相连通。副支气管的管壁呈辐射状分出大漏斗状微管道,并反复分支形成毛细气管网,在这些毛细气管的管壁上有许多膨大部,即肺房,具有气体交换功能,相当于家畜的肺泡。

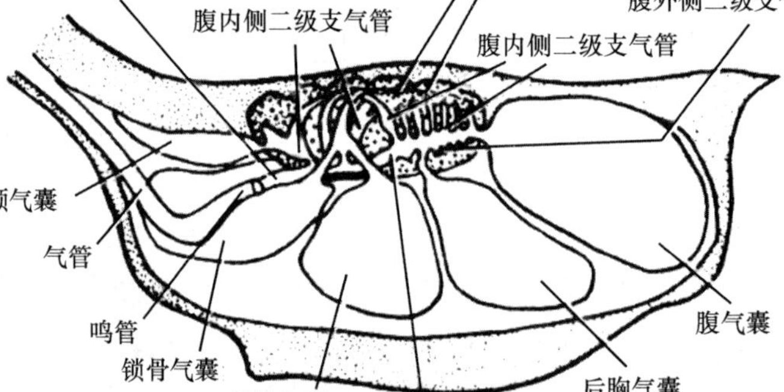

图5-9　家禽支气管、肺和气囊

(二)具有发达的气囊

气囊是禽类特有的器官,是肺的衍生物。禽类一般有9个气囊,其中包括一个不成对的锁骨气囊、一对颈气囊、一对前胸气囊、一对后胸气囊和一对腹气囊。气囊与各级支气管连通。

(三)肺扩张性不大

肺约1/3嵌于肋间隙内,因此,扩张性不大。肺各部均与易于扩张的气囊直接通连。所以,通过空气传播的病原体可沿气囊进入整个呼吸系统、体腔、肌肉和骨骼,所以呼吸系统疾病在家禽疾病中占主要地位。

(四)胸腹腔之间没有膈肌

由于胸腹腔之间没有膈肌,故容易导致感染的相互传播。临床常见的肝周炎、心包炎、气囊炎等多同时发生。

二、呼吸运动

家禽呼吸运动由于其结构特征而具有以下特点:

(1)由于禽类没有膈肌,胸腔内没有经常性负压存在,且禽类肺的弹性较差。因此,呼吸主要通过强大的呼气肌和吸气肌的收缩来完成。

(2)禽类的呼吸频率变化比较大，它取决于体格大小、种类、性别、年龄、兴奋状态及其他因素。通常体格越小，呼吸频率越高。家禽的潮气量为：鸡为 15～30 mL，鸭约为 38 mL。由于禽类气囊的存在，呼吸器官的容积明显增加。因此，每次呼吸的潮气量仅占全部气囊容量的 8%～15%。

三、气体交换和运输

毛细气管壁上有许多膨大部，称为肺房，是气体交换的场所。气囊内空气在吸气和呼气时均通过肺，从而增加了肺通气量，且吸气和呼气时进行气体交换，适应于禽体旺盛的新陈代谢需要。家禽气体运输与哺乳动物大致相似。

四、呼吸运动的调节

禽类呼吸中枢位于脑桥和延髓的前部。禽类肺和气囊壁上存在牵张感受器，感受肺扩张的刺激，经迷走神经传入中枢，引起呼吸变慢，所以在禽类，肺牵张反射也可以调整呼吸深度，维持适当的呼吸频率。血液中的二氧化碳和氧含量及 pH 对呼吸运动有显著的影响。环境温度对呼吸影响较大，炎热时可发生热性喘息。

【操作与体验】

技能一　呼吸运动的调节

【实验目的】①掌握描记呼吸运动的方法。②观察并分析肺牵张反射及不同因素对呼吸运动的影响及其作用机理。

【实验原理】动物的呼吸运动之所以能持续地、有节律地进行，是由于体内调节机制的存在。体内、外的各种刺激，可以直接作用于神经中枢或不同部位的感受器，反射性地影响呼吸运动，以适应机体代谢的需要。肺的牵张反射参与呼吸节律的调节。

【实验对象】家兔。

【实验材料】手术台、剪毛剪、手术刀、手术剪、眼科剪、手术镊、止血钳、台秤、气管插管、80 cm 橡皮管、注射器(20 mL)、碱石灰、纱布、棉线、呼吸换能器、刺激电极、RM-6240BD 多道生理信号采集处理系统、5%水合氯醛酒精溶液、3%乳酸溶液、生理盐水、碳酸钙、盐酸。

进行动物实验时，记录呼吸运动的方法有三种，第一种是通过压力传感器与气管插管连接记录；第二种是通过系在胸部(或腹部)装有张力(或压力)传感器的呼吸带记录；第三种是通过张力传感器记录膈肌运动。下面重点介绍第二种操作方法。

【方法与步骤】

1.兔气管插管手术

(1) 麻醉与保定　取兔称重，用 5%水合氯醛酒精溶液按每千克体重 4 mL 静脉麻醉，仰卧固定。

(2) 气管插管手术　颈部剪毛，沿颈部正中做 3～4 cm 长的切口，钝性分离皮下组织和肌肉，分离气管及两侧的迷走神经，穿线备用。用眼科剪在气管上朝向心方向剪一切口，插入 Y 形气管插管，两侧分别连接短橡胶管。

2.仪器连接及参数设置

呼吸换能器导线连接于 RM-6240BD 多道生理信号采集处理系统放大器通道 1 插孔，另一侧将呼吸带绑缚于实验动物胸部呼吸起伏明显处。刺激器连接于刺激输出插孔。双击屏幕上"2.X"/"实验"/"呼吸"/"呼吸运动调节"。在示波状态下,选择通道1,关闭其他通道。点击"开始记录"按钮开始记录,可以标识记录过程中的某些点,以便查找。

3.实验项目

(1)观察描记呼吸曲线　描记正常呼吸曲线。观察正常呼吸运动与曲线的关系,记录呼吸频率、呼吸深度等。

(2)增大无效腔　气管插管一侧接一段约80 cm长的橡皮管,观察呼吸运动的变化。

(3)窒息　夹闭橡皮管,观察呼吸运动的变化情况,结果明显后去掉橡皮管,恢复正常呼吸。

(4)防御性反射　向鼻腔中滴几滴冷水,刺激鼻腔黏膜,观察对呼吸的影响。

(5)增加吸入气中CO_2浓度　将充气的胶皮手套套在气管插管一侧管上,持续呼吸以缓慢增加吸入气中CO_2浓度,观察呼吸运动的变化情况。

(6)缺氧　将气管插管侧管通过一只碱石灰瓶与盛有空气的球胆相连,使动物呼吸球胆中的空气。经过一段时间后,球胆中的氧气明显减少,但CO_2并不增多(碱石灰将呼出气中CO_2吸收),观察此时呼吸运动有何变化。待呼吸变化明显后,恢复正常呼吸。

(7)牵张反射　将事先装有空气(约20 mL)的注射器(或用洗耳球)经橡皮管与气管套管的一侧相连,在吸气相之末立即向肺内打气,可见呼吸运动暂时停止在呼气状态。待呼吸运动平稳后,再于呼气相之末立即抽取肺内气体(约20 mL),可见呼吸暂时停止于吸气状态,分析变化产生的机理。

(8)增加血液中H^+浓度　经耳缘静脉快速注入3%乳酸1～2 mL,观察呼吸运动的变化。

(9)迷走神经的作用

①切断一侧迷走神经,观察呼吸运动有何变化。再将另一侧迷走神经结扎后在离中端剪断,观察呼吸运动又有何变化。

②重复第6项实验,比较呼吸变化有什么区别。

③以2～3V电压连续刺激迷走神经向中端,观察呼吸运动的变化。

4.记录数据

在实验过程中,可对每一项实验的记录进行区域测量,在数据板中显示测量数据,并通过数据板中的"复制""粘贴""导出Word""导出Excel"和"导出到实验信息"按钮对实验数据进行保存。然后选择"文件"菜单中的"当前屏图像输出"或"鼠标捕捉"命令对实验图像以Word文件形式保存。

5.编辑打印

在"文件"菜单条中选择"打印模式设置"命令,可对你所需要的内容进行编辑,最后点击"确定"进行打印。

【注意事项】

1.气管插管内壁必须清理干净后才能进行插管。

2.经耳缘静脉注射乳酸时,要避免外漏而引起动物躁动。

3.每一项前后均应有正常呼吸运动曲线作为比较。

【实验思考题】

1.增加吸入气中 CO_2 浓度、缺氧刺激和血液 pH 下降均使呼吸运动加强，机制有何不同？

2.如果将双侧颈动脉体麻醉，分别增加吸入气中 CO_2 浓度和给予缺氧刺激，结果有何不同？

3.迷走神经在节律性呼吸运动中起何作用？

技能二　胸内压的测定

【实验目的】证明胸内负压的存在，了解胸内压产生的原理。

【实验原理】胸内压系指胸膜腔内的压力。通常低于大气压，故也称胸内负压，胸内负压主要由肺的回缩力所产生，并随呼吸运动而变化，吸气时负压增大，呼气时负压减小，胸腔内负压的存在是保证呼吸运动正常进行的必要条件，穿刺胸腔，破坏胸膜腔的密闭性，则胸内负压消失，肺组织萎缩。

【实验对象】家兔。

【实验材料】手术台、手术器械、胸套管或注射针头、水检压计等。

【方法与步骤】

于兔右侧胸中线 4～5 肋间隙交点处，将皮肤剪一小口，将连接检压计的套管针从剪口处沿肋骨前缘慢慢刺入。在刺入时要注意检压计，如针头刺入胸膜腔，检压计的液面即发生波动。

1.当针头插入胸膜腔时，则可见水检压计与胸膜腔相通的一侧液面上升，而与空气相通的一侧液面下降，表明胸膜腔内的压力低于大气压，为负压。

2.仔细观察呼气和吸气的胸内负压之差。

3.用一支粗的套管针穿透胸腔，使胸膜腔与大气直接相通，形成气胸，观察胸内负压和呼吸运动的变化情况。

4.接着用注射器抽出胸膜腔内气体，观察胸膜腔内压力的变化。可见胸内负压重新出现，呼吸运动也逐渐恢复正常。

【注意事项】针头插入胸膜腔时，应该注意针头插入的深度。

【实验思考题】胸内负压的存在有何生理意义？

【拓展与链接】

氧离曲线及影响因素

(一)氧离曲线

氧离曲线全称氧合血红蛋白解离曲线，是表示 pO_2 与 Hb 氧饱和度的关系曲线(图 5-10)。该曲线既表示不同 pO_2 下 O_2 与 Hb 的解离规律，也反映了不同 pO_2 时 O_2 与 Hb 的结合规律，但习惯上称为氧离曲线。

氧离曲线上段相当于 pO_2 值 8～13.33 kPa(60～100 mmHg)范围。这段曲线较平坦，表明 pO_2 的变化对 Hb 氧饱和度影响不大。pO_2 从 100 mmHg 降到 60 mmHg 时，氧饱和度仅从 98%降到 90%，因而，只要 pO_2 不低于 60 mmHg，Hb 氧饱和度仍能保持在 90%以上，血液仍可携带足够的氧，不致发生明显的低氧血症。这一特性使生活在高原地区的动物可以获

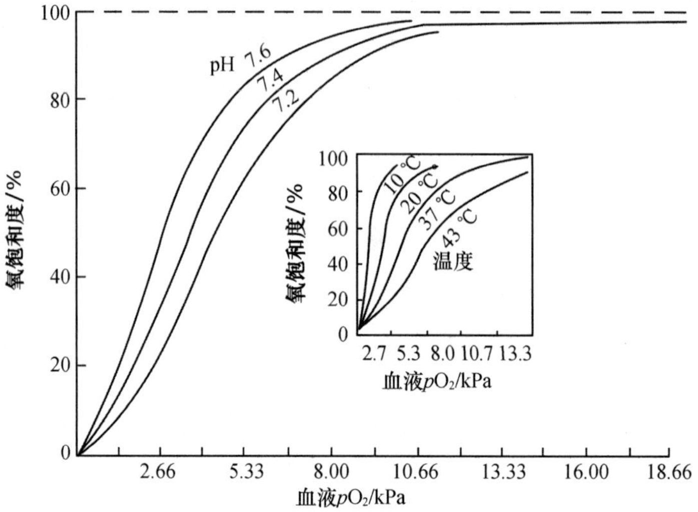

图 5-10　氧离曲线及其影响因素

得充足的氧气，保证机体的氧气需要。

氧离曲线的中段相当于 pO_2 5.33～8 kPa（40～60 mmHg）范围。该段曲线较陡，表明 pO_2 的变化对 Hb 氧饱和度影响较大，pO_2 下降时，可以使 Hb 氧饱和度较快下降，说明有较多的氧从氧合血红蛋白中释放出来。当 pO_2 为 5.33 kPa（40 mmHg）时（混合静脉血的 pO_2），Hb 氧饱和度约为 75%，相当于 100 mL 动脉血流经组织时可释放出 5 mL O_2，满足组织安静状态时的需要。

氧离曲线下段相当于 $pO_2$1.33～5 .33 kPa（10～40 mmHg）范围。这段曲线陡直，表明 pO_2 的变化对 Hb 氧饱和度影响非常大，pO_2 稍有下降，Hb 氧饱和度就会有较大幅度下降，说明有大量的 O_2 释放出来供组织活动需要。组织活动加强时，pO_2 可降低至 2 kPa，此时，Hb 氧饱和度降至 20%以下，相当于 100 mL 动脉血流经组织时可释放出 15 mL O_2，是组织安静状态释放氧气量的 3 倍。

（二）影响氧离曲线的因素

多种因素影响 Hb 对 O_2 的亲和力，造成氧离曲线位置偏移。通常用使 Hb 氧饱和度达 50%时的 pO_2（正常为 3.62 kPa，26.5 mmHg）——p_{50} 来表示 Hb 与 O_2 的亲和力。p_{50} 增大，表明需要更高的 pO_2 才能达到 50%的 Hb 氧饱和度，即亲和力下降，曲线右移。

1. pH 和 CO_2 浓度的影响

血液中的 pH 降低或 pCO_2 升高，Hb 对 O_2 的亲和力降低，p_{50} 增大，曲线右移；pH 升高或 pCO_2 降低，Hb 对 O_2 的亲和力增加，p_{50} 降低，曲线左移。pH 对 Hb 氧亲和力的影响称为波尔效应，波尔效应具有重要的生理意义，它既可促进肺毛细血管血液中的 Hb 与 O_2 快速结合，又有利于组织毛细血管血液快速释放氧气。因为当血液流经组织时，CO_2 大量进入血液，使血液 pCO_2 明显升高，同时组织代谢产生的酸与 CO_2 一起进入血液，使血液 pH 大大下降，从而促进了 HbO_2 的解离，释放 O_2，有利于组织对 O_2 的摄取。而当血液流经肺时，由于 CO_2 的排出，pCO_2 下降，则有利于 Hb 与 O_2 结合。

2. 温度的影响

温度增高可使氧离曲线右移。动物运动或使役时，活动部位由于代谢增强而温度升高，有利于 HbO_2 解离，释放 O_2，这对于活动组织获得充足的氧供给是十分有利的。

3. 2，3-二磷酸甘油酸(2，3-DPG)的影响

当血液的 pO_2 降低时，红细胞内无氧酵解增强，致使 2，3-DPG 产生增多。2，3-DPG 在调节 Hb 与 O_2 的亲和力中起重要作用。2，3-DPG 浓度升高，Hb 与 O_2 亲和力下降，氧离曲线右移；反之，2，3-DPG 浓度降低，Hb 与 O_2 的亲和力则增加，曲线左移。

4. Hb 自身性质的影响

当 Hb 中 Fe^{2+} 被氧化成 Fe^{3+} 时，则会失去运输氧气的能力。此外，CO 与 Hb 的亲和力比 O_2 大 210 倍，这意味着 pCO 极低时，CO 就可以从 HbO_2 中取代 O_2，CO 和 Hb 牢固地结合在一起，难以分离，Hb 失去了运氧机能。

【复习与思考】

1. 名词解释：外呼吸、内呼吸、肺通气、氧合作用。
2. 肺泡与血液间的气体交换是怎样进行的？
3. 血液与组织间的气体交换是怎样进行的？
4. 简述 O_2、CO_2 和 H^+ 对呼吸机能的调节。
5. 胸膜腔内负压是如何形成的？有何生理意义？
6. 氧气的运输有哪些特点？
7. 动物呼吸类型分为哪几种？有什么临床意义？

项目五复习与思考答案

项目六

消化系统

【知识目标】

- 掌握动物体消化方式及消化道平滑肌的生理特性。
- 掌握不同消化液的特点及主要作用。
- 了解大肠内微生物消化的特点。
- 了解胃的运动形式、小肠的运动形式。
- 掌握小肠的消化吸收功能。
- 掌握主要营养物质的吸收特点和吸收部位。
- 理解消化、吸收、反刍的含义。

【能力目标】

- 能说出消化道平滑肌与骨骼肌特性的不同之处。
- 能根据相关理论知识解释胃不会发生自身消化的原因。
- 能说出小肠的主要运动形式及大肠内细菌的重要作用。

【素质目标】

- 培养学生崇尚科学、勇于探索的职业素养。
- 培养学生理论联系实际、理论指导实践的专业素养。
- 培养学生严谨的科研态度和自主学习的意识。
- 培养学生具备一定的语言表达能力和逻辑思维能力。
- 培养学生具备分析问题、解决问题的能力。

任务一　概　　述

【任务要求】

掌握消化和吸收的概念;了解消化的方式;理解和掌握消化道平滑肌的特性并能对实验现象进行解释;了解消化道的内分泌功能。

【认知与解读】

机体在新陈代谢过程中,需要不断地从外界摄取营养物质来满足细胞新陈代谢的需要。消化系统的主要生理功能就是摄取饲料,并对饲料进行消化和吸收,为机体新陈代谢提供必要的营养物质和能量来源。饲料中的营养物质主要包括蛋白质、脂肪、碳水化合物、无机盐、维生素和水，其中无机盐、维生素和水可以直接被吸收利用，蛋白质、脂肪、碳水化合物属于结构复杂的大分子物质，不能直接被吸收利用，必须分解成小分子物质后才能被吸收利用。将饲料在消化道被分解为可以吸收的小分子物质的过程称为消化。经过消化分解后的营养成分透过消化道黏膜进入血液和淋巴循环的过程，称为吸收。

一、消化方式

1. 物理性消化

物理性消化又称机械性消化，是指通过咀嚼和胃肠运动，将饲料磨碎、与消化液混合和向消化道后段推进的过程。通过物理性消化一般不能把饲料彻底分解为可以吸收的小分子物质，但却为化学性消化、生物性消化提供有利的条件。

2. 化学性消化

化学性消化是指通过各种消化酶将营养物质分解为可吸收的小分子物质的过程。消化酶包括消化液所含有的各种消化酶和植物性饲料含有的消化酶。化学性消化可以将营养物质彻底分解，变成可吸收的小分子物质，是机体消化的主要方式。

3. 生物性消化(微生物消化)

生物性消化是指借助于消化道微生物的作用将饲料中的营养物质分解的过程。生物性消化对于饲料中难以消化的纤维素类物质的消化起着关键性的作用。

上述三种消化方式是相互联系、共同作用的，且具有明显的阶段性，即在消化管的某一部位和消化的某一阶段，某种消化方式居于主导地位。如口腔消化以咀嚼为主，胃、小肠以化学性消化为主，而瘤胃和大肠则以生物性消化为主。

二、消化道平滑肌的特性

在整个消化道中，消化道的肌肉除口腔、咽、食管上段及肛门外括约肌外，均为平滑肌。消化道平滑肌除具有肌肉组织的共性，如兴奋性、传导性、收缩性，由于结构、生物电及功能不同而具有其自身生理特性，从而有利于完成消化和吸收功能。

1. 兴奋性比较低

消化道平滑肌的兴奋性比骨骼肌低，其收缩的潜伏期、缩短期和舒张期都比骨骼肌长得多，且变动范围大。这种特性有利于延长饲料在消化道的停留时间，利于消化和吸收。

2. 伸展性大

消化道平滑肌能根据需要做很大的伸展而不发生张力变化。这一特性有利于消化道特别是胃容纳几倍于初容积的食物，而消化道内的压力及消化道壁的紧张性却变化不大。

3. 紧张性收缩

消化道平滑肌经常保持一种微弱的持续收缩状态，称为紧张性收缩。紧张性收缩可以使消化道维持一定的形状和保持消化道管腔一定的压力，利于消化和吸收。

4. 自动节律性

在适宜的环境下，离体的消化道平滑肌在没有外来刺激的条件下能够发生自动的节律性收缩，但收缩很缓慢，且节律性远不如心肌规则。

5. 对某些理化刺激敏感性强

消化道平滑肌对电刺激不敏感，但对于机械牵张、温度和化学刺激特别敏感。如微量的乙酰胆碱即可引起肠管强烈收缩，而微量的肾上腺素即可引起肠管强烈舒张。

三、消化道的内分泌功能

自从 20 世纪初第一个胃肠激素被发现后，人们在胃肠道黏膜内已发现了 40 多种内分泌细胞，其数量非常庞大，超过了体内所有内分泌腺中分泌细胞的总和，因此消化管不仅仅是消化器官，也是机体内最大、最复杂的内分泌器官。

消化系统生理功能

各种胃肠道内分泌细胞具有共同的生物化学特性，即都具有摄取胺及胺前体和脱羧而产生肽类激素或活性胺的能力，统称为 APUD 细胞。主要胃肠激素内分泌细胞名称及分布部位见表 6-1。

表 6-1　主要胃肠激素内分泌细胞名称及分布部位

细胞名称	分布部位	分泌激素
A 细胞	胰岛	胰高血糖素
B 细胞	胰岛	胰岛素
D 细胞	胰岛、胃、小肠、结肠	生长抑素
G 细胞	胃窦、十二指肠	胃泌素
I 细胞	小肠前部	胆囊收缩素
K 细胞	小肠前部	抑胃肽
MO 细胞	小肠	胃动素
N 细胞	回肠	神经降压素
PP 细胞	胰岛、胰外分泌部、胃、小肠、大肠	胰多肽
S 细胞	小肠前部	胰泌素

胃肠道黏膜中的内分泌细胞所分泌的具有生物活性的化学物质的总称为胃肠激素。胃肠激素都属于肽类激素，目前已经发现了 20 多种，其中对消化器官功能影响最大的是胃泌素、胰泌素和胆囊收缩素。

胃肠激素通过内分泌、旁分泌、神经分泌等方式发挥作用。如胃泌素、胰泌素、胆囊收缩素等主要通过血液循环运抵靶细胞而发挥作用。生长抑素则主要通过旁分泌而对邻近靶细胞发挥作用；血管活性肠肽、P 物质等是由神经末梢释放，调节平滑肌、腺细胞活动。此外，有些激素作为外分泌物进入胃肠腔内起作用，如胃泌素、生长抑素、血管活性肠肽、P 物质等，但作用机制不详。

胃肠激素的生理作用极为广泛，主要有以下三个方面：

1. 调节消化腺的分泌和消化管的运动

不同的胃肠激素对不同的消化腺、平滑肌、括约肌产生不同的调节作用。体内三种主要胃肠激素的作用见表 6-2。

表 6-2　三种胃肠激素对消化腺分泌和消化管运动的影响

激素种类	胃酸	胰(H_2O、HCO_3^-)	胰液(酶)	胆汁	小肠液	食管-胃括约肌	胃平滑肌	小肠平滑肌	胆囊平滑肌
胃泌素	++	+	++	+	+	+	+	+	+
胰泌素	−	++	+	+	+	−	−	−	+
胆囊收缩素	+	+	++	+	+	−	+−	+	+

注:+兴奋;++强兴奋;−抑制;+−依部位不同而兴奋或抑制。

2.调节其他激素的释放

如抑胃肽有很强的促进胰岛素分泌的作用。此外,生长抑素、胰多肽、血管活性肠肽等对生长激素、胰岛素、胰高血糖素和胃泌素的释放均有调节作用。

3.营养作用

有些胃肠激素可以促进消化管组织的代谢和生长,称为营养作用,如胃泌素能促进胃泌酸部位黏膜及十二指肠黏膜的生长;胆囊收缩素(CCK)可促进胰外分泌部的生长。

近年来研究证明:其中一些最初在胃肠道发现的肽,也存在于中枢神经系统中;而原来认为只存在于中枢神经系统的神经肽,也在消化道发现。这些双重分布的肽称为“脑-肠肽”。已知的脑-肠肽有促胃液素、CCK、P物质、生长抑素、血管活性肠肽等20余种,脑-肠肽的存在,表明了神经和胃肠之间在功能上存在着密切的关系。

任务二　口腔消化

【任务要求】

了解动物的采食和饮水;了解咀嚼的生理意义;掌握唾液的主要生理功能。

【认知与解读】

口腔消化是消化过程的第一步,主要进行机械性消化,将食物经咀嚼、混以唾液、形成食团,然后吞咽入胃。

一、采食和饮水

各种动物各有特点,由采食习性决定。

犬、猫和其他肉食动物通常用前肢按住食物,用门齿和犬齿咬断食物,并依靠头部和颈部的运动将食物送入口内。牛的主要采食器官是舌。马、驴主要靠唇和门齿采食。绵羊和山羊的采食方法与马大致相同,绵羊上唇有裂隙,便于啃食很短的牧草。猪用鼻突掘地寻找食物,并靠尖形的下唇和舌将食物送入口内。

饮水时,猫和犬将舌浸入水中,卷成匙状,将水送入口中。其他家畜一般先把上下唇合拢,中间留一小缝,伸入水中,然后下颌下降,同时舌向咽部后移,使口腔内形成负压,把水吸入口腔。仔畜吮乳也是靠口腔壁肌肉和舌肌收缩,使口腔形成负压来完成。

二、咀嚼和吞咽

咀嚼是由咀嚼肌群顺序收缩而完成的一种复杂的反射动作。

不同动物咀嚼方式不同:肉食动物主要靠下颌猛烈的上下运动来压碎齿列间的食物,因而咀嚼很不充分；草食动物主要用下颌横向运动，在上下臼齿间磨碎饲料，并且两侧轮换咀嚼。由于饲草含粗纤维较多，故咀嚼较精细，但牛、羊采食时咀嚼很不充分，待反刍时再仔细咀嚼而磨碎饲料。猪等杂食动物咀嚼时，既有下颌上下运动，也有下颌横向运动，但以下颌上下运动为主。

咀嚼对于食物的消化具有十分重要的意义：

(1)破坏植物的细胞壁，暴露其内容物，利于消化。

(2)将食物粉碎，增大与消化液的接触面积，利于消化。

(3)混合唾液，利于形成食团和吞咽。

(4)刺激口腔内的各种感受器，反射性地引起唾液腺、胃腺，胰腺等消化腺分泌及胃肠道运动，为随后的消化做好准备。

(5)将食物粉碎，减少饲料对咽、食道、胃黏膜的刺激，因而对消化道黏膜有保护作用。

因此，咀嚼的质量可影响食物的消化率，咀嚼不良会影响动物健康，甚至导致消化系统疾病。但是咀嚼消耗动物大量能量，过多咀嚼会显著降低饲料利用率，因此，对饲料进行适当的加工(切短、磨碎、浸泡等)可以提高饲料利用率和养殖的经济效益。所谓“寸草切三刀，没料也上膘”就是这个道理。

吞咽是由多种肌肉参与的复杂的反射活动，是在舌、咽、喉、食管及贲门的共同作用下，食团由口腔经食管进入胃内的过程。吞咽动作可分为由口腔到咽、由咽到食管上端、由食管上端下行至胃三个顺序发生的时期。

三、唾液及其作用

唾液是由多种唾液腺分泌的混合液体。唾液腺主要有三对壁外腺，即腮腺、颌下腺和舌下腺，此外还有唇腺、颊腺、腭腺、舌腺等壁内腺。一昼夜唾液分泌量因动物种类和饲料种类不同而有较大差异：猪约 15 L，马约 40 L，羊 8～13 L，牛 100～200 L。

(一)唾液的性质和成分

唾液是一种无色、无味、透明、略带黏性的弱碱性液体。唾液 pH 因动物不同而有所差异：猪平均为 7.32、犬和马为 7.56、反刍动物为 8.1。唾液的主要成分为水，占 98.5%～99.4%，其次是溶解在水中的无机物和有机物。无机物主要是 K^+、Na^+、Ca^{2+}、Cl^-、HCO_3^-、HPO_4^{2-} 等离子，其中，K^+、HCO_3^- 含量特别高，而 Na^+、Cl^- 含量特别低。唾液中的无机离子浓度与唾液分泌速率有关，分泌速率高时，唾液中 Na^+、Cl^- 含量升高，K^+ 浓度下降；分泌速率低时，则呈相反现象。有机物主要是黏蛋白、溶菌酶、淀粉酶(猪、鼠唾液中含量较多，肉食动物、牛、羊、马唾液中一般没有或活性较低)、脂肪分解酶(哺乳期动物)。

(二)唾液的生理作用

唾液的生理作用主要有以下几个方面：

(1)润湿口腔和饲料，便于咀嚼和吞咽。

(2)溶解食物中某些物质，引起味觉，促进食欲和其他消化液的分泌。

(3)消化淀粉，唾液中淀粉酶能将淀粉分解为麦芽糖。

(4)冲淡、中和、洗去有害物质，杀灭细菌(溶菌酶和硫氰酸离子可以杀死细菌)。

(5)反刍动物唾液中含有大量 HCO_3^-、PO_4^{3-}，可以中和瘤胃有机酸，维持适宜 pH。

(6)反刍动物唾液中含有大量尿素，参与尿素再循环，提高氮的利用率。

(7)唾液可蒸发水分，利于散热(犬、水牛)。

(8)哺乳期幼畜唾液中的脂肪分解酶可以将脂肪分解为脂肪酸。

任务三　单胃消化

【任务要求】

掌握胃液的组成及其作用；理解黏液－碳酸氢盐屏障的意义；了解胃液分泌的调节；理解和掌握胃的运动形式；了解和掌握饲料在胃内的消化过程。

【认知与解读】

胃是消化道中最膨大的部分，其主要功能是贮存食物，并进行化学性消化和机械性消化。本部分讲解单胃动物的胃内消化机理。

一、胃液

（一）胃液的性质、成分和作用

胃液是由胃腺和胃黏膜上皮细胞分泌的混合液体。胃腺包括贲门腺、幽门腺和胃底腺，其中贲门腺和幽门腺只分泌黏液，而胃底腺可以分泌黏液、消化酶、盐酸和内因子。

纯净的胃液是一种无色、透明的强酸性液体。其主要成分为水、无机物和有机物。无机物主要有 H^+、Cl^-、K^+、Na^+、HCO_3^- 等无机离子；有机物主要有消化酶、黏蛋白、内因子及少量胃肠激素。

1. 盐酸

盐酸（HCl）由胃底腺壁细胞分泌产生，包括游离酸和结合酸两种形式。其主要的生理功能有以下几个方面：

（1）可杀死随食物进入胃内的细菌。

（2）激活胃蛋白酶原，使之转变为有活性的胃蛋白酶。

（3）为胃蛋白酶提供必要的酸性环境，使蛋白质变性，有利于消化。

（4）盐酸进入小肠后，可引起胰泌素的释放，从而促进胰液、胆汁、小肠液的分泌。

（5）盐酸所造成的酸性环境有助于小肠对铁、钙的吸收。

但是，胃酸分泌过多会对胃及十二指肠黏膜产生侵蚀作用，是临床上溃疡病的主要原因之一。

2. 胃消化酶

胃内消化酶主要有胃蛋白酶、凝乳酶、胃脂肪酶等。

（1）胃蛋白酶　胃蛋白酶由胃腺的主细胞分泌产生，以无活性的胃蛋白酶原形式分泌出来。在胃酸作用下转变为有活性的胃蛋白酶。已激活的胃蛋白酶对胃蛋白酶原也有激活的作用。胃蛋白酶是胃液中的主要消化酶，它能使饲料蛋白质分解为蛋白脲和蛋白胨及少量多肽和氨基酸。胃蛋白酶仅在酸性的条件下才具有活性，哺乳动物胃蛋白酶的最适 pH 为 2，随着 pH 升高，酶活性逐渐降低，当 pH 超过 5 时即可完全失活，因此，盐酸对胃蛋白酶的消化作用是必需的。

（2）凝乳酶　哺乳期幼畜胃液中含有较多的凝乳酶。它由胃底腺的主细胞以酶原形式分泌出来，在酸性条件下被激活。凝乳酶的作用是将乳中的酪蛋白原转变为酪蛋白，然后与钙离子结合成不溶性酪蛋白钙，使乳汁凝固，延长乳汁在胃中停留时间，利于消化。

(3)胃脂肪酶　肉食动物胃液中含有少量胃脂肪酶,它可以将乳脂中的丁酸甘油酯分解。

3.黏液和碳酸氢盐

黏液是由胃黏膜上皮细胞及胃腺的黏液细胞所分泌的液体,富含黏多糖、蛋白质等,分为可溶性黏液和不溶性黏液。

(1)可溶性黏液　由胃腺的黏液细胞所分泌的黏液,具有润滑作用。

(2)不溶性黏液　由胃黏膜上皮细胞分泌的黏滞性很强的黏液,其黏稠度是水的 30～260 倍。不溶性黏液中含有大量糖蛋白和 HCO_3^-。不溶性黏液覆盖于胃黏膜表面,形成 500 μm 厚的凝胶层,即黏液－碳酸氢盐屏障,可有效保护胃黏膜免受机械性、化学性损伤。当胃腔内的 H^+ 沿黏膜表面的黏液层向上皮细胞扩散时,其移动速度明显减慢,并不断与从黏膜表面向胃腔扩散的 HCO_3^- 相遇,发生中和反应,于是在胃黏液层中形成一个 pH 梯度:黏液层靠近胃腔的一面,呈酸性,pH 为 2 左右,而在靠近上皮细胞表面呈碱性,pH 为 7 左右(图 6-1),从而使胃黏膜免受 H^+ 的侵蚀,并使胃蛋白酶丧失了分解蛋白质的作用,从而保护胃黏膜免受化学性侵蚀作用。

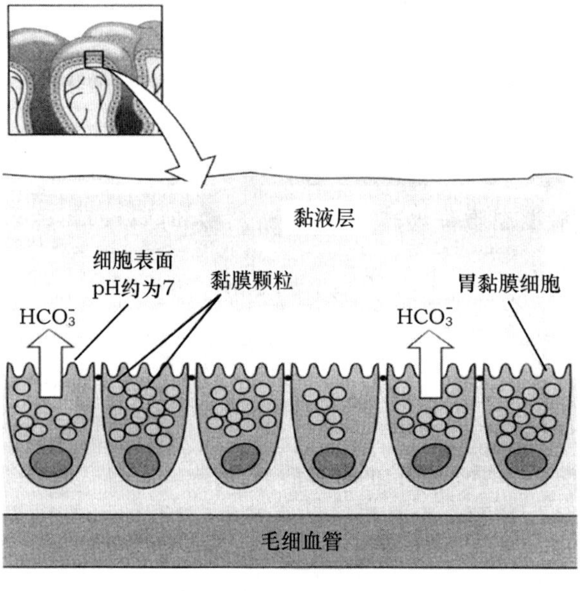

图 6-1　胃壁的黏液-碳酸氢盐屏障

正常情况下,黏液层靠近胃腔侧的 HCO_3^- 不断被中和,糖蛋白不断被胃蛋白酶水解,使黏液由凝胶状态变为溶胶状态而进入胃液。但在正常情况下,HCO_3^- 被中和及黏液水解的速度与上皮细胞分泌黏液及 HCO_3^- 的速度处于动态平衡,从而保持了黏液－碳酸氢盐屏障的完整性和连续性。当盐酸分泌过多或上皮细胞分泌机能减退时,黏液－碳酸氢盐屏障的完整性遭到破坏,胃黏膜就容易被盐酸、胃蛋白酶等侵蚀而发生胃炎、胃溃疡。

4.内因子

内因子是由壁细胞分泌的一种相对分子质量为 6 万的糖蛋白,可与胃内维生素 B_{12} 结合而促进其吸收。

(二)胃液分泌的调节

胃液分泌受机体神经和体液的调节。为便于叙述,按接受食物刺激的部位将胃液分泌分为三个时期,即头期、胃期、肠期。实际上,这三个时期时间上大部分相互重叠,几乎同时开始。

1. 头期

由进食时刺激头部感受器引起的胃液分泌。头期分泌的胃液消化酶含量很高,消化力强。分泌量约占分泌总量的20%。

头期胃液的传入冲动来自头部感受器(眼、耳、鼻、口、咽、食管等)。头期的胃液分泌可以通过假饲实验来证明,即动物事先施行食管切断术和安装胃瘘,当动物采食时,饲料从食管切口流出体外而并不进入胃内,却可引起胃液分泌(图6-2)。

图6-2 假饲

头期胃液分泌的反射性调节包括条件反射和非条件反射。条件反射是由与饲料有关的形状、气味、声音等刺激动物视觉、嗅觉、听觉感受器而反射性引起胃液分泌。非条件反射是动物咀嚼、吞咽食物时,刺激口腔、咽等部位的机械感受器、化学感受器而反射性引起胃液分泌。头期胃液分泌的反射性调节的唯一传出神经是迷走神经。迷走神经兴奋时,可直接作用于壁细胞,引起其分泌增加,还可以作用于胃窦内的G细胞,使其释放胃泌素,间接刺激胃腺分泌。

头期胃液的分泌量与食欲密切相关。

2. 胃期

食物进入胃后,对胃产生机械性和化学性刺激,继续引起胃液分泌。胃期分泌的胃液酸度高,消化酶少,分泌量大,约占胃液分泌总量的70%。胃期胃液分泌增加的调节机制主要有以下方面:

(1)胃扩张刺激胃底、胃体部感受器,通过壁内神经丛的局部反射,直接或间接通过胃泌素的释放引起胃液分泌增加。

(2)胃扩张刺激胃底、胃体部感受器,通过迷走-迷走反射,直接或间接通过胃泌素的释放引起胃液分泌增加。

(3)胃扩张刺激幽门部的感受器,通过壁内神经丛促进G细胞分泌胃泌素,而引起胃液分泌增加。

(4)食物中的化学物质,尤其是蛋白质的消化产物如多肽、氨基酸直接作用于幽门部G细胞,引起胃泌素的释放,继而促进胃液分泌。

在上述调控机制中,乙酰胆碱(Ach)和组胺起着十分重要的调节作用。乙酰胆碱是迷走神经及部分壁内神经丛神经末梢释放的化学递质,它可以直接作用于壁细胞而促进盐酸分泌,这种作用可以被胆碱能受体抑制剂如阿托品阻断。组胺是由胃底腺嗜铬细胞(ECL)分泌产生,它可以直接作用于壁细胞,具有很强的刺激胃酸分泌的作用,这种作用可以被组胺受体抑制剂如西咪替丁及其类似物所阻断。胃泌素和乙酰胆碱都可通过作用于各自的受体,引起ECL分泌组胺而调节胃酸分泌,因而,组胺被认为是胃酸分泌最重要的调控因素。

当胃内HCl浓度升高,胃窦内pH降到1.2以下时,可以抑制胃窦黏膜中G细胞释放胃泌素或刺激胃黏膜中的 D 细胞分泌生长抑素，从而抑制盐酸和胃蛋白酶的分泌，防止胃酸过度分泌，以维持胃内 pH 的相对稳定，保护胃黏膜免受损伤。此外，在胃的黏膜和肌层中，存在着大量的前列腺素，迷走神经兴奋和胃泌素都可引起前列腺素释放增加，前列腺素对进食、组胺和胃泌素等引起的胃液分泌均有明显的抑制作用。

3.肠期

食糜进入十二指肠后，蛋白质消化产物对肠壁的刺激也能引起胃液分泌。肠期胃液分泌量很少，仅占 10%。

肠期胃液分泌主要受体液调节。食糜进入十二指肠后，刺激十二指肠机械感受器和化学感受器，反射性引起十二指肠 G 细胞分泌胃泌素，刺激胃酸的分泌。食糜还可以刺激十二指肠黏膜，使其释放肠泌酸素，刺激胃酸的分泌。小肠吸收氨基酸以后，被吸收的氨基酸也可能参与肠期的胃液分泌。

食糜进入十二指肠后，一方面引起胃液分泌，但另一方面肠内食糜也对胃液分泌产生抑制作用。其主要因素为盐酸、脂肪和高渗溶液。

(1)盐酸　当十二指肠内的 pH 小于 2.5 时，对胃酸分泌产生抑制作用。盐酸可以刺激十二指肠黏膜的 S 细胞分泌胰泌素(促胰液素)，后者对胃酸的分泌具有显著的抑制作用；盐酸刺激十二指肠球部释放球抑胃素，对胃液分泌具有抑制作用。但球抑胃素的化学结构尚未确定。

(2)脂肪　脂肪及其消化产物进入小肠后，可以刺激小肠黏膜产生肠抑胃素，抑制胃酸、胃蛋白酶的分泌和胃的运动。肠抑胃素由我国生理学家林可胜最早发现并命名。但肠抑胃素至今未提纯，故目前认为可能不是一个独立的激素，而是数种具有该作用的激素的总称。

(3)高渗溶液　高渗溶液可以刺激小肠壁渗透压感受器，通过肠-胃反射抑制胃液的分泌；同时，它还能刺激小肠黏膜释放抑制胃液分泌的胃肠激素而抑制胃液分泌。

二、胃的运动

除胃液的化学性消化外，胃的机械性消化也起着重要的作用。

(一)胃运动的作用

(1)暂时贮存食物。

(2)使食物与胃液混合成半流体食糜，利于消化。

(3)将食糜分批排入十二指肠。

(二)胃运动形式

胃运动主要有蠕动、紧张性收缩、容受性舒张三种形式。

1.蠕动

由胃平滑肌交替收缩和舒张引起的波形运动称为蠕动。胃蠕动起始于胃中部，向幽门方向波浪式推进并逐渐增快加强。动物采食后开始出现蠕动，约每分钟 3 次，每个蠕动波经 1 min 到达幽门，所以通常是“一波未平，一波又起”。此外，随着胃窦的强力收缩，除部分食糜经幽门排入十二指肠外，大部分食糜受到幽门阻挡而返回胃体(图 6-3)。胃蠕动的生理意义在于一方面磨碎食团并与胃液充分混合，形成食糜，利于化学性消化；另一方面使胃内容物向幽门移动并排入十二指肠。

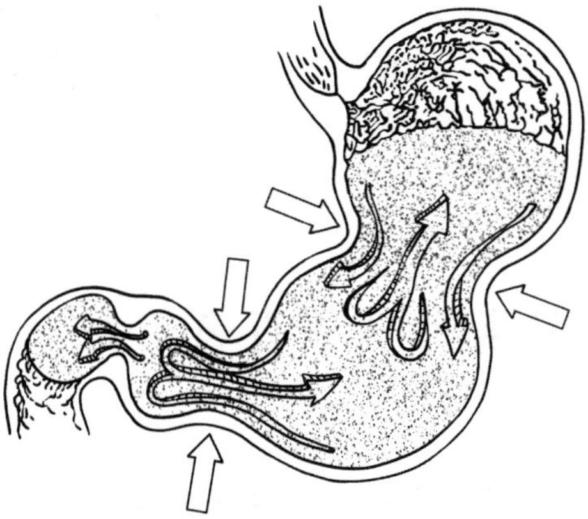

图 6-3　胃的蠕动

示小部分液体食糜被推挤过幽门进入十二指肠，大部分食糜则被强力推回到胃体进一步磨碎及混匀

2. 紧张性收缩

胃平滑肌经常处于微弱的收缩状态，称为紧张性收缩。紧张性收缩的生理意义在于使胃保持一定的形状和位置，维持一定的胃内压，利于食物与胃液混合，并压迫食物向幽门方向移动。

3. 容受性舒张

当动物咀嚼和吞咽时，刺激口腔、咽、食道等部位的感受器，反射性引起胃壁平滑肌的舒张，胃的容量增加，而胃内压力不会有大的改变，称为容受性舒张。其生理意义在于使胃能够容纳、贮存大量的食物。

(三)胃的排空

胃内食糜由胃排入十二指肠的过程称为胃排空。

胃的收缩是胃排空的动力，静息时，幽门括约肌呈紧张性收缩，以致幽门处的压力高于胃窦和十二指肠，形成功能性括约肌作用，从而可以限制食物过早进入十二指肠，保证食物在胃内充分被研磨，同时亦可以防止十二指肠的内容物向胃逆流。胃的蠕动使胃内压不断升高，当胃内压超过十二指肠内压并足以克服幽门阻力时，即可将食糜排入十二指肠。

胃的排空速度受食物理化特性的影响。一般流体食物比固体食物排空快；颗粒小的食物比大块食物排空快，等渗溶液的排空速度比非等渗溶液快。在三种主要营养物质中，糖类排空最快，蛋白质次之，脂肪排空最慢。

三、饲料在胃内的消化过程

饲料进入胃内后，在一段时间内分层排列，并紧贴胃壁，先进入的在外周，后进入的在中央，酸性胃液由外向内逐渐渗透(图 6-4)。食物在没有被胃液浸透而成为酸性之前(pH 低于 4.5)，唾液淀粉酶继续发挥作用，将淀粉分解为麦芽

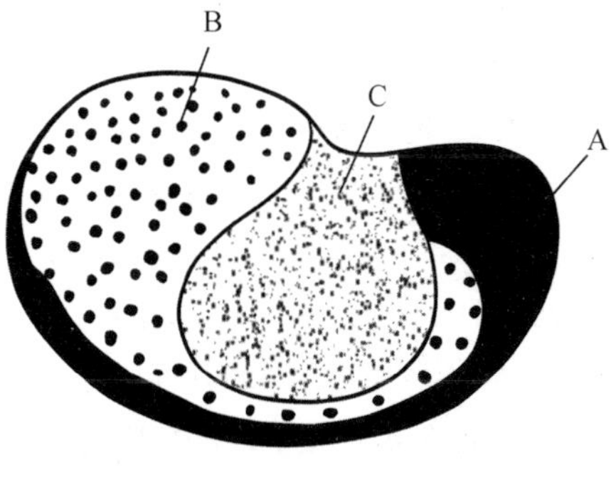

图 6-4　猪胃内容物的分布

A. 首先进入胃的食物　B. 其次进入胃的食物　C. 最后进入胃的食物

糖、糊精等，随饲料进入的微生物进行发酵分解，将糖类分解，同时少量分解蛋白质。

随胃酸不断渗透和有机酸产生，胃内酸度不断升高，淀粉酶和微生物作用被抑制，胃蛋白酶开始发挥作用，将蛋白质分解为蛋白际和蛋白胨，产生少量多肽和氨基酸。

幼畜的胃液中盐酸含量很少，故消化蛋白质和消灭细菌的能力很低，这是幼畜易发消化道疾病的主要原因之一。

任务四　复胃内消化

【任务要求】

了解瘤胃内环境的特点；掌握瘤胃微生物的种类及其作用；了解主要营养物质在瘤胃内的消化过程；理解反刍、嗳气的概念；了解瓣胃、皱胃的消化。

【认知与解读】

反刍动物的复胃包括瘤胃、网胃、瓣胃和皱胃。其中，皱胃有腺上皮，是真正有胃腺的胃，称为真胃，主要进行化学性消化。瘤胃、网胃、瓣胃黏膜无腺体，不分泌胃液，合称前胃，主要进行微生物消化。前胃的消化在反刍动物消化过程中起着非常重要的作用。

一、前胃的消化

饲料进入瘤胃后，在瘤胃微生物的作用下，可消化饲料中70%～85%的干物质和50%的粗纤维，并产生挥发性脂肪酸（VFA）、CO_2、NH_3 以及合成蛋白质、B族维生素，因此瘤胃的消化在反刍动物整个消化过程中起着非常重要的作用。

（一）瘤胃内环境特点

瘤胃内容物含水量较高，为84%～94%，且具有明显的分层现象，其中精饲料较重，大部分沉入瘤胃底部（流体），粗饲料较轻，主要分布于精饲料上方，最上方为气体（图6-5）。

瘤胃相当于一个连续接种的高效率的活体发酵罐，它为厌氧微生物的生长和繁殖创造了适宜的环境。

1. 水分和营养丰富

食物和水分相对稳定地进入瘤胃，为微生物生长繁殖提供了所需的营养物质。

2. 瘤胃的节律性运动将内容物混合与后排

瘤胃内容物每小时离开瘤胃的量占瘤胃总容量的百分比称为瘤胃稀释率，它与瘤胃功能密切相关。随着瘤胃稀释率的提高，瘤胃pH提高，NH_3 和挥发性脂肪酸（VFA）浓度下降，微生物蛋白（MCP）产量和微生物生长效率显著提高；VFA中乙酸、丁酸比例下降，丙酸比例升高。

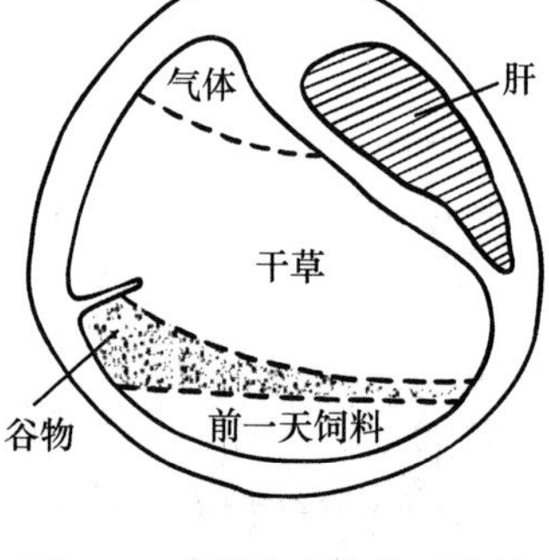

图6-5　瘤胃内容物的层次性

（最后胸椎处横切面）

3. 内容物含水稳定，使渗透压接近血液水平

瘤胃内容物含水量为84%～94%，且相对稳定，使渗透压接近血液水平，利于微生物生长繁殖。瘤胃内水分主要来自饲料、饮水、唾液及瘤胃壁血管。

4. 温度相对较高

由于瘤胃微生物发酵产热，使瘤胃内温度略高于体温，一般在 38.5～40 ℃，且温度比较稳定，适于微生物生长繁殖。

5. pH 维持相对稳定

瘤胃内容物 pH 在 5.5～7.5，且比较稳定。pH 对瘤胃微生物活动影响较大，不同微生物所需的适宜 pH 不同，但大多数瘤胃有益微生物耐酸性较差。例如当 pH 低于 6.5 时，纤维素分解菌的活动明显下降；pH 低于 5.5 时，纤毛虫数量显著减少，pH 低于 5.0 时，纤毛虫则完全消失。但乳酸菌耐酸性较强，当 pH 低于 6.0 时，乳酸菌数量明显增加，进而引起乳酸产生过多而导致瘤胃酸中毒。瘤胃 pH 稳定主要靠唾液中的碳酸氢盐来中和微生物产生的酸。

6. 内容物高度乏氧

瘤胃微生物多是高度厌氧微生物，瘤胃内充满大量 CO_2，有利于厌氧微生物的生长繁殖。

（二）瘤胃微生物的种类与作用

瘤胃内微生物主要是细菌、原虫和真菌。瘤胃微生物种类复杂，数量很多，并易受饲料种类、饲喂制度、动物年龄等因素影响。1 g 瘤胃内容物含纤毛虫 60 万～180 万个，含细菌 150 亿～250 亿个，总体积约占瘤胃液的 3.6%。

1. 细菌

细菌是瘤胃内最主要的微生物，数量大，种类多，作用广泛，它们黏附于饲料颗粒及瘤胃黏膜上皮表面，或存在于瘤胃液中。瘤胃内的细菌主要有纤维素分解菌、蛋白质分解菌、蛋白质合成菌、维生素合成菌等，其中以纤维素分解菌数量最多，这类细菌能分泌纤维素酶，可分解纤维素、半纤维素、果胶、纤维二糖等产生乙酸、丙酸、丁酸、CO_2、CH_4。蛋白质分解菌能分泌蛋白酶，将蛋白质分解为肽、氨基酸和 NH_3。蛋白质合成菌能利用肽、氨基酸和 NH_3 合成菌体蛋白。维生素合成菌能合成 B 族维生素和维生素 C。

2. 纤毛虫

瘤胃内的纤毛虫分为贫毛虫和全毛虫两类，都严格厌氧，以可溶性糖（淀粉）为主要营养。纤毛虫主要分解淀粉等可溶性糖满足自身需要，并将大部分可溶性糖（82%）转变为支链淀粉贮藏于体内，这一过程在摄食后 2～4 h 达到高峰，并在虫体内发酵产生挥发性脂肪酸（VFA）、CO_2、H_2 和少量丙酸，从而防止可溶性糖被细菌利用产生乳酸，这对于稳定瘤胃 pH，防止瘤胃酸中毒具有十分重要的作用。此外，纤毛虫在蛋白质分解、纤维素分解、脂肪分解及脂肪酸氢化等过程中也具有一定的作用。

3. 厌氧真菌

瘤胃厌氧真菌是 20 世纪 70 年代才被证实的一类瘤胃微生物，其数量占瘤胃微生物总数的 8%。瘤胃真菌含纤维素酶、木聚糖酶和蛋白酶等，能够破坏分解细胞壁，对纤维素有强大的分解能力。

4. 瘤胃微生态体系

在正常生理状态下，瘤胃内各种微生物维持相对稳定，即各种微生物之间、微生物与机体之间保持动态平衡，构成瘤胃微生物的生态体系。瘤胃微生物的生态体系的相对稳定，对于反刍动物维持正常的生命活动和防止疾病具有非常重要的意义。

瘤胃各种微生物之间以及微生物与宿主之间存在共生关系。如宿主为微生物提供适宜的生存环境和营养,微生物则帮助宿主消化粗纤维等营养物质。又如纤毛虫以细菌蛋白为主要蛋白来源,同时也为细菌生长创造条件。以瘤胃纤维素分解菌为例,体外试验表明,单独培养纤毛虫和细菌,对纤维素的消化率分别为6.9%和38.1%,而混合培养纤毛虫和细菌,纤维素消化率则为65.2%,即使再杀灭纤毛虫后,纤维素消化率仍然可以达到55.6%,表明纤毛虫含有耐高温的促进纤维素分解菌生长的因子。

(三)瘤胃内营养物质的消化代谢

1.碳水化合物的分解与利用

饲料中的各种碳水化合物(包括纤维素、半纤维素、淀粉、可溶性糖等)都可以在瘤胃微生物作用下,彻底分解为VFA、CO_2、CH_4等代谢终产物。发酵速度以可溶性糖最快,淀粉次之,纤维素和半纤维素最慢。其分解过程见图6-6。

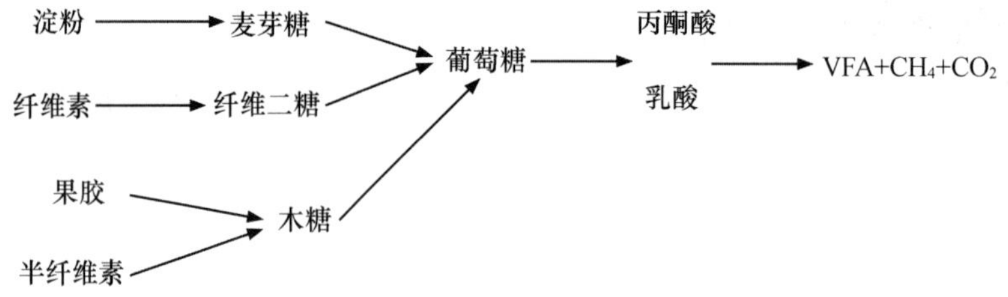

图6-6 瘤胃内碳水化合物的分解过程

瘤胃中碳水化合物的代谢终产物中,以VFA最重要。瘤胃中VFA主要是乙酸、丙酸和丁酸,此外还有少量戊酸、异丁酸、异戊酸等。瘤胃中的VFA大部分被吸收利用,是反刍动物最主要的能量来源,占机体所需能量的60%~70%。瘤胃中各种有机酸吸收后在体内的代谢途径和生理功能各不相同。乙酸和丁酸吸收后,可转变为乙酰辅酶A,直接参与三羧酸循环,也可用来合成脂肪,是泌乳期合成乳脂的主要原料。丙酸吸收后,主要转化为葡萄糖,分解供能,主要用来合成牛乳。因此乙酸、丙酸、丁酸的比例变化不但影响能量利用效率,而且与生产性能密切相关,因而将乙酸/丙酸或乙酸+丁酸/丙酸称为瘤胃发酵类型。在一定日粮条件下,各种有机酸含量保持一定比例,并随日粮改变而变化(表6-3),一般为乙酸70%、丙酸20%、丁酸10%。

表6-3 乳牛瘤胃内挥发性脂肪酸含量 %

日粮	VFA		
	乙酸	丙酸	丁酸
精饲料	59.60	16.60	23.80
多汁料	58.90	24.85	16.25
干　草	66.55	28.00	5.45

此外,瘤胃微生物也可利用单糖和双糖合成糖原,贮存于体内,进入小肠后,糖原被动物消化利用,成为反刍动物葡萄糖的主要来源之一。

乳酸是瘤胃糖代谢的中间代谢产物，一般情况下乳酸的产生和分解维持相对平衡，当乳酸产生过多、过快，超过乳酸分解利用速度时，就会引起乳酸在胃内蓄积而发生瘤胃酸中毒。如由于饲养不当，特别是精饲料饲喂过多，导致淀粉等快速分解产生大量乳酸；或使瘤胃 pH 下降至 5.0 以下时，纤毛虫数量减少，乳酸菌数量增加，乳酸生产增多等，都可引起乳酸蓄积而引起瘤胃酸中毒。

2. 粗蛋白质的消化和代谢

饲料进入瘤胃后，50%～70%粗蛋白质在微生物蛋白酶作用下逐步被分解为肽、氨基酸和 NH_3，其余 30%～50%进入真胃和小肠进行消化。同时，瘤胃微生物利用肽、氨基酸和 NH_3 合成自身的蛋白质，这些微生物蛋白（MCP）进入真胃和小肠后，被机体消化、吸收、利用。瘤胃内的 NH_3 除被微生物利用外，一部分被吸收运输到肝脏，在肝脏内经鸟氨酸循环生成尿素，其中一部分经血液分泌到唾液中，随唾液重新进入瘤胃；一部分经瘤胃壁扩散进入瘤胃，进入瘤胃的尿素又可被微生物利用，这个过程称为尿素再循环。尿素再循环可以大大提高氮的利用率，这对于反刍动物在低蛋白日粮条件下获得充足的氮源具有十分重要的意义。瘤胃内粗蛋白质消化代谢过程见图 6-7。

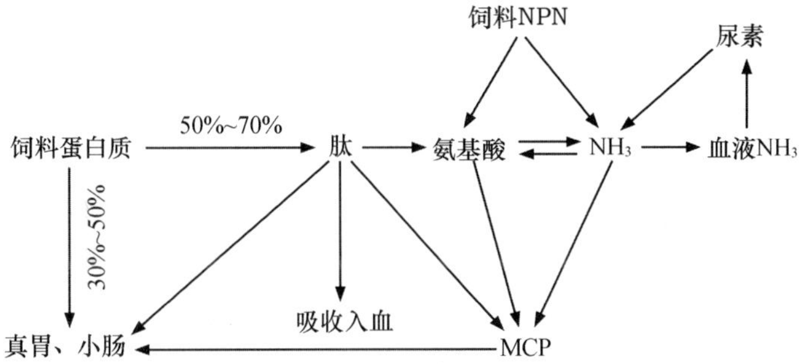

图 6-7　瘤胃内粗蛋白质消化代谢过程

日粮蛋白质水平是衡量日粮营养水平和决定饲料价格的主要因素，因此，研究瘤胃蛋白质消化代谢过程、提高蛋白质的利用率具有十分重要的理论意义和实践意义。

由于瘤胃微生物能将饲料中的非蛋白氮（NPN）分解产生氨，一部分氨又被微生物利用合成微生物蛋白。因此，实践中可以用部分非蛋白氮来代替饲料蛋白质，从而大大降低饲料成本，提高养殖的经济效益。实践中多用尿素代替 30%的蛋白质。但是尿素在脲酶作用下迅速分解，是微生物利用氨的速率的 4 倍，大量的氨气被吸收即可引起动物中毒。因此，合理使用尿素、防止氨中毒是畜牧工作者的重要课题之一。实践中已有使用脲酶抑制剂、制成尿素衍生物、制成营养舔砖等措施，取得了较好效果。此外，瘤胃微生物合成蛋白质除需要充足的含氮物质外，还需要一定数量的碳链和能量。糖、VFA、CO_2 是蛋白质合成的主要碳链来源，有机物发酵，特别是易发酵糖类（淀粉、可溶性糖）是蛋白质合成的主要能量来源。因此，适当补充易消化的糖类饲料可以提高微生物蛋白合成数量，提高饲料氮的利用率。

微生物将饲料蛋白质分解产生氨气，且在一般条件下，蛋白质分解产生氨的速度要超过氨的利用速度，因此，微生物将蛋白质发酵分解在一定程度上造成了饲料蛋白质特别是优质饲料蛋白浪费，降低了饲料氮的利用率。生产中的应用加热、包被等措施预先处理饲料蛋白质，可显著降低饲料蛋白质被微生物的分解量，提高日粮蛋白质的利用率。

3.脂肪的消化和代谢

反刍动物瘤胃中脂类代谢主要有以下特点：

（1）脂类水解　饲料中的脂类大部分被瘤胃微生物水解，生成甘油和脂肪酸。甘油可进一步分解生成 VFA。

（2）脂肪酸的氢化作用　微生物还可以将瘤胃中的不饱和脂肪酸经加氢作用转变为饱和脂肪酸，因此反刍动物体脂的饱和度较高，硬脂酸含量显著高于单胃动物，且体脂成分比较稳定，不易受饲料脂肪不饱和程度的影响。

（3）微生物脂类的合成　瘤胃内微生物能利用 VFA 合成脂肪酸。瘤胃微生物利用乙酸、丁酸合成 18 碳和 16 碳脂肪酸；利用丙酸和戊酸合成直链、具有奇数碳原子的长链脂肪酸；利用异丁酸、异戊酸和 2-甲基丁酸合成支链脂肪酸。支链脂肪酸可占到细菌总脂肪酸的 15 %～20 %。在细菌磷脂中甚至可达 30%。因此反刍动物体脂和乳脂中含有较多的反式不饱和脂肪酸和支链脂肪酸如共轭亚油酸（CLA）等，对人类健康有特殊的作用。

4.维生素的合成

瘤胃微生物可合成多种 B 族维生素和维生素 K。一般情况下，即使日粮特别缺少这类维生素，也不会影响反刍动物的健康。幼年反刍动物由于瘤胃发育不完善，微生物区系尚未建立，有可能患 B 族维生素缺乏症。

（四）前胃运动

前胃各部的运动是相互联系、相互制约的。其运动过程为：

（1）首先网胃发生双相收缩，即连续收缩两次。第一次收缩只收缩一半即行舒张，此时瘤胃处于舒张状态，可将网胃内部分漂浮的粗硬饲料赶回瘤胃；紧接着进行第二次完全的收缩，使网胃容积显著减小，可把网胃下部稀软饲料推进到瓣胃内。这种双相收缩每隔 30～60 s 重复一次。反刍时，在双相收缩前还增加一次收缩，称为附加收缩。由于网胃体积较小，如果网胃内存在铁钉、铁丝等尖锐的异物，当网胃发生强烈收缩时，极易引起创伤性网胃炎，进而继发创伤性网胃 - 腹膜炎、创伤性网胃 - 心包炎。因此，饲喂反刍动物时必须仔细，去除饲料中的尖锐异物，防止创伤性网胃疾病的发生。

（2）紧接着网胃的双相收缩，瘤胃发生 A 波收缩，收缩由瘤胃前庭开始，向上向后至背囊，沿背囊由前向后，再向下至腹囊，沿腹囊由后向前，再向上回到前庭，食物随瘤胃运动不断移动、混合，将经过瘤胃消化的饲料送入网胃。此外，在嗳气时，瘤胃还发生一次附加收缩，称为 B 波收缩。其运动方向与 A 波相反，起于后腹盲囊，向上向前经后背盲囊、前背盲囊至前腹盲囊。

（3）瓣胃运动与网胃运动亦密切相关。网胃第二次收缩到顶点时，网瓣孔开放，同时瓣胃管舒张，食糜进入瓣胃。瓣胃管收缩，将粗大的食糜送入瓣胃体叶片之间。之后，瓣胃体收缩，将稀薄的食糜排入皱胃，将截留于叶片之间的较大食糜颗粒研磨、粉碎。因此，瓣胃内容物比较干燥，当瓣胃运动机能减弱时，极易发生瓣胃阻塞（百叶干）。

（五）反刍

反刍动物将吞入瘤胃的饲料经浸泡软化一定时间后，再返回到口腔仔细咀嚼的特殊消化活动称为反刍。它包括逆呕、再咀嚼、再混唾液、再吞咽四个阶段。反刍是反刍动物的一种特殊的生理现象，由于反刍动物采食时，往往不经过充分咀嚼而匆匆吞咽入胃，通过反刍，可以将饲料充分咀嚼，利于消化，且咀嚼过程中混以大量唾液，这对于维持瘤胃 pH 相对稳定具有十分重要的意义。

犊牛一般出生后第 3 周开始反刍，让犊牛提前采食粗饲料或喂以成年牛逆呕出来的草团，则犊牛的反刍可提前出现。成年牛一般在采食后 0.5～1.0 h 开始反刍，每次反刍 40～50 min，每天进行 6～8 次，每天累计 6～8 h。反刍主要发生在动物休息时间，因此，饲养反刍动物时，必须给牛提供充足的休息时间，以保证反刍的正常进行。

（六）嗳气

嗳气是瘤胃微生物发酵产生的气体经食道、口腔向外排除的过程。瘤胃内微生物的强烈发酵作用产生大量气体。据计算，牛在饲喂后瘤胃产气量可达 25～35 L/h，每天产气量达 600～1 300 L，其中 CO_2 占 50%～70%，CH_4 占 20%～45%，还有少量 H_2、O_2、N_2、H_2S 等。这些气体主要有三个去路：一部分气体（约 1/4）被吸收入血液，由呼吸道排出体外；一部分气体被微生物利用；一部分气体通过嗳气排出体外。

嗳气是一种反射动作，基本中枢在延髓。当瘤胃内的气体增多时，刺激瘤胃背囊、贲门周围及食管沟附近的感受器，反射性引起瘤胃发生 B 波收缩，压迫气体移至瘤胃前庭和贲门，同时，瘤网褶收缩，防止食糜前涌，网胃舒张，贲门部液面下降，贲门口舒张，压迫气体进入食道，食道收缩，使气体大部分（75%）经口腔排出，一部分进入呼吸系统被吸收入血液。牛嗳气频率平均为 17～20 次/min。

嗳气对于维持瘤胃正常机能具有非常重要的意义。正常情况下，瘤胃内气体的产生和排出维持相对平衡，当瘤胃内气体产生过多（如春季大量采食幼嫩青绿饲料而迅速发酵、分解），或气体排出机能障碍（如瘤胃运动迟缓、麻醉等），都可导致气体在瘤胃内大量积聚而发生瘤胃鼓气。

（七）食管沟的作用

食管沟起于贲门，沿瘤胃前庭和网胃右侧壁到达网瓣孔。

当动物吸吮时，反射性引起食管沟唇收缩，使食管沟闭合成管状，使液体食物直接进入皱胃，称为食管沟反射。食管沟反射的感受器在唇、舌、口腔和咽部，传入神经为三叉神经、舌咽神经和舌神经，传出神经是迷走神经，基本中枢在延髓，并与吸吮中枢紧密联系。因此，当动物吸吮刺激不足时（如用桶、盆等喂奶时），易发生食管沟闭合不完全，容易将乳汁漏入瘤胃和网胃引起腹泻。

食管沟反射具有明显的年龄特征，哺乳仔畜食管沟反射较发达，食管沟能完全闭合，随着年龄增长，食管沟反射逐渐减弱，食管沟闭合不全。但某些化学物质如 NaCl、$NaHCO_3$、$CuSO_4$ 等能引起食管沟闭合，临床上可用于第四胃投药灭肠虫。

（八）瓣胃的消化

瓣胃主要是将来自瘤网胃的食糜滤去水分，通过瓣胃强有力的收缩，将粗大饲料在瓣胃叶片之间进行研磨、粉碎，并将食糜送入皱胃。

经瓣胃机械性消化后，食糜变得细而干，干物质含量达 22.6%，明显高于瘤胃和网胃的干物质含量（瘤胃内干物质含量约 17%，网胃内干物质含量约 13%）。食糜中直径小于 1 mm 的颗粒占 67.67%以上，大于 3 mm 的颗粒不到 1%。

瓣胃内容物 pH 为 5.5 左右,微生物活动被抑制,吸附在纤维上的纤维素酶可以继续分解纤维素,将纤维素分解为糖。瓣胃内约消化 20%的纤维素。此外,瓣胃具有很强的吸收机能,可以吸收水分、VFA 和无机物等。

二、皱胃的消化

皱胃的结构和功能与单胃动物的胃大致相似。

(一)胃液分泌

1. 胃液

皱胃黏膜为有腺黏膜,其功能与单胃动物的胃相似,可分泌胃液,胃液中也主要含有盐酸、胃蛋白酶、凝乳酶等。牛胃液 pH 2.0～4.1,绵羊 1.0～1.3。与单胃动物的胃液相比较,皱胃胃液盐酸含量明显较低,而凝乳酶含量较高,特别是哺乳期含量更高。

2. 胃液分泌调节

因食糜不断进入皱胃,其胃液分泌是连续的。胃液分泌受神经、体液调控。迷走神经兴奋可以促进其分泌,VFA 可能是主要的刺激因子;此外还受十二指肠的反射性调节,十二指肠扩张和酸性食糜刺激均可反射性引起胃液分泌减少。胃泌素是促进胃液分泌的主要体液调节因素,而皱胃食糜的 pH 是影响胃泌素分泌的主要因素。当皱胃食糜 pH 升高时,促进胃泌素的分泌;而皱胃食糜 pH 降低时,则抑制胃泌素的分泌。

(二)皱胃运动

一般情况下,胃体部处于静止状态,幽门部出现强烈的收缩时,将食糜送入十二指肠,即胃的排空。

胃的排空受神经、体液调节。迷走神经兴奋时,皱胃运动增强。当皱胃充满时,刺激皱胃感受器,反射性促进皱胃运动,促进胃的排空;而食糜进入十二指肠后刺激十二指肠感受器,则反射性抑制皱胃运动,抑制胃的排空。CCK、胰泌素、胃泌素等胃肠激素是主要体液调节因素,CCK、胰泌素抑制皱胃运动和胃的排空,胃泌素则促进皱胃运动和胃的排空。

临床上,皱胃移位发病率较高,目前认为主要是高精饲料饲喂条件下,大量 VFA 和乳酸进入皱胃,导致皱胃运动抑制的结果。

(三)皱胃内饲料的消化过程

前胃食糜进入皱胃后,瘤胃微生物不断被盐酸杀死,这些微生物蛋白及未被瘤胃微生物消化的饲料蛋白质等被胃蛋白酶初步分解后排入十二指肠。

任务五　小肠内消化

【任务要求】

掌握小肠内各种消化液(胰液、胆汁、小肠液)的组成及生理功能;了解胰液、胆汁、小肠液分泌的调节;掌握小肠运动的类型;掌握饲料在小肠内的消化过程;理解和掌握胆盐的肠肝循环。

【认知与解读】

小肠是机体消化吸收的主要部位,在小肠内,饲料中的营养物质在胰液、胆汁、小肠液消化酶的作用下以及小肠运动的作用下,绝大部分被分解成可吸收的小分子物质并被吸收。因而小肠消化在整个消化过程中具有非常重要的作用。

一、胰液

胰液是由胰腺外分泌部分泌的混合物。

（一）胰液的性质、成分和作用

1.胰液的性质、成分

胰液是一种无色、透明的碱性液体，pH 为 7.8～8.4。其主要成分是水（90%）、无机物（Na^+、K^+、Cl^-、HCO_3^-、Ca^{2+}、Mg^{2+} 等）、有机物（消化酶）等。其中消化酶由胰腺外分泌部腺泡细胞分泌产生，而无机物和水主要由胰腺导管上皮细胞分泌产生。

2.胰液的作用

（1）中和胃酸，保护肠黏膜免受胃酸侵蚀，为消化酶提供适宜的碱性环境。

（2）消化饲料中的碳水化合物、蛋白质、脂肪。

（3）为大肠微生物提供适宜的环境。

（二）胰液中的消化酶及其作用

胰液中含有大量的消化酶，能彻底分解饲料中的碳水化合物、蛋白质、脂肪，是体内消化作用最强、消化食物最全面的消化液。当胰腺分泌机能障碍时，机体消化机能明显减退，特别是蛋白质、脂肪消化发生严重的消化障碍。胰液中主要的消化酶有以下几种。

1.胰蛋白分解酶

胰蛋白分解酶主要包括胰蛋白酶、糜蛋白酶、羧肽酶等。它们都以酶原的形式存在于胰腺或被分泌到胰液中。胰蛋白酶被肠致活酶所激活，已被激活的胰蛋白酶、胃酸等也能激活糜蛋白酶原和胰蛋白酶原本身。胰蛋白分解酶可将蛋白质分解为䏡、胨、肽及氨基酸。其中胰蛋白酶、糜蛋白酶等将蛋白质初步分解为䏡、胨、肽；而羧肽酶可以将多肽分解为氨基酸。

2.胰淀粉酶

胰淀粉酶最适 pH 为 6.7～7.0，可将淀粉、糖原分解为糊精、麦芽糖和麦芽寡糖。

3.胰脂肪酶

胰脂肪酶最适 pH 为 7.5～8.5，在胆盐和辅脂酶共同存在的条件下，可分解脂肪为脂肪酸、甘油一酯和甘油等。

4.其他酶

胰液中还含有麦芽糖酶、蔗糖酶、乳糖酶等双糖酶，可以将双糖分解为单糖；还含有核糖核酸酶、脱氧核糖核酸酶，将核糖核酸、脱氧核糖核酸分解为核苷酸。

5.胰蛋白酶抑制物

由于胰蛋白酶原具有自然激活机制，被激活的胰蛋白分解酶可对胰腺本身自我消化，以致损伤胰腺。为免受胰蛋白酶的自我损害，胰腺具有一定的自我保护机制，其中胰蛋白酶抑制物（PSTI）是最主要的保护机制。PSTI 可以与胰蛋白酶结合，使胰蛋白酶失活，保护胰腺本身免受胰蛋白酶分解。

（三）胰液的分泌及调节

不同动物胰液分泌特点不同：猪、马、反刍动物胰液是连续分泌的，猪、马的胰液分泌量很大;犬只在消化期间分泌。不同动物一昼夜胰液分泌量不同:马为7 L,牛为6～7 L,猪为7～10 L,绵羊为0.5～1.0 L,犬为0.2～0.3 L。

1.胰液分泌的调节

胰液分泌受神经、体液双重调节,但以体液调节为主(图6-8)。

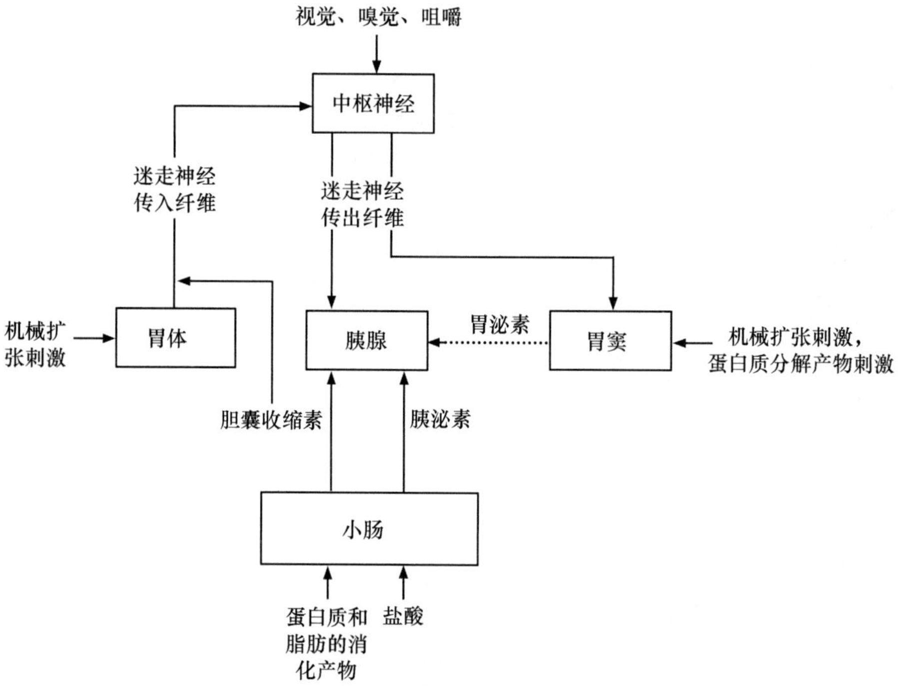

图6-8　胰液分泌的神经体液调节

(1)神经调节　胰液分泌的反射性调节包括条件反射和非条件反射,其传出神经是迷走神经和交感神经。

①迷走神经　迷走神经是支配胰液分泌的主要神经。迷走神经可直接作用于胰腺腺泡,促进胰液的分泌;也可通过刺激胃泌素分泌,间接引起胰腺泡分泌,得到含水和HCO_3^-少而消化酶丰富的胰液。支配胰液分泌迷走神经都是胆碱能神经纤维,其作用可被阿托品所阻断。

②内脏大神经(交感神经)　支配胰腺的交感神经有两种神经纤维。肾上腺素能神经纤维,兴奋时能使胰腺血管收缩,而抑制胰液的分泌,明显抑制由迷走神经兴奋而引起的胰酶和HCO_3^-的分泌;胆碱能神经纤维,兴奋时可增加胰液的分泌,但效应比迷走神经小。

(2)体液调节　体液调节是胰腺分泌调节的主要方式,其主要激素有以下几种。

①胰泌素　胰泌素是促进胰液分泌的主要激素,由小肠黏膜中的S细胞分泌产生。胰泌素主要作用于胰腺导管的上皮细胞,得到含酶量少、含水和HCO_3^-多的胰液。引起胰泌素分泌的最强刺激因素是HCl,实验证明,用西咪替丁等H2受体阻断剂抑制胃酸分泌后,进食引起的胰泌素分泌明显减少。引起胰泌素分泌的其他刺激因素还有食糜中的蛋白质分解产物和脂肪酸等。

②胆囊收缩素(CCK) 由小肠黏膜I细胞释放。主要作用于胰腺腺泡,得到含酶多、含水和 HCO_3^- 少的胰液,因而胆囊收缩素也称促胰酶素;CCK还可作用于迷走神经传入纤维,通过迷走-迷走反射刺激胰酶分泌。引起CCK分泌的主要刺激因素由强至弱依次为:蛋白质分解产物、脂肪酸、HCl、脂肪,糖类没有作用。

③胃泌素 由胃和十二指肠黏膜G细胞分泌产生。胃泌素可作用于胰腺泡,得到含水和 HCO_3^- 少而消化酶丰富的胰液。

④抑制胰液分泌的激素 胰高血糖素、生长抑素、抗胆囊收缩肽等均可抑制胰液的分泌。其中以生长抑素的抑制作用最强,它可以抑制由胰泌素或十二指肠酸化所引起的水和 HCO_3^- 的分泌。

二、胆汁

胆汁是由肝细胞分泌的消化液。

(一)胆汁的性质、成分及作用

1.胆汁的性质和成分

胆汁是一种具有强烈苦味、带黏性的弱酸性或弱碱性液体,pH为5.9~7.8,一般肝胆汁较稀薄,呈弱碱性,而胆囊胆汁因水分和碳酸氢盐被吸收而较黏稠,呈弱酸性。不同动物胆汁颜色不同:肉食动物和人的胆汁呈红褐色(因含有较多胆红素);草食动物的胆汁呈暗绿色(因含有较多胆绿素);猪的胆汁一般呈橙黄色。

胆汁主要成分为水、无机物和有机物。无机物主要是 Na^+、K^+、Ca^{2+}、Mg^{2+}、Cl^-、HCO_3^- 等无机离子,其中以 Na^+、Cl^-、HCO_3^- 含量较高。有机物主要是胆汁酸、胆固醇、胆色素、卵磷脂等。胆汁酸与甘氨酸或牛磺酸结合形成的钠盐或钾盐称为胆盐。胆盐是胆汁参与消化和吸收的主要成分。

2.胆汁的作用

胆汁对于脂肪的消化和吸收具有十分重要的意义,其主要功能有以下几个方面:

(1)胆盐、胆固醇、卵磷脂等都可作为乳化剂降低脂肪的表面张力,使脂肪乳化成微滴,增加与胰脂肪酶的接触面积,使其分解脂肪的作用加快。

(2)胆盐是胰脂肪酶的辅酶,可以增强胰脂肪酶的活性。

(3)胆汁可以中和胃酸,为胰脂肪酶提供适宜的pH。这对于绵羊最为重要,因为绵羊胆汁中 HCO_3^- 浓度是胰液的3~5倍。

(4)胆盐可与脂肪酸、甘油一酯及脂溶性维生素形成水溶性复合物,促进其吸收。因此,胆盐是不溶于水的脂肪分解产物及脂溶性维生素到达肠黏膜表面所必需的运载工具。

(5)胆盐在小肠被吸收后还可促进胆汁的自身分泌。

(6)调节胆固醇代谢。肝脏能合成胆固醇,其中约一半转化为胆汁酸,其余的一半随胆汁排入小肠,因此胆汁是胆固醇排出的主要途径。

(7)排泄胆红素等代谢废物。

(二)胆汁分泌和排出的调节

各种动物胆汁分泌都是连续分泌的。在消化间期,肝脏分泌的胆汁大部分进入胆囊。在胆囊内,胆汁中的水和无机盐大量被吸收而浓缩15~30倍,从而增加胆囊贮存的效能。在消化期间，肝脏分泌的胆汁及胆囊贮存的胆汁大量排出至十二指肠。一昼夜动物排出的胆汁总量：马、牛约为 6 L，绵羊为 300～600 mL，猪为 1.7～2 L。

胆汁分泌和排出受神经和体液调节（图 6-9）。

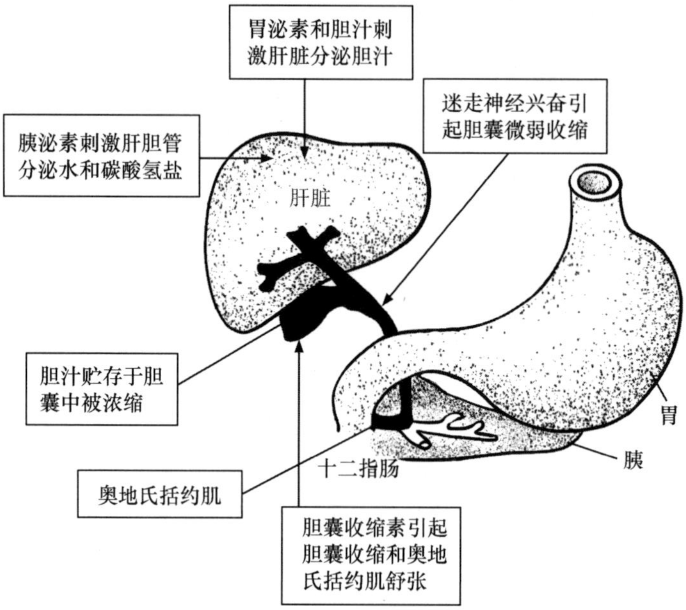

图 6-9　胆汁分泌与排出的调节

1. 神经调节

神经对胆汁的分泌及排出的作用均很弱。进食动作及食物对胃、小肠的刺激可反射性引起肝脏分泌胆汁和胆囊收缩。反射的传出神经是迷走神经，切断两侧迷走神经或使用胆碱能受体阻断剂，均可阻断这种反应。迷走神经可直接作用于肝细胞和胆囊平滑肌，引起胆汁分泌和排出增加，还可通过引起胃泌素的释放间接引起肝脏分泌胆汁和胆囊收缩。

2. 体液调节

食物是促进胃肠激素分泌进而引起胆汁分泌和排出的自然刺激物，高蛋白食物的刺激作用最强，其次是高脂肪或混合食物，糖类的刺激作用最小。

（1）胃泌素　胃泌素可通过血液循环作用于肝细胞和胆囊，促进肝脏分泌胆汁和胆囊收缩；胃泌素也可通过刺激胃酸分泌，胃酸刺激十二指肠黏膜分泌胰泌素，进而引起肝脏分泌胆汁。

（2）胰泌素　胰泌素主要作用于肝胆管上皮细胞，促进其分泌大量水和碳酸氢盐。

（3）胆囊收缩素　胆囊收缩素主要经血液循环作用于胆囊平滑肌，引起胆囊强烈收缩，同时降低奥地氏括约肌的紧张性，从而促进胆囊胆汁大量排出；胆囊收缩素也可作用于肝胆管上皮细胞，促进其分泌水和碳酸氢盐。

（4）胆盐　胆盐进入小肠后，90%以上在回肠末端被肠黏膜吸收入血，经门静脉回到肝脏，重新合成胆汁再分泌到小肠，这一过程称为胆盐的肠肝循环。返回肝脏的胆汁有促进胆汁分泌的作用，但对胆囊收缩无明显影响。

三、小肠液

小肠液是由小肠黏膜中各种腺体分泌的混合物。

(一)小肠液的性质、成分及生理功能

1.小肠液的性质、成分

纯净的小肠液是一种无色或灰黄色的浑浊碱性液体,其pH为8.2～8.7。主要成分为水、无机物、有机物。无机物主要是碳酸氢盐;有机物主要包括黏蛋白、消化酶、免疫球蛋白等。此外,小肠液中含有较多固体颗粒,这些固体颗粒主要是脱落的黏膜上皮细胞、白细胞等。

2.小肠液的生理功能

小肠液的生理功能主要有以下几个方面:

(1)大量小肠液可以稀释食糜,使其渗透压下降,有利于营养物质的吸收。

(2)小肠液中的肠致活酶(肠激酶)能激活胰液中的胰蛋白酶原变为有活性的胰蛋白酶,有利于蛋白质的消化。肠致活酶可能是小肠腺分泌到肠腔中唯一的消化酶。其他消化酶主要来自脱落的黏膜上皮细胞,它们对肠腔内的消化可能不起作用。

(3)中和胃酸,保护肠黏膜,并为消化酶提供适宜的环境。小肠液中含有大量碳酸氢盐,特别是十二指肠腺分泌的小肠液,碳酸氢盐含量更高。

(4)小肠有许多细胞内酶,如肠肽酶、双糖酶等,主要位于肠上皮细胞的刷状缘上或细胞内,将刷状缘上或进入细胞内的肽、双糖等营养物质彻底分解。

(二)小肠液的分泌调节

小肠液的分泌是经常性的,在不同条件下其分泌的变化较大。

1.神经调节

肠壁内在神经系统在肠液分泌调节中很重要。食糜进入小肠后,刺激肠黏膜的机械、化学感受器(尤其是机械扩张刺激最为敏感),通过肠壁内在神经系统反射性引起小肠液分泌增加。外来神经对小肠液的分泌影响较小。

2.体液调节

小肠液的分泌同样受胃肠激素的调节。胰泌素、胆囊收缩素、胃泌素、血管活性肠肽等都能够刺激小肠液的分泌。

四、小肠运动

除小肠各种消化液的化学性消化作用外,小肠运动的机械性消化在小肠消化中也起着非常重要的作用。

(一)小肠运动的作用

小肠运动主要有以下生理功能:

(1)使消化液与食糜充分混合,利于消化。

(2)使食糜和肠壁紧密接触,利于消化和吸收。

(3)推动食糜向大肠方向移行。

(二)小肠运动的类型

1.紧张性收缩

小肠平滑肌总是处于一定程度的收缩状态,称为紧张性收缩。紧张性收缩是其他运动形

式的基础,它可以提高肠内压,使食糜和肠壁紧密接触,便于消化和吸收。

2. 分节运动

分节运动是一种以环行肌为主的节律性收缩和舒张活动，是小肠特有的运动形式。当食糜进入一段肠道后,首先出现分节运动,环形肌在多点同时收缩,把食糜分成许多节段,之后,原来舒张的部位收缩,原来收缩的部位舒张,使原来的节段分为两半,而相邻的两半则又合拢成一个新的节段;如此反复,食糜得以不断地分开,又不断地混合(图 6-10)。分节运动的作用在于使消化液与食糜充分混合,利于消化。

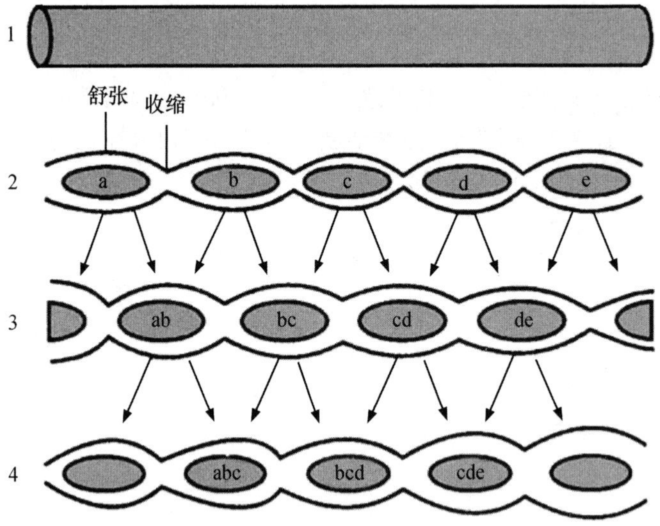

图 6-10　小肠分节运动示意图

1. 肠管表面观　2、3、4. 肠管纵切面不同阶段的食糜节段(a、b、c、d、e)分割与合拢情况

空腹时,分节运动几乎不出现,进食后开始逐渐加强。小肠各段分节运动的频率不同,一般十二指肠频率最高,向后依次减慢,到回肠末端最慢。

3. 蠕动

蠕动是由相邻环行肌交替收缩和舒张产生的波状运动。蠕动可发生在小肠任何部位,但蠕动波较弱,通常只进行一段短距离(约数厘米)后即消失。蠕动速度较慢,一般为 1～2 cm/s,且前段小肠蠕动的速度比后段快。蠕动的生理意义在于将经过分节运动消化的食糜向大肠方向推进。

此外,小肠还可以发生一种进行速度较快(5～25 cm/s)、推进距离较长(从小肠起始处至末端)的蠕动,称为蠕动冲。它可以将食糜快速向后远距离推进,甚至推入大肠。

此外,小肠还可以发生与蠕动方向相反的运动,称为逆蠕动。蠕动和逆蠕动相配合,使消化液与食物充分混合,并延长食糜停留时间,便于消化和吸收。逆蠕动在十二指肠发生较为频繁。

小肠运动机能是反映小肠机能的重要指标,因此,小肠运动检查是兽医临床检查的重要内容,一般可以在左肷部(马、驴等)或右肷部(牛、羊等)通过听诊小肠音来检查小肠运动的频率及运动强度。正常情况下,小肠运动发生流水音或含漱口音。

（三）小肠运动的调节

小肠运动受神经、体液因素的调节。

1.神经调节

(1)肠道内在神经丛的调节　食糜进入小肠后，刺激小肠黏膜机械、化学性感受器，通过内在神经丛，反射性引起该段及其后段小肠运动增强，同时抑制其前段小肠运动。这种调节作用在回盲括约肌部分表现最为明显。

(2)外来神经的调节　一般来说，迷走神经兴奋，小肠运动增强；交感神经兴奋，小肠运动减弱。但外来神经的作用还与肠管平滑肌所处状态有关，如肠管平滑肌的紧张性很高，则无论迷走神经兴奋还是交感神经兴奋，肠管运动都减弱；反之，如果肠管平滑肌的紧张性很低，则无论迷走神经兴奋还是交感神经兴奋，肠管运动都增强。

2.体液调节

胃肠道激素中，胃泌素、CCK、P物质等促进小肠运动，胰泌素、血管活性肠肽、胰高血糖素、生长抑素等抑制小肠运动。

五、饲料在小肠内的消化过程

进入小肠内的食糜，混以大量消化液，形成半流体食糜，一般1 kg饲料干物质可以形成14～15 L食糜，食糜中含水量很高，达90%～95%，使其渗透压与血浆接近，利于营养物质的吸收。其中，稀释食糜的水分1/4来自饲料，3/4来自消化液。

食糜进入小肠后，饲料中各种营养物质在各种消化酶的作用下，彻底分解成可被吸收的小分子物质。

1. 碳水化合物的消化

饲料中未消化的淀粉在胰淀粉酶作用下被分解产生糊精、麦芽糖、麦芽寡糖等，这些分解产物（包括经唾液淀粉酶消化产生的糊精、麦芽糖等）以及饲料中的蔗糖、乳糖等双糖在小肠黏膜刷状缘表面肠寡糖酶（麦芽糖酶、糊精酶、双糖酶等）的作用下分解为单糖（主要是葡萄糖）。

2. 蛋白质的消化

饲料中的蛋白质在胃内初步消化后，在胰蛋白分解酶的作用下分解为多肽、小肽、氨基酸，肽在羧肽酶、肠肽酶（在小肠黏膜刷状缘表面或上皮细胞内）作用下分解为小肽和氨基酸。

3. 脂肪的消化

饲料中的脂肪在胰脂肪酶和胆汁的作用下分解为甘油、脂肪酸和甘油一酯。

任务六　大肠内消化

【任务要求】

了解不同动物大肠内的消化过程；了解大肠微生物的消化作用；了解粪便形成及排粪过程。

【认知与解读】

饲料进入大肠后主要是进行生物性消化，将饲料中粗纤维及其他未消化的营养物质消化分解，并吸收水分、无机盐、VFA 等营养物质，并形成粪便，排出体外。

不同动物的大肠消化在整个消化过程中的地位有很大不同，草食动物特别是单胃草食动物的大肠消化在整个消化过程中占有非常重要的地位，如马大肠可以消化 40%～50%的纤维素，39%的蛋白质，24%的糖。肉食动物的大肠消化作用则很差，杂食动物的大肠消化介于二者之间。

一、大肠液

大肠液是大肠黏膜腺体分泌的黏稠的碱性液体，pH 为 7.5～8.0。主要成分是水分、黏液、碳酸氢盐、磷酸盐（犬、猫大肠液中含量丰富）等。大肠液中不含消化酶，因而没有化学性消化作用，其主要作用是中和酸性发酵产物，为微生物提供适宜的环境。

食糜刺激大肠机械感受器，反射性引起大肠液分泌增加。迷走神经兴奋时，大肠液分泌增加；交感神经兴奋时，大肠液分泌减少。

二、大肠内的消化过程

(一)肉食动物

肉食动物大肠很不发达，因而大肠消化的作用较差。在肉食动物大肠内主要发生的是蛋白质的腐败发酵，产生吲哚、粪臭素、酚等有毒物质，这些腐败发酵产物一部分吸收入血，经肝脏解毒后通过尿液排出体外，一部分经粪便排出体外。未消化的脂肪、糖类被细菌降解产生脂肪酸、单糖、有机酸等。

肉食动物大肠消化的主要生理意义在于水和无机盐的吸收或分泌排泄，形成粪便。

(二)草食动物

草食动物特别是单胃草食动物的大肠特别发达，食糜在大肠内停留时间很长，因而在整个消化过程中占有非常重要的地位，是机体能量的主要来源之一（提供所需能量的 1/2）。牛、羊等反刍动物虽然有发达的瘤胃，但大肠阶段仍有活跃的微生物发酵，能消化饲料中 15%～20%的纤维素。

大肠中的微生物将饲料中纤维素、糖分解为 VFA、CO_2、CH_4 等，其中 VFA 被吸收利用。蛋白质、氨基酸等分解产生 NH_3，NH_3、氨基酸被吸收或被微生物利用合成蛋白质，但合成的微生物蛋白质是否能被大肠吸收利用尚不清楚。此外，大肠微生物也能合成 B 族维生素和维生素 K。兔有吞食软粪习性，有助于微生物蛋白的利用。

(三)杂食动物

杂食动物的大肠消化介于草食动物和肉食动物之间。以植物性饲料为主时，其大肠消化与草食动物相似；以精饲料为主时，其大肠消化与肉食动物相似。

三、大肠的运动

大肠运动与小肠运动大致相似，但运动缓慢、强度较弱。其主要运动形式有以下几种。

1. 往返运动

由环形肌不规律收缩引起的一种运动形式，多见于空腹时。这种运动使肠袋内容物向两个方向短距离移动，但并不向后段推进。其主要作用在于使内容物充分混合并与肠壁紧密接触，利于吸收。

2. 蠕动

由环形肌交替收缩和舒张产生的运动形式，其主要作用在于将食糜缓慢向后段肠管推进。此外，大肠也可产生逆蠕动。

3. 集团蠕动

大肠内发生的一种收缩力强、推进速度快、推进距离远的运动形式。大肠运动音如雷鸣音、远炮音。听诊大肠音来判断大肠运动强度和运动频率是兽医临床上检查大肠机能的主要手段。

四、粪便形成及排粪

食糜经大肠消化吸收后，未被消化、吸收的食物残渣以及消化管代谢产物（黏液、脱落的上皮、胆色素衍生物、胆固醇等）、大量微生物及发酵产物等进入大肠后段形成粪便。

排粪是一种反射动作。当直肠内粪便积累达到一定程度的时候，刺激肠壁感受器，经盆神经和腹下神经传入荐段脊髓的初级排粪中枢，并上传至大脑皮层高级排便中枢，产生便意。如果条件允许，则大脑皮层解除对脊髓初级排粪中枢的抑制，引起脊髓初级排粪中枢兴奋，兴奋经盆神经传至直肠，使直肠收缩，肛门内括约肌舒张，同时，抑制阴部神经，使肛门外括约肌舒张，将粪便排出体外。若条件不允许，则大脑皮层继续抑制脊髓初级排粪中枢，抑制排便。

如果初级排粪中枢和大脑皮层高级排便中枢联系障碍，使大脑皮层失去对排便反射的控制，称为大便失禁。

由于排粪反射受大脑皮层控制，因而可以形成条件反射，在生产实践中，可以训练动物养成定点排便的习惯，利于维持圈舍卫生和防止疾病传播。

任务七　吸　　收

【任务要求】

理解和掌握吸收的概念；理解和掌握小肠是主要吸收部位的原因；掌握主要营养物质的吸收途径。

【认知与解读】

饲料经消化后，其分解产物通过消化道黏膜上皮细胞进入血液或淋巴的过程称为吸收。

一、吸收的部位

消化道各段对营养物质的消化能力有很大差异。各段消化道对营养物质的吸收主要取决于消化管的组织结构、食物在该段消化道被消化的程度及食物停留的时间。

在口腔、食管内，由于食物尚未消化和停留时间过短而吸收很有限，胃内由于消化不完全，主要吸收少量水分、无机盐、酒精及某些药物；瘤胃及瓣胃内还可以吸收大量 VFA。小肠是吸收的主要部位，可以吸收大部分水分、无机盐及绝大部分葡萄糖、氨基酸、脂肪酸、维生素等营养物质。肉食动物大肠主要吸收部分水和无机盐；草食动物和杂食动物大肠内还可以吸收大量 VFA。

小肠之所以是吸收的主要部位，主要由于小肠具有以下利于吸收的因素：

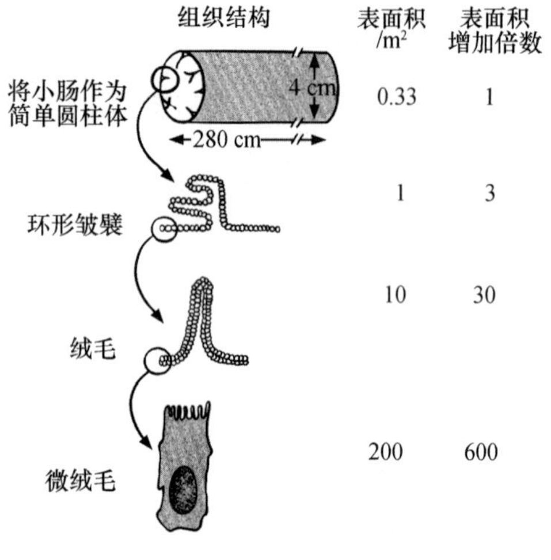

图 6-11　小肠皱襞、绒毛和微绒毛的模式图

1. 适于吸收的结构

(1)小肠黏膜表面有大量环状皱襞,每个皱襞上有大量伸向肠腔的绒毛,构成每个绒毛的柱状上皮细胞表面还有大量微绒毛(刷状缘),这些结构使小肠表面积增加约 600 倍(图 6-11),有利于营养物质的吸收。

(2)黏膜绒毛内含有丰富的毛细血管和毛细淋巴管,有利于营养物质的吸收。

(3)黏膜绒毛内含有丰富的平滑肌纤维和神经纤维,可使绒毛发生节律性伸缩和摆动,促进毛细血管内的血液和毛细淋巴管内的淋巴液回流,有利于吸收。

2. 消化程度高

食糜进入小肠,经化学性消化和机械性消化后,饲料中的碳水化合物、蛋白质、脂肪绝大部分已经被彻底分解为可吸收的小分子物质,这为营养物质的吸收提供了保证。

3. 停留时间长

小肠特别长,是整个消化管中最长的一段,这使食糜在小肠停留时间较长,有充足的时间进行吸收;且增加了吸收的面积,有利于营养物质的吸收。

二、主要营养物质的吸收

(一)水分的吸收

水主要在小肠、大肠以渗透形式被动吸收入血。随着无机盐、营养物质的吸收,使细胞内及组织液中渗透压升高,使水经细胞旁路或跨细胞途径被吸收入血。

(二)无机盐的吸收

无机盐主要在小肠吸收,大肠和胃也吸收一部分。一般而言,一价离子容易吸收,二价及多价离子不易吸收;氯化物容易吸收,硫酸盐、磷酸盐不易吸收。能与钙结合而形成沉淀的盐如硫酸盐、磷酸盐、草酸盐等不能吸收。

1. 钠的吸收

Na^+ 主要在小肠吸收,大肠和胃也吸收一部分。

Na^+ 通过主动吸收的方式吸收入血液,其吸收途径有:

(1)上皮细胞基底侧膜上的钠泵将上皮细胞内的 Na^+ 泵入血液,使上皮细胞内的 Na^+ 浓度低于肠腔内,肠腔内 Na^+ 顺化学梯度经易化扩散进入上皮细胞内。

(2)上皮细胞基底侧膜上的钠泵将上皮细胞内的 Na^+ 泵入血液之后,肠腔内 Na^+ 顺化学梯度经易化扩散进入细胞内,同时,载体也将单糖、氨基酸等物质一同运入上皮细胞内。

(3)上皮细胞基底侧膜上的钠泵将上皮细胞内的 Na^+ 泵入血液,肠腔内 Na^+ 顺化学梯度经易化扩散进入细胞内,同时载体将上皮细胞内的 H^+ 运到肠腔内,实现 H^+-Na^+ 交换(图 6-12)。

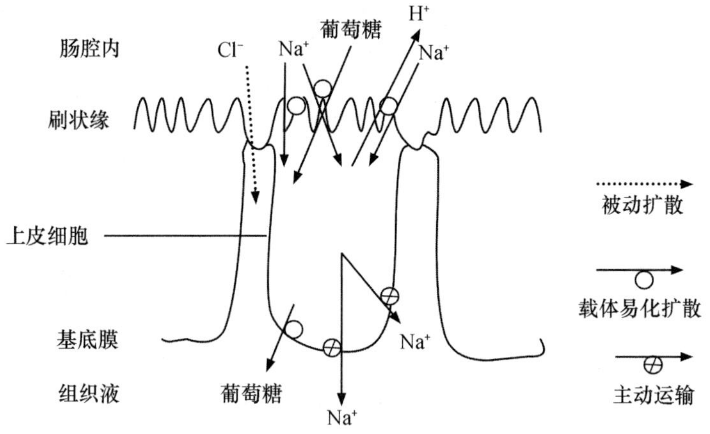

图 6-12 Na^+的吸收模式

2.氯离子的吸收

Cl^- 主要在小肠前段、大肠吸收。

Cl^- 主要以被动扩散的方式经细胞旁路吸收，而且速度很快。Cl^- 的吸收与 Na^+ 的吸收有关，Na^+ 吸收后，引起肠腔与上皮细胞旁路之间形成电位差，Cl^- 顺电化学梯度经细胞旁路被动扩散吸收。

3.碳酸氢盐的吸收

HCO_3^- 主要在小肠被动吸收。

HCO_3^- 的吸收与 Na^+ 的吸收有关。上皮细胞基底侧膜上的钠泵将 Na^+ 泵入血液，肠腔内 Na^+ 与细胞内的 H^+ 进行交换。H^+ 与肠腔中 HCO_3^- 结合形成碳酸，碳酸可以分解为 CO_2 和 H_2O，CO_2 被动扩散进入细胞内，在碳酸酐酶作用下，CO_2 和 H_2O 结合形成碳酸，碳酸解离成 H^+ 和 HCO_3^-，HCO_3^- 被动扩散进入血液，H^+ 再和 Na^+ 进行交换。

4.钙的吸收

Ca^{2+} 主要在十二指肠和空肠前段吸收。

Ca^{2+} 有跨膜主动吸收和经细胞旁路被动吸收两种方式。这两种方式的发生主要取决于肠道内 Ca^{2+} 的浓度。主动吸收过程与 Na^+ 相似，首先是上皮细胞基底侧膜钙泵（$Ca^{2+}-Mg^{2+}-ATP$）将 Ca^{2+} 泵入血液，使上皮细胞内的 Ca^{2+} 浓度低于肠腔内的 Ca^{2+} 浓度，肠腔内 Ca^{2+} 扩散进入细胞内，但 Ca^{2+} 进入上皮细胞的机制不详。钙泵活动受甲状旁腺激素和维生素 D 的控制。当肠腔内超过一定范围时，主动吸收机制处于饱和状态，肠腔内的 Ca^{2+} 可以经细胞旁路继续被动吸收。

Ca^{2+} 和 Mg^{2+} 吸收机制相同，因而它们的吸收存在竞争性。

此外，Ca^{2+} 和 Mg^{2+} 必须保持溶解状态才能被吸收，离子状态的钙最容易被吸收。弱酸性环境是维持其溶解状态的重要条件，因而，胃酸、脂肪酸等可以促进 Ca^{2+} 的吸收。Ca^{2+} 和硫酸盐、磷酸盐等结合并沉淀后则不能被吸收。

5.铁的吸收

Fe^{2+} 主要在十二指肠和空肠吸收。

Fe^{2+} 以主动吸收方式吸收。铁的吸收与转铁蛋白有关（图 6-13）。肠黏膜细胞释放转铁蛋白进入肠腔，与 Fe^{2+} 结合形成复合物，经受体介导进入细胞内，复合物在细胞内释放出 Fe^{2+}，一部分 Fe^{2+} 经主动方式进入血液，一部分 Fe^{2+} 与铁蛋白结合贮存在细胞内，因而，肠黏膜是铁的贮存库。

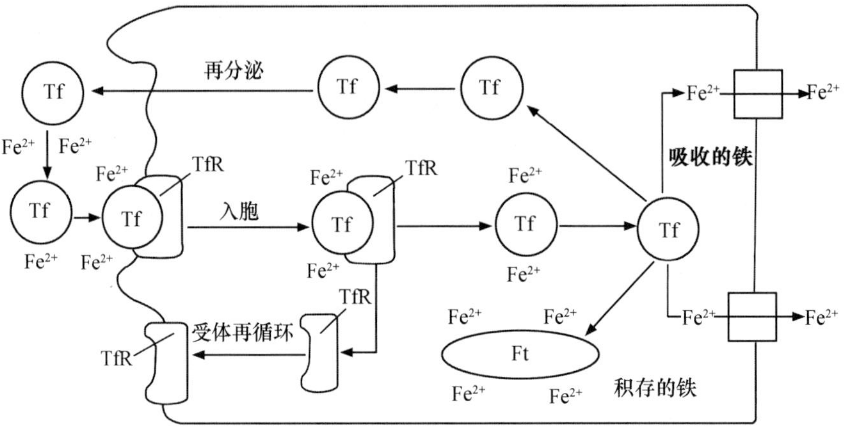

图 6-13　Fe^{2+} 的吸收过程

Tf. 转铁蛋白　TfR. 转铁蛋白受体　Ft. 铁蛋白

铁在酸性环境下易溶解而吸收，因此胃酸能促进铁的吸收。

饲料中的铁多为高价铁，必须还原成 Fe^{2+} 后才能被吸收，因此，维生素 C 等还原剂能使 Fe^{3+} 还原为 Fe^{2+} 而促进铁的吸收。

（三）糖类的吸收

饲料中的糖类都是以单糖的形式在小肠被吸收入血，其中主要是葡萄糖。

糖主要经继发性主动吸收方式吸收入血。吸收过程与 Na^+ 吸收有关（图 6-14）。上皮细胞基底侧膜上的钠泵将上皮细胞内的 Na^+ 泵入血液，使上皮细胞内的 Na^+ 浓度低于肠腔内，肠腔内 Na^+ 和单糖在同向转运体的帮助下顺化学梯度扩散进入上皮细胞内。之后，上皮细胞内的糖经易化扩散进入血液。由于与载体的亲和力不同，各种单糖吸收速度不同，己糖的吸收速度较快，戊糖的吸收速度较慢。己糖中，半乳糖、葡萄糖吸收速度最快，果糖次之，甘露糖吸收速度最慢。

（四）挥发性脂肪酸的吸收

VFA 主要在瘤胃、瓣胃和大肠吸收入血。

VFA 有离子状态和分子状态两种存在形式，分子状态容易吸收，离子状态不容易吸收，因此离子状态的 VFA 必须在细胞内转变为分子状态吸收。VFA 由离子状态转变为分子状态，其所需要的 H^+ 由 $CO_2 + H_2O \rightarrow H_2CO_3 \rightarrow H^+ + HCO_3^-$ 提供，这样每吸收 1 分子 VFA，瘤胃内就多一个 HCO_3^-。VFA 吸收与其分子质量有关，分子质量越小，吸收速度越慢，因此，丁酸的吸收速度最快，丙酸次之，乙酸吸收速度最慢。

VFA 吸收是通过被动扩散方式吸收的。进入上皮细胞内的 VFA 与 H^+ 分离后，参与代谢或直接进入血液（图 6-15）。

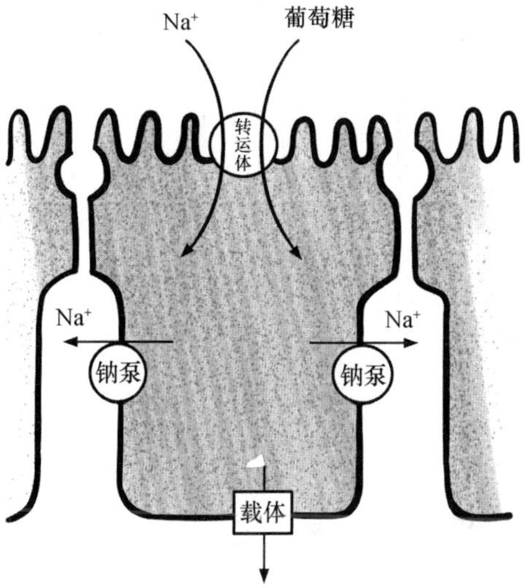

图 6-14 葡萄糖吸收示意图

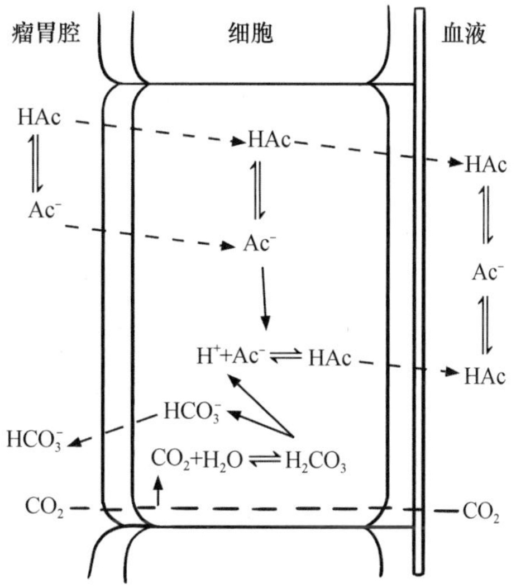

图 6-15 瘤胃中 VFA 的吸收

（五）蛋白质的吸收

饲料中的蛋白质主要在小肠内以氨基酸或小肽的形式吸收入血。氨基酸或小肽是以继发性主动运输的方式吸收的，其吸收过程与单糖相似，与 Na^+ 吸收有关。在小肠上皮细胞刷状缘存在不同类型的氨基酸转运系统，能分别选择性地转运中性、酸性和碱性氨基酸进入上皮细胞内。

除此之外，在小肠上皮细胞刷状缘存在着二肽、三肽转运体，它们能将肠腔内的二肽、三肽转运到上皮细胞内，而且二肽、三肽的吸收效率比氨基酸还高。二肽、三肽进入上皮细胞后被细胞内的二肽酶和三肽酶分解为氨基酸后，再扩散进入血液。

此外，在新生仔畜消化道中，初乳中的抗体蛋白质可以完整地经胞吞、胞吐作用进入血液，从而将母体免疫力传递给仔畜，提高仔畜的抗病能力。

（六）脂类的吸收

脂类主要在小肠以甘油、脂肪酸、甘油一酯、胆固醇等形式被吸收进入淋巴管或血液。

脂类分解产物（脂肪酸、甘油一酯、胆固醇等）不溶于水，它们必须和胆盐结合形成水溶性的微胶粒才能通过覆盖在小肠绒毛表面的非流动水层到达微绒毛表面，在这里，脂肪酸、甘油一酯等又从混合微胶粒中释放出来，通过单纯扩散进入上皮细胞内，胆盐留在肠腔继续转运其他脂肪酸、甘油一酯等，最后在回肠吸收入血。

脂肪酸、甘油一酯等扩散进入上皮细胞后，短链、中链脂肪酸（含 10～12 个碳原子的脂肪酸）及其甘油一酯可以扩散进入组织液，进而进入血液。长链脂肪酸及其甘油一酯进入上皮细胞后，大部分重新合成甘油三酯，并于细胞中合成的载脂蛋白结合形成乳糜微粒，经胞吐作用进入组织液，进而进入毛细淋巴管中（图 6-16）。

由于食物中的动、植物油中主要含长链脂肪酸，故脂肪主要是经淋巴途径吸收的。

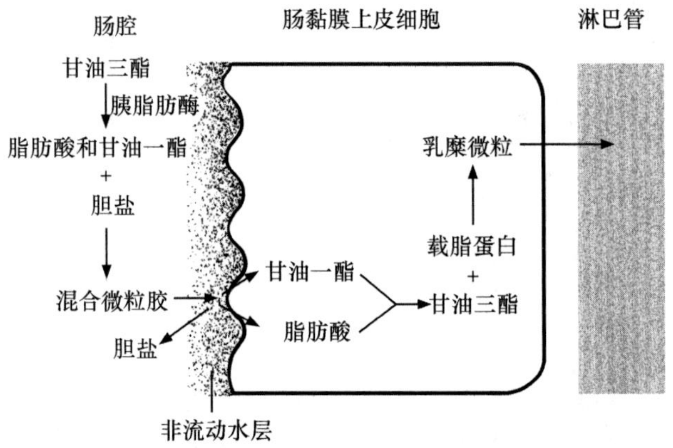

图 6-16　脂肪吸收示意图

(七)维生素的吸收

维生素主要在小肠(十二指肠和空肠)吸收入淋巴管或血液。

脂溶性维生素的吸收与脂肪酸吸收相同,需借助胆盐帮助吸收进入血液或淋巴。

水溶性维生素(B 族维生素和维生素 C)主要通过被动扩散吸收入血,其中维生素 B_{12} 需要内因子参与才能被吸收。

各种营养物质的吸收情况见表 6-4。

表 6-4　各种营养物质的吸收情况

营养物质	吸收部位	吸收机理	吸收特点
Na^+	小肠、大肠	主动运输	需要上皮细胞基底侧膜钠泵
Fe^{2+}	十二指肠	主动运输	Fe^{3+} 转化成 Fe^{2+} 再吸收,酸性环境易吸收
Ca^{2+}	小肠前段	主动运输	需要维生素 D 和甲状旁腺激素辅助吸收;离子化状态易吸收,形成沉淀则不能吸收
负离子	小肠	被动扩散为主	随 Na^+ 吸收而吸收
水	胃、小肠、大肠	渗透	回肠净吸收
糖类	小肠前中段	次级主动运输	单糖为主,葡萄糖、半乳糖＞果糖＞甘露糖
VFA	瘤胃、大肠	被动扩散	分子状态 VFA 易吸收,乙酸＜丙酸＜丁酸
脂肪	十二指肠	被动扩散为主	淋巴吸收为主,胆盐促进其吸收,上皮细胞内重新合成中性脂肪
蛋白质	小肠中段	次级主动运输	以氨基酸、二肽、三肽的形式吸收,需特异转运系统
水溶性维生素	小肠	单纯扩散	维生素 B_{12} 的吸收需要内因子;叶酸通过主动运输吸收
脂溶性维生素	十二指肠、空肠	单纯扩散	借助脂肪吸收,通过淋巴途径;维生素 A 通过主动运输吸收

任务八 家禽的消化吸收特点

【任务要求】

了解家禽对主要营养物质的消化和吸收。

【认知与解读】

家禽的消化吸收与哺乳动物的消化吸收过程基本相似，但由于家禽的消化器官与家畜有所不同，故其消化吸收也有自己的特点。

一、口腔内消化

家禽口腔内没有牙齿，消化比较简单。饲料经喙啄入口腔后，被唾液稍湿润，不经咀嚼，迅速吞咽入嗉囊或胃。

家禽唾液由口腔壁和咽壁的唾液腺分泌产生。鸭、鹅唾液腺不发达，仅分泌少量唾液；鸡唾液腺较发达，可分泌较多唾液。鸡的唾液呈弱酸性，pH 平均为 6.75。采食时，唾液分泌增加。唾液中含有唾液淀粉酶，可分解淀粉。唾液分泌主要受神经调节。

二、嗉囊内消化

嗉囊是家禽特有的消化器官，家禽采食的饲料大部分进入嗉囊内贮存数小时，经嗉囊液、嗉囊内栖居的微生物和嗉囊运动的作用，将饲料进行预消化和排入胃内。

(一)嗉囊液

嗉囊液是由嗉囊腺分泌的黏液与唾液的混合物，pH 在 6.0～7.0。嗉囊腺不产生消化酶，其主要作用在于软化食物，利于消化和为微生物提供适宜环境，促进消化。

鸽嗉囊腺分泌的嗉囊液呈乳状，称为嗉囊乳，也称鸽乳，含有丰富的蛋白质、脂肪、无机盐、淀粉酶及蔗糖酶，用来哺育幼鸽。

(二)嗉囊内的微生物消化

嗉囊的内环境适于微生物的栖居和活动。成年鸡嗉囊内微生物数量大、种类多，而且形成一定的微生物区系。在嗉囊微生物区系中，以乳酸菌占明显优势，据测定，每克嗉囊内容物中，乳酸菌含量达 10^9 个。其次是肠球菌和产气大肠杆菌，每克嗉囊内容物中数量均达 10^5 个。嗉囊微生物的作用是将饲料中的糖类进行发酵并产生有机酸，其中主要是乳酸，还有少量挥发性脂肪酸。

(三)嗉囊运动

嗉囊运动有蠕动和排空运动两种运动形式。蠕动起自上段食管，进而扩展至嗉囊和胃。蠕动波通常成群出现，每群 2～15 个波，波群间隔 1～40 min。饥饿时，波群节律和每个波群的蠕动波数量均明显增加，而嗉囊和肌胃充满时，嗉囊的蠕动则明显减少。嗉囊的排空运动发生在即将排空时，嗉囊发生明显的收缩，使嗉囊内饲料排入胃内。

三、胃内消化

禽类的胃由腺胃（前胃）和肌胃（砂囊）构成。

(一)腺胃消化

腺胃能分泌含盐酸与胃蛋白酶的消化液，pH 在 3.0～4.5.

禽类的胃液分泌为连续分泌，采食时，胃液分泌增加，饥饿时分泌减少。

禽类的胃液分泌受神经、体液调控，迷走神经是主要的支配神经，兴奋时，胃液分泌明显增加。此外，胃泌素、胆囊收缩素、组胺可明显促进胃液分泌，胰泌素等则抑制胃液分泌。

腺胃虽然分泌消化液，但由于其体积很小，停留时间很短，故饲料在腺胃内消化作用不大，胃液主要在肌胃内进行消化，将饲料中的蛋白质初步分解。

(二)肌胃消化

肌胃的胃壁由发达的肌肉构成，内层附着一层坚韧、光滑而富有弹性的黄色角质膜。饲料进入肌胃后，主要借助于肌胃强有力的收缩和内容物中的砂石，将饲料进行机械性磨碎，并在来自腺胃的消化液作用下，将食物进行化学性消化。

肌胃运动不论在采食时还是在饥饿时都进行，平均每分钟 2～3 次。收缩频率与年龄、生理状态等有关。随年龄增长，肌胃收缩频率逐渐减少；采食时，收缩频率明显增加。

肌胃运动受神经调节。迷走神经兴奋，肌胃运动增强；交感神经兴奋，肌胃运动减弱。

四、小肠内消化

小肠是家禽消化吸收的主要部位，其消化过程与哺乳动物基本相似。主要靠胰液、胆汁、小肠液的化学性消化和小肠运动的机械性消化将食物彻底分解。

五、大肠内消化

禽类的大肠由一对盲肠和一条短的直肠组成，盲肠较发达，适于微生物的生长繁殖。与哺乳动物相似，大肠消化主要靠盲肠微生物进行生物性消化，可以将饲料中粗纤维等营养物质发酵分解，产生挥发性脂肪酸等被机体利用。草食家禽(鹅)的大肠消化在整个消化过程中占有十分重要的地位。

六、吸收

嗉囊、盲肠可以吸收少量水、无机盐和有机酸，直肠和泄殖腔可以吸收少量水、无机盐。大量营养物质的吸收在小肠进行。

【操作与体验】

技能一　离体小肠平滑肌的生理特性及胃肠运动形式的观察

【实验目的】①通过观察各种因素对离体小肠平滑肌运动的影响，加深对平滑肌生理特性的了解。②观察胃肠道的各种形式的运动，掌握离体小肠运动机能测定的实验方法。

【实验原理】肠道平滑肌有壁内神经丛，因此有自动节律性收缩的特性。离体肠段虽然失去外来神经的支配，但肠壁神经丛仍存在，在适宜的条件下，仍能保持平滑肌收缩的特性及肠壁神经丛的作用。离体肠段运动的实验装置，还可用来研究各种化学因素对平滑肌的影响。

【实验对象】家兔。

【实验器材】台氏液、1：10 000 肾上腺素、1：10 000 乙酰胆碱(或毛果芸香碱)、1：1 000 阿托品溶液、1% $CaCl_2$ 溶液、1 mol/L HCl 溶液、1 mol/L NaOH 溶液、恒温平滑肌槽(或麦氏浴槽)、RM-6240BD 多道生理信号采集处理系统、张力换能器、手术器械、注射器、丝线、烧杯、铁架台、螺旋夹、双顶丝、恒温水浴锅。

【方法与步骤】

1. 麦氏浴槽或恒温平滑肌槽的准备。

(1)麦氏浴槽：将麦氏浴槽置于水浴装置内，水浴装置中水的温度恒定在 38～39 ℃，在麦氏浴槽内盛 38～39 ℃台氏液，温度计悬挂在浴槽内，用以监测温度的变化。双联球经乳胶管缓慢向浴槽底部通 O_2，调节乳胶管上的螺旋夹，控制通 O_2 速度，使 O_2 气泡一个接一个地通过中心管，为台氏液供氧。

(2)恒温平滑肌槽：在恒温平滑肌槽的中心管中加入台氏液，外部容器中加装温水，开启电源加热，浴槽温度将自动稳定在 38 ℃左右。将浴槽通气管与医用氧气瓶相连接，调节橡皮管上的螺旋夹，使气泡一个接一个地通过中心管，为台氏液供氧。

2. 将家兔提起，用粗剪刀敲击其脑后部急性致死，背位固定于手术台上，沿正中线剪开皮肤和腹壁，观察胃肠运动。

3. 找到胃，以胃幽门与十二指肠交界处为起点，剪去肠系膜，结扎肠管一端，剪 2～3 cm 长的十二指肠或空肠，置于 38 ℃左右的台氏液中轻轻漂洗肠腔内容物，将肠管一端连于浴槽内的标本固定钩上，另一端连于张力换能器，适当调节换能器的高度，使其与标本之间松紧度合适。此相连的线必须垂直，并且不能与浴槽壁接触，避免摩擦。打开供氧开关，调节供氧螺旋钮，气泡一个一个地溢出，为台氏液供氧。

4. 将张力换能器输入端与生理信号采集处理系统硬件放大器连接。

5. 启动生理信号采集处理系统。

6. 描记正常肠管运动曲线：点击“开始记录”，即可描记到正常肠管运动曲线，观察记录其频率、幅度及基线水平。

7. 用滴管滴加 1∶10 000 肾上腺素 2～4 滴于中央标本槽(或麦氏浴槽)中，观察、记录肠管收缩曲线的改变。在观察到明显的作用后，打开移液开关，用预先准备好的新鲜 38 ℃台氏液冲洗 2～3 次，待肠管活动恢复正常。

8. 方法同上，滴加 1∶10 000 乙酰胆碱(或毛果芸香碱)2～4 滴，观察、记录肠管收缩曲线的改变。

9. 滴加 1∶1 000 的阿托品溶液 3～5 滴，观察、记录肠管收缩曲线的改变，然后再滴加 1∶10 000 乙酰胆碱(或毛果芸香碱)2～4 滴，观察、记录肠管收缩曲线的改变。

10. 用滴管滴加 1% $CaCl_2$ 溶液 2～3 滴，观察、记录肠管收缩曲线的改变。作用出现后同上法冲洗肠段。

11. 用滴管滴加 1 mol/L NaOH 溶液 2～3 滴，观察、记录肠管收缩曲线的改变。

12. 用滴管滴加 1 mol/L HCl 溶液 2～3 滴，观察、记录肠管收缩曲线的改变。

13. 向中央标本槽(或麦氏浴槽)内加入 25 ℃台氏液，观察、记录肠管收缩曲线的改变。

14. 实验结束后对其结果进行打印。

【注意事项】

1. 实验动物先禁食 24 h，于实验前 1 h 喂食，然后处死，取出标本，肠运动效果更好。

2. 标本安装好后，应在新鲜 38 ℃台氏液中稳定 5～10 min，有收缩活动时即可开始实验。

3. 注意控制温度。加药前，要先准备好更换用的新鲜 38 ℃台氏液，每个实验项目结束后，应立即用 38 ℃台氏液冲洗，待肠段活动恢复正常后，再进行下一个实验项目。

4. 台氏液要现配现用。

5.实验项目中所列举的药物剂量为参考剂量，若效果不明显，可以增补剂量，但要防止一次性加药过量。

6.游离及取出肠段时，动作要快，取兔肠及兔肠穿线时，尽可能不用手指或金属触及。为保持离体肠段的特性，可用预冷充氧的营养液，游离肠段及穿线在预冷的营养液中进行。实验过程中要通气。

【实验思考题】

1.本实验是否可用麻醉的动物的肠段？为什么？

2.进行哺乳动物离体组织器官实验时，须控制哪些条件？

3.为什么加入各种药物会引起离体肠段活动的变化？机理是什么？

4.根据实验结果说明平滑肌的生理特性。

技能二 小肠吸收和渗透压的关系

【实验目的】了解小肠吸收与内容物渗透压间的关系。

【实验原理】肠内容物的渗透压为制约肠吸收的重要因素。同种溶液在一定浓度范围内，浓度愈大，吸收愈慢。浓度很高时，会出现倒渗透现象，使内容物的渗透压降低至一定程度后可被吸收。由于饱和硫酸镁溶液对肠壁具有倒渗透作用，因此可用作泻盐。

【实验对象】兔。

【实验材料】保定台、手术器械、注射器、棉线、5%水合氯醛酒精溶液、饱和硫酸镁溶液（或25%硫酸镁溶液）、0.7%氯化钠溶液。

【方法与步骤】将兔麻醉后，剖开腹腔，取出长约 10 cm 的空肠一段，在其中点用线结扎，另在距中点上下各 5 cm 处分别结扎，得到两段等长的肠腔（A 段和 B 段）。在 A 段中注入 5 mL 饱和硫酸镁溶液，在 B 段中注入 5 mL 0.7%氯化钠溶液。注射完毕后将肠置于腹腔中，30 min 后检查两段中各有何变化。试解释为何有这样的变化。

【注意事项】

1.结扎肠段时应防止结扎血管，以免影响实验效果。

2.注意实验动物的保温。

【实验思考题】哪些物质可以通过渗透压的关系影响吸收或排出？

技能三 胆汁和胰液的分泌调节

【实验目的】熟悉动物胆汁、胰液分泌机能测定的方法，理解影响胆汁、胰液分泌的神经体液因素。

【实验原理】胰液和胆汁的分泌受神经和体液两种因素的调节。胰液和胆汁的分泌主要受迷走神经控制，当迷走神经兴奋时可以引起胰液和胆汁的分泌增加。与神经调节相比较，体液调节更为重要。在稀盐酸和蛋白质分解产物及脂肪的刺激作用下，十二指肠黏膜可以产生胰泌素和胆囊收缩素。胰泌素主要作用于胰腺导管的上皮细胞，引起水和碳酸盐的分泌；而胆囊收缩素主要引起胆汁的排出和促进胰酶的分泌。此外，胆盐（或胆酸）亦可促进肝脏分泌胆汁，称为利胆剂。

【实验对象】家兔。

【实验材料】RM-6240BD多道生理信号采集处理系统、刺激电极、普通剪刀、兔手术台、手术剪、手术镊、注射器及针头、丝线、各种粗细的塑料管(或玻璃套管)、培养皿、万能支架、双凹夹、纱布、5%水合氯醛酒精溶液、稀醋酸、0.5% HCl溶液、粗制胰泌素、胆囊胆汁、秒表。

【方法与步骤】

1.兔的麻醉与保定:称重后,用25%氨基甲酸乙酯按每千克体重4 mL的剂量从耳缘静脉缓慢注入,动物麻醉的标志为四肢松软,角膜反射消失。麻醉后用绳子将动物背位固定于手术台上。

2.切开颈部皮肤,分离迷走神经:用剪毛剪剪去颈部被毛,沿颈部正中线切开皮肤6~7 cm,用止血钳沿正中线钝性分离皮下组织及肌肉,暴露出气管。用两把组织钳分别夹住气管两侧的皮肤和肌肉的边缘,并将其拉向两侧,即可见到气管两侧与气管平行的左、右颈总动脉及与其相伴而行的一束神经,这束神经中包括迷走神经、交感神经和减压神经。应用玻璃分针小心分离颈动脉鞘,仔细辨认三条神经。迷走神经最粗,交感神经较细,减压神经最细且常与交感神经紧贴在一起。游离两侧颈总动脉和一侧迷走神经。

3.胰管、胆管插管:剖开腹腔,找出十二指肠,在十二指肠顶点(即U状弯底)向后约10 cm处提起小肠,对着光线可见白色发亮的胰主导管汇入十二指肠。细心分离胰导管入肠处,剪一小孔,插入充满生理盐水的玻璃套管,结扎固定。套管游离端可用丝线固定在肠管上,以防套管扭曲变位。然后在十二指肠起始部找出总胆管(注意与静脉区别),也同样插入塑料管,并做好两处固定。在不影响胆汁、胰液引流条件下,尽可能用止血钳封闭腹腔,以保持体温。

4.胰液和胆汁的自动分泌:记录正常状态下胰液和胆汁5~10 min分泌量(滴数/min),并计算平均值。

5.向十二指肠内注入20 mL 0.4%盐酸(37 ℃),5~10 min后观察胰液和胆汁的分泌有何变化。待恢复正常后再做下项实验。

6.皮下注射0.1%毛果芸香碱(或0.01%甲基硫酸新斯的明)0.5~1 mL,胰液和胆汁分泌有何变化?为什么?

7.取胆汁2 mL缓缓注入静脉,胰液和胆汁分泌有何变化?为什么?

8.静脉注入促胰液素溶液5~10 mL,胰液和胆汁分泌有何变化?为什么?

9.将刺激电极放于迷走神经下面,输出插头与生理信号采集处理系统刺激输出端连接,打开生理信号采集处理系统,打开刺激面板,设置刺激参数:正电压刺激;连续单刺激;强度2;波宽1 ms;延时0 ms;重复次数1。

10.待分泌正常后,静脉注射阿托品1 mL,待迷走神经至心脏的末梢被麻醉时,以电子刺激器刺激颈迷走神经外周端几分钟,观察反应过程。

【注意事项】

1.家兔禁食24 h,实验前0.5 h喂以青草可提高胆汁胰液分泌量。

2.术前应充分熟悉手术部位的解剖结构,防止误入导管的夹层中。

3.电刺激强度要适中,不宜过强。

【实验思考题】胰液与胆汁的分泌主要受哪些因素调节?

【拓展与链接】

现代生理学奠基人——林可胜教授

林可胜教授(1897—1969 年)是中国近代杰出的科学家,中国生理学的主要奠基人,在消化生理学与痛觉生理学领域成就卓越,为我国生理学研究与人才培养做出了杰出的贡献。

1925—1935 年任北平协和医学院生理系主任,1926 年,林可胜创办中国生理学会,出任首任会长。翌年,创办会刊《中国生理学杂志》(英文版),任首任主编。在消化生理学方面,他主要进行胃液分泌的研究,发现"肠抑胃素"而著称于国际医学界。此外,林可胜教授 1952—1967 年在迈尔斯实验所时,对于疼痛及止痛机制做了比较深入的研究。

林可胜教授在科研上之所以能取得超越前人的成就,这与他为科学而献身的精神和多年一贯的顽强钻研是分不开的。为了研究阿司匹林的镇痛作用,他先把缓激肽注入自己的动脉血管中,使身体产生剧烈的疼痛,然后再用阿司匹林来镇痛。实际上,林可胜在自己身上做实验绝非仅此一项,著名的组胺刺激胃分泌的实验,也是在他自己身上做的。

由于林可胜教授在生理学上的杰出贡献,1942 年当选美国科学院首位中国籍院士,1948 年当选中华民国"中央研究院"院士。

【复习与思考】

1. 动物消化饲料的方式有哪几种?
2. 试述饲料中营养物质在小肠内消化分解的过程。
3. 为什么说小肠是消化和吸收的主要部位?
4. 试述反刍动物瘤(网)胃内环境的特点。
5. 简述唾液的主要生理作用。
6. 简述胆汁的主要作用。
7. 简述消化道平滑肌的一般生理功能。

项目六复习与思考答案

项目七

体　温

【知识目标】

- 掌握体温的概念及动物体温的调节机制。
- 掌握动物产热和散热方式。

【能力目标】

- 能将基础代谢的理论知识运用在疾病诊断中。
- 能够解释在生产中动物体温恒定的机制。
- 能够解释为什么动物在疾病的过程中会发生体温的变化。

【素质目标】

- 培养学生崇尚科学、勇于探索的职业素养。
- 培养学生理论联系实际、理论指导实践的专业素养。
- 培养学生具备一定的语言表达能力和逻辑思维能力。
- 培养学生具备分析问题、解决问题的能力。

任务一　家畜的体温

【任务要求】

掌握体温的概念及正常变动；了解常见动物的体温；掌握机体产热和散热的形式与器官。

【认知与解读】

动物进化到鸟类和哺乳类，建立起一套复杂的体温调节机制，通过调节产热和散热过程，不仅能维持较高的体温平衡点（如 37 ℃），而且还可以使其不受环境温度的过分影响，因而它们属于恒温动物。

适宜的体温是机体新陈代谢和一切生命活动正常进行的必要条件。细胞的生化反应速度受温度的影响，参与生化反应的酶类必须在适宜的条件下才能充分发挥作用，体温过低，可使酶活性降低，细胞代谢受到抑制。当体温低于 34 ℃时，意识将丧失；低于 25 ℃时则呼吸、心跳停止。体温过高，可引起酶和蛋白质变性，导致细胞实质损害。当体温持续高于 41 ℃时，可出现神经系统功能障碍，甚至永久性脑损伤，超过 43 ℃将危及生命。此外，体温的恒定反映了动物的进化程度，也赋予了动物对外界环境更强的适应能力。因此，体温是机体健康状况的重要指标。

一、动物的正常体温及其生理变动

机体各部位的温度不同,可分为体表温度和体核温度。体表温度是指身体表层的温度,体表温度较低,变动范围大,易受环境温度影响而变动。体核温度是指身体深层组织的温度,体核温度较高且相对稳定,不易受环境温度的影响。

生理学中常说的体温是指机体深部的平均温度。机体深部各器官因代谢水平差异而温度略有不同,如肝、脑等器官温度较高,肾、胰腺、肠道等温度较低。由于血液不断循环,可使深部各器官趋于一致,因此,血液温度能较好地反映机体深部的平均温度。但是,血液温度不便测定,临床上多以直肠深部温度代表体温,这是由于直肠深部温度比较接近机体深部温度且比较稳定,不易受环境温度的影响。

动物体温因动物种类、性别、年龄、生理状态、环境等因素变化而不同。表 7-1 列出了成年动物在安静状态下的直肠温度。

表 7-1　各种常见动物的直肠温度

动物种类	平均温度/℃	变动范围/℃
黄牛、牦牛、肉牛	38.3	36.7～39.7
水牛	37.8	36.1～38.5
乳牛	38.6	38.0～39.3
骆驼	37.5	34.2～40.7
猪	39.2	38.7～39.8
马	37.6	37.2～38.1
驴	37.4	36.4～38.4
绵羊	39.1	38.3～39.9
山羊	39.1	38.5～39.7
犬	38.9	37.9～39.9
猫	38.6	38.1～39.2
兔	39.5	38.6～40.1
鸡	41.7	40.6～43.0
鸭	42.1	41.0～42.5
鹅	41.0	40.0～41.3

一般而言,家禽体温高于家畜;幼畜体温略高于成年家畜;雄性动物体温略高于雌性动物;雌性动物排卵前体温下降,妊娠期和发情期体温上升。动物运动时体温上升,采食后一般体温升高。家畜体温在一天中也有周期性变化,一般白天较夜晚为高,并以 13:00—16:00 体温最高,2:00—6:00 体温最低。环境温度过高或过低时,体温略有升高或降低。

二、机体的产热与散热

体温恒定的维持依赖于产热和散热过程的相对平衡。

(一)产热

1.主要产热器官

机体的热量来自体内各组织器官进行的氧化分解反应,因而,机体所有组织器官均可产生热量,代谢越强的器官,产热量越多。其中肝脏、骨骼肌、腺体产热最多,是机体的主要产热器官。安静时,内脏器官,特别是肝脏产热量最多,因为肝脏是机体代谢最旺盛的器官,运动和劳役时，骨骼肌代谢明显增加，产热量增加 40 倍以上，占机体产热量 90%以上（表 7-2），成为机体主要的产热器官。草食动物的瘤胃发酵产热也是机体主要的热量来源。

表 7-2　几种组织器官的产热百分比

组织、器官	占体重百分比/%	占机体产热量百分比/%	
		安静状态	劳动或运动状态
脑	2.5	16	1
内脏	34.0	56	8
骨骼肌	56.0	18	90
其他	7.5	10	1

2. 产热形式

（1）寒战产热（shivering thermogenesis）　寒战（战栗）是骨骼肌发生不随意的节律性收缩。战栗时，屈肌和伸肌同时收缩，骨骼肌不做功，收缩的能量全部转化为热量，因而产热量很大，这有利于机体在寒冷的环境中维持体温恒定。

（2）非寒战产热　又称代谢产热，是指机体通过增强代谢而产热。其中以褐色脂肪组织产热量最大，约占代谢性产热的 70%。褐色脂肪组织是一种特殊的脂肪组织，其氧化分解过程产生的能量几乎全部转化为热能，而很少转化为 ATP。

3. 等热范围或代谢稳定区

环境温度改变会影响动物新陈代谢强度和体温。当环境温度显著降低时，机体散热量明显增加，机体必须通过增强新陈代谢以产生更多的热来维持体温相对稳定，试验表明，环境温度每下降 1 ℃，机体代谢率就会提高 2%～5%；当环境温度显著升高时，机体由于散热困难而使体温升高，从而使体内酶活性增强，新陈代谢加快而产热量增加，机体必须通过进一步增加散热来维持体温相对稳定。由此可见，环境温度过高或过低均可导致机体代谢增强，产热增加。当环境温度既不太高也不太低时，机体代谢强度最低，产热量最少。可以使动物机体代谢强度和产热量保持在生理最低水平而体温仍维持相对恒定时的环境温度范围称为等热范围或代谢稳定区。等热范围的下限温度称为临界温度，上限温度称为过高温度。各种动物的等热范围见表 7-3。

表 7-3　各种成年动物的等热范围

动物种类	等热范围/℃	动物种类	等热范围/℃
牛	16～24	犬	15～25
羊	10～20	兔	15～25
猪	20～23	鸡	16～26

等热范围因动物种类、品种、年龄等因素不同而不同。一般被毛密集、皮下脂肪发达的动物如牛、羊等临界温度较低，耐寒性较好。从年龄上看，幼龄动物由于皮毛较薄、散热较多，临界温度显著高于成年动物。

在动物生产实践中，在等热范围内饲养动物，经济上最有利。因为在等热范围内，动物产热量最少，饲料利用率最高，因而动物生产力最高，饲养的经济效益最好。因此，在动物生产中，冬季必须做好防寒保温工作，夏季必须做好防暑降温工作，为动物提供适宜的环境温度。

(二)散热

机体通过代谢不断产热,同时也在不断散热,以维持体温相对稳定。

1.主要散热途径

主要散热途径是经体表皮肤散热,经皮肤散发的热量占机体全部散热量的75%~85%。此外,机体还可以通过呼吸器官、消化器官、泌尿器官等途径散热。

2.散热方式

(1)辐射散热　机体以热射线(红外线)的形式向外界散发热量的方式称为辐射散热。辐射散热是机体在常温和安静状态下最主要的散热方式,约占机体全部散热量的60%。

辐射散热量的多少主要取决于机体与周围环境的温差及有效辐射面积。如环境温度低于皮肤温度,其温差越大,辐射散热越多;如环境温度高于皮肤温度,动物不仅不能辐射散热,而且会吸收热量,使体温升高。有效辐射面积越大,辐射散热越多,如冬季动物尽可能蜷缩身体以减少散热量,而夏季则尽可能伸展肢体以增加散热量。

(2)传导散热　机体的热量直接传递给同它接触的较冷物体的散热方式称为传导散热。传导散热的多少取决于机体与所接触物体的温差、接触面积、所接触物体的导热性。所接触物体的温度越低,接触面积越大,所接触物体的导热性越好,则散热越多;反之则散热减少。因此,冬天应保持畜舍地面干燥并铺设垫草以保温,夏季使用冷水浴、湿帘等措施防暑。

(3)对流散热　通过同皮肤接触的空气流动将机体热量传给外界的散热方式称为对流散热。当机体热量传给同皮肤接触的一薄层空气后,该空气因温度升高、密度变小(变轻)而离开皮肤,新的未加热的空气又进来与皮肤接触,由于空气不断流动而将体热不断散发。可见,对流散热是一种特殊的传导散热。对流散热的多少主要取决于空气对流的速度(风速)。风速越大,散热量越多;风速越小,散热量越小。因此,冬天应防风保温,夏季应通风防暑。

(4)蒸发散热　通过体表水分的蒸发来散失体热的散热方式称为蒸发散热。蒸发散热是机体在环境温度等于或高于体温时的唯一散热方式,因为当环境温度等于或高于体温时,辐射、传导、对流散热都会停止,甚至会使机体吸收热量。蒸发散热分为不显汗蒸发和显汗蒸发两种方式:

不显汗蒸发:机体的水分直接渗透到皮肤和黏膜表面,在未聚集成汗滴前被蒸发。不显汗蒸发持续进行,即使在寒冷的冬季也在进行,它与汗腺活动无关,且不受生理性体温调节机制的控制,是机体重要的散热途径。

显汗蒸发:以汗腺分泌汗液蒸发的形式带走热量。在高温环境和剧烈运动或使役时,汗液分泌增加而带走大量的热。汗液分泌与体温调节密切相关。汗液必须在体表蒸发才能散热,如被擦掉则不能散热。

蒸发散热的多少主要与环境温度、湿度、空气对流速度有关,一般温度越高,风速越大,蒸发散热越多,而湿度越大,则散热越少,因此动物在高温高湿的闷热环境中最容易发生中暑。

任务二　体温调节

【任务要求】

了解动物机体体温调节中枢;理解体温调定点学说的内容;能解释发热现象。

【认知与解读】

恒温动物体内产热和散热两个生理过程之间的动态平衡，是在环境温度和机体代谢水平变化的情况下，保持体温相对稳定的关键。而这一动态平衡是机体通过行为性体温调节和自主性体温调节实现的。行为性体温调节是在大脑皮层控制下，通过一定行为来维持体温相对恒定，如蜷缩身体保暖、伸展身体散热、寻找阴凉场所散热等。自主性体温调节是在神经系统特别是下丘脑控制下，通过控制与产热和散热有关的反应如寒战、发汗、皮肤血管舒缩等，进行体温调节。行为性体温调节是以自主性体温调节为基础的，是对自主性体温调节的补充。生理学中主要讨论自主性体温调节原理。

自主性体温调节属于典型的负反馈自动控制系统。如图 7-1 所示，体温调节由温度感受器、体温调节中枢和效应器共同完成。下丘脑体温调节中枢属于控制系统，它的传出指令经植物性神经、躯体神经、产热装置（肝脏、骨骼肌、褐色脂肪等）和散热装置（汗腺、皮肤血管等）的活动，使受控系统产生一个稳定的变量——体温。当内、外环境因素的干扰引起体温变化（升高或降低）时，温度检测器即外周和中枢的深部温度感受器便将变化的信息反馈到下丘脑体温调节中枢，使之传出指令发生相应的改变，从而改变机体的产热和散热过程，使升高或降低的体温又恢复到正常体温水平。此外，皮肤温度感受器可作为环境干扰因素的监视装置，其产生的传入信息比环境温度引起体温改变后经深部温度感受器产生的反馈信息更快地作用于控制系统，属于前馈信息。前馈信息使得控制系统能够在环境温度改变而体温尚未明显改变时，及早发出指令调节受控系统，从而大大减少负反馈调节时体温变化的滞后和波动。这种由前馈信息引起的调控方式称为前馈调节。下面分别讨论自动控制系统中的主要环节。

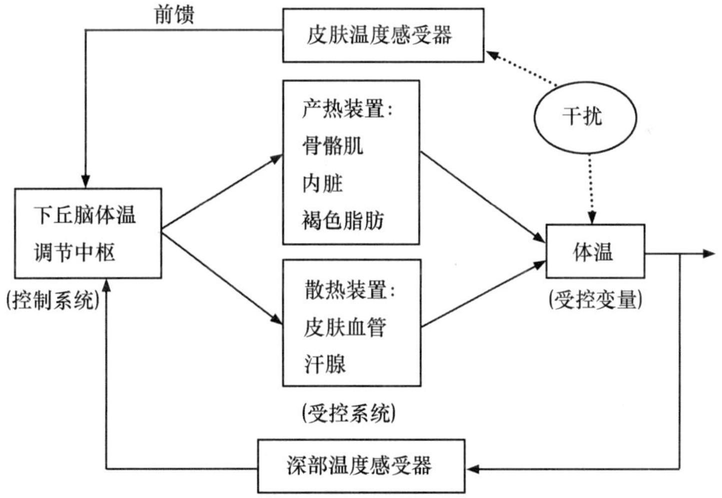

图 7-1　自主性体温调节的自动控制系统

一、温度感受器

温度感受器是感受机体各部温度变化的特殊结构。按照感受器分布位置的不同可分为外周温度感受器和中枢温度感受器。

（一）外周温度感受器

外周温度感受器是分布于皮肤、黏膜和内脏等外周器官中的温度感受器，包括冷感受器和热感受器两种。它们分别对局部温度的降低或升高敏感，对机体外周的温度起着监测作用。

实验证明,皮肤中冷感受器数量是热感受器数量的 4～10 倍,提示皮肤温度感受器主要是感受外界环境的冷刺激,防止体温下降。外周温度感受器的传入信息除到达体温调节中枢引起体温调节效应外,还可传到大脑皮层,引起温觉。

(二)中枢温度感受器

中枢温度感受器是分布于脊髓、延髓、脑干网状结构及下丘脑等中枢神经系统内的对温度变化敏感的神经元,包括热敏神经元(温度升高时神经冲动的发放频率增加)和冷敏神经元(温度降低时神经冲动的发放频率增加)两类神经元。其中在视前区-下丘脑前部(PO/AH)中,热敏神经元数量明显多于冷敏神经元,提示下丘脑温度感受器主要是感受温度升高刺激。

二、体温调节中枢

实验证明,只要保持下丘脑及其以下结构的完整性,恒温动物就能维持体温的相对稳定;破坏下丘脑或在下丘脑以下横断脑干后,动物便不能维持体温的相对稳定。这表明下丘脑是体温调节的基本中枢。实验进一步证明:①下丘脑的 PO/AH 温度敏感神经元不仅具有中枢温度感受器的作用,而且还能对下丘脑以外各部位(包括外周温度感受器)传入的温度变化信息发生反应,这表明 PO/AH 是体温调节中枢中实现整合作用的核心部位。②下丘脑后部存在寒战中枢,来自皮肤和脊髓的冷信号可使之兴奋,引起寒战反应。③下丘脑后部还有发汗中枢和引起皮肤血管活动改变的交感中枢。体温调节的高级中枢在大脑皮层,对下丘脑活动及骨骼肌运动和行为改变起调节作用。

三、体温调定点学说

关于体温恒定的调节原理可以用体温调定点学说来解释,该学说认为:下丘脑 PO/AH 中的温度敏感神经元起着体温调定点的作用。其中,热敏神经元随体温升高而活动增强,并引起机体发动产热反应;冷敏神经元随体温降低而活动增强,并引起机体发动散热反应。当机体体温处于某一数值(如 37 ℃)时,热敏神经元活动引起的散热和冷敏神经元引起的产热正好保持平衡,这一温度值就是体温调节系统的调定点。正常情况下,机体调定点在 37 ℃左右,这时,散热较少,产热也较少,产热和散热保持平衡且十分稳定。当体温超过调定点时,热敏神经元的活动显著增强,散热明显增加,而冷敏神经元的活动明显减弱,产热明显减少,从而使散热大于产热,体温逐渐降低,直至降到调定点为止;反之,冷敏神经元活动增强,而热敏神经元活动减弱,产热大于散热,使体温逐渐升高,直至升高到调定点为止。

临床上由致热源引起的发热就是体温调定点上移的结果。致病菌或吞噬细胞等释放的致热源使体温调定点上移,即下丘脑 PO/AH 中热敏神经元温度阈值升高,冷敏神经元的温度阈值下降。体温调定点的上移使机体正常体温低于新的体温调定点,从而使冷敏神经元活动明显增强,热敏神经元的活动显著减弱,引起机体产热增加,散热减少,直至体温达到新的体温调定点为止,使机体在新的体温调定点上维持产热和散热的相对平衡(图 7-2)。因此临床上在发热初期表现为

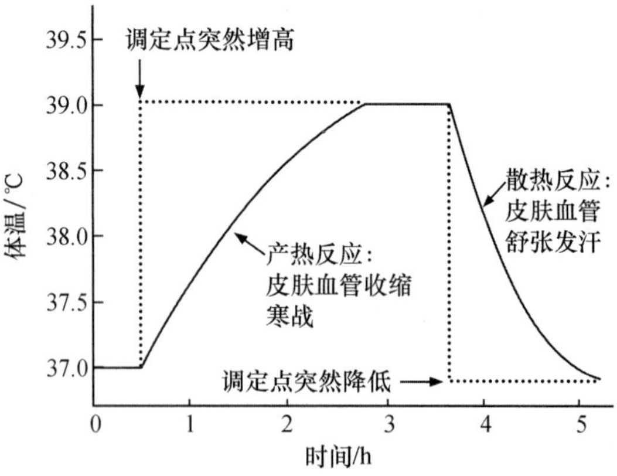

虚线:调定点变化　实线:实际体温变化

图 7-2　调定点的变化对机体产热和散热的影响

身体发冷、恶寒、寒战等症状。当引起发热的因素去除后，升高的体温调定点又恢复到正常水平，则实际体温高于体温调定点，热敏神经元的活动显著增强，散热明显增加，而冷敏神经元的活动明显减弱，产热明显减少，从而使散热大于产热，体温逐渐降低，直至降至正常水平。因此临床上在退热过程中，机体表现为皮肤血管舒张、大汗等散热反应症状。

【操作与体验】

家畜体温测定

【实验目的】掌握动物体温的测定方法，了解健康动物的体温状况及影响体温的因素。

【实验原理】生理学上的体温系指机体深部的平均温度，正常体温是机体新陈代谢及内环境理化性质相对稳定的必要条件，同时也是反映机体机能状态的客观指标之一。机体各部存在着温度差异，体表温度一般较体内温度低。健康动物体表各部皮肤的温度也有差异，皮肤温度主要取决于局部的血液供给情况，以及皮肤的裸露程度、被毛的厚度等。皮肤温度还与环境温度有密切关系，环境温度不仅能直接影响皮肤的散热，而且还可通过刺激皮肤的温度感受器，反射性地改变皮肤血管的口径和影响竖毛肌的舒缩，从而增加或减少体热的散失。测家畜的体温有助于了解其健康状况和机体当时散热的状况。

【实验对象】牛，羊，马，犬，猪。

【实验材料】温度计，酒精棉球，石蜡油，干棉球，纱布，夹子，润滑剂。

【实验方法与步骤】

1. 将动物（牛、羊、马）在柱栏内保定。

2. 甩动体温计，使水银柱降至 35.0 ℃以下，然后用消毒棉清拭之并涂以滑润剂。

3. 操作者测量牛、马的体温时，应站在牛、马的正后方，用一只手将动物尾根部提起并推向对侧，以另一只手持体温计缓缓地边旋转边插入肛门中，放下尾部后，用夹子夹在尾毛上以固定之。测量猪的体温时，对性情温和的猪，先轻挠背部，待其安静或卧地后，将体温计插入直肠。对性情粗暴的猪，应适当保定后再测量。

4. 按体温计的规格要求，将体温计在直肠中放置一定时间（一般为 3～5 min），取出后读取读数。

5. 测温完毕，甩动体温计使水银柱降下，并用消毒棉清拭，以备下次使用。

【注意事项】

1. 体温计在使用前应甩到 35.0 ℃以下。

2. 体温计头端应消毒，涂润滑剂，以免插入直肠时刺破直肠壁。

3. 读取体温时要与视线平行，否则读数不准。

【拓展与链接】

家畜对高温与低温的耐受能力和适应

（一）家畜的耐热与耐寒性能

动物因种类、品种、年龄等不同，耐热与耐寒性能也不同。

1. 家畜的耐热性能

多数动物耐热性较差。骆驼耐热能力最强，在供应充足饮水情况下，可长期耐受炎热而干燥的环境。它主要通过增强体表蒸发散热和使体温升高来进行调节。绵羊也有较强的耐热能力，其主要调节方式是热性喘息，通过呼吸道蒸发散热。马属动物因汗腺发达也有较强的耐热能力，主要通过分泌汗液进行散热。牛耐热性较差，特别是奶牛耐热性更低，当环境温度超过26 ℃时，即可引起明显的热应激反应，采食量明显降低，生产性能明显下降。水牛因汗腺不发达，耐热性较差，主要通过水浴而散热。猪的汗腺不发达、皮脂较厚，因而耐热性较弱，当环境温度超过 30 ℃即可引起体温升高。

2. 家畜的耐寒性能

大多数家畜耐寒性能较强，一般比耐热能力大得多。牛、马、绵羊在－18 ℃时仍能维持体温正常，乳牛在－15 ℃时仍维持正常产奶。猪的耐寒性较弱，成年猪在 0 ℃的环境中难以持久维持体温正常。幼龄动物耐寒性能一般都显著低于成年动物。如仔猪在 0 ℃的环境中 2 h 就将陷入昏睡。

(二)家畜对高温与低温的适应

动物较长期处于寒冷或炎热环境中，或一年中季节性温度变化，或动物由寒带（或热带）迁入热带（或寒带）时，初期可通过各种调节机制维持体温稳定，随后发生不同程度的适应现象。

1. 习服

习服是指动物短期（通常数周到数月）生活在超常温度环境（寒冷或炎热）中所发生的适应性反应。如冷习服时，动物产热由寒战性产热为主转为非寒战性产热为主。肾上腺素、甲状腺素等激素含量明显增加，代谢增强，产热量明显增加。热习服时，机体发汗速率明显增加，皮肤血管舒张，机体散热量明显增加。

2. 风土驯化

机体随季节性变化发生的对环境温度的适应。如动物由夏季经秋季到冬季的过程中，其代谢率改变不大，产热并未明显增加，甚至产热量降低，而是通过改变被毛（脱去粗、短、稀、直的夏毛，换成细、密、长的冬毛）、增加皮下脂肪厚度、收缩皮肤血管等方式，降低机体散热量而维持正常体温。

3. 气候适应

经过几代自然选择与人工选择，动物的遗传特性发生变化，不仅本身对当地的温度环境表现良好的适应能力，而且还能遗传给后代，成为该种或品种的特点。如寒带动物有较厚的被毛和皮下脂肪，保温效率较高，在极冷的条件下，不必提高代谢率即可维持正常体温。

【复习与思考】

1. 机体产热和散热的主要方式有哪些？
2. 试用调定点学说解释动物体温为何能保持相对恒定。

项目七复习与思考答案

项目八

泌尿系统

【知识目标】

- 了解肾脏的结构、功能及血流特点。
- 掌握尿液生成的过程及影响因素。
- 了解肾小球旁器的生理作用。
- 理解尿液浓缩与稀释的机制。
- 了解尿生成的调节过程。
- 掌握概念：肾小球的滤过作用，肾小管和集合管的重吸收、分泌、排泄作用。

【能力目标】

- 能够运用理论知识解释尿生成的过程。
- 能运用理论知识解释糖尿的形成机制、利尿药的作用。
- 能说出血管升压素在调节尿浓缩与稀释中的作用。

【素质目标】

- 培养学生崇尚科学、勇于探索的职业素养。
- 培养学生理论联系实际、理论指导实践的专业素养。
- 培养学生具备一定的语言表达能力和逻辑思维能力。
- 培养学生具备分析问题、解决问题的能力。

任务一　肾脏的结构和血液循环特点

【任务要求】

理解排泄和排遗的概念；了解和掌握机体的排泄途径；了解和掌握肾脏的结构和功能；了解肾小球旁器的组成和作用；掌握肾脏血液循环的特点。

【认知与解读】

动物机体在新陈代谢过程中，不断产生对自己无用或有害的代谢终产物，如果它们在体内聚集，就会妨碍正常的生理机能，甚至危及生命。因此，机体必须通过排泄活动将它们及时排出体外。排泄是指机体内物质代谢的终产物和进入体内的各种异物(包括药物等)，经血液循环，由排泄器官排出体外的过程。生理学上认为只有通过血液循环把排泄物排出体外的过程才属于排泄；而由大肠排出的饲料残渣，因并未进入血液，所以不属于生理排泄物。

机体的排泄途径有以下四种：

(1)由呼吸器官排出　排泄物主要是二氧化碳、少量水和一些挥发性物质。

(2)由消化道排出　排泄物混合于粪便中，如经肝脏排入肠腔的胆色素以及经大肠黏膜排出的一些无机盐类(钙、镁、铁等)。

(3)由皮肤排出　皮肤依靠汗腺分泌排出一部分水、少量尿素和盐类。马的汗液中还含有血浆蛋白。

(4)由肾脏排出　以尿的形式排泄代谢产物，这是机体最重要的排泄途径，因为尿中所含的排泄物种类最多，数量最大。体内大部分代谢产物及进入体内的异物、药物等都可随尿排出体外。

另外，肾脏还通过尿液的生成调节细胞外液容量和渗透压的相对稳定以及参与酸碱平衡的调节，因而对维持机体内环境的相对恒定起着十分重要的作用。

一、肾脏的结构

肾脏的结构与功能的基本单位是肾单位。肾单位与集合管共同完成泌尿功能。集合管不包括在肾单位内，但在功能上与肾单位密切相关。

(一)肾单位

肾单位由肾小体和肾小管两部分组成(图 8-1)。

1. 肾小体

肾小体由肾小球和肾小囊组成，散布于肾皮质。肾小球为一团盘曲的毛细血管网，其两端分别与入球小动脉和出球小动脉相连。整个肾小球是一种超过滤装置，它能够控制血浆滤出的成分和数量。肾小球外的包囊称为肾小囊，是由肾小管盲端膨大凹陷而构成的杯状囊，包在肾小球的周围。囊壁分为两层：内层(脏层)和外层(壁层)，两层之间有一间隙，即肾囊腔，与近曲小管管腔相通，可收容从肾小球滤出的滤液(图 8-2)。

2. 肾小管

肾小管是一条细长、弯曲的微细管道，分布于肾皮质和髓质，始于肾囊腔，止于集合管，由近球小管(包括近曲小管和髓袢降支粗段)、髓袢(包括髓袢降支细段和髓袢升支细段)和远球小管(包括髓袢升支粗段和远曲小管)三部分组成(图 8-3)。远曲小管的末端与集合管相通。

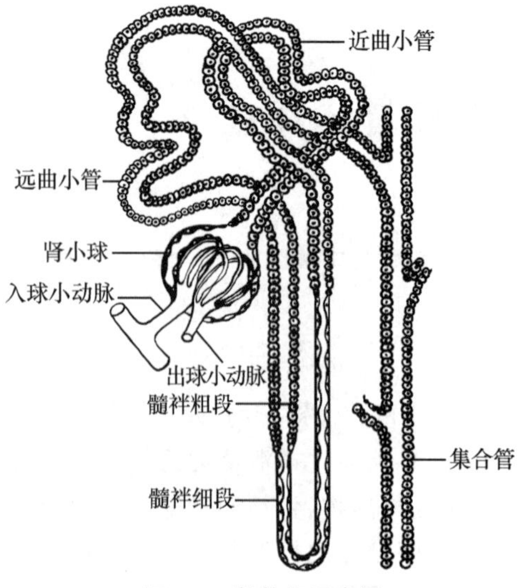

图 8-1　肾单位示意图

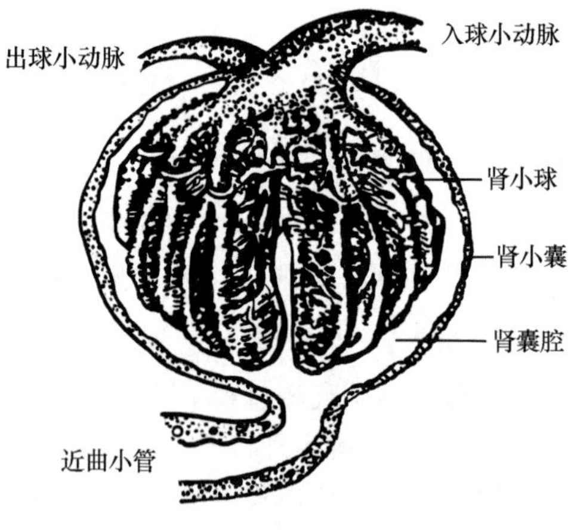

图 8-2　肾小体模式图

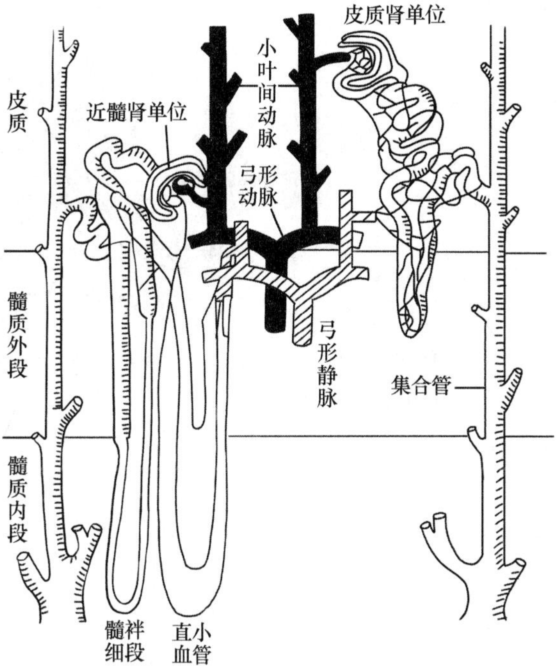

图 8-3　两类肾单位和肾血管示意图

肾单位的组成可归结如下：

- 肾单位
  - 肾小体
    - 肾小球
    - 肾小囊
  - 肾小管
    - 近球小管
      - 近曲小管
      - 髓袢降支粗段（髓袢）
    - 髓袢细段
      - 髓袢降支细段（髓袢）
      - 髓袢升支细段（髓袢）
    - 远球小管
      - 髓袢升支粗段（髓袢）
      - 远曲小管

肾单位数量因动物的种类不同而各异，牛约为 800 万个；猪约 220 万个；犬约 80 万个；猫约 40 万个；鸡约 80 万个。

(二)集合管

集合管在尿的生成过程中，特别是尿浓缩过程中起重要作用。集合管由数条远曲小管汇合而成，许多集合管又汇入乳头管并开口于肾盂乳头，最后尿液经肾盏、肾盂、输尿管而进入膀胱，再由膀胱排出体外。

(三)肾小球旁器

肾小球旁器又称近球小体，由近球细胞、致密斑和间质细胞所组成(图 8-4)。

1.近球细胞

近球细胞又称肾小球旁细胞，位于接近肾小球的入球小动脉的血管壁内，是由管壁中的平滑肌细胞演变而来的肌上皮细胞。这类细胞能分泌肾素和促红细胞生成素，前者能促进血管收缩，升高血压，后者能促进红细胞的生成。

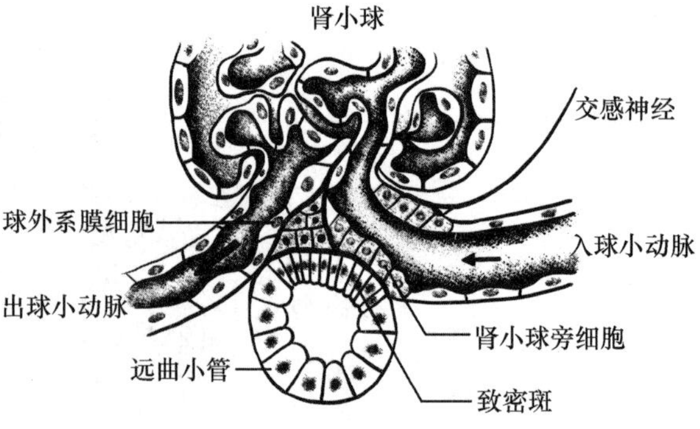

图 8-4　肾小球旁器示意图

2. 致密斑

远曲小管在邻近近球细胞处，其管壁细胞由低柱状转变为细而长的高柱状细胞，细胞核密集，呈现斑状隆起，染色较深，称之为致密斑。致密斑是一种化学感受器，能感受远球小管液中 Na^+ 浓度的变化，并发出信息传递给近球细胞，调节肾素的释放。

3. 间质细胞

间质细胞又称球外系膜细胞，是位于入球小动脉和出球小动脉之间的细胞群，具有吞噬功能，它们与致密斑有密切联系。

二、肾脏的血液循环特点

1. 血压高，血流量大，分布不均匀

由于肾动脉直接来自腹主动脉，管径粗，因此肾血流量大，血压高。据测定，肾血流量占心输出量的 20%～30%，其中 94%的血液供应皮质，4%供应外髓，仅 1%供应内髓。

2. 形成二次毛细血管网

肾脏血管循环过程中形成肾小球毛细血管网和肾小管毛细血管网(二次毛细血管网)。

(1)肾小球毛细血管介于入球小动脉和出球小动脉之间。皮质肾单位的入球小动脉粗而短，阻力小；出球小动脉细而长，阻力大，致使肾小球毛细血管血压维持在较高的水平，这有利于肾小球的滤过作用。

(2)皮质肾单位的出球小动脉在离开肾小球后再次分支形成毛细血管网，围绕在肾小管周围。由于肾小球滤过作用，这套毛细血管中血压较低，而血浆胶体渗透压却增高，这有利于肾小管的重吸收作用。近髓肾单位的出球小动脉在离开肾小球后，再分支形成两种小血管：一种是毛细血管网，缠绕在肾小管周围，与肾小管的重吸收作用有关；另一种是 U 形直小血管，与髓袢并行伸入肾髓质，它对于维持髓质组织间液的渗透梯度有一定作用，与尿液浓缩有关(图 8-3)。

任务二　尿的生成

【任务要求】

了解尿的理化特性和组成；掌握尿的生成过程及影响尿液生成的因素；理解和掌握肾小球的滤过作用、肾小管和集合管的重吸收作用、肾小管和集合管的分泌作用的概念；了解各段肾小管和集合管的重吸收作用；了解肾小管和集合管的分泌作用。

【认知与解读】

尿是血浆通过肾单位的作用生成的,尿的理化特性和化学组成的变化不仅能反映泌尿系统的机能状态,而且在一定程度上也代表着全身机能活动状态,故在兽医临床诊断中常以尿液检查作为诊断一些疾病的辅助手段,在畜牧生产上也以分析尿液作为家畜代谢平衡试验和制定家畜饲料标准的重要参考依据。

一、尿的理化特性

(一)颜色

健康动物的尿液多呈淡黄色或黄色透明状,也有呈无色透明状。家畜尿的颜色不同,与其中所含色素(尿色素、尿胆素)的数量多少有关。马尿一般呈黄白色,黄牛尿为淡黄色,水牛和猪尿色淡如水样。尿经放置后,因其中的尿色素原被氧化,颜色变深。

(二)透明度

多数家畜新排出的尿都清亮透明;但马、驴、骡的尿因含有大量碳酸钙、不溶性磷酸盐及黏蛋白而混浊,当静置时,尿的表面可形成一层明亮的碳酸钙薄膜,其底层出现黄色沉淀。

(三)密度

正常家畜尿的密度与尿量及溶解于尿中的固体物的量有关。若家畜饮水过多,尿量增加,固体成分就减少,尿密度降低;相反,饮水过少或大量出汗,尿量减少,固体成分增多,尿密度升高。各种家畜正常尿的相对密度见表 8-1。

表 8-1　正常动物尿的相对密度

动物	尿的相对密度	动物	尿的相对密度
马	1.025～1.055	骆驼	1.030～1.060
牛	1.025～1.055	犬	1.025～1.050
绵羊	1.025～1.070	猫	1.025～1.040
山羊	1.015～1.070	兔	1.010～1.015
猪	1.018～1.050		

(四)酸碱度

各种动物尿的酸碱度不同,主要与食物性质有关。草食动物采食的植物性饲料中含有大量的柠檬酸、苹果酸、乙酸等的钾盐,这些物质在体内氧化时,生成碳酸氢钾随尿排出,所以尿呈碱性。肉食动物采食的蛋白质饲料,在体内代谢生成硫酸、磷酸等,这些酸一部分随尿排出,使尿呈酸性。杂食动物的尿有时呈酸性,有时呈碱性,这主要取决于饲料的性质。健康动物尿的酸碱度见表 8-2。

表 8-2　健康动物尿的酸碱度

动物	pH	动物	pH
马	7.2～8.7	犬	5.7～7.0
牛	7.7～8.7	兔	8.0
猪	6.5～7.8	母鸡	5.0
山羊	8.0～8.5	鸭	6.8

二、尿的化学组成

尿中的水分占96%～97%，固体物占3%～4%。固体物中包括有机物(占60%)和无机物(占40%)。尿中的无机物质主要是钾、钠、钙、镁的氯化物、硫酸盐、磷酸盐和碳酸氢盐；尿中的有机物质大部分是蛋白质和核酸的代谢终产物，如尿素、尿酸、肌酐、马尿酸、嘌呤碱等。此外，尿中还含有少量的其他有机物，如色素、草酸、乳酸、低级脂肪酸(乙酸、丁酸)、某些激素、维生素和酶等。

尿液的理化性质及组成常因动物的种类、品种和个体差异而稍有差异，同一个体也可因饲料性质、饮水量、气候等条件而使尿的性质有所变动。因此，在做尿液检查时应考虑这些因素。

三、尿的生成过程

尿液来自血液，但两者成分有很大差异。如血浆中有蛋白质和葡萄糖，而尿中没有；尿中的盐类、尿素、尿酸、肌酐等物质的浓度要比血浆大几倍甚至几十倍。这些差别的原因是由于尿液是血浆经过肾单位和集合管的协同作用所形成的。尿液生成的过程包括两个过程：通过肾小球的滤过作用形成原尿以及通过肾小管、集合管的重吸收、分泌和排泄作用形成终尿。

(一)肾小球的滤过作用

当血液流经肾小球时，除血细胞和大分子蛋白质外，血浆中的其他成分，如水、无机盐、葡萄糖等，包括少量小分子蛋白质，都能通过肾小球滤过膜而进入肾囊腔内，这种滤过液称为原尿。原尿和血浆的成分相比，除原尿中的蛋白质含量为0.03%，而血浆中的含量为8%外，其他离子和晶体物的浓度、酸碱度、渗透压等基本是一致的。因此就原尿本身而言，它是一种基本上不含蛋白质的血浆滤过液(表8-3)。

表8-3 血浆、原尿和尿成分比较

成分	血浆/%	原尿/%	尿/%	尿中浓缩倍数
水	90	98	96	—
蛋白质	8	0.03	0	—
葡萄糖	0.1	0.1	0	—
Na^+	0.33	0.33	0.35	1.1
K^+	0.02	0.02	0.15	7.5
Cl^-	0.37	0.37	0.6	1.6
$H_2PO_4^-$	0.004	0.004	0.15	37.5
尿素	0.03	0.03	1.8	60.0
尿酸	0.004	0.004	0.05	12.5
肌酐	0.001	0.001	0.1	100.0
氨	0.000 1	0.000 1	0.04	400.0

1.肾小球滤过膜及其通透性

肾小球滤过膜及其通透性是肾小球滤过作用的结构基础。

肾小球滤过膜是介于肾小球毛细血管腔和肾囊腔之间的结构总称。在电镜下可见此膜有三层结构：肾小球毛细血管内皮细胞、紧贴在内皮细胞之外的基膜和肾小囊脏层上皮细胞。三层膜上均存在小孔或裂隙，大小由4～8 nm至50～100 nm不等，因而，具有较大的通透性。其中以基膜上的微孔最小，是构成肾小球滤过作用的机械屏障。此外，滤过膜各层都覆盖着一层带负电荷的物质(主要是糖蛋白),能限制带负电荷的物质滤出,形成肾小球滤过的电学屏障,所以同样大小的分子,带正电荷者容易通过,中性者次之,而带负电荷者难通过。

血浆中的物质能否通过滤过膜,取决于物质的有效半径及其所带的电荷。研究表明:分子量小于 6 000、有效半径小于 1.8 nm 的带正电荷或呈电中性的物质,如水、Na^+、尿素、葡萄糖等均可自由通过;分子量大于 6 900、有效半径大于或等于 3.6 nm 的大分子物质,即使带正电荷,也难以通过。虽然血浆蛋白的分子量为 6 900,有效半径为 3.5 nm,但由于其带负电荷,也不能通过。进一步研究发现,机械屏障的作用要大于电学屏障的作用,故 Cl^-、$H_2PO_4^-$、HCO_3^-、SO_4^{2-} 等带负电荷的微小物质也能通过。

2. 肾小球的有效滤过压

肾小球滤过的动力是滤过膜两侧的压力差,这种压力差称为肾小球有效滤过压,作用于肾小球滤过膜两侧的力主要由四部分组成,即肾小球毛细血管压、滤过液的胶体渗透压、血浆的胶体渗透压和肾小囊内压。前两者是推动肾小球滤出的力量,后两者是阻止肾小球滤出的力量。由于滤过膜对血浆蛋白质几乎不通透,故滤过液的胶体渗透压可忽略不计(图 8-5)。因此,肾小球有效滤过压=肾小球毛细血管血压-(血浆胶体渗透压+囊内压)

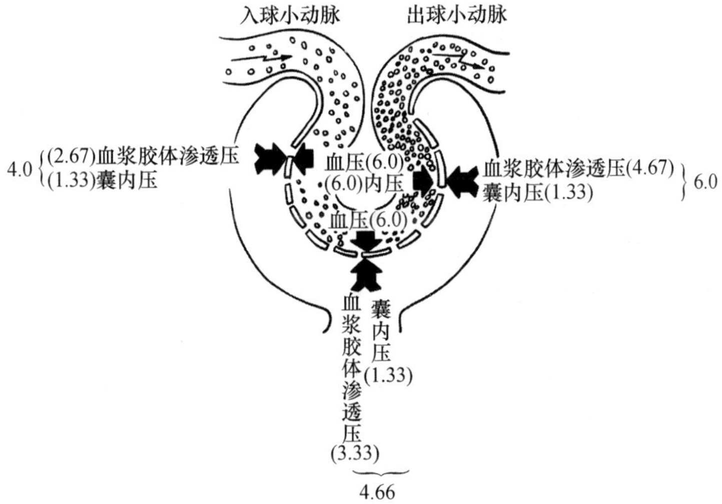

图 8-5　肾小球有效滤过压示意图(单位:kPa)

并非肾小球毛细血管全段都有滤过作用,只有当有效滤过压为正值的血管段才发生滤过作用。滤过平衡越靠近出球小动脉,有效滤过的毛细血管越长,滤过面积越大,滤过率越高。

3. 肾小球滤过率和滤过分数

单位时间(每分钟)内两侧肾脏生成的原尿量称为肾小球滤过率(GFR),两侧肾脏形成的原尿量与同一时间流经两侧肾小球的血浆量之比称为滤过分数。虽然动物的滤过分数为 1/6~1/4,但由于肾脏血流量大,一昼夜生成的原尿量还是很大的。据测定,牛一昼夜原尿生成量约 450 L,绵羊约 120 L,山羊约 110 L,猪约 144 L,马约 550 L,犬约 105 L。

肾小球滤过率和滤过分数是衡量肾小球滤过功能的重要指标。

4. 影响肾小球滤过的因素

肾小球滤过率的大小主要受滤过膜的面积及其通透性、有效滤过压的影响。

(1)肾小球滤过膜的通透性和滤过面积　在正常情况下,肾小球滤过膜的通透性和滤过面积相对稳定,对滤过影响不大。但在病理情况下,如急性肾小球肾炎时,滤过膜增厚,孔径变小,机械屏障作用增强,肾小球毛细血管管腔变窄或阻塞,有效滤过面积明显减少,通透性下降,造成肾小球滤过率下降,出现少尿或无尿。而在缺氧、中毒等病理条件下,由于毛细血管内皮细胞坏死、脱落及滤过膜中的糖蛋白减少,电学屏障作用减弱,原来不能滤出的血浆蛋白或红细胞也可进入囊腔,出现蛋白尿或血尿。

(2)肾小球有效滤过压　在构成肾小球有效滤过压的三个因素中,任何一个因素发生变化,都会使有效滤过压改变,从而影响肾小球的滤过作用。

①肾小球毛细血管血压　当动物因创伤、失血、烧伤等原因而引起全身血压下降,或者在入球小动脉收缩、阻力加大时,肾小球毛细血管血压降低,致使有效滤过压减小,于是滤过率降低,原尿生成减少,终尿也减少。

②血浆胶体渗透压　在正常情况下,血浆胶体渗透压一般变化不大。快速静脉注射大量生理盐水时,可使血浆胶体渗透压减小,肾小球滤过率增大,尿量增多。

③肾小囊内压　在正常情况下,囊内压较稳定。当出现肾结石、肿瘤或其他原因引起输尿管阻塞时,尿液积聚,囊内压升高,致使有效滤过压下降,肾小球滤过率降低。

(3)肾血浆流量　肾血浆流量主要影响滤过平衡的位置。当肾血浆流量加大时,血浆胶体渗透压上升速度减慢,滤过平衡位置靠近出球小动脉端,有效滤过压和滤过面积增加,滤过率随之增加;反之,则出现相反的结果。在临床上,当静脉输入大量生理盐水或5%葡萄糖溶液时,肾血浆流量增加,肾小球毛细血管内血浆胶体渗透压升高的速度和有效滤过压下降的速度均减慢,产生滤过作用的毛细血管长度增加,肾小球滤过率增多。相反,当机体严重缺氧、中毒性休克时,交感神经兴奋,肾血浆流量显著减少,滤过率也减小。

(二)肾小管和集合管的重吸收、分泌和排泄作用

原尿生成后,进入肾小管,称为小管液。小管液在流经肾小管和集合管时,其中的水分和有用物质将全部或部分地被管壁上皮细胞重吸收回血液,称为肾小管和集合管的重吸收作用。与此同时,管壁上皮细胞也将本身产生的物质或血液中的物质分泌或排泄至管腔中,称为肾小管和集合管分泌和排泄作用。经过上述两个环节后,小管液的量和成分发生改变,从而变成终尿。从量上来看,终尿的量只是原尿量的1/150～1/100;从质上来看,小管液中有的物质全部被重吸收(如葡萄糖),有的物质部分被重吸收(如水、Na^+和K^+等),有的则完全不被重吸收(如肌酐),所以常称为选择性重吸收作用。

1.肾小管和集合管的重吸收作用

肾小管和集合管上皮细胞具有强大的重吸收能力,原尿流经肾小管和集合管时,选择性地将大部分水、无机盐和有用的物质重吸收回血液。

肾小管和集合管的重吸收方式分为主动重吸收和被动重吸收。主动重吸收根据能量提供情况,又分为原发性和继发性主动重吸收两种;继发性主动重吸收根据转运体不同,又可分为同向转运和逆向转运。

(1)近球小管的重吸收　近球小管是大部分物质的主要重吸收部位,滤过液中约67%的Na^+、Cl^-、K^+和水在这里被重吸收,还有85%的HCO_3^-以及全部的葡萄糖、氨基酸都在此被重吸收。

①Na^+和Cl^-　Na^+和Cl^-在流经近球小管时被重吸收65％～70％，有主动吸收(2/3)和被动吸收(1/3)两种方式。主动方式常用泵-漏模式来解释(图8-6)：细胞基底侧细胞膜上的Na^+泵将Na^+泵入细胞间隙，使细胞内Na^+浓度下降，小管液中的Na^+顺电化学梯度进入细胞内。Na^+进入细胞间隙，渗透压升高，水分进入，静水压升高，促使Na^+进入血液，并使部分Na^+"漏"回小管液。同时伴随葡萄糖、氨基酸的吸收，或者进行Na^+-H^+交换(同小肠吸收)。

在近球小管Cl^-的重吸收伴随Na^+的主动重吸收而被动重吸收。但在近球小管前段，Cl^-的重吸收速度比HCO_3^-慢，因而在近球小管后段，Cl^-浓度比细胞间隙中高20％～40％，使Cl^-沿细胞旁路进入细胞间隙，并吸引Na^+沿细胞旁路进入细胞间隙。

②水　67％左右的水在近球小管被重吸收。水的重吸收是在渗透压差作用下而被动吸收，属于等渗重吸收，与体水是否缺乏无关。

③HCO_3^-　肾小球滤出的HCO_3^-中80％～85％在近球小管被重吸收。HCO_3^-的重吸收是与H^+的分泌和Na^+的主动重吸收密切联系的(图8-7)。HCO_3^-同小肠吸收过程基本相似。小管液中的HCO_3^-是以Na^+盐的形式存在的，通常解离成HCO_3^-和Na^+。HCO_3^-不能通过上皮细胞管腔膜进入细胞内，它必须先与H^+结合成H_2CO_3，H_2CO_3再解离成CO_2和H_2O。CO_2是脂溶性物质，可迅速扩散进入上皮细胞内，在碳酸酐酶的催化下再与H_2O结合形成H_2CO_3，H_2CO_3再解离成HCO_3^-和H^+，H^+与Na^+与细胞膜上的逆向转运体结合，经Na^+-H^+交换再进入小管液，而HCO_3^-与Na^+则进入血液生成$NaHCO_3$。每分泌一个H^+，就重吸收一个Na^+和HCO_3^-，而$NaHCO_3$是体内重要的碱储备物质，因而肾小管有排酸保碱作用，它对于维持体内酸碱平衡具有十分重要的意义。

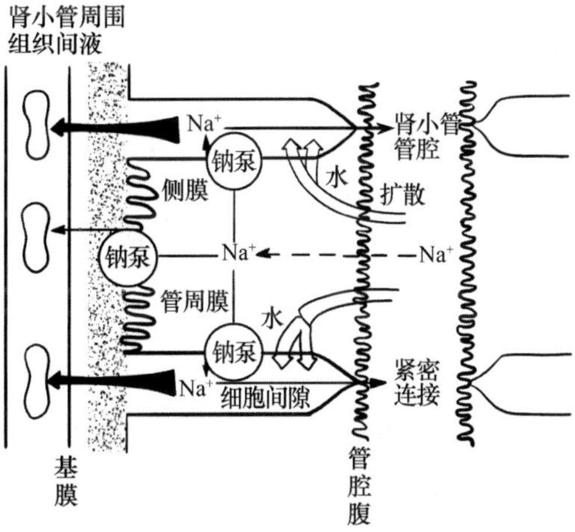

图8-6　Na^+重吸收的泵-漏模式示意图

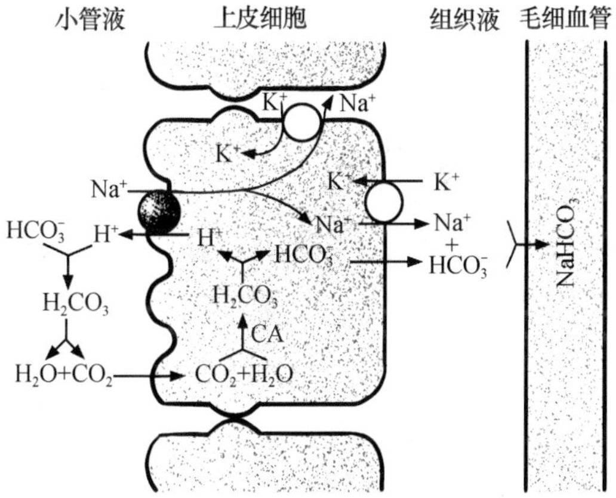

图8-7　HCO_3^-重吸收示意图

CA：碳酸酐酶　实心圆表示转运体，空心圆表示钠泵

④K^+　绝大部分的K^+在近球小管被重吸收。近球小管K^+的重吸收是逆浓度差和电位差而进行的主动重吸收，但具体机制不详。

⑤葡萄糖　葡萄糖重吸收的部位仅限于近球小管。正常情况下，小管液中的葡萄糖可以100％被重吸收回血液。葡萄糖的重吸收是与Na^+耦联的继发性主动转运过程(图8-8)。小管液中的葡萄糖和Na^+与上皮细胞的同向转运体结合，Na^+易化扩散入细胞内，葡萄糖亦伴随进入细胞内，而后Na^+被泵入组织液，葡萄糖则和管周膜上的载体结合，易化扩散至管周组

织液再进入血液。

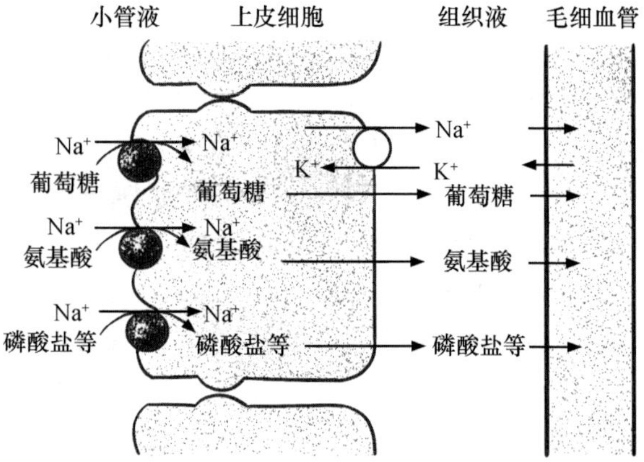

图 8-8　葡萄糖、氨基酸等物质重吸收示意图

实心圆表示转运体，空心圆表示钠泵

但是肾小管对葡萄糖的重吸收能力是有一定限度(1 600~1 800 mg/L)的，这可能是由于上皮细胞上同向转运体的数量是有限的，当所有同向转运体的结合位点都被结合而达到饱和时，葡萄糖的重吸收能力就达到极限。肾小管对葡萄糖的重吸收能力的最大限度称为肾糖阈，它是不出现糖尿的最高血糖浓度值。当血糖浓度超过肾糖阈时，多余的葡萄糖将不能被重吸收而留在小管液中，出现糖尿，同时，由于葡萄糖不能被全部重吸收，使小管液的渗透压升高，水的重吸收减少而尿量增加，因此糖尿病患者临床特征为三多症(吃得多，喝得多，尿得多)。

此外，在近球小管，氨基酸、SO_4^{2-}、HPO_3^{2-} 也是与 Na^+ 相伴经载体同向转运吸收。正常时滤过的少量小分子蛋白通过小管上皮细胞的吞饮作用而被重吸收。

(2)髓袢的重吸收　小管液在流经髓袢时可以重吸收 20%以上的 Na^+、Cl^-、K^+ 和 10%的水。其中，髓袢降支细段对水有通透性，而对 Na^+、Cl^- 等没有通透性；髓袢升支对 Na^+、Cl^- 等有通透性，而对水没有通透性。

①Na^+ 和 Cl^-　由于髓袢降支细段对水有通透性，而对 Na^+、Cl^- 等没有通透性，使小管液的渗透压逐渐升高，到髓袢降支细段末端达到最高；进入髓袢升支后对 Na^+、Cl^- 等有通透性，而对水没有通透性，于是 Na^+、Cl^- 在髓袢升支细段被动扩散进入组织间隙，到髓袢升支粗段时转为主动重吸收。髓袢升支粗段对 NaCl 的重吸收是以 $1Na^+ : 2Cl^- : 1K^+$ 同向转运模式进行的，只有当 Na^+、Cl^-、K^+ 同时存在，NaCl 才能被重吸收。细胞基底侧细胞膜上的 Na^+ 泵将 Na^+ 泵入细胞间隙，使细胞内 Na^+ 浓度下降，小管液中的 Na^+ 与同向转运体结合，形成 $1Na^+ : 2Cl^- : 1K^+$ 同向转运体复合物顺电化学梯度进入细胞内。之后，2 个 Cl^- 进入细胞间隙，1 个 K^+ 返回小管液，1 个 Na^+ 经细胞旁路被动重吸收进入细胞间隙，这样通过钠泵活动，继发性主动重吸收 2 个 Cl^-，同时伴随 2 个 Na^+ 重吸收，其中 1 个 Na^+ 主动重吸收，1 个 Na^+ 经细胞旁路被动重吸收，因而节约 50%能量。髓袢升支粗段对水没有通透性，因而不吸收水分。呋塞米、利尿酸等利尿剂可以与同向转运体结合而抑制盐的吸收而利尿。

髓袢降支不能吸收 Na^+ 和 Cl^-，但能够吸收水分。

②水　10%的水在髓袢降支细段被重吸收。

(3)远曲小管和集合管的重吸收　小管液在流经远曲小管和集合管时，可以重吸收 10%～12%的 Na^+、Cl^- 和一定量的水。

①Na^+ 和 Cl^-　在远曲小管前段，Na^+ 是与 Cl^- 通过继发性主动转运被重吸收。其重吸收模式是 $1Na^+ : 1Cl^-$ 同向转运体模式，$1Na^+ : 1Cl^-$ 同向转运体进入细胞内，然后由钠泵泵出细胞而主动重吸收回血。远曲小管前段对水没有通透性，因而不吸收水分。噻嗪类利尿剂可以与同向转运体结合，抑制 Na^+、Cl^- 重吸收而利尿。

在远曲小管后段与集合管，Na^+ 通过管腔膜上的 Na^+ 通道进入细胞，然后再由 Na^+ 泵泵至组织间液被重吸收。但其重吸收受醛固酮调控。

②水　水的重吸收受抗利尿激素(ADH)的调控，与机体是否缺水有关。

2.肾小管和集合管的分泌和排泄作用

肾小管和集合管上皮细胞可将自身的代谢产物分泌至小管液中，也可将血液中的某些物质排泄入小管液中。由于二者都是将物质排入管腔，所以通常不严格区分，统称为分泌。进入体内的青霉素、酚红以及大部分利尿药，因与血浆蛋白结合在一起而不能通过肾小球滤出，主要由近球小管排入小管液。

(1)H^+的分泌　近曲小管、远曲小管和集合管都能分泌H^+，但在近曲小管分泌最多。

H^+的分泌由两种细胞完成。近球小管细胞通过Na^+-H^+交换分泌H^+(参见HCO_3^-的重吸收)；远曲小管和集合管的闰细胞也可分泌H^+，在此，H^+的分泌是一个逆电化学梯度进行的主动转运过程。细胞内CO_2和H_2O在碳酸酐酶催化下生成H_2CO_3，H_2CO_3进而解离成HCO_3^-和H^+，H^+由管腔膜上的H^+泵泵至小管液，HCO_3^-则通过管侧膜进入血液中。H^+的分泌对血液中酸性物质的排出、碳酸氢钠含量的控制有重要作用，也与体内酸碱平衡的调节有关。

(2)NH_3的分泌　NH_3主要由远曲小管和集合管上皮细胞在代谢过程中产生和分泌。如果机体发生酸中毒，近端小管也可以分泌NH_3。小管上皮细胞中有谷氨酰胺酶和转氨酶，可使由血液进入上皮细胞中的谷氨酰胺等氨基酸脱氨而产生NH_3，NH_3是脂溶性物质，容易通过细胞膜扩散进入管腔，并与管腔中的H^+结合成NH_4^+，再与小管中的强酸盐(如NaCl等)的负离子结合生成酸性铵盐(NH_4Cl等)随尿排出，强酸盐的正离子(如Na^+)则与H^+交换进入上皮细胞内，和HCO_3^-一起转运进入血液。因此，肾小管细胞分泌NH_3，不仅有利于排H^+，而且也促进了$NaHCO_3$的重吸收(图8-9)。

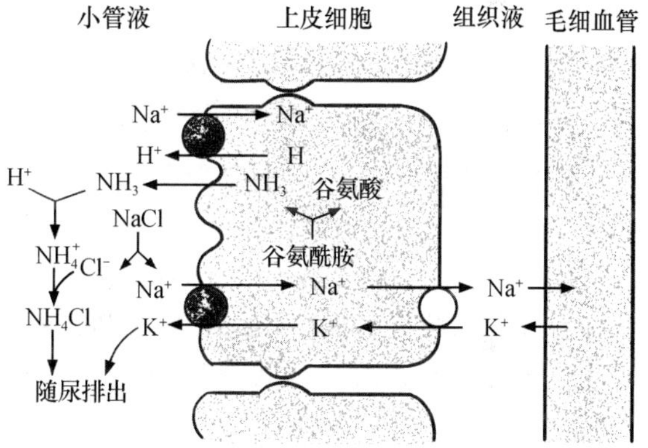

图8-9　NH_3分泌示意图

实心圆表示转运体，空心圆表示钠泵

(3)K^+的分泌　尿中K^+主要由远曲小管和集合管分泌，K^+的分泌与Na^+的重吸收密切相关。一方面，Na^+通过主细胞的管腔膜上的Na^+通道进入细胞，由基侧膜上的Na^+泵将细胞内的Na^+泵至细胞间隙而被重吸收，使管腔内带负电位，这为K^+的顺电位梯度分泌提供了动力(这种关系称为Na^+-K^+交换)，同时Na^+的主动重吸收也提高了细胞内K^+的浓度；另一方面，远曲小管和集合管的主细胞内K^+浓度明显高于小管液，K^+可顺浓度梯度通过管腔膜上K^+通道扩散入小管液。

(4)其他物质的排泄　血液中某些代谢产物如肌酐、对氨基马尿酸等，可以经肾小球滤过进入原尿，也可以由肾小管排泄进入小管液。肌酐是由肌肉中肌酸脱水或磷酸肌酸脱磷酸而来。血肌酐水平是衡量肾功能的一个重要指标。当肾小球滤过率降低或肾小管功能受损时，血肌酐含量增多。此外，进入体内某些物质如青霉素、酚红、呋塞米等在血液中大多与血浆蛋白结合进行运输，因而很少经肾小球滤过而排出，主要经近球小管主动排泄进入小管液中。

肾小管和集合管对各类物质的重吸收、分泌和排泄情况，可归纳如图 8-10。

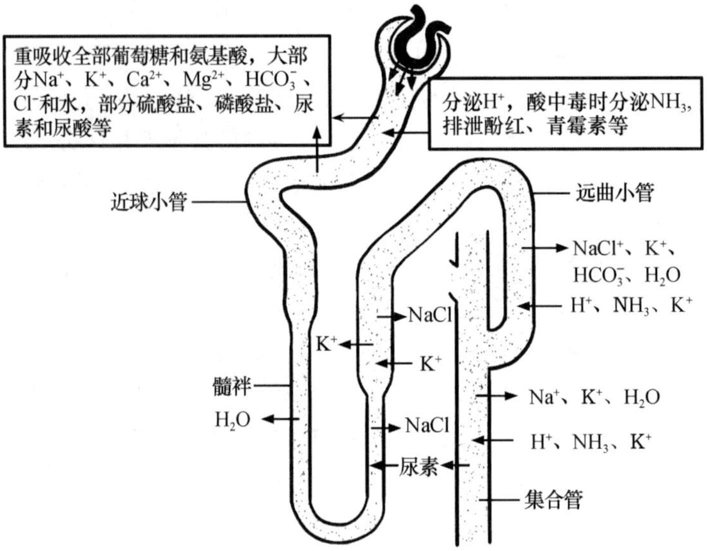

图 8-10 肾小管和集合管的重吸收及分泌作用示意图

3.影响肾小管和集合管的重吸收和分泌作用的因素

(1)小管液中溶质的浓度　小管液中溶质浓度是影响重吸收的重要因素。小管液中溶质浓度增大，渗透压升高，对水的重吸收减少，尿液的排出量增多(如糖尿病患者)。

(2)肾小管上皮细胞的机能状态　肾小管上皮细胞具有选择重吸收的作用，如因某种原因损伤肾小管的机能，导致某些溶质的重吸收产生障碍，间接地影响水的重吸收，出现利尿效应。

(3)激素的因素　抗利尿激素、肾素和醛固酮等对肾小管和集合管的重吸收和分泌作用都有影响，详见任务四“尿生成的调节”部分。

任务三　尿的浓缩与稀释

【任务要求】

了解尿的浓缩和稀释的意义；理解尿的浓缩和稀释的概念。

【认知与解读】

一、尿液的浓缩与稀释的意义

在生理中，尿液的浓缩与稀释是根据尿的渗透压与血浆渗透压相比较而确定的。尿液的渗透压与血浆渗透压相等或相近，称为等渗尿；尿液渗透压高于血浆渗透压称为高渗尿；尿液渗透压低于血浆渗透压称为低渗尿。

正常情况下，尿液渗透压随机体内的水平衡状态而变化。当体内缺水时，肾小管和集合管对水的重吸收增加，而对盐的重吸收减少，使尿液渗透压高于血浆渗透压，称为尿液被浓缩；当体内水过多时，肾小管和集合管对盐的重吸收增加，而对水的重吸收减少，尿液渗透压低于血浆渗透压，称为尿液被稀释。可见尿液的浓缩与稀释是维持体内体液平衡及渗透压恒定的重要保证。

二、尿液的稀释

当小管液流经髓袢升支粗段时，大量 NaCl 以 $1Na^{+}$ ：$2Cl^{-}$ ：$1K^{+}$ 同向转运体模式被重吸收，而对水没有通透性，因而不吸收水分，从而使小管液变成低渗液。低渗液流经远曲小管和集合管时，水的重吸收受抗利尿激素(ADH)控制，当体内水分增多时，ADH 分泌减少，使远曲小管和集合管对水的通透性很低，使水分重吸收减少，而 NaCl 继续被吸收，进而引起小管液渗透压进一步下降，使尿液被稀释。

三、尿液的浓缩

当低渗的小管液经远曲小管和集合管时，如果水分的重吸收明显增加，而盐的重吸收减少，则低渗的小管液逐渐变为高渗状态，尿液被浓缩。但小管液经远曲小管和集合管时，水分被大量重吸收，主要需要两个条件：一个是有大量的抗利尿激素(ADH)，另一个是远曲小管和集合管外的组织液呈高渗状态。当机体缺水时，会刺激下丘脑的渗透压感受器，反射性引起抗利尿激素的大量分泌，使远曲小管和集合管对水的重吸收明显增大，因而尿液是否被浓缩就取决于远曲小管和集合管外的组织液是否呈高渗状态。20 世纪 50 年代，用冰点降低法测定大鼠肾脏组织切片的渗透压，观察到髓质组织液与血浆的渗透压之比，从外髓部向乳头部依次递增，分别为 2.0、3.0、4.0，具有明显的渗透压梯度。

任务四　尿生成的调节

【任务要求】

理解肾脏的自身调节、神经调节；掌握肾脏的体液调节。

【认知与解读】

肾脏的泌尿功能，不仅对于代谢产物的排出，而且对于血浆乃至全身体液平衡、水盐平衡及酸碱平衡都具有重要意义，因此肾脏的泌尿功能与全身新陈代谢强度相适应，这种适应是通过肾脏的自身调节、神经调节和体液调节来实现的。

一、肾脏的自身调节

(一)肾血流量的自身调节

肾脏血管有很强的自身调节能力，在没有外来神经支配的条件下，当动脉血压在 10.7～24.1 kPa (80～180 mmHg)波动时，肾血流量仍能保持相对恒定。

关于肾血流量的自身调节机制，有人提出肌源学说和管-球反馈来解释。肌源学说认为，在一定范围内，肾小球入球小动脉平滑肌能随着肾动脉血压的变化而发生相应的舒缩反应。当肾动脉血压升高时，入球小动脉平滑肌的紧张性增强，血管收缩，血流量并不增多；而当肾动脉血压降低时，入球小动脉平滑肌的紧张性下降，血管舒张，血流量不致减少。当血压变动过大时，超过自身的调节范围，肾血流量也会随着全身血压的变化而变化。

管-球反馈是肾血流量和肾小球滤过率自身调节的重要机制之一。当肾血流量和肾小球滤过率增加时，致密斑处的小管液流量增加，致密斑发出信息，使肾血流量和肾小球滤过率恢复正常。相反，当肾血流量和肾小球滤过率减少时，致密斑处的小管液流量减少，致密斑发出信息，使肾血流量和肾小球滤过率增加至正常水平。这种小管液流量变化影响肾血流量和肾小球滤过率的现象称为管-球反馈。

(二)小管液中的溶质浓度调节

小管液中的溶质所形成的渗透压，是阻碍肾小管和集合管重吸收水分的力量。如果小管液中溶质(如葡萄糖、NaCl等)浓度增加，并超过肾小管和集合管对溶质的重吸收限度时，则小管液中渗透压升高，水的重吸收减少，于是尿量增加，这种现象称为渗透性利尿。例如，糖尿病患者，由于小管液中葡萄糖浓度升高，超过了肾小管的重吸收限度，致使小管液渗透压升高，阻碍了水的重吸收，导致尿量增多。临床上有时使用能被肾小球滤出但不易被肾小管重吸收的药物，如静脉注射20%甘露醇溶液等，以增加小管液中溶质的浓度及渗透压，妨碍水分的吸收，借以达到利尿和消除水肿的目的。

(三)球-管平衡

不论肾小球滤过率是增大还是减小，近球小管对溶质和水的重吸收率始终保持在65%～70%，这种现象称为球-管平衡。其意义在于使尿中排出的水和溶质量不会因滤过率的变化而有较大波动。

球-管平衡在某些情况下也可被打破。如渗透性利尿时，近球小管重吸收率减少，而肾小球滤过率不受影响，重吸收率小于肾小球滤过率的65%～70%，排出的NaCl和尿量都会明显增多。

二、肾脏的神经调节

肾血管主要受交感神经支配。肾交感神经兴奋时，肾血管收缩，肾血流量减少，尿量减少。其主要的作用机制有：

1.肾交感神经对肾血流量的影响

肾交感神经活动加强时，引起入球小动脉与出球小动脉收缩，特别是入球小动脉收缩更强烈，从而使肾小球血流量下降，血压下降，有效滤过压降低。

2.肾交感神经对肾素分泌的影响

肾交感神经支配球旁器，其末梢释放去甲肾上腺素，与球旁器细胞的受体结合，刺激近球小体中的颗粒细胞释放肾素，导致循环中的血管紧张素Ⅱ和醛固酮含量增多，增加肾小管对NaCl和水的重吸收。

3.肾交感神经对Na^+等溶质重吸收的影响

肾交感神经兴奋时，神经纤维末梢释放去甲肾上腺素，增加近球小管和髓袢对Na^+等溶质的重吸收，尿钠排出量减少。

三、肾脏的体液调节

对尿液形成起主要调节作用的体液因素有以下几种。

(一)抗利尿激素

抗利尿激素(ADH)又称血管升压素(AVP)，由下丘脑视上核和室旁核神经元分泌，经下丘脑-垂体束被运到神经垂体释放入血液。

1.ADH的作用

ADH是调节尿液生成特别是尿液浓缩和稀释的关键性调节激素。其主要作用是：

(1)增加远曲小管和集合管对水的通透性,使水重吸收量增加,尿量减少。

(2)增加内髓部集合管对尿素的通透性,促进髓袢升支粗段对 NaCl 主动重吸收,使内髓部渗透压提高,利于水分吸收。

2. 影响 ADH 分泌的因素

影响 ADH 分泌的主要因素有血浆晶体渗透压、循环血量和动脉血压。

当血浆晶体渗透压升高时,刺激下丘脑的渗透压感受器,引起 ADH 分泌增加。如大量出汗、腹泻、呕吐时,机体脱水,使血浆晶体渗透压升高,晶体渗透压感受器受刺激而兴奋,反射性地引起视上核和室旁核神经细胞分泌、神经垂体释放抗利尿激素增多,促进远曲小管和集合管对水的重吸收,尿液浓缩,水分排出减少,有利于血浆晶体渗透压恢复到正常范围。反之,若大量饮清水,则血液被稀释,血浆晶体渗透压降低,抗利尿激素分泌和释放减少,使远曲小管和集合管对水的重吸收作用减弱,于是大量水随尿排出。这种因大量饮用清水而引起的尿量增加,称为水利尿。

体内循环血量的变动也影响抗利尿激素的分泌和释放。在心房(特别是左心房)和胸腔大静脉壁上存在容量感受器,它们对循环血量的变动较敏感。当循环血量增多,并使心房和腔静脉扩张时,容量感受器受到刺激而兴奋,冲动沿迷走神经传到中枢,抑制抗利尿激素的分泌和释放,从而使排尿量增加。当循环血量减少时,发生相反的变化(图 8-11)。如临床上静脉大量输入生理盐水等液体时,使循环血量增加,反射性引起 ADH 分泌减少,导致尿量增加;反之,机体严重脱水、大失血时,则引起 ADH 分泌增加,导致尿量减少。

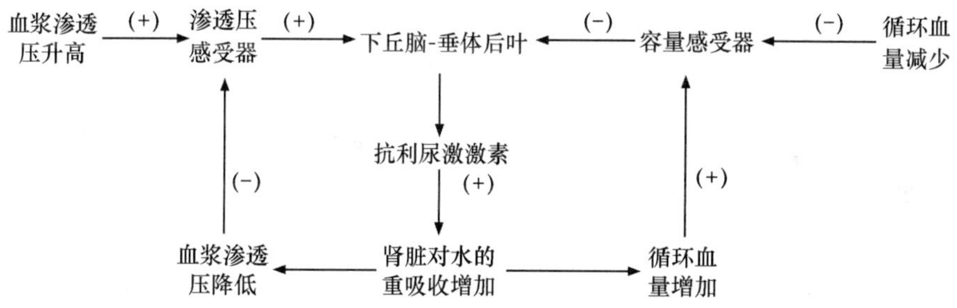

图 8-11　抗利尿激素分泌调节示意图

(+)兴奋作用　(-)抑制作用

动脉血压升高时,刺激颈动脉窦压力感受器,可反射性地抑制抗利尿激素的分泌和释放。此外,心房钠尿肽可抑制抗利尿激素的分泌和释放,血管紧张素Ⅱ则可刺激抗利尿激素的分泌和释放;疼痛、发怒、紧张等刺激都可增加抗利尿激素的释放量。

(二)肾素-血管紧张素-醛固酮系统

肾素是由近球细胞分泌的一种蛋白水解酶,能催化血浆中的血管紧张素原水解生成血管紧张素Ⅰ,血管紧张素Ⅰ在血液和组织中转换酶的作用下,分解成血管紧张素Ⅱ,血管紧张素Ⅱ被氨基肽酶水解为血管紧张素Ⅲ。其中以血管紧张素Ⅱ的作用最强,血管紧张素Ⅱ和Ⅲ都具有刺激醛固酮分泌的作用,血管紧张素Ⅱ还可刺激垂体后叶释放抗利尿激素,从而增加水的重吸收(图 8-12)。

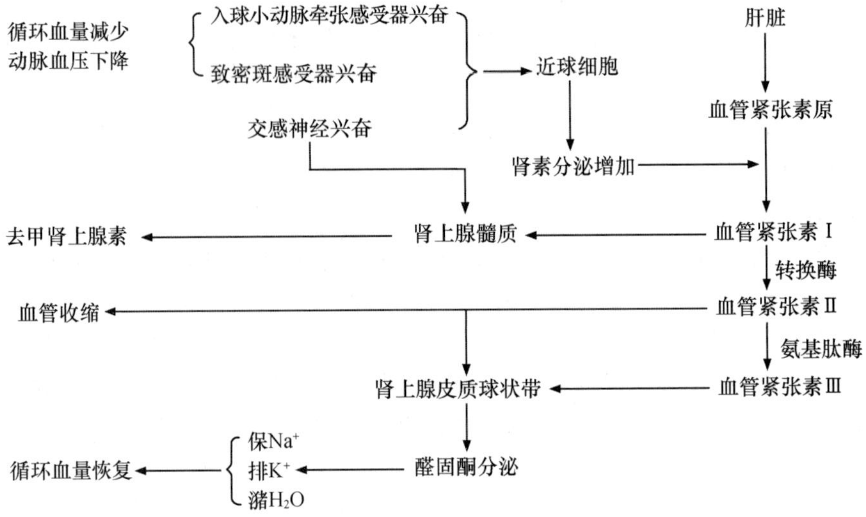

图 8-12 肾素-血管紧张素-醛固酮系统示意图

1. 血管紧张素Ⅱ对尿液的调节作用

(1)血管紧张素Ⅱ可以刺激肾上腺皮质球状带的细胞合成、分泌醛固酮,间接起到保钠、保水、排钾的作用。

(2)刺激近球小管对 NaCl 重吸收。

(3)促进 ADH 释放。

2. 影响肾素分泌的因素

引起肾素分泌的主要因素是动脉血压下降、循环血量减少,此外,交感神经兴奋、肾上腺素和去甲肾上腺素也可以促进肾素释放 。

3. 醛固酮的作用及影响因素

醛固酮对尿液的调节主要在于促进远曲小管和集合管对 Na^+ 的重吸收和 K^+ 的排出,即所谓的 Na^+-K^+ 交换,因此醛固酮具有保 Na^+ 排 K^+ 作用。在 Na^+ 重吸收增加的同时,对 Cl^- 和水的重吸收也增加。

醛固酮分泌主要受血管紧张素Ⅱ、血钾、血钠浓度影响。血 K^+ 浓度升高和血 Na^+ 浓度降低时,可直接作用于肾上腺皮质球状带,使醛固酮分泌增加,导致保 Na^+ 排 K^+,从而维持了血 K^+ 和血 Na^+ 浓度的平衡。醛固酮的分泌对血 K^+ 浓度升高十分敏感,血 K^+ 浓度仅增加 0.5~1.0 mmol/L 即可使醛固酮分泌增加。

(三)心房钠尿肽

心房钠尿肽(ANP)由心房肌细胞合成和释放,具有明显的促进 NaCl 和水排出的作用。其作用机制是:

(1)抑制集合管对 NaCl 的重吸引。

(2)引起入球小动脉与出球小动脉舒张 ,特别是入球小动脉舒张更强烈,从而使肾小球血流量增加,肾小球滤过率增加。

(3)抑制肾素分泌。

(4)抑制醛固酮分泌。

(5)抑制 ADH 分泌。

综上所述,肾脏在生成尿液的过程中,通过肾单位和集合管的特殊生理活动规律,以及神经、体液因素对其活动的调控作用,完成排泄代谢废物以及调节机体内的水平衡、电解质平衡和酸碱平衡等功能,对维持机体内环境的相对稳定起着极为重要的作用。因此,如果动物的肾脏功能发生异常或丧失,必然会导致动物体内环境的紊乱,甚至危及生命。

任务五　排　　尿

【任务要求】

了解输尿管和膀胱的结构与机能;理解排尿反射。

【认知与解读】

尿在肾脏内生成后,沿集合管进入肾盂,再流入输尿管,然后借助输尿管蠕动,流入膀胱暂时贮存。当膀胱中尿液积聚达一定数量时,就会反射性地引起排尿动作,使膀胱中的尿液经尿道排出体外。

一、输尿管和膀胱的结构与机能

输尿管是把尿液由肾脏导入膀胱贮存的一对细长管道。其管壁具有丰富的平滑肌纤维,能发生蠕动。输尿管在进入膀胱处没有括约肌,而是斜穿膀胱壁,开口于膀胱三角外侧角的黏膜。输尿管在膀胱壁内的一段在中型家畜中可达几厘米,平时保持关闭状态。当输尿管蠕动波到达末端时,其中的压力超过膀胱,驱使这一段输尿管开放,使尿液流进膀胱。排尿时,虽然膀胱内压明显超过输尿管,但由于膀胱三角肌收缩,使膀胱壁内的一段输尿管被压扁,故膀胱内的尿液不会逆向流入输尿管。

膀胱是贮尿器官,其肌层由多层平滑肌组成,合称逼尿肌。在膀胱和尿道相连处有两道括约肌。与膀胱口紧相邻的为内括约肌(膀胱括约肌),是平滑肌组织;接近尿道口的为外括约肌(尿道括约肌),是横纹肌组织。在不排尿时,两道括约肌均处于收缩状态,使尿液能暂时贮存在膀胱内。

二、膀胱和尿道的神经支配及作用

支配膀胱和尿道的神经有三对:盆神经、腹下神经和阴部神经。这三对神经内都分别含有传入和传出神经纤维。

盆神经起自荐部脊髓,属于副交感神经纤维。其传入纤维能传导膀胱胀满的感觉,传出纤维兴奋时,可引起逼尿肌收缩、内括约肌舒张,因而可促使尿液从膀胱排出。

腹下神经来自腰部脊髓,属于交感神经纤维。其传入纤维可传导膀胱的痛觉,传出纤维兴奋时,可引起逼尿肌松弛、内括约肌收缩,阻止尿的排放。但在排尿活动中交感神经的作用一般比较次要。

阴部神经来自荐部脊髓,属于躯体运动神经纤维。其传入纤维能传导尿道的感觉冲动,传出纤维兴奋时,能引起外括约肌收缩,以阻止膀胱内尿液的排出(图 8-13)。

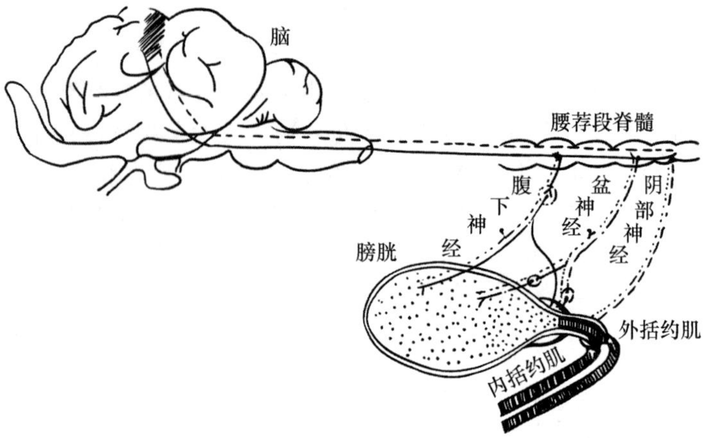

图 8-13　膀胱和尿道的神经支配

三、排尿反射

排尿过程是一种复杂的反射性活动。其初级中枢位于腰荐部脊髓，它接受来自膀胱和尿道的传入冲动，同时又接受高位中枢的控制。排尿的高位中枢位于脑干、下丘脑和大脑皮层中，在这些神经部位存在有排尿活动的易化区和抑制区。

当膀胱贮尿达到一定数量时，膀胱内压升高，膀胱壁牵张感受器受到刺激而兴奋，冲动沿盆神经传入，到达腰荐部脊髓初级排尿中枢，再由脊髓前行经脑干、下丘脑直至大脑皮层，产生尿意。如条件不许可，则大脑皮层抑制区起作用，排尿暂时被抑制，膀胱进一步舒张，继续贮存尿液。如果条件许可，易化区兴奋，大脑皮层发出兴奋性冲动，后传至脊髓，引起初级排尿中枢兴奋。冲动沿兴奋盆神经传出，引起膀胱逼尿肌收缩，内括约肌舒张，使尿液排入尿道；当尿液流经尿道时，又刺激尿道壁的感受器，冲动沿阴部神经的传入纤维传至脊髓排尿中枢，加强排尿中枢的活动，使尿道外括约肌舒张，尿液即排出。尿液对尿道的刺激进一步反射性加强排尿中枢的活动，这是一种正反馈调控，它使排尿反射一再加强，直至膀胱内的尿液排完为止。此外，在排尿时，腹肌和膈肌的强力收缩可使腹压升高，有助于尿液的排出。

由于排尿反射受大脑皮层控制，故可以有意识地控制排尿或启动排尿。

由于排尿反射受大脑皮层的控制，所以可以建立排尿条件反射。在家畜饲养管理中，利用这个原理，可训练动物建立定时、定地点的排尿习惯，以保持畜舍卫生。

排尿或贮尿任何一个环节发生障碍，均可出现排尿异常。临床上常见的有尿频、尿潴留、尿失禁。排尿次数过多称为尿频，多由于膀胱炎症或膀胱结石等引起。膀胱中尿液充盈而不能排出称为尿潴留，多由于腰荐段脊髓受损，使低级排尿中枢活动发生障碍所致。此外尿液排出受阻也可引起尿潴留。当脊髓受损时，由于排尿初级中枢与大脑皮层失去功能联系，可出现尿失禁。

任务六　禽类的泌尿特点

【任务要求】

了解家禽的泌尿特点。

【认知与解读】

禽类的泌尿器官由一对肾脏和两条输尿管组成，没有膀胱和肾盂。因此，尿在肾脏中生成后，经输尿管直接输送到泄殖腔，与粪便一同排出体外。

一、尿生成的特点

禽类肾小球体积小，入球小动脉和出球小动脉口径大小相近，有效滤过压比哺乳动物低，为 1～2 kPa，因此滤过率低。长髓袢肾单位很少，无髓袢肾单位占多数，肾小管和集合管重吸收水分的能力很差，尿流进泄殖腔后，一部分水分可在泄殖腔内重吸收。另外，尿液在泄殖腔的粪道中积聚后，能通过逆蠕动反流进结肠，并重吸收部分水分。禽类肾小管的分泌机能旺盛。禽类蛋白质代谢的主要终产物是尿酸，而不是尿素，而且 90% 的尿酸是通过肾小管的分泌作用进入肾小管腔的。

二、尿的理化特性和组成

禽尿一般为淡黄色、浓稠的半流体，pH 变动范围为 5.4～8.0。在产卵期，钙沉积形成蛋壳时，尿呈碱性，pH 为 7.6。一般情况下，鸡尿呈弱酸性，pH 为 6.2～6.7，相对密度为 1.002 5。因禽类尿中的水分可在泄殖腔内重吸收，所以渗透压较高。与哺乳动物相比，禽尿中尿酸多于尿素，肌酸多于肌酐。

三、鼻腺的排盐机能

鸡、鸽和一些其他禽类对氯化钠的排出全靠肾脏泌尿来完成。但鸭、鹅和一些海鸟有特殊的鼻腺，能分泌大量氯化钠，故又称盐腺。鼻腺的作用是补充肾脏的排盐机能，以维持体内盐含量和渗透压的平衡。这类禽类的鼻腺并非都位于鼻内，多数海鸟位于头顶或眼眶上方，故又名眶上腺。在正常情况下，盐是鼻腺分泌的重要刺激物，如给鸭饮海水时，鼻腺排盐的比例比给饮淡水时显著增加。鼻腺分泌也受神经和体液因素的调节，刺激副交感神经或注射乙酰胆碱可使鼻腺分泌增加。

【操作与体验】

影响尿生成的因素

【目的】①熟悉膀胱插管术、尿量记录等泌尿实验的方法。②观察某些生理因素对尿生成的影响，了解尿生成的机理及神经体液调节机制。

【原理】尿的生成过程包括肾小球的滤过，肾小管与集合管的重吸收、分泌与排泄。凡是影响上述过程的因素出现，都可能影响尿的生成而引起尿量的改变。

【实验对象】家兔。

【实验材料】兔固定台、止血钳、玻璃分针、普通镊子、手术剪、绳子、剪毛剪、组织钳、注射器(50 mL、1 mL)、膀胱插管(或输尿管插管)、丝线、纱布、刺激电极、烧杯、铁架台、25%葡萄糖、10%氯化钠、0.01%肾上腺素、25%氨基甲酸乙酯、垂体后叶激素、生理盐水、5%水合氯醛酒精、RM-2640 多道生理信号采集处理系统。

【方法与步骤】

1. 称重后，用 25%氨基甲酸乙酯按每千克体重 4 mL 的剂量从耳缘静脉缓慢注入，动物麻醉的标志为四肢松软，角膜反射消失。麻醉后用绳子将动物背位固定于手术台上。

2.用剪毛剪剪去颈部被毛，沿颈部正中线切开皮肤 6～7 cm，用止血钳沿正中线钝性分离皮下组织及肌肉，暴露出气管。用两把组织钳分别夹住气管两侧的皮肤和肌肉的边缘，并将其拉向两侧，即可见到气管两侧与气管平行的左、右颈总动脉及与其相伴而行的一束神经，这束神经中包括迷走神经、交感神经和减压神经。应用玻璃分针小心分离颈动脉鞘，仔细辨认三条神经：迷走神经最粗，交感神经较细，减压神经最细。游离两侧颈总动脉和一侧迷走神经、交感神经。一般先分离颈总动脉与迷走神经，然后分离交感神经。每条神经各分离出 2～3 cm，并在各神经下穿一条不同颜色的丝线以便区别和使用。

3.收集尿液选用膀胱插管法。从耻骨联合处开始向前在腹部正中线做一长 3～4 cm 的皮肤切口，沿腹白线切开腹壁，暴露膀胱，背侧找到输尿管，在其下穿线并结扎膀胱颈，以防尿液经尿道流出。在膀胱腹面正中做一荷包缝合，提起膀胱顶，正中剪开一小口，插入膀胱导管，收紧缝合线，加以固定。最后将膀胱插管内充满生理盐水。将导管平放于兔体后部或一侧，用烧杯收集尿液。将腹腔用止血钳夹闭，纱布覆盖。

4.将仪器的记滴电缆插头插入仪器的受滴插孔，电缆的金属夹连接受滴电极，受滴电极可用任意两根彼此绝缘的金属丝组成，液滴每与受滴电极连接一次即记滴一次。

5.在示波菜单中选择记滴功能，弹出记滴对话框，选择“开始记滴”按钮，在“开始时刻”对话框中系统自动记录这一时刻，并在“速率”框中自动显示当前尿滴的速率。

6.记录尿液正常生成速度：记录 3～5 min 的尿液滴数。

7.耳缘静脉注射 0.9%生理盐水 30 mL，记录尿液生成速度。

8.耳缘静脉注射 0.01%肾上腺素 0.3～0.5 mL，记录尿液生成速度。

9.耳缘静脉注射 20%葡萄糖 10 mL，记录尿液生成速度。

10.耳缘静脉注射垂体后叶激素 2 U，记录尿液生成速度。

11.将刺激电极放于神经下面，输出插头与生理信号采集处理系统“刺激输出”插孔连接，打开生理信号采集处理系统，打开刺激面板，选择刺激方式。

12.刺激迷走神经 20～30 s，记录尿液生成速度。

13.刺激交感神经 20～30 s，记录尿液生成速度。

【注意事项】

1.进行每项实验时，必须在前一项实验结束后，尿量基本恢复正常时再开始下一项实验。在开始前一定要有对照记录。

2.实验中需要多次进行耳缘静脉注射，所以一定要注意保护耳缘静脉，应先从离耳根远处开始，逐步移近耳根。

3.实验前给动物多吃些多汁的青绿饲料。

4.结扎时，切不可将输尿管结扎。

【实验思考题】

1.本实验中，哪些因素可影响肾小球的滤过？哪些因素可影响肾小管和集合管的转运功能？

2.生理盐水和高渗葡萄糖的利尿机制有何不同？

【拓展与链接】

中国泌尿外科奠基人——吴阶平(1917—2011年)

吴阶平1936年进入协和医学院读书,1947年到美国芝加哥大学进修。吴阶平的导师赫金斯教授是一位肿瘤内分泌治疗的奠基人、诺贝尔奖获得者,他千方百计地想把吴阶平留在美国。然而吴阶平不为所动,他想的是拯救灾难深重的祖国。怀着拳拳赤子心、耿耿报国情的吴阶平连行李都没带,急匆匆赶在新中国诞生前夕回到了祖国。

1949年,吴阶平在北大医院第一附属医院开始了新中国的泌尿外科事业。1978年,他创立了北京医科大学泌尿外科研究所;1981年,创立中华泌尿外科学会,并成为中国科学院学部委员;1982年,任中国医学科学院院长;1993年,为全国人大常务委员会副委员长。

他主持编写了中国第一部泌尿外科专著《泌尿外科学》,还参与编著了《外科学》《性医学》《黄家驷外科学》《实用泌尿外科学》等。

他在医学上的主要贡献有:

(1)消灭一个不治之症　1953年提出肾结核对侧肾积水的新概念,使许多过去一直被认为患双肾结核的患者得到正确救治,重获新生。

(2)膀胱扩大术比欧美早20年　早在1959年,吴阶平设计了利用回盲肠进行膀胱扩大的手术方法,成功地应用于临床。该方法在20世纪70年代才开始在欧美书籍上作为最新的手术方法介绍。

(3)发现一种独立的临床疾病　他对肾上腺外科的突出贡献是20世纪60年代明确提出肾上腺髓质增生的新概念,并确认为独立的临床疾病。

(4)吴氏导管让前列腺手术出血量大减　20世纪70年代,他设计了特殊的导管,使经膀胱前列腺切除术的出血量大为减少,手术时间缩短,称为“吴氏导管”,已在国内推广。

(5)创新结扎术领先美国17年　1957年首创输精管结扎时向精囊灌注醋酸苯汞以杀死残存的精子,使术后立即达到绝育效果(过去一般手术后都须经两三个月才行)。这个方法在17年后的1974年才在美国医学刊物上发表。

【复习与思考】

1. 尿的生成包括哪几个基本过程?

2. 简述肾脏血液循环特点。

3. 试述影响尿液生成的体液调节因素。

4. 名词解释:肾小球的滤过作用,肾小管和集合管的重吸收作用,肾小管和集合管的分泌作用。

项目八复习与思考答案

项目九

神经系统

【知识目标】

- 了解神经元的基本结构与功能。
- 掌握神经纤维传导兴奋的特征。
- 掌握突触的概念和结构。
- 了解和掌握神经递质与受体的分类与关系。
- 理解反射的特点及反射活动的过程及意义。
- 掌握神经系统对躯体运动及内脏活动的调节。
- 了解大脑皮层的调节功能。

【能力目标】

- 能说出神经元和神经胶质细胞的结构和功能。
- 能说出主要的神经递质及作用。
- 能利用理论知识解释痛觉的形成。
- 能分析不同机能状态下，交感神经和副交感神经对各系统的功能调节。

【素质目标】

- 培养学生崇尚科学、勇于探索的职业素养。
- 培养学生理论联系实际、理论指导实践的专业素养。
- 培养学生具备一定的语言表达能力和逻辑思维能力。
- 培养学生具备分析问题、解决问题的能力。

任务一　神经元与神经胶质细胞的功能

【任务要求】

了解神经元的基本结构和功能；理解和掌握神经纤维传导兴奋的一般特征；了解神经胶质细胞的作用。

【认知与解读】

神经调节在动物机体生理功能调节中起主导的作用。也就是说，体内各系统和器官都在神经系统的直接或间接调控下，协调地完成各自的生理功能，并能对体内外各种环境变化做出迅速而完善的适应性功能调节，共同维持整体的正常生命活动。

神经系统通常可分为中枢神经系统和外周神经系统两大部分，前者是指脑和脊髓部分，主要由神经细胞和神经胶质细胞构成；后者则为脑和脊髓以外的部分，包括神经干和神经节。本章着重介绍中枢神经系统的生理功能。

一、神经元与神经纤维

神经系统的功能繁多、复杂，但组成神经系统的基本元件只有两个，即神经细胞（神经元）和神经胶质细胞。

（一）神经元的一般结构与功能

神经元是神经系统结构和功能的基本单位，动物体中枢神经系统中神经元数量达上千亿个，其形态和大小差别很大，但大多数神经元与典型的脊髓运动神经元相似，由胞体和突起两部分组成（图 9-1）。胞体的结构与一般细胞大体相似，由细胞核和细胞浆组成，直径在 4～150 μm。突起分为两种，一种是树状的短突起，称为树突，一个神经元可有一个、几个、几十个树突；另一种为细长的突起，称为轴突，一个神经元一般只有一个轴突，它由胞体的轴丘分出，长短不一，从数 10 μm 到 1 m 以上不等，分支少，直径均匀。轴突起始的部分称为始段，没有髓鞘，是动作电位产生的部位；轴突的末端分成许多分支，每个分支末梢的膨大部分称为突触小体，它与另一个神经元相接触而形成突触。轴突和感觉神经元的长树突统称为轴索，轴索外面包有髓鞘或神经膜，成为神经纤维。神经纤维根据有无髓鞘可分为有髓神经纤维和无髓神经纤维。神经纤维末端称为神经末梢。

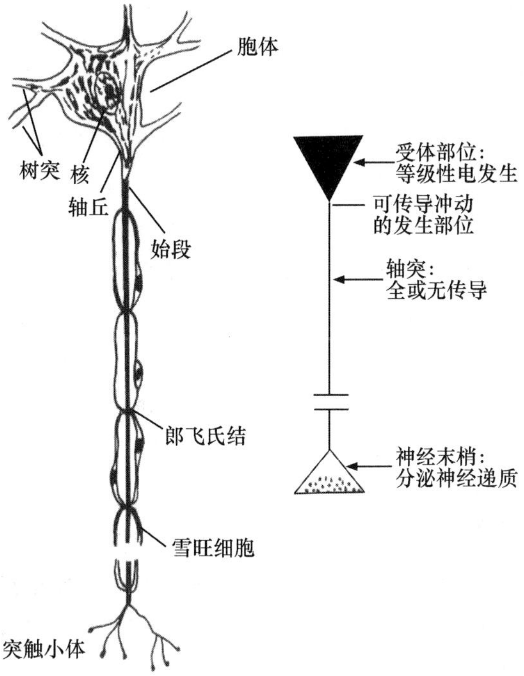

图 9-1　运动神经元模式图

神经元具有接收信息、整合信息和传递信息的功能，即感受内外环境变化的刺激信息和接受其他神经元传来的信息，并将接受的各种刺激信息进行分析、综合和储存，再通过传出通路把信息传递给其他神经元或效应器，产生调节和控制效应。其中胞体和树突主要是接收信息和整合信息；轴突则主要是传递信息。此外，有些神经元还能分泌激素，将中枢神经其他部位传来的神经信息转变为体液信息。

（二）神经纤维的功能与分类

神经纤维的主要功能是传导兴奋。在神经纤维上传导的兴奋或动作电位称为神经冲动。不同类型的神经纤维传导兴奋的速度差别很大，这与神经纤维直径的大小、有无髓鞘、髓鞘的厚度以及温度的高低等因素有关。一般神经纤维直径越大，传导速度越快；有髓鞘神经纤维传导速度比无髓鞘神经纤维快；温度升高，在一定范围内，也可加快传导速度。测定神经传导速度有助于诊断神经纤维的疾患和估计神经损伤的程度和预后。

1. 神经纤维传导兴奋的一般特征

（1）生理完整性　神经纤维只有在结构和功能上完整时，才具有正常的传导冲动的能力。

如果神经纤维受压迫、损伤或被切断，或因局部受麻醉药、神经毒、冷冻等因素的作用，丧失了功能的完整性，均可使冲动传导受阻。这是因为受损会使局部膜电位发生改变，切断则破坏了结构的连续性，麻醉则使局部离子跨膜运动发生障碍，这些因素都将影响局部电位和兴奋的正常传导。

(2)绝缘性　一条神经干由许多条神经纤维组成，但各条神经纤维传导兴奋时彼此隔绝、互不干扰的特性。这是由于神经纤维间没有细胞质的沟通，局部电流主要在一条纤维上构成回路，加之每条纤维上都有一层髓鞘起绝缘作用。绝缘性保证了神经传导的精确性。

(3)双向传导　在实验条件下，神经纤维的任何一点受到刺激引发动作电位时，由于刺激点的两侧均能发生局部电流，故动作电位可沿神经纤维同时向两侧传导，一直到达末梢。

(4)不衰减性　神经纤维传导冲动时，动作电位的幅度、传导速度不会因传导距离的增大而变小或减慢，这一特性称为不衰减性。这一特性保证了神经调节作用的及时、迅速和准确性。

(5)相对不疲劳性　在实验条件下，连续电刺激神经纤维 9～12 h，神经纤维仍然保持其传导兴奋的能力。与突触传递相比，神经纤维传导兴奋有不易疲劳的特点，这是因为神经纤维在传导冲动时耗能极少。

2.神经纤维的分类

Erlanger 和 Gasse 根据神经纤维兴奋传导速度的差异，将哺乳类动物的外周神经纤维分为 A、B、C 三类，其中 A 类纤维又分为 α、β、γ、δ 四个亚类。后来有人在研究感觉神经时，又根据纤维的直径和来源将神经纤维分为Ⅰ（包括 $Ⅰ_a$ 和 $Ⅰ_b$）、Ⅱ、Ⅲ、Ⅳ四类，它们分别大致相当于 A_α、A_β、A_δ、C 类纤维，但又不完全等同。目前，前一种分类法多用于传出纤维，后一种分类法则常用于传入纤维（表 9-1、表 9-2）。

表 9-1　神经纤维的分类(一)

纤维分类	来源		直径/μm	传导速度/(m/s)	锋电位时程/ms	绝对不应期/ms
A(有髓)	A_α	初级肌梭传入纤维和支配梭外肌的传出纤维	13～22	70～120		
	A_β	皮肤的触-压觉传入纤维	8～13	30～70	0.4～0.5	0.4～1.0
	A_γ	支配梭内肌的传出纤维	4～8	15～30		
	A_δ	皮肤痛觉、温度觉传入纤维	1～4	12～30		
B(有髓)		自主神经节前纤维	1～3	3～15	1.2	1.2
C(无髓)	sC	自主神经节后纤维	0.3～1.3	0.7～2.3	2.0	2.0
	drC	背根中传导痛觉的传入纤维	0.4～1.2	0.6～2.0		

表 9-2 神经纤维的分类(二)

纤维分类	来源	直径/μm	传导速度/(m/s)	电生理学分类
I_a	肌梭的传入纤维	12～22	70～120	A_α
I_b	腱器官的传入纤维	12 左右	70 左右	A_α
Ⅱ	皮肤的机械感受器传入纤维(触-压觉、振动觉)	5～12	25～70	A_β
Ⅲ	皮肤痛觉、温度觉,肌肉的深部压觉传入纤维	2～5	10～25	A_δ
Ⅳ	无髓的痛觉、温度觉、机械感受器传入纤维	0.1～1.3	1	C

二、神经胶质细胞

神经胶质细胞是神经系统的重要组成部分,广泛分布于外周和中枢神经系统,其数量为神经元的 10～50 倍。在外周神经系统,有包绕轴索形成髓鞘的雪旺细胞和脊神经节中的卫星细胞;在中枢神经系统,则主要有星形胶质细胞、少突胶质细胞和小胶质细胞。神经胶质细胞有突起,但无轴突;也不能产生动作电位。神经胶质细胞主要有以下几方面功能:

1. 支持作用

在中枢神经系统内,除小血管周围以外,没有结缔组织。星形胶质细胞以其长突起在脑和脊髓内交织成网而构成支持神经元的支架。

2. 修复和再生作用

神经胶质细胞具有较强分裂能力,尤其是脑和脊髓受伤时,小胶质细胞能转变成巨噬细胞,清除变性的神经组织碎片;而星形胶质细胞则能依靠增生来充填缺损,从而起到修复和再生的作用。但过度增生则可能形成脑瘤。雪旺细胞在外周神经再生中起着重要作用。

3. 免疫保护作用

神经胶质细胞中的小胶质细胞能转变成巨噬细胞而具有强大的吞噬能力,可以吞噬坏死的神经组织及进入神经系统内的病原微生物、异物等。星形胶质细胞可作为中枢的抗原呈递细胞,其细胞膜上存在特异性的主要组织相容性复合物Ⅱ类蛋白分子,后者能与处理过的外来抗原结合,将其呈递给 T 淋巴细胞。

4. 物质代谢和营养性作用

星形胶质细胞一方面通过血管周足和突起连接毛细血管与神经元,对神经元起运输营养物质和排除代谢产物的作用;另一方面还能产生神经营养因子,以维持神经元的生长、发育和功能的完整性。

5. 绝缘和屏障作用

中枢神经系统内的少突胶质细胞和外周神经系统内的雪旺细胞可形成神经纤维髓鞘,起一定的绝缘作用。星形胶质细胞的血管周足是构成血-脑屏障的重要组成部分。

6. 稳定细胞外的 K^+ 浓度

星形胶质细胞膜上的钠泵活动可将细胞外过多的 K^+ 泵入胞内,并通过缝隙连接将其分散到其他神经胶质细胞,以维持细胞外合适的 K^+ 浓度,有助于神经元电活动的正常进行。

7. 参与某些递质及生物活性物质的代谢

星形神经胶质细胞能摄取神经元释放的谷氨酸和 γ-氨基丁酸，再转变为谷氨酰胺而转运到神经元内，从而消除氨基酸递质对神经元的持续作用，同时也为神经元合成氨基酸类递质提供前体物质。星形胶质细胞还能合成和分泌多种生物活性物质，如血管紧张素原、前列腺素、白细胞介素以及多种神经营养因子等。

任务二　神经元之间的功能联系

【任务要求】

理解和掌握突触的概念、结构和分类；了解突触传递的过程；掌握神经递质和受体的概念；了解体内主要的神经递质和受体；掌握反射的概念和反射弧的组成；理解和掌握中枢神经元的联系方式。

【认知与解读】

神经系统的功能不可能通过一个神经元的活动来完成，必须由多个神经元共同作用才能完成各种反射调节活动。但是，神经元之间在结构上存在一定间隙，并没有原生质的直接连续，只是彼此靠近而发生接触。一个神经元的轴突末梢与其他神经元的胞体或突起相接触处所形成的特殊结构，称为突触。神经元之间以及传出神经元与效应器细胞之间的兴奋传递，都是通过突触传递完成的。传出神经元与效应器细胞之间的突触称为接头，如神经-肌肉接头。

一、突触的结构

经典的突触由突触前膜、突触间隙和突触后膜三部分组成（图 9-2）。突触前神经元的轴突末梢膨大成球状，称为突触小体。突触小体与突触后神经元相对的轴突膜称为突触前膜。与突触前膜相对的突触后神经元的细胞膜称为突触后膜。二者之间的间隙称为突触间隙。在电子显微镜下，突触前膜和突触后膜较一般神经元膜稍增厚，约 7.5 nm，突触间隙宽 20～50 nm。在突触小体的轴浆内含有较多的线粒体和大量囊泡，后者称为突触小泡，其直径为 20～80 nm，内含高浓度的神经递质（乙酰胆碱、去甲肾上腺素等）。不同的突触内所含突触小

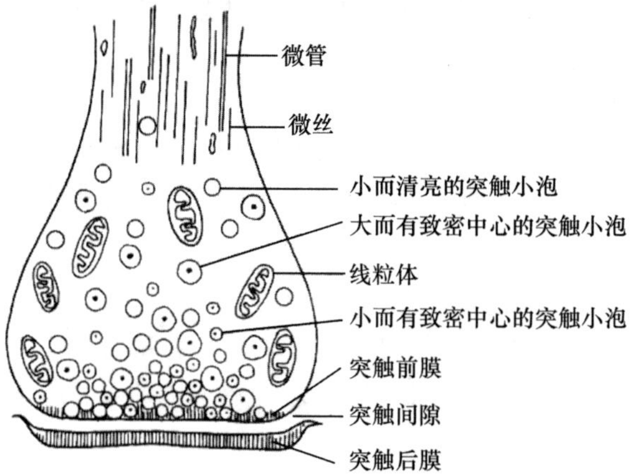

图 9-2　突触微细结构模拟图

泡的大小和形态不完全相同。突触后膜上存在相应的特异性受体和离子通道。

二、突触的分类

根据神经元互相接触的部位，通常将突触分为：①轴突-树突式突触，即一个神经元的轴突末梢与下一个神经元的树突发生接触。②轴突-胞体式突触，即一个神经元的轴突末梢与下一个神经元的胞体发生接触。③轴突-轴突式突触，即一个神经元的轴突末梢与下一个神经元的轴突末梢发生接触（图 9-3）。此外，还存在树突-树突式、树突-胞体式、树突-轴突式、胞体-树突式、胞体-胞体式、胞体-轴突式突触等突触类型。

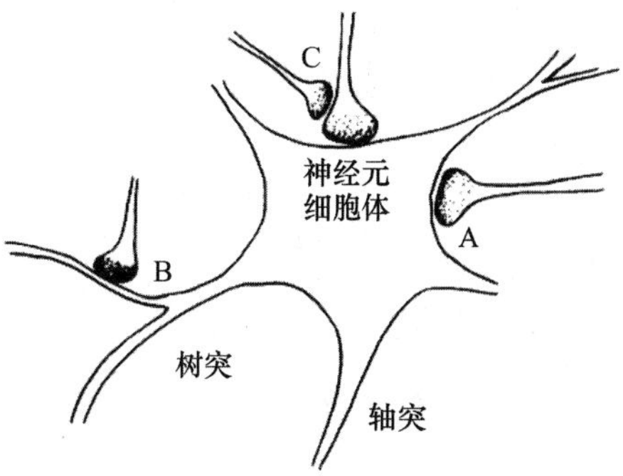

图 9-3　突触类型

A. 轴突-胞体式突触　B. 轴突-树突式突触
C. 轴突-轴突式突触

按突触传递信息的方式可分为：①化学性突触，即依靠突触前神经元末梢释放特殊化学物质作为传递信息的媒介来影响突触后神经元；②电突触，即依靠突触前神经元的生物电和离子交换直接传递信息来影响突触后神经元。

按突触的功能可分为两类：①兴奋性突触，即突触的信息传递使突触后膜去极化，产生兴奋性突触后电位；②抑制性突触，即突触的信息传递使突触后膜超极化，产生抑制性突触后电位。

三、化学性突触传递

（一）兴奋性突触的传递

当神经冲动从突触前神经元传至突触前膜时，引起突触前膜去极化，促使突触小泡经出胞过程释放某种兴奋性递质，递质通过突触间隙，与突触后膜上相应的受体结合，引起突触后膜离子通道开放，导致突触后膜局部去极化，使神经元的兴奋性升高，这种电位变化称为兴奋性突触后电位（EPSP）。EPSP 的形成机制是兴奋性递质作用于突触后膜的相应受体，使化学门控通道开放，因此突触后膜对 Na^+ 和 K^+ 的通透性增大，尤其是对 Na^+ 的通透性明显增大。由于 Na^+ 的内流大于 K^+ 的外流，导致细胞膜的局部去极化。

当突触前神经元活动增强或参与活动的突触数目增多时，递质释放量也多，所形成的 EPSP 就可总和叠加而使去极化幅度增大。当增大到阈电位水平时，便可在突触后神经元轴突始段处诱发动作电位，引起突触后神经元兴奋。如果未能达阈电位水平，虽不能产生动作电位，但由于此局部兴奋电位可能提高了突触后神经元的兴奋性，使之容易发生兴奋，这种现象称为易化。

（二）抑制性突触的传递

当神经冲动从突触前神经元传至突触前膜时，促使突触小泡释放抑制性递质，该递质通过突触间隙，与突触后膜上相应的受体结合，引起突触后膜发生超极化，使该突触后神经元的兴奋性下降，这种电位变化称为抑制性突触后电位（IPSP）。其产生机制为抑制性递质与突触后膜受体结合后，可提高突触后膜对 Cl^- 和 K^+ 的通透性，尤其是对 Cl^- 的通透性明显增大，引起 Cl^- 的内流和 K^+ 的外流，使突触后膜发生局部超极化。

IPSP 与 EPSP 一样，属于局部电位，电位变化相似，但极性相反，故可降低突触后神经元的兴奋性，使动作电位难以产生，从而发挥其抑制效应。

四、电突触传递

电突触传递的结构基础是缝隙连接。在两个神经元紧密接触部位的细胞膜并不增厚，两层膜间隔 2～4 nm，临近膜两侧的轴浆内不存在突触小泡，两侧膜上有沟通两侧细胞胞质的水相通道蛋白，允许带电小离子和直径小于 1.0 nm 的小分子物质通过。局部电流和 EPSP 也可以电紧张扩布的形式从一个细胞传递给另一个细胞。电突触无突触前膜和后膜之分，一般为双向性传递；又由于其低电阻性，因而传递速度快，几乎不存在潜伏期。电突触传递在中枢神经系统内和视网膜上广泛存在，主要发生在同类神经元之间，具有促进神经元同步化活动的功能。

五、神经递质和受体

(一)神经递质

1.神经递质的概念

神经递质是指由突触前神经元合成并在末梢处释放，经突触间隙扩散，能特异性作用于突触后神经元或效应器细胞上的受体，导致信息从突触前传递到突触后的一些化学物质。一般认为，神经递质应符合或基本符合以下几个条件：①突触前神经元应具有合成递质的前体和酶系统，并能合成该递质；②递质储存于突触小泡内，当兴奋冲动抵达末梢时，小泡内递质被释放入突触间隙；③递质释出后，在突触间隙扩散，作用于突触后膜上的特异性受体而发挥生理作用；④存在使该递质失活的酶或其他失活方式(如重摄取)；⑤有特异的受体激动剂或拮抗剂，能分别模拟或阻断该递质的突触传递效应。

2.神经递质的分类

现已了解的递质有 100 多种，根据其化学结构，可将递质大致分成若干个大类(表 9-3)。根据递质存在部位的不同，又可分为外周神经递质与中枢神经递质。外周神经递质包括自主神经和躯体运动神经末梢所释放的递质，主要有乙酰胆碱、去甲肾上腺素和肽类递质三类。而中枢神经递质比较复杂，种类很多。脑内可作为中枢神经递质的化学物质有几十种，大致可归纳为乙酰胆碱、生物胺类、氨基酸类与肽类四大类。近年来还发现，作为脑内的气体分子，一氧化氮 (NO)、一氧化碳(CO)也可能作为脑内递质。

表 9-3　哺乳动物神经递质分类

分类	家族成员
胆碱类	乙酰胆碱
胺类	多巴胺、去甲肾上腺素、肾上腺素、5-羟色胺、组胺
氨基酸类	谷氨酸、天冬氨酸、γ-氨基丁酸、甘氨酸
肽类	下丘脑调节肽、催产素、血管升压素、阿片肽、血管紧张素Ⅱ、脑-肠肽，P 物质、心房钠尿肽
嘌呤类	腺苷、ATP
气体	一氧化氮、一氧化碳
脂类	花生四烯酸及其衍生物(前列腺素)

(二)受体

受体是指细胞膜或细胞内能与某些化学物质（如递质、调质、激素等)发生特异性结合并诱发生物效应的特殊生物分子。能和受体发生特异性结合的化学物质统称为配体。能与受体发生特异性结合并产生相应生理效应的化学物质称为受体激动剂。而只发生特异结合，不产生生理效应的化学物质则称为受体拮抗剂。两者统称为配体。拮抗剂与受体结合后，或占据受体或改变受体的分子空间构型，使受体不能再与其他递质结合，从而阻断了递质的生理效应。

受体与配体的结合一般具有以下三个特性：①特异性，即特定的受体只能与特定的配体结合；②饱和性，即分布于细胞膜上的受体数目是有限的，因此能与之结合的配体数量也是有限的；③可逆性，即配体与受体的结合是可逆的，可以结合，也可以解离，但不同配体的解离常数是不同的，有些拮抗剂与受体结合后很难解离，几乎为不可逆结合。

(三)主要的递质和受体系统

1.乙酰胆碱(Ach)及其受体

以 Ach 为递质的神经元称为胆碱能神经元，在中枢神经系统分布极为广泛。在外周神经系统中，释放 Ach 作为递质的神经纤维称为胆碱能神经纤维。支配骨骼肌的躯体运动神经纤维、所有自主神经的节前纤维、大多数副交感神经的节后纤维(少数释放肽类或嘌呤类递质的纤维除外)、少数交感神经的节后纤维(即支配多数小汗腺引起温热性发汗和支配骨骼肌血管引起防御反应性舒血管效应的纤维)，都属于胆碱能纤维。

凡能与 Ach 特异性结合的受体称为胆碱能受体。根据其药理特性，胆碱能受体可分为毒蕈碱受体(M 受体)和烟碱受体(N 受体)两类，它们因分别能与天然植物中的毒蕈碱和烟碱相结合并产生两类不同生物效应而得名。两类受体广泛分布于中枢和外周神经系统。

(1)毒蕈碱受体(M 受体)　在外周神经中，M 受体分布于大多数副交感神经节后纤维所支配的效应器细胞、交感神经节后纤维所支配的汗腺，以及骨骼肌血管的平滑肌细胞膜上。当 Ach 与 M 受体结合后产生一系列自主神经效应，包括心脏活动抑制，支气管和胃肠平滑肌、膀胱逼尿肌、虹膜环行肌收缩，消化腺、汗腺分泌增加和骨骼肌血管舒张等，这些作用称为毒蕈碱样作用(M 样作用)。M 样作用可被阿托品阻断。

(2)烟碱受体(N 受体)　N 受体分为 N_1、N_2 两个受体亚型，N_1 受体分布于中枢神经系统和外周神经系统的自主神经节突触后膜上，称为神经元型烟碱受体；N_2 受体位于神经－骨骼肌接头的终板膜，称为肌肉型烟碱受体。Ach 与 N 受体结合后，引起节后神经元或骨骼肌兴奋的效应，称为烟碱样作用(N 样作用)。N 样作用不能被阿托品阻断，但能被筒箭毒碱阻断。N_1 受体可被六烃季铵特异性阻断；N_2 受体可被十烃季铵特异性阻断。

2.去甲肾上腺素和肾上腺素及其受体

去甲肾上腺素(NE 或 NA)和肾上腺素(E 或 A)都属于儿茶酚胺类递质。

在中枢，以 NE 为递质的神经元称为去甲肾上腺素能神经元，其功能主要涉及心血管活动、情绪、体温、摄食和觉醒等方面的调节；以 E 为递质的神经元称为肾上腺素能神经元，可能在心血管活动的调节中参与作用。在外周，除支配汗腺和骨骼肌血管的交感胆碱能纤维外，多数交感节后纤维释放的递质是 NE。以 NE 为递质的神经纤维称为肾上腺素能神经纤维。

能与 NE 结合的受体称为肾上腺素能受体，主要分为 α 型和 β 型两种。α 受体又分为 α_1 和 α_2 两个受体亚型，β 受体则能分为 β_1、β_2 和 β_3 三个受体亚型。

在外周，多数交感神经节后纤维末梢支配的效应器细胞膜上都有肾上腺素能受体，但在某一效应器官上不一定都有 α 和 β 受体，有的仅有 α 受体，有的仅有 β 受体。也有的兼有两种受体(表 9-4)。NE 对 α 受体的作用较强,对 β 受体的作用较弱;E 对 α 和 β 受体的作用都很强;一般而言,NE 或 E 与 α 受体(主要是 α_1 受体)结合后产生的平滑肌效应主要是兴奋性的;NE 或 E 与 β 受体(主要是 β_2 受体)结合后产生的平滑肌效应是抑制性的,但与心肌 β_1 受体结合产生的效应却是兴奋性的;β_3 受体主要分布于脂肪组织,与脂肪分解有关。

表 9-4 肾上腺素能受体的分布及效应

效应器		受体	效应
眼	虹膜辐射状肌	α_1	收缩(扩瞳)
	睫状体肌	β_2	舒张
心	窦房结	β_1	心率加快
	传导系统	β_1	传导加快
	心肌	α_1、β_1	收缩力加强
血管	冠状血管	α_1	收缩
		β_2(主要)	舒张
	皮肤黏膜血管	α_1	收缩
	骨骼肌血管	α_1	收缩
	脑血管	β_2(主要)	舒张
		α_1	收缩
	腹腔内脏血管	α_1(主要)	收缩
		β_2	舒张
	唾液腺血管	α_1	收缩
支气管	平滑肌	β_2	舒张
胃肠	胃平滑肌	β_2	舒张
	小肠平滑肌	α_2	舒张(可能是胆碱能纤维的突触前受体调节乙酰胆碱的释放)
		β_2	舒张
膀胱	括约肌	α_1	收缩
	逼尿肌	β_2	舒张
	三角区和括约肌	α_1	收缩
子宫平滑肌		α_1	收缩(有孕子宫)
		β_2	舒张(无孕子宫)
竖毛肌		α_1	收缩
糖酵解代谢		β_2	增加
脂肪分解代谢		β_3	增加

六、反射及反射中枢的活动规律

反射是实现神经系统功能的最基本方式。在中枢兴奋和中枢抑制过程的相互配合下,反射活动相互协调,是神经活动遵循一定规律而进行的前提。

(一)反射与反射弧

1.反射的概念

反射是指在中枢神经系统的参与下,机体对内、外环境变化所做出的规律性应答。从最简单的眨眼反射到复杂的行为表现,都是反射活动。

2.反射弧的组成

反射的结构基础和基本单位是反射弧。反射弧包括感受器、传入神经、神经中枢、传出神经和效应器五个组成部分(图 9-4)。感受器一般是神经末梢的特殊结构,是一种换能装置,可将所感受到的各种刺激的信息转变为神经冲动。效应器是指产生效应的器官,如骨骼肌、平滑肌、心肌和腺体等。神经中枢通常是指中枢神经系统内调节某一特定生理功能的神经元群。一般来说,较简单的反射活动,参与的中枢范围比较狭窄;而较复杂的反射活动,中枢分布区域广泛。传入神经由传入神经元的突起(包括周围突和中枢突)所构成,这些神经元的胞体位于背根神经节或脑神经节内,它们的周围突与感受器相连,感受器接受刺激转变为神经冲动,冲动沿周围突传向胞体,再沿其中枢突传向中枢。传出神经是指中枢传出神经元的轴突构成的神经纤维。

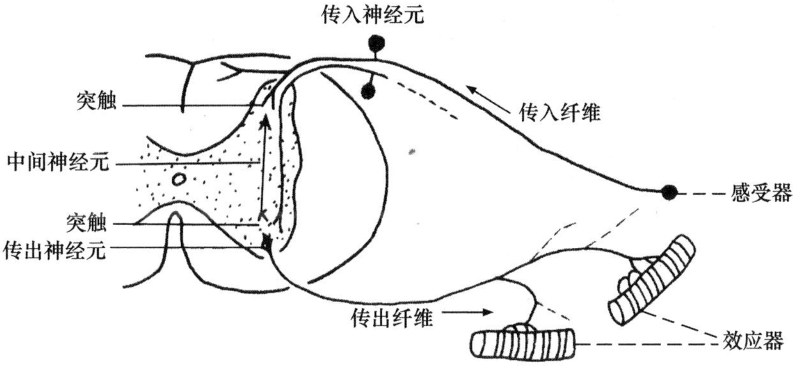

图 9-4　反射弧

3.反射的基本过程

感受器接受刺激并将刺激信息转变为神经冲动,经传入神经传递到神经中枢,由中枢进行分析处理,然后再经传出神经将指令传到效应器,产生相应的效应。

在整体情况下,传入冲动进入脊髓或脑干后,除在同一水平与传出部分发生联系并发出传出冲动外,还有上行冲动传导到更高级的中枢部位,进行进一步的整合;高级中枢再发出下行冲动来调整反射的传出冲动。因此,反射活动具有复杂性和适应性。

中枢的活动除可通过传出神经直接控制效应器外,有时传出神经还能作用于内分泌腺,使其释放激素间接影响效应器活动,使内分泌调节成为神经调节的延伸部分。例如,强烈的疼痛刺激可以通过交感神经反射性地引起肾上腺髓质激素分泌增加,从而产生广泛的反应。

一个最简单的反射只通过一个突触,如腱反射,这种反射称为单突触反射,其反射时最短。但大多数反射,则经过两个以上的突触,称为多突触反射,其反射时间较长,反射也较复杂。多突触反射的典型例子是屈肌反射。

(二)中枢神经元的联系方式

中枢神经系统神经元数量巨大,它们之间通过突触联系,构成非常复杂多样的联系方式。归纳起来主要有以下几种方式(图 9-5)。

1.单线式联系

单线式联系是指一个突触前神经元仅与一个突触后神经元发生突触联系。例如,视网膜中央凹处的一个视锥细胞常只与一个双极细胞形成突触联系,而该双极细胞也可只与一个神经节细胞形成突触联系,这种联系方式可使视锥系统具有较高的分辨能力。实际上,真正的单线式联系很少见,会聚程度较低的突触联系通常可视为单线式联系。

2.辐散式联系

一个神经元的轴突通过其分支分别与许多神经元建立突触联系的方式称为辐散式联系。这种联系方式能使一个神经元的兴奋引发许多其他神经元同时兴奋或抑制,从而扩大了神经元活动的影响范围。机体内传入神经元与其他神经元发生突触联系时主要采取此种方式。例如,局部皮肤受到强烈刺激后所产生的兴奋传到中枢后,在中枢内广泛传播到各处,引起机体的许多骨骼肌发生防御性收缩反应,甚至心血管系统、消化系统、呼吸系统、排泄系统等的活动都发生改变,这就是辐散式联系。

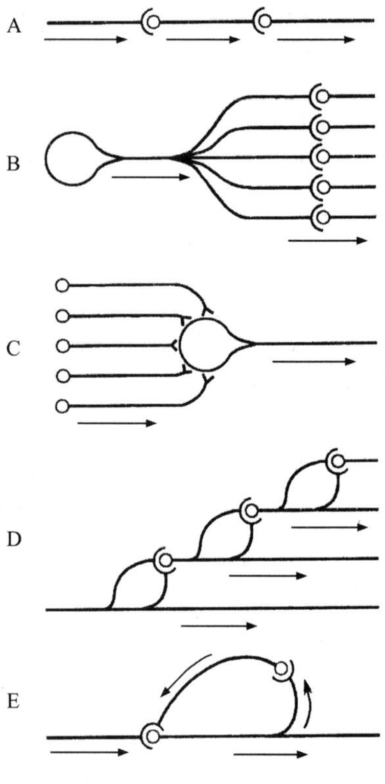

图 9-5　中枢神经元的联系方式

A.单线式联系　B.辐散式联系　C.聚合式联系　D.链锁式联系　E.环式联系

3.聚合式联系

一个神经元的胞体和树突接受来自许多神经元的突触联系的方式,称为聚合式联系。它使许多神经元的作用集中到同一神经元上,从而发生总和或整合作用。传出神经元接受的不同轴突来源的突触联系,主要表现为聚合式的联系。例如,食物对视觉、听觉、味觉、口腔触觉等各感受器所引起的刺激传入中枢后,集中传递到延髓的唾液分泌中枢,引起唾液分泌反应,这就是聚合式联系。

4.链锁式与环式联系

在中间神经元之间的联系形式中,由于辐散与聚合式联系同时存在而形成链锁式或环式的方式。神经元一个接一个依次连接,构成链锁式联系,兴奋通过链锁式联系,可以在空间上加强或扩大作用范围。一个神经元通过其轴突侧支与多个神经元建立突触联系,而后继神经元通过其轴突,又回返性地与原来的神经元建立突触联系,形成一个闭合环路,称为环式联系。兴奋通过环式联系可能引起正、负两种反馈,相应地产生后放效应或使兴奋及时终止。

(三)中枢兴奋传播的特征

兴奋在反射弧中枢部分传播时,往往需要通过一次以上的突触接替。当兴奋通过化学性突触传递时,由于突触结构和化学递质参与等因素的影响,其兴奋传递明显不同于神经纤维上的冲动传导,主要表现为以下几方面的特征。

1.单向传递

在中枢神经系统中,兴奋只能沿一定的方向进行单向传递,即从突触前末梢传向突触后神经元。即由传入神经元传向神经中枢,再由神经中枢通过传出神经传向效应器。

2.中枢延搁

兴奋在中枢内通过突触所发生的传导速度往往较慢,这一现象称为中枢延搁。这是由于兴奋经化学性突触传递时需经历前膜释放递质、递质在间隙内扩散并作用于后膜受体,以及后膜离子通道开放等多个环节,因而所需时间较长。

3.兴奋的总和

在反射活动中,单根神经纤维的一次传入冲动到达中枢一般不能引起反射活动;而一根神经纤维连续发放多次传入冲动或若干神经纤维的传入冲动同时到达同一中枢,才可能产生反射活动,这种现象叫总和。反射总和实际上是突触总和。

4.兴奋节律的改变

如果测定某一反射弧的传入神经和传出神经在兴奋传递过程中的放电频率,两者往往不同。这是因为突触后神经元常同时接受多个突触前神经元的信号传递,突触后神经元自身的功能状态也可能不同,并且,反射中枢常经过多个中间神经元接替,因此最后传出冲动的节律取决于各种影响因素的综合效应。

5.中枢兴奋的后作用

在中间神经元的环式联系中,即使最初的刺激已经停止,中枢兴奋并不立即消失,反射仍能继续一段时间,这种现象称为中枢兴奋的后作用。神经元之间的环式联系是产生后作用的主要原因。

6.对内环境变化敏感和容易发生疲劳

因为突触间隙与细胞外液相通,因此内环境理化因素的变化,如缺氧、CO_2 过多、麻醉剂以及某些药物等均可影响突触传递。另外,用高频电脉冲连续刺激突触前神经元,突触后神经元的放电频率会逐渐降低;而将同样的刺激施加于神经纤维,则神经纤维的放电频率在较长时间内不会降低。说明突触传递相对容易发生疲劳,其原因可能与递质的耗竭有关。

(四)中枢抑制

和中枢兴奋一样,中枢抑制也是主动的过程。在任何反射活动中,反射中枢总是既有兴奋又有抑制,正因为如此,反射活动才得以协调进行。中枢抑制可分为突触后抑制和突触前抑制两类。

1.突触后抑制

哺乳类动物的突触后抑制都是由抑制性中间神经元释放抑制性递质,使突触后神经元产生抑制性突触后电位(IPSP),从而使突触后神经元发生抑制的。突触后抑制有传入侧支性抑制和回返性抑制两种形式。

(1)传入侧支性抑制　传入纤维进入中枢后,一方面通过突触联系兴奋某一中枢神经元;另一方面通过传入纤维的侧支兴奋抑制性中间神经元,再通过后者的活动抑制另一中枢神经元。这种抑制称为传入侧支性抑制。例如,伸肌肌梭的传入纤维进入脊髓后,直接兴奋伸肌运动神经元,同时发出侧支兴奋一个抑制性中间神经元,转而抑制屈肌运动神经元,导致伸肌收缩而屈肌舒张(图 9-6B)。这种抑制能使不同中枢之间的活动得到协调。

(2)回返性抑制　中枢神经元兴奋时,传出冲动沿轴突外传,同时又经轴突侧支兴奋一个抑制性中间神经元,后者释放抑制性递质,反过来抑制原先发生兴奋的神经元及同一中枢的其他神经元。这种抑制称为回返性抑制。例如,脊髓前角运动神经元的轴突支配骨骼肌并发动运动,同时其轴突发出侧支与闰绍细胞构成突触联系;闰绍细胞兴奋时释放甘氨酸,回返性抑制原先发生兴奋的运动神经元和同类的其他运动神经元(图 9-6A)。其意义在于及时终止运动神经元的活动或使同一中枢内许多神经元活动同步化。

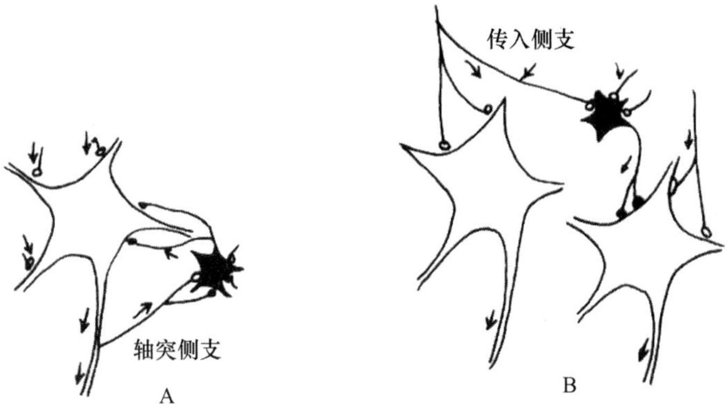

图 9-6　两类突触后抑制

A. 回返性抑制　B. 传入侧支性抑制(黑色神经元代表抑制性神经元)

2. 突触前抑制

突触前抑制的结构基础是具有轴突-轴突式突触与轴突-胞体式突触的联合存在(图 9-7)。轴突末梢 A 与运动神经元构成轴突-胞体式突触;轴突末梢 B 与末梢 A 构成轴突-轴突式突触,但与运动神经元不直接形成突触。若仅兴奋末梢 A,则引起运动神经元产生一定大小的兴奋性突触后电位(EPSP);若仅兴奋末梢 B,则运动神经元不发生反应;若末梢 B 先兴奋,一定时间后末梢 A 兴奋,则运动神经元产生的 EPSP 将明显减小。突触前抑制在中枢内广泛存在,尤其多见于感觉传入通路中,对调节感觉传入活动具有重要意义。

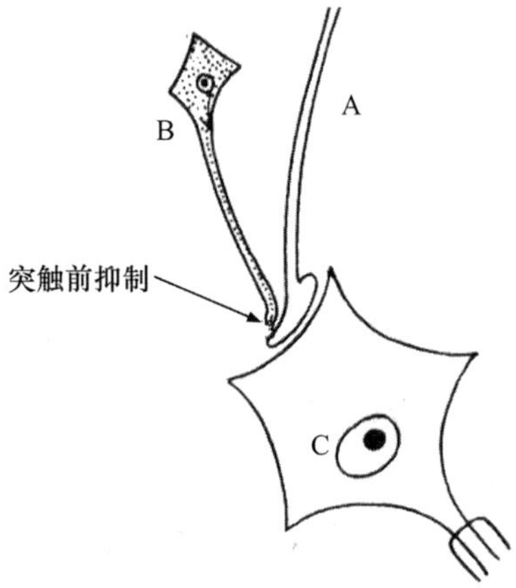

图 9-7　突触前抑制的神经元联系

A. 初级传入神经元　B. 中间神经元

C. 运动神经元

任务三　中枢神经系统的感觉分析功能

【任务要求】

了解感受器的定义和分类;理解和掌握感受器的一般生理特性;掌握特异投射系统与非特异投射系统的基本概念和区别;了解大脑皮层的感觉分析功能。

【认知与解读】

感觉是神经系统反映机体内外环境变化的一种特殊功能。动物机体通过各种感受器或感觉器官感受体内外环境变化的刺激，并转化为神经冲动，沿着感觉神经传入中枢神经系统，经中枢分析综合后，到达大脑皮层的特定区域形成感觉。因此，感觉是由感受器、传入系统和大脑皮层感觉中枢三部分共同活动而产生的。

一、感受器

(一)感受器的定义和分类

感受器是指分布在体表或组织内部的专门感受机体内、外环境变化的结构或装置。感受器的功能是接受机体内、外环境中的某些特殊刺激(适宜刺激)，并把这些刺激的能量转化为一连串具有信息意义的神经冲动，因此感受器有能量转换器的作用。

感受器的结构形式多样：最简单的感受器如痛觉感受器，只是一种游离的传入神经末梢；较复杂的感受器如触觉、压觉和温度感受器等，则在裸露的神经末梢外有结缔组织包囊；更复杂的感受器是由特殊的感觉上皮和各种各样的附属装置构成感觉器官，如视觉、听觉、平衡觉。

感受器种类繁多，根据感受器的分布位置和所接受刺激的来源，可分为外感受器和内感受器两大类。外感受器分布于皮肤和体表，接受来自外界环境的刺激；内感受器分布于内脏和躯体深部，接受来自机体内部的刺激。外感受器又可分为距离感受器(如视觉、听觉和嗅觉)和接触感受器(如触觉、压觉、味觉和温度等)。内感受器又可分为本体感受器(位于肌肉、肌腱、关节、迷路等处的感受器)和内脏感受器(位于内脏和血管上的感受器等)。若根据感受器所接受的刺激的性质，可分为机械感受器、温度感受器、光感受器和化学感受器等。

(二)感受器的一般生理特性

1.适宜刺激和感觉阈

一种感受器通常只对一种特定能量形式的刺激最敏感，这种形式的刺激就称为该感受器的适宜刺激。如一定频率的机械振动是内耳耳蜗毛细胞的适宜刺激；一定波长的电磁波是视网膜感光细胞的适宜刺激。但痛觉无适宜刺激，任一刺激能量只要强度足够，均可引起疼痛。

能引起感受器发生反应的最小刺激强度称为感觉阈。

2.感受器的换能作用

各种感受器活动的一个共同特点，是把作用于它们的各种形式的刺激能量最后转换为相应的传入纤维上的动作电位，这种能量转换称为感受器的换能作用。

3.感受器编码作用

感受器在换能过程中，在把外界刺激转换成神经动作电位时，不仅发生了能量形式的转换，更重要的是把刺激所包含的环境变化的信息也转移到了动作电位的序列之中，这一过程称为感受器的编码功能。刺激的性质是通过特定感受器和特异性传导通路传导至大脑皮层的特定感觉区域来实现的；而刺激的强度是通过单一神经纤维上冲动的频率高低和参加这一信息传输的神经纤维的数目多少来编码的。刺激强度越大，传入神经纤维的数量越多，单个神经纤维神经冲动发放的频率越高。例如，给人手皮肤的触压感受器施加触压刺激时，随着触压力量的增大，传入纤维上的动作电位频率逐渐增高，产生动作电位的传入纤维的数目也逐渐增多，产生的压觉越强烈。

4.感受器的适应现象

感受器接受一个恒定强度的持续刺激时，其冲动发放频率将逐渐下降的现象称为感受器的适应现象。适应是所有感受器的一个功能特点，但适应的快慢可因感受器类型的不同而有很大的差别，通常可把它们分为快适应感受器和慢适应感受器两类。前者如皮肤触觉、视觉和嗅觉感受器等，其生理意义在于能够不断接受新刺激，以更快适应新环境；后者如肌梭、颈动脉窦压力感受器和痛觉感受器等，其意义在于维持机体的某些生理功能，如正常机体姿势的维持、血压持久的稳定等。适应并不是疲劳，在对某种刺激产生适应后，如再增加刺激的强度，又可以引起传入冲动的增加。

二、感觉传导通路

来自各感受器的神经冲动，除通过脑神经传入中枢以外，大部分经脊神经后根进入脊髓，然后分别经由各自的前行传导路径传至丘脑，再经换元抵达大脑皮层感觉区。

(一)脊髓的感觉传导通路

1.浅感觉(痛觉、温觉与轻触觉)传导路径

其传入纤维由后根的外侧部进入脊髓，在后角更换神经元后，再发出神经纤维在中央管前交叉到对侧，分别经脊髓-丘脑侧束（传导痛觉、温觉）和脊髓-丘脑腹束(传导轻触觉)前行抵达丘脑。浅感觉传导路径的特点是先交叉后前行，因此脊髓半断离后，浅感觉障碍发生在断离的对侧。

2.深感觉(肌肉本体感觉和深部压觉)传导路径

其传入纤维由后根内侧部进入脊髓后，沿同侧背索前行至延髓下部薄束核与楔束核更换神经元，换元后其纤维交叉到对侧，经内侧丘系至丘脑。可见，深感觉传导路径的特点是先前行后交叉。因此，当脊髓半断离时，深感觉障碍发生在断离的同侧。

(二)丘脑及其感觉投射系统

在大脑皮层不发达的动物中，丘脑是感觉的最高级中枢；在大脑皮层发达的动物，丘脑接受除嗅觉外的所有感觉的投射，是最重要的感觉接替站，可进行感觉的粗糙分析与综合。丘脑与下丘脑、纹状体之间有纤维彼此联系，三者成为许多复杂的非条件反射的皮层下中枢。丘脑与大脑皮质之间的联系所构成的丘脑-皮质投射，决定大脑皮质的觉醒状态与感觉功能。故丘脑的病变可能导致感觉异常，如感觉减退或感觉过敏等。

1.丘脑的核团

根据神经联系和感觉功能特点，丘脑的核团大致可分为三大类(图 9-8)。

第一类细胞群是感觉接替核。主要包括后腹核和内、外侧膝状体。它们接受第二级感觉投射纤维，并经换元后进一步投射到大脑皮层感觉区。

第二类细胞群是联络核，主要包括丘脑枕核、外侧腹核与丘脑前核等。这类核团并不直接接受感觉纤维的投射，但接受来自丘脑感觉接替核和其他皮质下中枢的纤维，换元后投射到大脑皮质的特定区域，其功能与各种感觉在丘脑和大脑皮质水平的联系协调有关，故称联络核。

第三类细胞群是髓板内核群，包括靠近中线的内髓板以内的各种结构，主要有中央中核、束旁核和中央外侧核等，是丘脑的古老部分。一般认为，这类核团没有直接投射到大脑皮层的

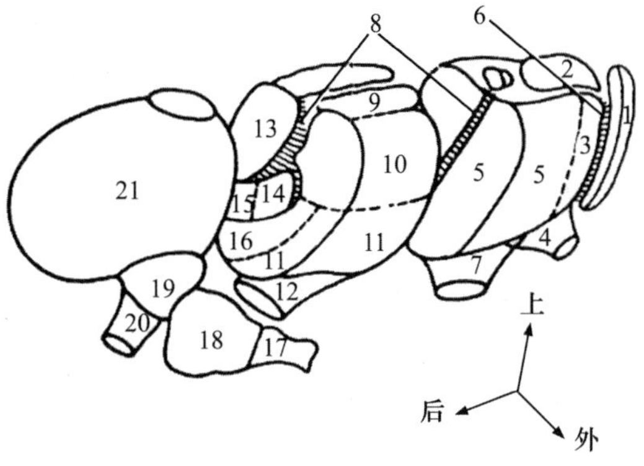

图 9-8　右侧丘脑主要核团示意图

1.网状核(大部分已切去,只显示前面一部分)　2.前核　3.前腹核　4.苍白球传来纤维　5.外侧腹核　6.外髓板　7.小脑传来纤维　8.内髓板及髓板内核群　9.背外侧核　10.后外侧核　11.后外侧腹核　12.内侧丘系　13.背内核　14.中央中核　15.束旁核　16.后内侧腹核　17.视束　18.外侧膝状体　19.内侧膝状体　20.外侧丘系　21.丘脑枕

纤维,但它们接受脑干网状结构的上行纤维,经多突触接替换元后,弥散地投射到整个大脑皮层,起着维持和改变大脑皮层兴奋状态的重要作用。

2.丘脑的感觉投射系统

根据丘脑核团向大脑皮层投射特征的不同,可将感觉投射系统分为两类,即特异投射系统与非特异投射系统(图 9-9)。

(1)特异投射系统　是指丘脑感觉接替核发出的纤维投射到大脑皮层特定区域,产生特定的感觉,称为特异投射系统,是具有点对点投射关系的感觉投射系统。丘脑的联络核在结构上大部分也与大脑皮层有特定的投射关系,投射到皮层的特定区域,所以也归属于这一系统。特异投射系统的功能是传递精确的信息到大脑皮层,引起特定的感觉,并激发大脑皮层发出传出神经冲动。

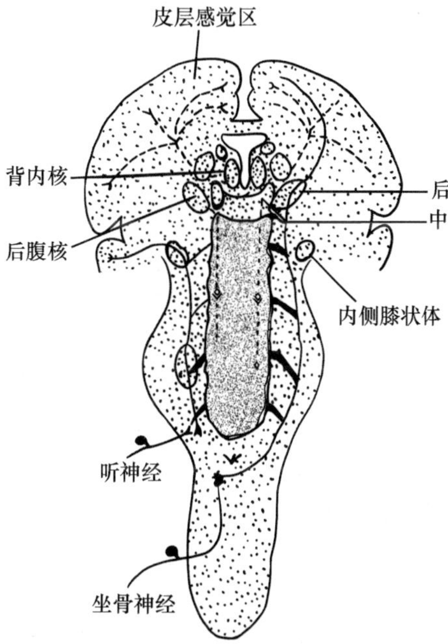

图 9-9　感觉投射系统示意图

灰色区代表脑干网状结构,实线代表特异投射系统,虚线代表非特异投射系统

(2)非特异投射系统　是指由丘脑的髓板内核群弥散地投射到大脑皮层广泛区域,这种感觉投射称为非特异投射系统。因此,这一感觉投射系统虽不产生特定感觉,但可以普遍提高大脑皮层的兴奋性,维持觉醒状态,是产生特定感觉不可缺少的基础。

正常情况下,这两类感觉投射系统之间的相互作用与配合,使大脑皮层既能处于觉醒状态,又能产生各种特定感觉。

(三)大脑皮层的感觉分析功能

各种感觉传入冲动最后到达大脑皮层,通过精细的分析、综合而产生相应的感觉。因此,大脑皮层是感觉分析的最高级中枢。大脑皮层的不同区域在感觉功能上具有不同的分工,不同的感觉在大脑皮层有不同的代表区。

1.躯体感觉区

躯体感觉区是全身躯体感觉在大脑皮层的投射区,位于大脑皮层顶叶。不同进化程度的动物大脑皮层躯体感觉区的确切定位有所区别。在灵长类动物一般位于中央后回,而猫、犬和绵羊的该区在皮层的定位比较靠前。低等哺乳动物(如兔和鼠等)的躯体感觉区和躯体运动区基本重合在一起,统称感觉运动区。

2.感觉运动区

感觉运动区位于中央前回。中央前回既是运动区,也是肌肉本体感觉投射区。本体感觉是指肌肉、关节等的运动觉与位置觉。

3.内脏感觉区

内脏感觉投射的范围较弥散,并与躯体感觉区有一定的重叠。如上腹部内脏的传入与躯干区重叠;盆腔的传入则投射于下肢代表区。此外,边缘系统的皮层部位也是内脏感觉的投射区。

4.特殊感觉区

(1)视觉区　位于皮层的枕叶。在低等脊椎动物,如鱼、两栖类和鸟类,它们的双眼分别位于头的两侧,来自两侧视网膜的视神经纤维全部左右交叉,而后投射到视皮层。而在高等哺乳动物,这种交叉是不完全的:马和兔大约有10%的纤维不交叉;而猫和犬大约有20%不交叉;灵长类动物大约只有50%的纤维交叉到对侧。所以,一侧枕叶皮层受损可造成两眼对侧偏盲,双侧枕叶损伤时可导致全盲。

(2)听觉区　位于皮层的颞叶。听觉投射是双侧性的,即一侧皮层代表区接受来自双侧耳蜗感受器的传入投射,故一侧代表区受损不会引起全聋。

(3)嗅觉区与味觉区　嗅觉在大脑皮层的投射区域随着进化而缩小,在高等动物位于边缘皮层的前底部区域,包括梨状区皮层的前部、杏仁核的一部分。味觉投射区在中央后回的头面部感觉投射区的下方。味觉的投射是同侧的,破坏大鼠双侧味觉皮层会导致味觉识别障碍。

任务四　神经系统对躯体运动的调节

【任务要求】

学习和了解神经系统各级中枢——脊髓、脑干、小脑、大脑皮层对躯体运动的调节。

【认知与解读】

躯体运动是家畜对外界环境变化产生应答反应的主要方式,是各种复杂行为的基础。任何形式的躯体运动,都是许多骨骼肌在神经系统的调节下互相协调和配合完成的。但神经系统不同部位对躯体运动的调节有着不同的作用。躯体运动越复杂,越需要高水平的神经系统参与。如:脊髓动物只能完成牵张反射等极其简单的骨骼肌运动;延髓动物不能很好地保持正常姿势，只能勉强站立；中脑动物能较好地保持正常姿势，而且还有翻身、卧倒或站立等动态姿势反射的能力，但不能行走；丘脑动物不但姿势正常，而且能跑、跳和完成其他复杂动作；大脑皮层完整的动物能迅速适应环境和完成高度精细复杂的躯体运动。

一、脊髓对躯体运动的调节

脊髓是调节躯体运动最基本的反射中枢，通过脊髓仅能完成一些比较简单的躯体运动反射，包括牵张反射、屈肌反射和对侧伸肌反射等。但在机体内，脊髓反射受高位中枢控制，如果将脊髓和脑分离则出现脊休克。

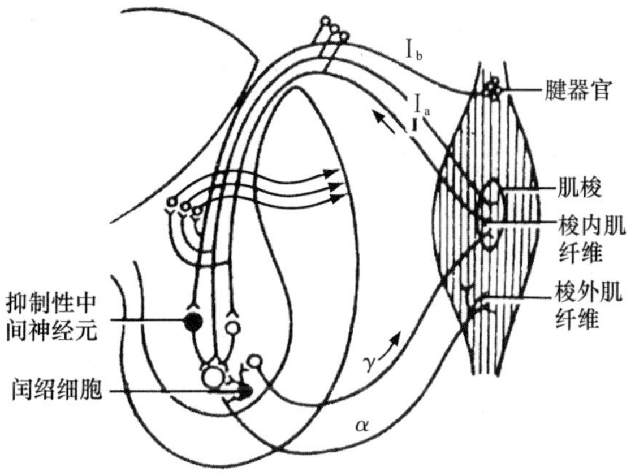

图 9-10　肌牵张反射示意图

(一)牵张反射

牵张反射是指骨骼肌在受到外力牵拉而伸长时，能引起受牵拉的肌肉收缩的反射活动(图 9-10)。牵张反射有两种类型，即腱反射和肌紧张。

(1)腱反射　又称位相性牵张反射，是在快速牵拉肌腱时发生的牵张反射，表现为被牵拉肌肉迅速而明显的缩短。如快速叩击股四头肌肌腱，可使股四头肌受到牵拉而发生一次快速收缩，引起膝关节伸直，称为膝反射。叩击跟腱时，可引起腓肠肌发生一次快速收缩，称为跟腱反射。腱反射的潜伏期很短(0.7 ms)，仅够一次突触传递的时间延搁，所以腱反射是一种单突触反射。临床上常通过腱反射来检查神经系统的某些功能状态。

(2)肌紧张　又称紧张性牵张反射，是指缓慢而持续地牵拉肌腱所引起的牵张反射，表现为受牵拉肌肉持续发生紧张性收缩，致使肌肉经常处于轻度收缩状态。肌紧张反射弧的中枢为多突触接替，属于多突触反射。肌紧张是维持躯体姿势最基本的反射活动，是姿势反射的基础，尤其对于维持站立姿势。因为站立时，由于重力的影响，支持体重的关节趋向于被重力所弯曲，弯曲的关节势必使伸肌肌腱受到牵拉，从而产生牵张反射，使伸肌的肌紧张增强，以对抗关节的屈曲，来维持站立姿势。

(二)屈肌反射与对侧伸肌反射

肢体皮肤受到伤害刺激时，常引起受刺激侧肢体的屈肌收缩、伸肌舒张，使肢体屈曲，称为屈肌反射。如火烫、针刺皮肤时，该侧肢体立即缩回，其目的在于避开有害刺激，对机体有保护意义。屈肌反射是一种多突触反射，其反射弧的传出部分可支配多个关节的肌肉活动。该反射的强弱与刺激强度有关，其反射的范围可随刺激强度的增加而扩大。如足趾受到较弱的刺激时，只引起趾关节屈曲，随着刺激的增强，膝关节和髋关节也可以发生屈曲。当肢体皮肤受到很强的伤害性刺激时，除引起该肢体屈曲外，还同时引起对侧肢体伸直，这种反射称为对侧伸肌反射。该反射是一种姿势反射，当一侧肢体屈曲造成身体平衡失调时，对侧肢体伸直以支持体重，从而维持身体的姿势平衡。

二、脑干对肌紧张和姿势的调节

脑干包括延髓、脑桥和中脑。脑干除了有神经核以及与它相联系的前行和后行神经传导束外，还有纵贯脑干中心的网状结构。脑干网状结构是中枢神经系统中最重要的皮层下整合调节机构。其主体在脑干的中央部，起自延髓后缘，穿过延髓、桥脑、中脑、下丘脑直到丘脑的腹部。

(一)脑干对肌紧张的调节

脑干网状结构包括易化区和抑制区。加强肌紧张和肌肉运动的区域，称为易化区。易化区的作用主要是通过网状脊髓束的后行通路，并与脊髓 γ 运动神经元建立兴奋性突触联系来完成的。除脑干网状结构易化区外，脑干外神经结构(如前庭核、小脑前叶两侧部等部位)也存在肌紧张易化区，其易化功能是通过网状结构易化区的活动来完成的。抑制肌紧张和肌肉运动的区域，称为抑制区。其作用主要是通过网状脊髓束的后行抑制性纤维与 γ 运动神经元形成抑制性突触而完成的。除网状结构抑制区外，大脑皮层运动区、纹状体与小脑前叶蚓部等脑干外神经结构也存在肌紧张抑制功能。

正常情况下，网状结构易化区一般具有持续的自发放电活动，而网状结构抑制区本身无自发活动，它在接受上述各高位中枢传入的始动作用时，才能发挥后行抑制作用。如果在中脑上、下丘之间横断脑干的去大脑动物，会立即出现全身肌紧张，特别是伸肌肌紧张过度亢进，表现为四肢伸直、头尾昂起、脊柱挺硬的角弓反张现象，称为去大脑僵直(图 9-11)。

图 9-11　去大脑僵直

(二)脑干对姿势的调节

中枢神经系统调节骨骼肌的肌紧张或产生相应运动，以保持或改正动物躯体在空间的姿势，称为姿势反射。不同的姿势反射与不同的中枢水平相关联。由脊髓整合的牵张反射和对侧伸肌反射是最简单的姿势反射。由脑干整合而完成的姿势反射有状态反射、翻正反射等。

1. 状态反射

状态反射是指因头部与躯干的相对位置或头部在空间的位置改变，引起的躯体肌肉紧张性改变的反射活动。前者称为颈紧张反射，是由于头部扭曲刺激了颈部肌肉、关节或韧带的本体感受器后，对四肢肌肉紧张性的反射性调节，其反射中枢位于颈部脊髓。如头前俯时，后肢伸肌紧张性增强，前肢伸肌紧张性减弱(图 9-12)。后者称为迷路紧张反射，是指由内耳迷路椭圆囊、球囊的传入冲动对躯体伸肌紧张性的反射性调节，其反射中枢主要是前庭核。如动物仰卧时，耳石膜受到的刺激最大，四肢伸肌紧张性最高；俯卧时，耳石膜受到的刺激最弱，则伸肌紧张性最低。

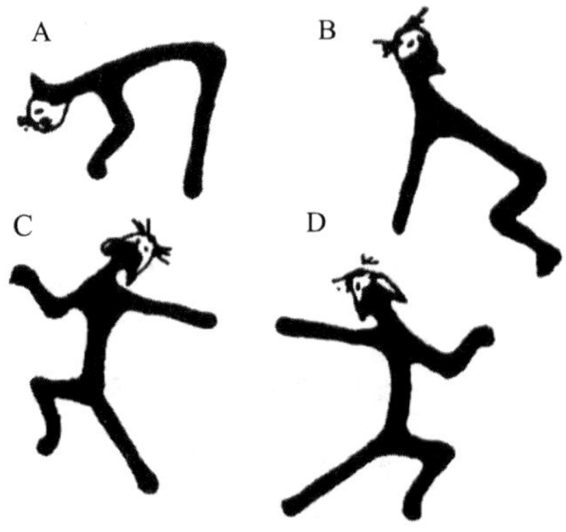

图 9-12　状态反射

A. 头俯下时　B. 头上仰时
C. 头弯向右侧时　D. 头弯向左侧时

状态反射是在低位脑干整合下完成的，但在完整动物因低位脑干处于高位中枢的控制下，状态反射不易表现出来，所以只在去大脑动物才明显可见。

2. 翻正反射

当动物被推倒或使它从空中仰面下落时，它能迅速翻身、起立或改变为四肢朝下的姿势着地，这种复杂的姿势反射称为翻正反射（图 9-13）。翻正反射包括一系列的反射活动：当视觉感知身体位置的不正常时，由迷路感受器以及体轴（主要是颈项）深浅感受器传入信息，在中脑水平整合作用下，先引起头部翻正，随后躯干的位置也翻正。如果毁坏双侧迷路器官并蒙住双眼，则下落时不再出现翻正反射。

图 9-13　猫从空中坠落时的翻正反射

三、小脑对躯体运动的调节

小脑是躯体运动调节的重要中枢，它对于维持身体平衡、调节肌紧张、协调与控制躯体的随意运动都具有重要作用。

（一）维持身体平衡

维持身体平衡是前庭小脑的主要功能。前庭小脑主要由绒球小结叶构成。绒球小结叶通过前庭核转而经脊髓后行纤维的作用，调节脊髓运动神经元的兴奋与肌肉的收缩活动，以维持躯体运动的平衡。其反射途径为：前庭器官→前庭核→绒球小结叶→前庭核→脊髓运动神经元→肌肉。

（二）调节肌紧张

小脑调节肌紧张与协调随意运动的功能，主要是由脊髓小脑完成的。脊髓小脑由小脑前叶（包括单小叶）和后叶的中间带（包括旁中央小叶）组成。其中，小脑前叶的功能是调节肌紧张，小脑后叶中间带的功能主要是协调随意运动，但也有调节肌紧张的作用。

小脑前叶主要接受来自肌肉、关节等本体感受器的传入冲动，也少量接受视、听觉与前庭的传入信息；其传出冲动分别通过网状脊髓束、前庭脊髓束以及腹侧皮层脊髓束的后行系统，调节脊髓 γ 运动神经元的活动，进而调节肌紧张。小脑前叶对肌紧张具有抑制和易化的双重调节作用。

（三）协调随意运动

协调随意运动是小脑后叶中间带的重要功能。由于后叶中间带还接受脑桥纤维的投射，并与大脑皮层运动区有环路联系，因此在执行大脑皮层发动的随意运动方面起重要协调作用。当小脑后叶中间带受到损伤时，可出现随意运动协调的障碍，称为小脑性共济失调，表现为随意运动的力量、方向及限度等将发生很大的紊乱，动作摇摆不定，指物不准，不能进行快速的交替运动。

四、大脑皮层对躯体运动的调节

大脑皮层是控制和调节躯体运动的最高级中枢，它通过锥体系统和锥体外系统这两条运动传导通路实现对躯体运动的调节。

（一）大脑皮层的运动区

大脑皮层中与躯体运动有密切关系的区域，称为大脑皮层运动区，主要位于中央前回和运动前区。它对躯体运动的调节具有下列功能特征：①交叉支配，即一侧皮层主要支配对侧躯体的运动，但头面部肌肉的运动是双侧支配。②具有精细的功能定位，即皮层的一定区域支配一定部位的肌肉，其定位安排与感觉区类似，呈倒置分布。③功能代表区的大小与运动的精细、复杂程度有关，即运动越精细、复杂，皮层相应运动区的面积越大。主要运动区与运动的执行以及运动所产生的肌力大小有关。

此外，在大脑皮层的内侧面（两半球纵裂内侧壁）、运动区之前以及中央前回与脑岛之间也有躯体运动的调节区，刺激这些区域，可以引起一定的躯体运动，反应一般为双侧性。

（二）运动传导通路

大脑皮层对躯体运动的调节是通过锥体系与锥体外系两大传出系统的协调活动完成的。

1. 锥体系及其功能

锥体系是由大脑皮层运动区发出，控制躯体运动的后行系统，包括皮层脊髓束（锥体束）与皮层脑干束。锥体系一般是指由皮层发出、经内囊和延髓锥体后行到达脊髓腹角的传导束；而由皮层发出、经内囊抵达脑干的各脑神经运动神经元的皮层脑干束，虽不通过锥体，但在功能上与皮层脊髓束相同，所以也包括在锥体系的概念之中。皮层脊髓束通过脊髓腹角运动神经元支配四肢和躯干的肌肉。其中，约80%的神经纤维在延髓锥体交叉到对侧，沿脊髓外侧索下行到脊髓腹角，这条传导束称为皮质脊髓侧束，主要控制四肢远端肌肉，与精细性、技巧性的运动有关。其余20%沿同侧脊髓腹索下行，大部分逐节段交叉至对侧，终止于对侧腹角运动神经元，这条传导束称为皮质脊髓腹束，主要控制躯干及四肢近端的肌肉，与姿势的维持和粗大运动有关。皮层脑干束则通过脑神经运动神经元支配头面部的肌肉。

2. 锥体外系及其功能

锥体外系是指锥体系以外的调节躯体运动的后传系统。它可分为经典的锥体外系、皮层起源的锥体外系与旁锥体外系。经典的锥体外系起源于皮层下的某些核团，如尾状核、壳核等，经某些后行通路控制脊髓的运动神经元。皮层起源的锥体外系是指由大脑皮层后行，并通过皮层下核团接替，转而控制脊髓运动神经元的传导系统。旁锥体外系是指由锥体束侧支进入皮层下核团，转而控制脊髓运动神经元的传导系统。锥体外系的主要功能是调节肌紧张，维持身体姿势和协调肌群的运动。

锥体系与锥体外系对于肌紧张有相互拮抗的作用，前者易化脊髓运动神经元，倾向于使肌紧张增强；后者则通过基底神经节和脑干网状结构等神经结构传递抑制性信息，使肌紧张倾向于减弱，二者保持相对平衡。实际上，大脑皮层的运动功能都是通过锥体系与锥体外系的协同活动实现的，在锥体外系保持肢体稳定、适宜的肌张力和姿势协调的情况下，锥体系执行精细的运动。

任务五　神经系统对内脏活动的调节

【任务要求】

了解和掌握交感和副交感神经的结构特征；掌握交感和副交感神经系统的功能特点；学习了解各级神经中枢对内脏活动的调节。

【认知与解读】

调节内脏活动的神经结构由于通常不受主观意识的控制而有一定的自律性，故称之为自主神经系统。相对于躯体的随意运动，自主神经系统所支配的内脏器官不能随意改变其空间位置，因此自主神经系统又称为植物性神经系统。

自主神经系统分为中枢和外周两部分。中枢部分包括脊髓、脑干、下丘脑以及大脑皮层，尤其是大脑边缘皮层等有关的神经结构。外周部分包括传入神经和传出神经，但习惯上仅指支配内脏器官的传出神经，并将其分为交感神经和副交感神经两部分。

一、交感和副交感神经的结构特征

与躯体运动神经相比，一个重要的差别是交感和副交感神经系统从中枢发出以后，在到达效应器之前都要在神经节中更换一次神经元。由脑和脊髓发出到神经节的纤维称为节前纤维，为有髓鞘的 B 类纤维。由节内神经元发出终止于效应器的纤维称为节后纤维，属无髓鞘的 C 类纤维（表 9-5）。

表 9-5　交感和副交感神经的结构特征

	交感神经	副交感神经
起源	脊髓胸段（T_1～T_{12}）、前腰段（L_1～L_3）侧角	脑神经第Ⅲ（动眼）、Ⅶ（面）、Ⅸ（舌咽）、Ⅹ（迷走）对副交感核；脊髓荐段（荐椎 S_2～S_4）
	胸腰植物性神经系统	脑荐植物性神经系统
外周神经节	椎旁神经节（交感链） 椎下神经节（腹腔、肠系膜下神经节等）	副交感神经节（靠近或在靶器官内）
节前纤维	较短	较长
节后纤维	较长	较短
反应范围	广泛（交感神经链）	局限（突触联系少）
分布范围	广泛（支配所有内脏器官）	局限（皮肤、肌肉内血管、肾上腺髓质、汗腺、竖毛肌等缺乏）
作用时间	潜伏期长，持续时间长	潜伏期短，持续时间短
	节前释放 Ach（N_1 受体）	节前释放 Ach（N_1 受体）
神经递质	节后释放 NE（α、β 受体） 汗腺、交感舒血管纤维节后释放 Ach（M 受体）	节后释放 Ach（M 受体）

（一）交感神经

交感神经的节前纤维起源于胸、腰段脊髓（T_1～L_3）灰质侧角细胞，它们分别在椎旁或椎下神经节换元。其节后纤维分布极为广泛，几乎所有内脏器官、血管、汗腺等都受其支配（图 9-14），但肾上腺髓质例外，肾上腺髓质本身相当于一个交感神经节，直接受交感神经节前纤维的支配。交感神经的节前纤维较短而节后纤维相对较长。一根交感神经节前纤维可以和许多节后神经元发生突触联系。例如，猫颈上交感神经节中的节前纤维与节后纤维之比为 1∶(11～17)。因此，交感神经兴奋时其影响的范围就比较广泛。

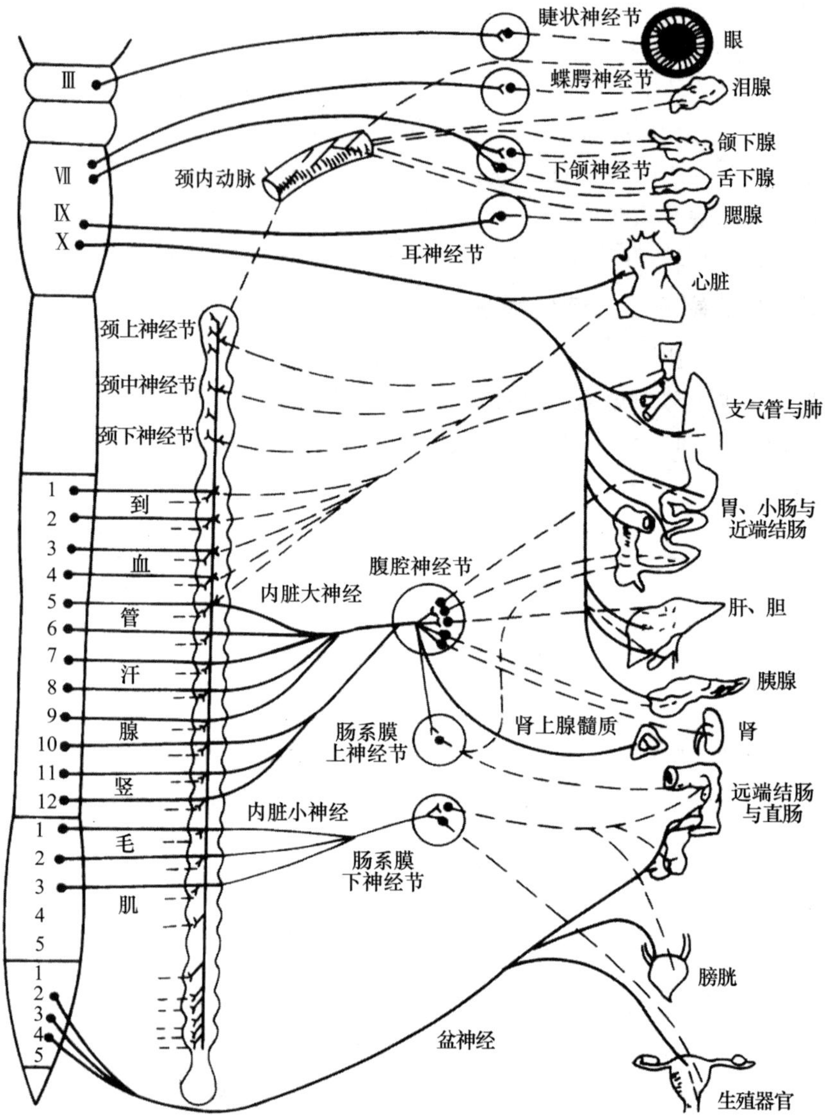

图 9-14 自主神经分布示意图

(实线为节前纤维;虚线为节后纤维)

(二)副交感神经

副交感神经发源于脑干的第Ⅲ、Ⅶ、Ⅸ、Ⅹ对脑神经核和荐段脊髓(S_2～S_4)灰质相当于侧角的部位。副交感神经的分布比较局限,某些器官没有副交感神经的支配,例如皮肤和肌肉的血管、汗腺、竖毛肌、肾上腺髓质和肾等,只有交感神经支配。约有 75%的副交感纤维在迷走神经内,支配胸腔和腹腔内的内脏器官。发源于荐段脊髓的副交感神经分布于盆腔内一些器官和血管。副交感神经的节前纤维较长而节后纤维较短,靠近所支配的器官。一根副交感神经的节前纤维只与几个节内神经元形成突触,例如睫状神经节内的副交感节前与节后纤维之比仅为 1∶2。所以副交感神经兴奋时,影响范围较为局限。

二、交感和副交感神经系统的功能特点

自主神经系统的功能在于调节心肌、平滑肌和腺体(消化腺、汗腺和部分内分泌腺)的活动。从总体上看,交感和副交感神经系统的活动具有以下几方面的特点。

1. 对同一效应器的双重支配

除少数器官外,一般组织器官都接受交感和副交感神经的双重支配,而交感和副交感神经的作用往往又是相互拮抗的(表 9-6)。有时交感和副交感神经也表现为协同的作用。例如支配唾液腺的交感和副交感神经对唾液分泌均有促进作用,但前者引起的唾液分泌量少而黏稠,而后者引起的唾液分泌多而稀薄。因此,交感神经和副交感神经一张一弛,既相互矛盾又协调统一,共同维持机体在不同条件下内环境的稳态。

表 9-6　交感和副交感神经的功能特征

	交感神经	副交感神经
眼	瞳孔放大	瞳孔缩小
皮肤	竖毛肌收缩,汗腺分泌	—
心脏	心率加快,收缩力加强	心率减慢,收缩力减弱
呼吸	支气管扩张,肺通气量增加	支气管平滑肌收缩
脏器血管	收缩	舒张
肌肉血管	收缩或舒张	—
消化功能	抑制	兴奋
内分泌功能	交感-肾上腺髓质系统	迷走-胰岛素系统
总体反应	"Fight or Flight" 一般作用为"应急":动员机体储备力量、适应环境紧急变化	"Relaxation and Restoration" 一般作用为"同化":休整机能、促进消化、储蓄能量、加强排泄和生殖机能等

2. 紧张性支配

在静息状态下自主神经经常发放低频的神经冲动支配效应器的活动,这种作用称为紧张性作用。例如,切断心交感神经后,心脏功能显著减弱;切断心迷走神经后,心脏功能显著增强,表明,正常状态下,心交感神经和心迷走神经都有一定的紧张性活动,使心脏功能维持相对稳定。

3. 效应器所处功能状态的影响

自主神经的外周性作用与效应器本身的功能状态有关。例如,刺激交感神经可引起未孕动物子宫的运动受到抑制,却可加强已孕子宫的运动。

4. 对整体生理功能调节的意义不同

交感神经的作用比较广泛,当动物遇到各种紧急情况,例如剧烈运动、失血、紧张、窒息、恐惧、寒冷时,交感神经系统的活动明显增强(同时肾上腺髓质分泌也增加),表现为一系列交感-肾上腺髓质系统活动亢进的现象,例如心率增快、动脉血压升高、瞳孔扩大、支气管扩张、肺通气量增加、胃肠道活动抑制、血糖浓度升高等反应,其主要作用是增加机体的分解代谢和能量消耗,

动员体内许多器官的潜在能力，帮助机体度过紧急情况，以提高机体对环境急变的适应能力。

相比之下，副交感神经系统活动的范围比较局限，往往在安静时活动较强。它的活动常伴有胰岛素的分泌，故称之为迷走-胰岛素系统。这个系统的作用主要是保护机体、休整恢复、促进消化、积聚能量以及加强排泄和生殖等方面的功能。

三、内脏活动的中枢调节

(一)脊髓对内脏活动的调节

交感神经和部分副交感神经发源于脊髓灰质侧角或相当于侧角的部位，说明脊髓是内脏反射活动的初级中枢。脊椎动物在脊休克过去后，血压可以上升到一定水平，证明脊髓中枢可以完成基本的血管张力反射，能维持血管的紧张性，保持一定的外周阻力。此外，脊髓还能完成其他一些最基本的内脏反射，例如排粪反射、排尿反射、性反射、出汗与竖毛肌反射等。在正常生理状态下，脊髓的自主性神经功能是在上位脑高级中枢调节下完成的。

(二)低位脑干对内脏活动的调节

由延髓发出的副交感神经传出纤维，支配头面部所有的腺体、心脏、支气管、喉、食管、胃、胰腺、肝和小肠等。循环、呼吸等许多基本生命现象的反射调节在延髓水平已能初步完成，咳嗽、喷嚏、吞咽、唾液分泌、吸吮、呕吐等，都需要延髓的参与。延髓有“生命中枢”之称，一旦延髓受损，可立即致死。脑干网状结构中也存在许多与心血管、呼吸和消化等内脏活动有关的神经元，其后行纤维支配脊髓，调节脊髓的自主神经功能。脑桥有角膜反射中枢、呼吸调整中枢。中脑存在瞳孔对光反射中枢和视听探究反射中枢，也是防御性心血管反应的主要中枢部位。

(三)下丘脑对内脏活动的调节

下丘脑是较高级的调节内脏活动中枢。它把内脏活动与其他生理活动联系起来，调节体温、营养摄取、水平衡、内分泌、情绪反应、生物节律等生理过程。

(四)大脑皮层对内脏活动的调节

(1)新皮层　新皮层是指在系统发生上出现较晚、分化程度最高的大脑半球外侧面结构。新皮层与内脏活动密切相关，而且有区域分布特征，如电刺激动物的新皮层，除引起躯体运动外，还可引致内脏活动的改变。

(2)边缘系统　边缘系统是大脑皮层内侧面，环绕脑干背面的一个弓形皮层以及皮层下，在功能上密切联系的神经结构的总称。这部分结构包括边缘叶(海马、穹隆、扣带回、海马回等)，大脑皮层的岛叶、颞极、眶回等，皮层下的杏仁核、隔区、下丘脑、丘脑前核等，以及中脑的中央灰质、被盖等。边缘系统是调节内脏活动的高级中枢，它对内脏活动有广泛的影响，故有“内脏脑”之称。刺激边缘系统的不同部位，可引起复杂的内脏活动反应。例如，电刺激扣带回前部，可引起呼吸抑制或减慢、心跳变慢、血压上升或下降、瞳孔扩大或缩小等。边缘系统对机体的本能性的行为与情绪反应也有明显的影响。

任务六　条件反射

【任务要求】

掌握非条件反射和条件反射的概念和区别；了解条件反射的形成过程和生理意义。

【认知与解读】

反射活动是中枢神经系统的基本活动形式。巴甫洛夫把反射活动分为非条件反射和条件反射。条件反射比非条件反射复杂得多,是脑的高级活动的基本形式。

一、非条件反射和条件反射的区别

非条件反射是通过遗传获得的先天性反射活动,是动物生下来就有的反射。非条件反射有固定的反射途径,反射比较恒定,不易受外界环境的影响,反射中枢一般位于皮层下。非条件反射的数量有限,只能保证动物的各种基本生命活动的正常进行,很难适应复杂的环境变化。非条件反射一般可以终生保持,且同种动物具有基本相同的非条件反射。非条件反射一般需要固定的刺激才能出现。

条件反射是动物在出生后的生活过程中,适应于个体所处的生活环境而逐渐建立起来的反射。条件反射没有固定的反射途径,容易受环境影响而发生改变或消失,反射中枢位于大脑皮层。条件反射的数量是无限的,可以随着环境条件的改变而建立许多反射。在一定的条件下,条件反射可以建立,也可以消失,且同种动物不同个体因生活环境的不同而具有不同的条件反射。条件反射的刺激不是固定的,任何无关刺激一旦成为条件刺激都能引起条件反射,保证动物与外界环境变化保持高度平衡的高级神经活动。

二、条件反射的形成

(一)经典条件反射

当给犬喂食物时能引起犬分泌唾液,这是非条件反射,食物是非条件刺激。而给犬以铃声刺激则不会引起唾液分泌,因为铃声与食物无关,因此铃声称为无关刺激。但是,如果每次给犬喂食物之前先给以铃声刺激,然后再给以食物,这样多次结合后,当铃声一出现,犬就会出现唾液分泌。铃声本身是无关刺激,现在已成为进食的信号,因此又称为信号刺激或条件刺激。这种通过无关刺激和非条件刺激在时间上反复多次的结合而建立的条件反射称为经典条件反射,这个反复结合的过程称为强化。

经典条件反射形成的条件是:①条件反射必须建立在非条件反射基础上。②无关刺激必须与非条件刺激多次结合,而且无关刺激要提前或同时与非条件刺激出现,这种结合称为条件刺激的强化,这是条件反射建立并巩固的需要。③ 非条件刺激所引起的兴奋,必须强于条件刺激所引起的兴奋。④需要有大脑皮层的参加,因此动物必须是健康、清醒的。⑤要避免其他无关刺激的干扰。如要建立以声音刺激为主的条件反射时,环境必须要安静,避免各种噪声的干扰。

(二)操作式条件反射

将大鼠放入实验笼内,当它在走动中偶尔踩在杠杆上时,即有食物出现。强化这一操作,如此重复多次,大鼠就学会了自动踩杠杆而得到食物。然后,在此基础上进一步训练动物只有在出现某一特定的信号 (如灯光)后踩杠杆,才能得到食物的强化。训练完成后,动物见到特定的信号,就去踩杠杆而得食。这类条件反射的特点是,动物必须通过自己完成某种动作或操作后才能得到强化,所以称为操作式条件反射。操作式条件反射是一种很复杂的行为,更能代表动物日常生活的习得性行为。

三、影响条件反射形成的因素

影响条件反射形成的因素有很多,归纳起来有两个方面。

(一)刺激

条件刺激必须与非条件刺激多次反复紧密结合;条件刺激必须在非条件刺激之前或同时

出现;条件刺激的强度要弱于非条件刺激。例如。动物饥饿时,由于饥饿加强了摄食中枢的兴奋性,食物刺激的生理强度就大大提高,从而有利于形成条件反射。

(二)机体状态

建立条件反射的动物必须是健康的,大脑皮质必须清醒。昏睡或病态的动物是不易形成条件反射的。此外,还应避免其他刺激对动物的干扰。

四、条件反射的生物学意义

机体对内外环境的适应,都是通过非条件反射和条件反射来实现的。条件反射与非条件反射相比,无论在数量上及质量上都有很大的不同。数量上,非条件反射很有限。而形成条件反射几乎是无限的。质量上,非条件反射比较恒定,而条件反射具有很大的可塑性,既可以建立,也可以消退。因此条件反射具有较广泛、精确而完善的高度适应性。此外,条件刺激作为非条件刺激的信号,以代替非条件刺激而引起的特有反应,使机体具有预见性,能更有效地适应环境。例如:依靠食物条件反射,家畜不再是消极地等待食物进入口腔,而是根据食物的形状和气味去主动寻找;也不再是等食物进入口腔才开始消化活动,而是在这之前就做好消化的准备。

任务七　禽类的神经生理特点

【任务要求】

了解禽类的神经生理特点。

【认知与解读】

禽类神经系统与哺乳动物基本相同,但有如下特点。

(1)禽类的外周神经系统中粗大的神经纤维相对较少,传导速度较慢,脊髓的上传径路较不发达,只有少数脊髓束纤维到达延髓,所以外周感受较差。

(2)禽类的延髓发育较好,除具有调节呼吸、血管运动、心脏活动等生命中枢外,延髓的前庭核与迷路联系,维持和恢复正常姿势,并调节头、翼、腿、尾在空间方位的平衡。

(3)禽类的小脑相当发达,控制身体各部位的肌紧张;中脑的视叶较其他动物发达,若破坏视叶,则禽类失明。

(4)禽类的纹状体非常发达,而皮质相对较薄,切除皮质后,仍存在感觉和运动反应,但不能主动啄食,对外界环境的变化无反应。

对禽类可建立条件反射,也有神经活动类型的特征。

【操作与体验】

技能一　反射弧分析与脊髓反射

【目的】①分析反射弧的组成部分,并探讨反射弧的完整性与反射活动的关系。②认识脊髓反射的基本特征和兴奋在中枢神经系统内传导的基本特征。

【原理】①神经调节的主要方式是反射,反射的结构基础是具有生理完整性的反射弧,包括五个基本环节:感受器、传入神经、神经中枢、传出神经和效应器,其中任何一个环节遭到破坏，都不能引起反射的发生。②脊髓是中枢神经系统的最低级部位，它的机能最简单，可以完成简单的反射活动。脊髓反射具有中枢兴奋传导的基本特征，如总和作用、兴奋的扩散、后作用等。

【实验对象】蛙或蟾蜍。

【实验材料】RM-6240BD多道生理信号采集处理系统、刺激电极、普通剪刀、手术剪、手术镊、探针、丝线、培养皿、蛙肌夹、万能支架、双凹夹、任氏液、秒表、硫酸、滤纸片、平皿、纱布等。

【方法与步骤】

1.脊蛙制作

用左手拇指和食指捏住青蛙腹部脊柱，右手将普通剪刀伸入蛙口中，在鼓膜的后方（约在延髓与脊髓中间）剪去脑部，或以探针刺入枕骨大孔，向前刺入大脑即为脊蛙。用蛙肌夹夹住下颌，悬在万能支架上，待其兴奋性恢复后，进行下面实验。

2.屈肌反射和对侧伸肌反射

以平皿盛0.5%硫酸少许，接触蛙下肢趾尖，观察受刺激侧和对侧下肢的反应。

3.反射时的测定

依前法用0.5%及1%的硫酸刺激脚趾，用秒表（或电子表）测定反射时。每种浓度重复3次。求其平均值。

4.搔抓反射

以浸有0.5%硫酸的小滤纸片贴于蛙腹侧部，观察后肢反应及动作的准确性。

5.反射过程的抑制

先用手术镊夹住蛙大腿根部的皮肤，待蛙不动后，再将后肢用0.5%的硫酸刺激。比较此时反射与前项的区别。

6.脊髓内兴奋过程的扩散

用镊子夹蛙左趾，力量由小到大，观察参与反射肌肉的范围和强度。

7.刺激的综合

打开生理信号采集处理系统，打开刺激面板，刺激方式选单刺激，波宽1 ms。调整刺激幅度大小，找到刺激阈强度，然后改用稍弱于阈值强度的连续电刺激（串刺激），观察频率变为多大时，蛙趾开始后缩。用两个电极对蛙趾不远于0.5 cm的两点同时给予阈下刺激，看能否观察到空间总和现象。

8.反射的后作用

当蛙后肢受到电刺激时，引起反射动作，观察当刺激停止时反射作用是否立即停止。

9.破坏感受器

用剪刀在蛙左侧后肢股部皮肤做一环形切口，将切口以下皮肤剥净，直至趾端（包括趾底），再以0.5%硫酸刺激，观察出现的结果。

10.破坏传入传出神经

在右侧后肢股部的股二头肌和半膜肌之间分离出坐骨神经，剪断坐骨神经，用0.5%硫酸刺激脚趾，观察后肢有无反应。

11.破坏中枢神经

用蛙针将脊髓破坏，再刺激身体任何部位，观察有无反射出现。并比较破坏脊髓前后四肢的紧张情况。

【注意事项】

1. 每次用硫酸刺激后，均应迅速用清水冲洗蛙趾皮肤，以免皮肤受伤。洗后应用纱布擦干水渍，防止再刺激时硫酸被稀释。

2. 蛙趾每次接触硫酸的深度应一致。每次刺激后应隔 2～3 min，再进行下一次刺激，以免影响下一项实验。

3. 电刺激时，避免皮肤干燥使电阻增大。

【实验思考题】

1. 试述反射弧的组成与作用。

2. 试述脊髓反射的基本特征及兴奋在中枢内的传导特点。

技能二　去小脑动物的观察、去大脑僵直

【目的】①观察小脑对维持姿势及运动协调的作用。②观察大脑对动物肌紧张的调节作用。

【原理】小脑是调节机体姿势和躯体运动的重要中枢，它接受来自运动器官、平衡器官和大脑皮层运动区的信息，其与大脑皮层运动区、脑干网状结构、脊髓和前庭器官等有广泛联系，对大脑皮层发动的随意运动起协调作用，还可调节肌紧张和维持躯体平衡。小脑损伤后会发生躯体运动障碍，主要表现为躯体平衡失调、肌张力增强或减退及共济失调。

中枢神经系统的网状结构中，存在着脑干网状结构后行易化区和脑干网状结构后行抑制区，分别具有易化肌紧张和抑制肌紧张的作用。两者之间，既互相拮抗又互相协调，使骨骼肌维持适度的紧张状态，保持动物体的正常姿势。其中其自发性活动以脑干网状结构后行易化区占优势，其抑制区的活动主要受大脑、小脑等脑干外神经中枢的控制。在中脑上、下叠体之间横断脑干，由于切断抑制肌紧张系统的联系较多，易化肌紧张的作用相对加强，导致全身骨骼肌特别是伸肌肌紧张亢进，动物出现四肢伸直、头部后仰、尾巴竖立等角弓反张状态，这种症状称为去大脑僵直。

【实验对象】蛙或蟾蜍、小鼠、家兔。

【实验器材及药品】蛙板、手术剪、镊子、手术刀、玻璃分针、兔手术台、纱布、棉球、烧杯、鼠手术台、电刺激器、脑刺激电极、大头针、骨蜡、兔颅骨钻、咬骨钳、25%氨基甲酸乙酯、乙醚等。

【方法及步骤】

(一)去小脑动物的观察

1. 用湿纱布包裹蛙的身体，露出头部。以左手抓住蛙的身体，从鼻孔上部至枕骨大孔前缘(即鼓膜的后缘)沿眼球内缘用剪刀将额顶皮肤划出两条平行裂口，用镊子掀起该条皮肤，剪去，暴露颅骨，细心剪去额顶骨，使脑组织暴露出来，直至延髓为止。辨认蛙脑各部分(图9-15)。蛙的小脑不发达，位于延脑前，呈一条横的皱褶，紧贴在视叶的后方。用玻璃分针将一侧的小脑捣毁，用小棉球轻轻堵塞止血，待 5～10 min 后，观察蛙静止体位和姿势的改变，蛙在跳跃或游泳时有何异常?

2. 首先观察小鼠正常的姿势、肌张力以及运动的表现，然后将小鼠罩于烧杯内，放入一块浸有乙醚的棉球使其麻醉，待动物呼吸变为深慢且不再有随意活动时，将其取出，俯卧位缚于鼠手术台(或蛙板)上。剪除头顶部的毛，用左手将头部固定，沿正中线切开皮肤直达耳后部。

用刀背向两侧剥离颈部肌肉及骨膜，暴露颅骨，透过颅骨可见到小脑，在正中线旁开 1～2 mm，用大头针垂直刺入一侧小脑，进针深度约 3 mm，然后左右前后搅动，以破坏该侧小脑（图 9-16）。取出大头针，用棉球压迫止血。将小鼠放在实验台上，待其清醒后观察其姿势、肢体肌肉紧张度的变化，行走时是否有不平衡现象？是否向一侧旋转或翻滚？

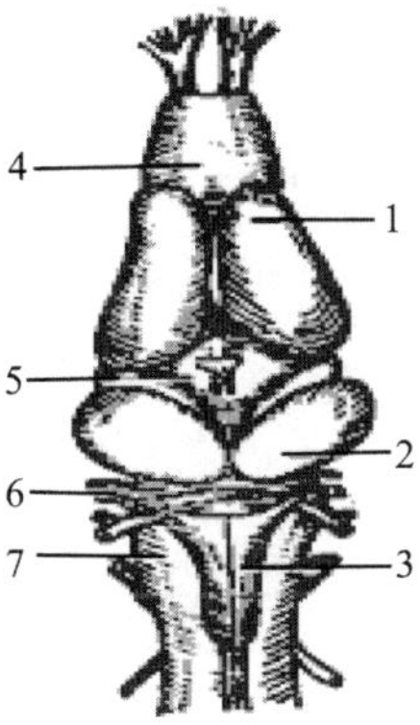

1. 大脑　2. 中脑　3. 菱形窝　4. 嗅叶

5. 间脑　6. 小脑　7. 延髓

图 9-15　蛙脑背面观

小圆点为破坏进针处

图 9-16　破坏小脑位置示意图

（二）去大脑僵直

1. 将兔称重，耳缘静脉注射 25% 氨基甲酸乙酯（每千克体重 0.5～1 g）（麻醉不宜过深）。待动物达到浅麻醉状态后，背位固定于兔手术台上。

2. 颈部剪毛，沿颈正中线切开皮肤，找出两侧的颈总动脉，穿线备用。

3. 翻转动物，改为腹位固定，剪去头顶部的毛，从眉间至枕部将头皮和骨膜纵行切开，用刀柄向两侧剥离肌肉和骨膜，用颅骨钻在冠状缝后、矢状缝外的骨板上钻孔（图 9-17）。然后用咬骨钳扩大创口至枕骨结节，暴露出双侧大脑半球后缘。结扎两侧的颈总动脉。左手将动物头托起，右手用刀柄从大脑半球后缘轻轻翻开枕叶，即可见到中脑前（上）、后（下）丘部分（前丘大，后丘小），在前、后丘之间对准兔的口角的方位插入，向左右拨动，彻底切断脑干（图 9-18A）。使兔侧卧，10 min 后，可见兔的四肢伸直，头昂举，尾上翘，呈角弓反张状态（图 9-18B）。

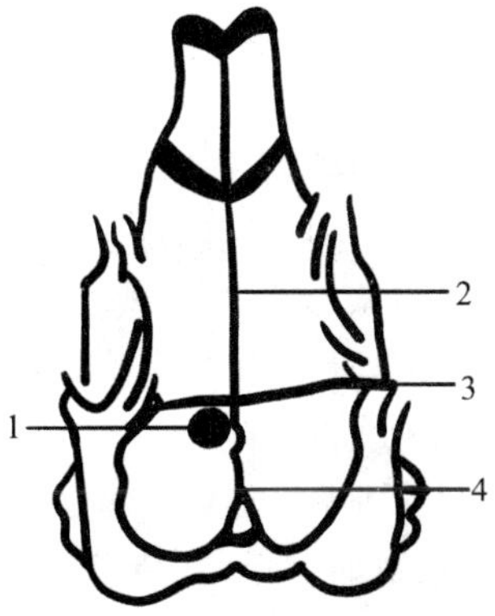

1. 钻孔处　2. 矢状缝　3. 冠状缝　4. 人字缝

图 9-17　兔颅骨标志图

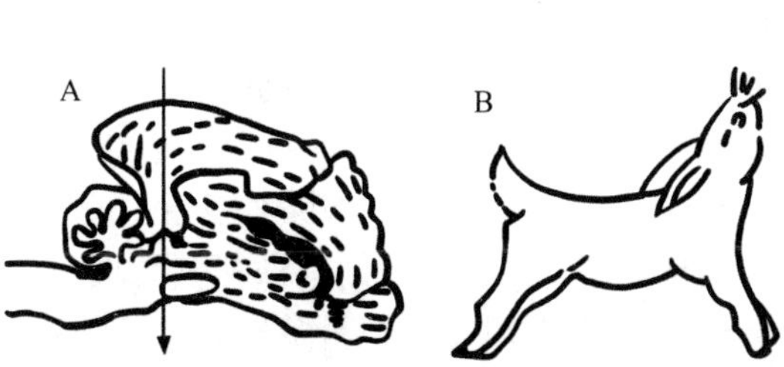

A. 脑干切断线　B. 兔去大脑僵直现象

图 9-18　去大脑僵直

【注意事项】

1.麻醉时间不宜过长,并要密切注意动物的呼吸变化,避免麻醉过深导致动物死亡。

2.手术过程中如动物苏醒或挣扎,可随时用乙醚棉球追加麻醉。

3.捣毁小脑时不可刺入过深,以免伤及中脑、延髓或对侧小脑。

4.切断部位要准确,过低会伤及延髓呼吸中枢,导致呼吸停止。

【实验思考题】

根据小脑对躯体运动的调节功能,分析产生角弓反张状态的原因。

【拓展与链接】

巴甫洛夫与条件反射

诺贝尔奖获得者、苏联生理学家巴甫洛夫(1849—1936 年)是经典条件反射学说的创立者。巴甫洛夫通过一系列在犬身上的实验研究提出了无条件反应的概念,即巴甫洛夫定律,又称条件反射定律。从 19 世纪 90 年代开始,他致力于动物和人的反射活动的现实研究,创立了高级神经活动学说。

他在研究消化现象时,观察了犬的唾液分泌,即对食物的一种反应特征。他的实验方法是,把食物显示给犬,并测量其唾液分泌。在这个过程中,他发现如果随同食物反复给一个中性刺激,即一个并不自动引起唾液分泌的刺激,如铃响,犬就会逐渐"学会"在只有铃响但没有食物的情况下分泌唾液。一个原是中性的刺激与一个原来就能引起某种反应的刺激相结合,而使动物学会对那个中性刺激做出反应,这就是经典性条件反射的基本内容。

条件反射的情境涉及四个事项,两个属于刺激,两个属于机体的反应。一个是中性刺激:它引起预期的、需要学习的反应,在条件反射形成之前,即条件刺激(CS)——在巴甫洛夫的实验中就是铃响。另一个刺激是无条件刺激(UCS):它在条件反射形成之前就能引起预期反应(本能)——条件反射形成之前,出现了肉,即 UCS,就引起唾液分泌。对于无条件刺激的唾液分泌反应叫作无条件反应(UCR),这是在形成任何程度的条件反射之前就会发生的反应;由于条件反射的结果(被刺激)而开始发生的反应(流口水)叫作条件反应(CR),即没有肉,只有铃响的唾液分泌反应。当两个刺激紧接着(在空间和时间上相近)反复地出现,就形成条件反射。通常,无条件刺激紧跟着条件刺激出现,条件刺激寄生于无条件刺激。条件刺激和无条件刺激相随出现数次后,条件刺激就逐渐引起唾液分泌,这时,动物就有了条件反应。一个中性的条件刺激(铃响)单独出现即可引起条件反应(唾液分泌)。

中性刺激与无条件刺激在时间上的结合称为强化,强化的次数越多,条件反射就越巩固。条件刺激并不限于听觉刺激。一切来自体内外的有效刺激(包括复合刺激、刺激物之间的关系及时间因素等)只要跟无条件刺激在时间上结合(即强化),都可以成为条件刺激,形成条件反射。一种条件反射巩固后,再用另一个新刺激与条件反射相结合,还可以形成第二级条件反射。同样,还可以形成第三级条件反射。在人身上则可以建立多级的条件反射。

当条件刺激不被无条件刺激所强化时,就会出现条件反射的抑制,主要有消退抑制和分化。条件反射建立以后,如果多次只给条件刺激而不用无条件刺激加以强化,结果是条件反射的反应强度将逐渐减弱,最后将完全不出现。例如,对以铃声为条件刺激而形成唾液分泌条件反射的犬,只给铃声,不用食物强化,多次以后,则铃声引起的唾液分泌量将逐渐减少,甚至完全不能引起分泌,出现条件反射的消退。

巴甫洛夫认为，消退是因为原先在皮质中可以产生兴奋过程的条件刺激，当前变成了引起抑制过程的刺激，是兴奋向抑制的转化。这种抑制称为消退抑制。巴甫洛夫指出，消退抑制是大脑皮质产生主动的抑制过程，而不是条件刺激和相应的反应之间的暂时联系已经消失或中断。因为如果将已消退的条件反射放置一个时期不做实验，它还可以自然恢复；同样，如果以后重新强化条件刺激，条件反射就会很快恢复，这说明条件反射的消退不是原先已形成的暂时联系的消失，而是暂时联系受到抑制。一般来说，条件反射愈巩固，消退速度就愈慢；条件反射愈不巩固，就愈容易消退。

在条件反射开始建立时，除条件刺激本身外，那些与该刺激相似的刺激也或多或少具有条件刺激的效应。例如，用 500 Hz 的音调与进食相结合来建立食物分泌条件反射。在实验的初期阶段，许多其他音调同样可以引起唾液分泌条件反射，只不过它们跟 500 Hz 的音调差别越大，所引起的条件反射效应就越小。这种现象称为条件反射泛化。以后，只对条件刺激（500 Hz 的音调）进行强化，而对近似的刺激不给予强化，这样泛化反应就逐渐消失。动物只对经常受到强化的刺激（500 Hz 的音调）产生食物分泌条件反射，而对其他近似刺激则产生抑制效应。这种现象称为条件反射的分化。

巴甫洛夫所做工作的重要性是不可估量的。他的研究公布以后不久，一些心理学家，如行为主义学派的创始人华生，开始主张一切行为都以经典条件反射为基础。虽然在美国这一极端的看法后来并不普遍，但在苏联，以经典条件反射为基础的理论在心理学界在相当长的时间内曾占统治地位。无论如何，人们一致认为，相当一部分行为用经典条件反射的观点可以做出很好的解释。

巴甫洛夫认为学习是大脑皮层暂时神经联系的形成、巩固与恢复的过程。他所说的联系就是指暂时神经联系。他说："显然，我们的一切培育、学习和训练，一切可能的习惯都是很长系列的条件反射。"巴甫洛夫利用条件反射的方法对人和动物的高级神经活动做了许多推测，发现了人和动物学习的最基本的机制。

【复习与思考】

1. 神经纤维传导兴奋的特征有哪些？
2. 简述神经胶质细胞的功能。
3. 简述突触传递的分类。
4. 经典的神经递质应符合哪些条件？
5. 何谓胆碱能纤维？哪些神经纤维属于这类纤维？
6. 何谓神经递质？何谓受体？何谓反射？
7. 完整的反射弧由哪几部分组成？
8. 何谓特异投射系统？何谓非特异投射系统？
9. 简述感受器的一般生理特性。
10. 何谓脊休克？其表现是什么？
11. 小脑对躯体运动有哪些调节功能？
12. 交感神经和副交感神经的功能有何不同？
13. 条件反射和非条件反射有哪些主要区别？

项目九复习与思考答案

项目十

内分泌系统

【知识目标】

- 了解激素的分类、激素的作用特征和激素分泌的调节机制。
- 掌握激素的基本概念和激素作用的机制。
- 理解和掌握腺垂体、神经垂体激素的生理作用。
- 了解激素之间的相互作用;理解内分泌与神经、免疫系统的联系。

【能力目标】

- 能够用激素的理论知识解释胰岛素、胰高血糖素的作用机制。
- 能说出甲状腺激素的生理功能,并解释相关疾病的临床表现。
- 能根据生产的需要合理使用激素。

【素质目标】

- 培养学生崇尚科学、勇于探索的职业素养。
- 培养学生理论联系实际、理论指导实践的专业素养。
- 培养学生具备一定的语言表达能力和逻辑思维能力。
- 培养学生具备分析问题、解决问题的能力。

任务一　概　　述

【任务要求】

了解内分泌激素的分类和激素作用的机制;掌握激素的概念和激素作用的一般特征;了解激素分泌的调控。

【认知与解读】

动物体内的腺体可分为两类:一类是有管腺,也称外分泌腺,如消化腺、汗腺、乳腺等,它们的分泌物是通过导管输送到体内的管腔之中或体表的皮肤之外而发挥作用的;另一类是无管腺,也称内分泌腺,如脑垂体、甲状腺、甲状旁腺、肾上腺、胰岛及性腺等,内分泌腺是没有排泄管的腺体,它们的分泌物随血液循环或其他体液到达机体各组织、器官的细胞而发挥调节作用。

和神经系统一样,内分泌系统也是体内重要的调节系统,特别是在新陈代谢、生殖、生长与发育的调节及维持内环境稳态等方面起着重要的作用。许多内分泌腺都直接或间接地受神经系统的控制，因此，内分泌系统在功能上与神经系统密切联系，相辅相成，共同调节着机体的功能活动，使机体更好地适应内、外环境的变化。

一、内分泌和激素的概念

由内分泌腺或散在的内分泌细胞所分泌的高效能的生物活性物质称为激素。激素是细胞与细胞之间传递信息的化学信号物质，受到某一激素作用的器官或组织细胞称为靶器官或靶组织、靶细胞。不同的激素，在细胞之间传递信息的方式不同，目前认为，激素在细胞之间传递信息的方式主要有以下几种(图 10-1)。

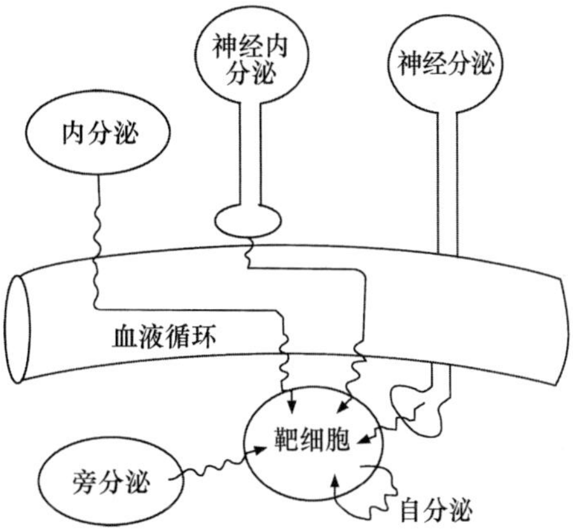

图 10-1　细胞间的信息传递方式

1. 内分泌

内分泌也称远距离分泌，是指激素经血液或淋巴运输至远距离的靶组织而发挥作用的方式。体内大多数激素都是采用这种方式进行传递的，如生长激素、甲状腺素、胰岛素等。

2. 旁分泌

旁分泌是指激素通过组织液的扩散而作用于邻近的靶细胞的方式。如消化道分泌的胃肠激素多采用这种方式。

3. 自分泌

自分泌是指内分泌细胞所分泌的激素在局部扩散后又返回作用于该内分泌细胞而发挥反馈作用的方式，如前列腺素等。

4. 神经分泌

神经分泌是指神经细胞分泌的神经激素通过轴浆运输至末梢释放，直接或经血液运输再作用于靶细胞的方式，其中经血液运输的方式又称神经内分泌。下丘脑内许多神经细胞具有内分泌功能，称为神经内分泌细胞，它们产生的激素称为神经激素，如下丘脑神经肽等。

二、激素的分类

激素的种类繁多，来源复杂，按其化学本质可分为以下几类。

(一)含氮激素

体内多数激素都属于含氮激素，包括肽类激素、蛋白质激素和胺类激素。

1. 肽类激素

此类包括下丘脑分泌的各种神经激素、降钙素、胰高血糖素、胃肠激素等。

2. 蛋白质激素

此类包括腺垂体分泌的各种激素、胰岛素、甲状旁腺素等。

3. 胺类激素

此类包括肾上腺素、去甲肾上腺素、甲状腺素、褪黑素等。

(二)类固醇(甾体)激素

类固醇激素是由肾上腺皮质和性腺分泌的激素，如皮质醇、醛固酮、雌激素、孕激素、雄激素等。此外，胆固醇的衍生物——1，25-二羟维生素 D_3 也看作类固醇激素。

除上述两大类激素外，有人主张将不饱和脂肪酸的衍生物——前列腺素列为第三类激素。

三、激素作用的一般特征

激素虽然种类繁多，作用复杂，但它们作用于靶组织发挥调节作用的过程中，具有某些共同的特点。

1. 激素的信息传递作用

激素是在细胞与细胞之间进行信息传递的物质，它作用于靶细胞，既不添加新的物质成分，也不提供能量，仅起"信使"的作用，将生物信息传递给靶细胞，加速或减慢体内原有反应的速度（调节作用），而不能发动新的反应。

2. 激素作用的相对特异性

某种激素有选择性地作用于某些靶器官、靶细胞的特性称为激素的特异性。虽然激素经体液运输后，与全身许多器官、细胞广泛接触，但激素仅能对具有相应受体的器官或细胞发挥调节作用。因为只有靶器官、靶细胞上具有相应的受体，激素才能与之结合而发挥调节作用。与肽类和蛋白质类激素作用的受体位于细胞膜上，而与类固醇激素作用的受体位于胞浆或细胞核内。有些激素作用的特异性很强，如甲状腺素仅能作用于甲状腺；而有些作用比较广泛，如生长激素、甲状腺素等，它们受体几乎遍布全身各组织细胞。

3. 激素的高效能生物放大作用

激素在血液中的浓度都很低，一般在纳摩尔/升（nmol/L）甚至皮摩尔/升（pmol/L）数量级。虽然激素的含量甚微，但作用显著，这是由于激素与受体结合后，在细胞内发生一系列酶促放大效应，逐级放大，形成一个效能极高的生物放大系统。

4. 激素间的相互作用

当多种激素共同参与某一生理活动调节时，激素之间存在协同作用和拮抗作用。这对维持其功能活动的相对稳定起着重要作用。如生长激素、胰高血糖素、肾上腺素、糖皮质激素均可升高血糖，在升糖效应上有协同效应；而胰岛素则降低血糖，与上述激素的升糖效应有拮抗作用。

另外，有的激素本身对某些组织细胞无直接调节作用，但可增强其他激素的调节作用，这种现象称为允许作用。如糖皮质激素本身对心肌和血管平滑肌并无收缩作用，但必须有其存在，儿茶酚胺才能很好地发挥对心血管的调节作用。

5. 激素作用的时效性

激素本身存在产生、释放、作用、灭活、排出等变化过程，因而激素作用也有一定的时效性。激素的时效性可以用半衰期来表示，血浆中激素的原有活性下降到一半所需的时间，称为激素的半衰期，其倒数也可以反映激素在血液中更新的速度。不同激素的半衰期差异很大，如肾上腺素仅有数秒钟，而糖皮质激素和甲状腺素可达数小时甚至数天。

四、激素的生理作用

激素的主要作用在于调节新陈代谢、生长、发育、生殖、适应以及维持内环境的相对稳定等方面。

（1）调节物质代谢和水盐代谢，维持代谢的稳定性。

(2)促进细胞的增殖与分化，使各种组织、器官正常发育、生长及成熟，并影响细胞的衰老过程。

(3)促进生殖过程，包括生殖器官的发育和卵子、精子的成熟、排出以及受精、着床、妊娠、泌乳等过程。

(4)增强机体对有害刺激的抵抗和适应能力，包括很广泛的反应，简单的如低等脊椎动物的防护性皮肤变色反应，复杂的有对寒冷的习惯和驯化、对感染和毒物的抵抗力等。

五、激素作用的机制

(一)激素受体

激素受体是指靶细胞上能辨识并能专一性结合某种激素，继而引起各种生物效应的功能蛋白质，即细胞接受激素信息的结构。

根据激素受体在靶细胞上的位置不同，受体分为两种：

(1)细胞膜受体　又称膜受体，其成分一般为糖蛋白，广泛存在于含氮激素所作用的靶细胞膜上(除甲状腺激素以外)。

(2)细胞内受体　广泛存在于类固醇激素所作用的靶细胞的细胞内，又可分为胞浆受体与核受体。胞浆受体是存在于靶细胞胞浆中的特殊的可溶性蛋白质，能特异性地与相应的类固醇激素结合，形成激素受体复合物，然后才使激素由胞浆转移到核内发挥作用，核受体是存在于靶细胞核内的一条多肽链，它能特异性地与相应的类固醇激素结合，并对转录过程起调节作用。一般认为，糖皮质激素受体主要存在于胞浆中，而雌激素、孕激素、雄激素既存在于胞浆中，也存在于核内，但以核内为主；甲状腺激素与1,25-二羟维生素 D_3 的受体存在于核内。

(二)含氮激素的作用机制——第二信使学说

第二信使学说是 Sutherland 等在 1965 年提出来的。该学说认为：激素是第一信使，它可以与靶细胞的细胞膜受体相结合，形成激素-受体复合物，后者再激活靶细胞膜内的腺苷酸环化酶(AC)，在 Mg^{2+} 存在的条件下，腺苷酸环化酶促进靶细胞浆中的三磷酸腺苷(ATP)降解、环化为环磷酸腺苷(cAMP)。而环磷酸腺苷(cAMP)作为第二信使，激活靶细胞内的蛋白激酶A(PKA)，进而催化靶细胞内各种底物(蛋白质)的磷酸化反应，引起靶细胞的各种生物效应，如腺细胞的分泌、肌细胞收缩、细胞膜通透性改变以及细胞内的各种酶促反应(图 10-2)。cAMP 发挥作用后，迅速被细胞内的磷酸二酯酶(PDE)降解为 5′-磷酸腺苷(5′-AMP)，而失去活性。

第二信使学说提出后，受到了广泛重视，尤其是近年来，随着分子生物学技术的应用，第二信使学说不断得到进一步发展和完善。

1. G 蛋白在跨膜信息传递中的作用

受体与激素结合的部位位于细胞的外表面，而腺苷酸环化酶位于细胞的内表面，它们之间存在着一种起耦联作用的调节蛋白——鸟苷酸结合蛋白，简称 G 蛋白。

2. 膜效应器酶及第二信使的种类

近年来研究发现，细胞膜上的膜效应器酶不仅是腺苷酸环化酶，还有磷脂酶 C(PLC)、磷酸二酯酶(PDE)、鸟苷酸环化酶等；cAMP 也不是唯一的第二信使，环一磷酸鸟苷(cGMP)、三磷酸肌醇(IP_3)、二酰甘油(DG)、Ca^{2+} 等都可以作为第二信使。此外，细胞内的蛋白激酶也还有蛋白激酶 C(PKC)、蛋白激酶 G(PKG)等。

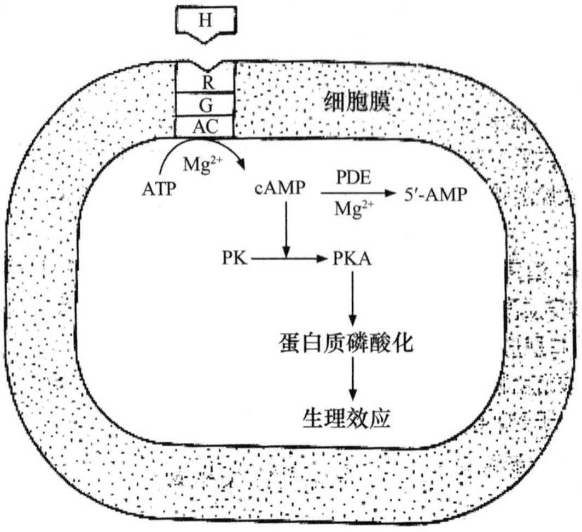

图 10-2　含氮激素的作用机制示意图

H:激素　R:受体　AC:腺苷酸环化酶　PDE:磷酸二酯酶　PKA:活化蛋白激酶

cAMP:环一磷酸腺苷　G:鸟苷酸调节蛋白

此外,胰岛素等激素虽为含氮激素,但其对靶细胞进行调控过程中并没有第二信使等产生,而是通过与细胞膜上酪氨酸激酶受体结合来实现的。甲状腺激素虽属含氮激素,但其作用机制却与类固醇激素相似,它进入细胞内,直接与核受体结合调节转录过程。

(三)类固醇激素的作用机制——基因表达调节学说

基因表达调节学说认为:类固醇激素的分子较小,呈脂溶性,可以直接透过靶细胞膜而进入细胞浆中。类固醇激素在进入细胞后,有些激素(如糖皮质激素)先与细胞浆受体结合,形成激素胞浆受体复合物,这种复合物经构型改造后获得了能通过靶细胞核膜的能力,而进入了核内,再与核受体结合,转变为激素核受体复合物,从而调控 DNA 转录过程,生成新的信使核糖核酸(mRNA),mRNA 又透出核膜进入胞浆,诱导特定蛋白质或酶的合成,从而引起相应的生理效应。另有一些类固醇激素(如雌激素、孕激素、雄激素)进入靶细胞后,可直接穿越核膜,与相应的核受体结合,调节基因表达(图 10-3)。

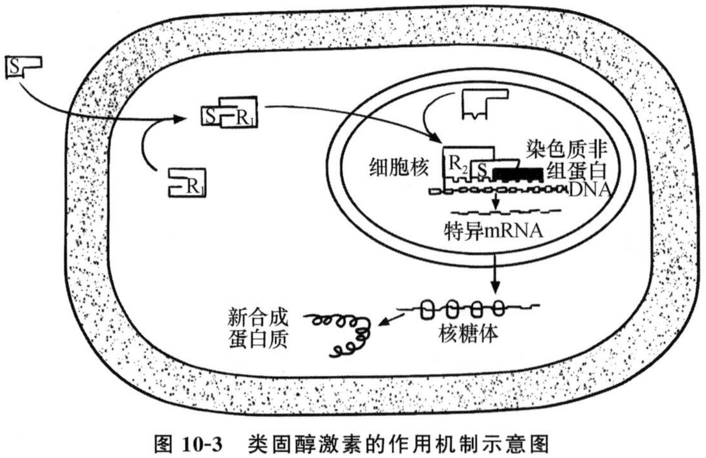

图 10-3　类固醇激素的作用机制示意图

S:激素　R_1:胞质受体　R_2:胞核受体

综上所述，含氮激素的作用主要是通过第二信使机制，而类固醇激素则主要通过调控基因表达而起作用。但近年来研究发现，某些含氮激素也可通过 cAMP 调节转录过程；而有些类固醇激素也可作用于细胞膜上受体发挥调节作用。

任务二　下丘脑与脑垂体的内分泌功能

【任务要求】

理解和掌握腺垂体、神经垂体激素的生理功能。

【认知与解读】

脑垂体分为腺垂体和神经垂体两部分。下丘脑与腺垂体和神经垂体都有密切的联系。下丘脑视前区的视上核和室旁核的神经元轴突延伸终止于神经垂体，形成下丘脑-垂体束。下丘脑与腺垂体之间通过垂体门脉系统发生功能联系。下丘脑的一些神经元既能分泌激素（神经激素），具有内分泌细胞的作用，又保持典型的神经细胞功能。它们可以将从大脑或中枢神经系统其他部位传来的神经信息转变为激素的信息，起着换能神经元的作用，从而以下丘脑为枢纽，把神经调节和体液调节有机地联系起来，构成下丘脑-垂体功能单位（图 10-4）。

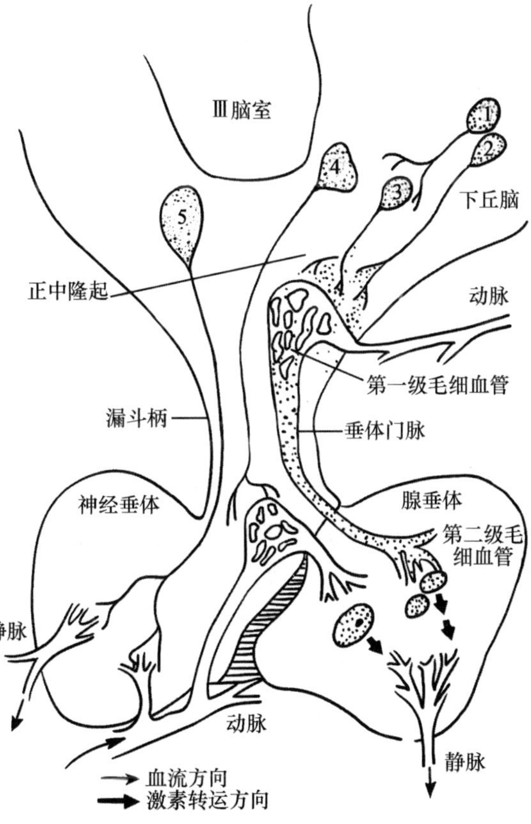

图 10-4　下丘脑-垂体功能单位模式图

1. 单胺神经元　2、3、4、5. 下丘脑各类肽能神经元

一、下丘脑的内分泌功能

下丘脑的神经内分泌细胞能分泌神经肽或肽类激素，所以又称为肽能神经元，这些肽能神经元主要分布于下丘脑底部视前区的室旁核、视上核及促垂体区核团内。室旁核、视上核的神经元细胞体较大，细胞质丰富，故称为大细胞肽能神经元，其主要分泌血管升压素（抗利尿激素）和催产素，其轴突形成下丘脑-垂体束，神经分泌物沿轴突的轴浆流动，运送到神经垂体后释放。促垂体区核团的神经元细胞体较小，属于小细胞肽能神经元，其轴突组成结节-垂体束，在正中隆起或垂体柄部与垂体门脉的初级毛细血管网相接，神经分泌物从这里释放进入血液，再沿门脉血管到达腺垂体，形成次级毛细血管网，与腺垂体细胞相接。

促垂体区核团肽能神经元释放的激素都作用于腺垂体，引起（或抑制）腺垂体激素的分泌，故称为下丘脑调节肽。已知的下丘脑调节肽有 9 种，其中已阐明化学结构的有 5 种，即促甲状腺激素释放激素（TRH）、促性腺激素释放激素（GnRH）、生长激素释放激素（GHRH）、生长抑素（生长激素释放抑制激素，GIH）、促肾上腺皮质激素释放激素（CRH）。此外，还有 4 种因未弄清其化学结构，故暂称为因子，即催乳素释放因子（PRF）、催乳素释放抑制因子（PIF）、促黑素细胞激素释放因子（MRF）、促黑素细胞激素释放抑制因子（MIF）。下丘脑调节肽的种类及功能见表 10-1。

表 10-1　下丘脑调节肽的种类及功能

种类	主要功能
促甲状腺激素释放激素（TRH）	促进腺垂体分泌促甲状腺激素（为主）和催乳素
促性腺激素释放激素（GnRH）	促进腺垂体分泌黄体生成素（为主）和促卵泡激素
生长激素释放激素（GHRH）	促进腺垂体分泌生长激素
生长抑素（生长激素释放抑制激素，GIH）	抑制腺垂体分泌生长激素
促肾上腺皮质激素释放激素（CRH）	促进腺垂体分泌促肾上腺皮质激素
催乳素释放因子（PRF）	促进腺垂体分泌催乳素
催乳素释放抑制因子（PIF）	抑制腺垂体分泌催乳素
促黑素细胞激素释放因子（MRF）	促进腺垂体分泌促黑素细胞激素
促黑素细胞激素释放抑制因子（MIF）	抑制腺垂体分泌促黑素细胞激素

下丘脑调节肽的分泌一方面受脑内其他部位（主要是中脑、边缘系统和大脑皮质）传来的神经纤维所释放的神经递质如脑啡肽、内啡肽和 P 物质等肽类物质，以及多巴胺、5-羟色胺和去甲肾上腺素等单胺物质的调节作用；另一方面，下丘脑调节肽的分泌受体液中激素和代谢物浓度的反馈调节作用，特别是靶腺激素的反馈调控（图 10-5）。

二、腺垂体分泌的激素种类及作用

腺垂体是腺体组织，包括远侧部、中间部和结节部（又称漏斗部）。腺垂体是体内最重要的内分泌腺。它由不同的腺细胞分泌六种激素：

（一）生长激素

生长激素（GH）是一种蛋白质激素，其生理功能主要有以下几个方面：

1. 促进生长作用

GH 能促进各种组织的生长，特别是对骨、软骨、肌肉以及内脏器官作用更为显著，因此，

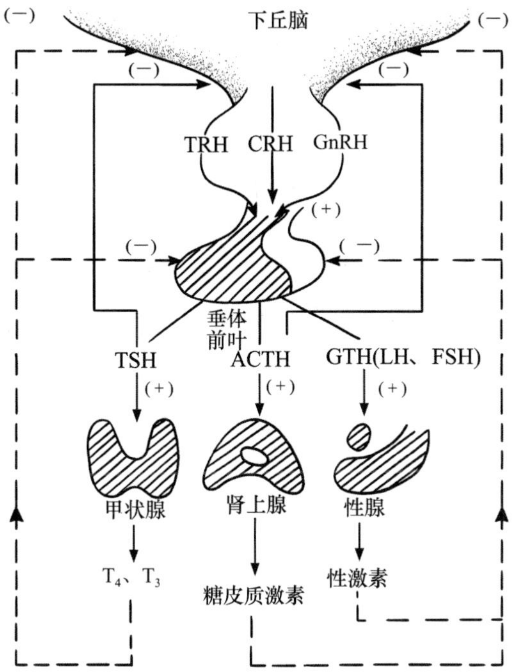

图 10-5 下丘脑-垂体三大功能轴示意图

生长激素也称为躯体刺激素。实验表明：幼年动物切除垂体后，生长即停止，如及时补充生长激素，仍可正常生长。幼年时缺乏生长激素，人和动物会患侏儒症；生长激素过多会患巨人症。

生长激素对机体生长过程并无直接作用，而是在营养充足的条件下，诱导靶细胞产生一种小分子多肽物质，称为生长素介质(SM)，因其化学结构与胰岛素相似，故又称为胰岛素样生长因子(IGF)。饥饿或蛋白质缺乏时，生长激素不能促进 SM 生成，故幼龄动物营养不良时，生长发育明显迟缓。

2. 促进代谢作用

GH 可通过生长素介质促进氨基酸进入细胞，加速蛋白质合成，包括软骨、骨、肌肉、肝、肾、心、肺、肠、脑及皮肤等组织的蛋白质合成增强；GH 可以促进脂肪分解，增强脂肪酸氧化；GH 可以抑制糖类的利用，提高血糖水平。

(二)促甲状腺激素

促甲状腺激素(TSH)是一种糖蛋白，分子量约为 25 000。它能促进甲状腺细胞增生及其活动，加快甲状腺激素的合成和释放。

(三)促肾上腺皮质激素

促肾上腺皮质激素(ACTH)是一种多肽，分子量约为 4 500。主要作用是促进肾上腺皮质的发育以及糖皮质激素的合成和释放。在应激时，ACTH 分泌增加。

(四)促性腺激素

促性腺激素(GTH)是一种糖蛋白，分子量约为 30 000。GTH 可分为促卵泡激素(FSH)和黄体生成素(LH)两种。FSH 对卵巢的作用是促进卵泡细胞增殖和卵泡生长，并引起卵泡液分泌;对睾丸的作用是作用于曲细精管的生殖上皮,促进精子的生成,并在睾酮的协同作用下使精子成熟。LH 对卵泡有明显的促生长作用,并促进卵泡刺激素合成和卵泡成熟,并激发排卵。排卵后的卵泡在 LH 作用下转变成黄体。FSH 与 LH 之间存在协同作用。

(五)催乳素

催乳素(PRL)是一种蛋白质激素,分子量约为 22 000。PRL 作用主要是促进乳腺生长发育,引起泌乳和维持泌乳;促进黄体生成并刺激黄体产生孕激素。此外,小剂量 PRL 还可以促进卵泡刺激素和孕激素的分泌,而大剂量则产生抑制作用。在有睾酮存在时,PRL 还可以促进前列腺及精囊生长,增强 LH 促进睾酮产生的作用。

(六)促黑素细胞激素

促黑素细胞激素(MSH)是一种肽类激素,其主要作用是刺激黑素细胞生成黑色素,使皮肤和被毛颜色变暗、变黑。

三、神经垂体激素

神经垂体不含腺体细胞,本身不合成激素。所谓神经垂体激素是由下丘脑视上核和室旁核神经元分泌的,经下丘脑-垂体束运输到神经垂体并贮存,当有适宜刺激时,就释放到血液中去。

神经垂体激素包括血管升压素和催产素,其性质和生理功能如下。

(一)血管升压素

血管升压素(VP)又称抗利尿激素(ADH),它是一种肽类激素,相对分子质量约 10 000,其主要生理作用是:①抗利尿作用,增加肾远曲小管、集合管对水的重吸收,使尿量减少。②升高血压作用,使除脑、肾以外的全身小动脉强烈收缩,使血压升高。在生理情况下,血浆中 ADH 浓度很低,抗利尿作用十分明显,而对血压几乎没有调节作用。但在大失血情况下,血液中 ADH 浓度显著提高,表现出明显的缩血管作用,对维持血压有一定意义。

(二)催产素

催产素(OXT)也是一种肽类激素,其化学结构与抗利尿激素极为相似,故二者的生理作用有交叉现象。催产素的主要生理作用是:①对乳腺的作用。催产素可以促进乳腺腺泡周围的肌上皮细胞和导管平滑肌收缩,引起排乳。哺乳时,幼仔吸吮乳头反射性引起催产素分泌,促进乳汁的排出,称为排乳反射。②对子宫的作用。催产素可以促进妊娠子宫强烈收缩。雌激素可以提高子宫对催产素的敏感性,而孕激素则降低子宫对催产素的敏感性。在分娩过程中,胎儿对子宫、子宫颈和阴道的牵拉刺激反射性引起催产素分泌大大增加,促使子宫收缩加强,利于分娩。

任务三　甲状腺的内分泌功能

【任务要求】

了解甲状腺激素的合成与释放;了解甲状腺激素分泌的调节;掌握甲状腺激素的生理功能;能运用所学理论解释生活中遇到的问题。

【认知与解读】

一、甲状腺的结构与分泌特点

甲状腺的表面包有一层结缔组织被膜。被膜结缔组织伸入腺体内，把腺体分隔成许多小叶。小叶内含有大小不等的滤泡（甲状腺腺泡），其周围有丰富的毛细血管和淋巴血管。滤泡由单层腺上皮细胞围绕而成，呈囊状，无开口。滤泡腔中充盈着胶状分泌物。

滤泡腺上皮细胞有两种：一种是滤泡细胞，数目较多，能分泌甲状腺激素。另一种是滤泡旁细胞（又称C细胞），数量较少，能分泌降钙素。由甲状腺腺泡分泌的甲状腺激素主要有两种：一种是甲状腺素，又称四碘甲腺原氨酸（T_4），另一种是三碘甲腺原氨酸（T_3）。二者都是酪氨酸的碘化物。甲状腺分泌的激素主要是 T_4，约占 90%；T_3 含量很少，但活性却是 T_4 的 5 倍。T_4 在外周组织可转变为 T_3，进入血液后，99%以上与血浆蛋白结合进行运输，游离的不到 1%，结合型和游离型之间可以互相转换，使游离型激素在血液中维持一定浓度。

二、甲状腺激素的生理作用

甲状腺激素作用很广泛，几乎对全身各组织细胞均有影响，其主要作用是促进代谢和机体生长发育。

(一)对代谢的影响

1. 能量代谢

甲状腺激素能使绝大多数组织耗氧量和产热量显著增加，尤其以心、肝、肾和骨骼肌等组织最为显著。实验表明，1 mg T_4 可以使机体产热量增加约 4 200 kJ，提高基础代谢率 28%；T_3 的产热作用比 T_4 强 3～5 倍。

2. 物质代谢

甲状腺激素可以加速蛋白质及酶的合成，特别是肌肉、肝、肾的蛋白质合成明显增加，细胞数量增多，体积增大。但 T_4 和 T_3 分泌过多时，则加速蛋白质分解，特别是加速骨骼肌蛋白质的分解，并可促进骨的蛋白质分解，导致血钙升高和骨质疏松。甲状腺激素可以促进小肠对葡萄糖的吸收，增强糖原的分解，抑制糖原的合成，并加强肾上腺素、胰高血糖素、皮质醇及生长激素的升糖作用，因而，甲状腺激素有升高血糖的作用。但甲状腺激素又能加强外周组织对糖的利用，因而也有降低血糖的作用。总体来说，升糖作用为主，降糖作用较小。甲状腺激素促进脂肪分解和脂肪酸氧化，增强儿茶酚胺和胰高血糖素对脂肪的分解作用；甲状腺激素既可促进胆固醇合成，也可加速胆固醇降解，但促进分解作用要大于促进合成作用。

(二)对生长发育的影响

甲状腺激素有促进组织分化、生长、发育、成熟的作用，特别是对脑和骨骼的发育尤为重要。切除甲状腺的蝌蚪，生长发育停滞，且不能变态为青蛙；若给予甲状腺激素，则又可恢复生长发育。甲状腺激素的促生长作用主要与促进神经细胞的生长、长骨骨骺的发育及骨的生长有关。此外甲状腺激素对生长激素有允许作用，缺乏甲状腺激素，生长激素便不能很好地发挥作用。

(三)对神经和心血管的影响

甲状腺激素可以提高神经兴奋性，使心率增加，心缩力增加，心输出量增加，组织耗氧量增多，小血管舒张，外周阻力下降，使收缩压升高，舒张压正常或稍低。

此外，甲状腺激素对生殖系统的发育及生殖机能和泌乳都有促进作用。

三、甲状腺激素分泌的调节

甲状腺激素分泌主要受下丘脑－腺垂体－甲状腺轴的作用及甲状腺激素的反馈性调节及自身调节（图10-6）。

（一）下丘脑－腺垂体对甲状腺的调节

环境因素变化（如寒冷等）可反射性引起下丘脑神经元分泌 TRH，TRH 可以促进腺垂体分泌 TSH，而 TSH 可以促进甲状腺细胞增生、腺体肥大和甲状腺激素的合成与释放。

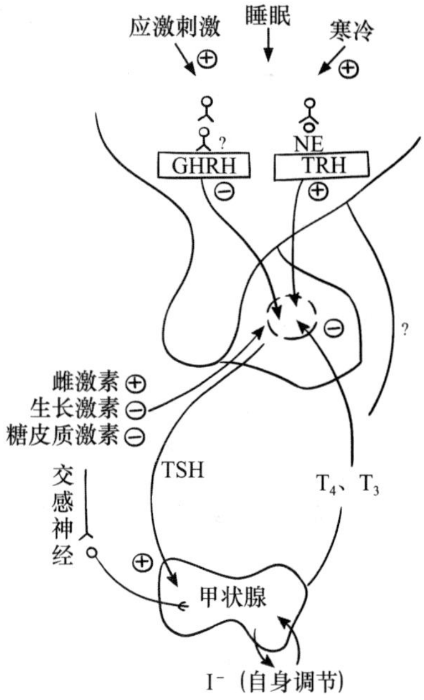

图 10-6 甲状腺激素分泌的调节示意图

⊕表示促进或刺激 ⊖表示抑制

（二）甲状腺激素的反馈调节

血液中游离的 T_4、T_3 浓度发生改变时，对腺垂体分泌 TSH 产生负反馈调节作用。当 T_4、T_3 浓度升高时，可反馈性引起腺垂体 TSH 分泌减少；反之，则引起 TSH 分泌增加。

当机体缺碘时，T_4、T_3 合成减少，对腺垂体 TSH 分泌的反馈性抑制作用减弱，使甲状腺组织代偿性增生肥大，称为地方性甲状腺肿或单纯性甲状腺肿。

（三）自身调节

在完全缺乏 TSH 或者 TSH 浓度基本不变的情况下发生的一种调节称为自身调节。甲状腺腺泡内有机碘的含量决定着甲状腺转运碘的能力。当有机碘的含量升高，腺体摄取和浓缩碘的能力降低；反之，当腺细胞内缺乏有机碘时，摄取和浓缩碘的能力增强，这样以适应食物中碘供应量的增减。

此外，肾上腺素能神经纤维兴奋可促进甲状腺激素的合成与释放，胆碱能神经纤维兴奋则抑制甲状腺激素的分泌。

任务四 甲状旁腺及甲状旁腺激素和降钙素

【任务要求】

理解动物机体血钙平衡的调节机制；掌握甲状旁腺激素和降钙素的生理作用。

【认知与解读】

一、甲状旁腺的结构与分泌特点

甲状旁腺的实质由排列成团或束状的腺上皮细胞构成。腺上皮细胞有两种：一种为主细胞，数量多，能分泌甲状旁腺激素（PTH）；另一种为嗜碱性或嗜酸性粒细胞，数量少，其功能意义不明。

二、甲状旁腺激素的作用

甲状旁腺激素（PTH）是调节血钙、血磷水平的最重要的激素，它与降钙素和维生素 D_3 共同调节钙、磷代谢，具体作用方式如下。

（1）PTH 可以促进骨钙溶解进入血液，使血钙升高。

（2）PTH 可以促进远球小管重吸收钙，使血钙升高，尿钙减少。同时，PTH 可以抑制近曲小管重吸收磷，使血磷减少，尿磷增加。

（3）PTH 可以激活肾内 1，25-羟化酶，促进维生素 D_3 转化为 1，25-二羟维生素 D_3，1，25-二羟维生素 D_3 可以促进小肠上皮细胞对钙的吸收，使血钙升高；也可通过增加成熟破骨细胞数量，动员骨中钙、磷入血，提高血钙、血磷水平；还可以通过刺激成骨细胞的活动，促进骨盐沉积和骨的形成、钙化。1，25-二羟维生素 D_3 促进肾小管对钙、磷重吸收，使尿钙、尿磷减少。

三、降钙素

降钙素（CT）是由甲状腺 C 细胞分泌的一种肽类激素，它的主要生理作用是抑制破骨细胞活动，减弱溶骨过程，增加成骨过程，促进骨钙化，降低血钙、血磷；抑制肾小管对钙、磷、钠、氯的重吸收，促使这些离子从尿排出，从而和甲状旁腺激素、维生素 D_3 共同调节机体的钙磷代谢，维持血浆钙磷平衡。降钙素的分泌主要受血钙浓度影响，血钙浓度升高，降钙素分泌增加；反之则分泌减少。此外，胃泌素、胰泌素、胰高血糖素等都可促进降钙素的分泌。

任务五　胰腺的内分泌功能

【任务要求】

掌握胰岛素和胰高血糖素的生理作用；能解释它们对血糖平衡的调节。

【认知与解读】

一、胰腺内分泌组织的结构与分泌特点

胰腺的实质可分为外分泌部和内分泌部。外分泌部由许多腺泡和导管组成。内分泌部位于外分泌部的腺泡群间，由大小不等的细胞群组成，形似小岛，故名胰岛。胰岛周围有胰内结缔组织，其中有血管和神经。胰岛中的数种细胞连接成索网，网眼中有窦状毛细血管，胰岛的分泌物很容易渗入毛细血管。

动物的胰岛细胞依其形态和染色特点，可分为 5 类，即 A 细胞、B 细胞、D 细胞、PP 细胞和 D 细胞。其中，A 细胞占胰岛细胞总数的 20%左右，能分泌胰高血糖素；B 细胞占 70%左右，能分泌胰岛素；D 细胞占 5%，分泌生长抑素（SS）。极少量的 PP 细胞分泌胰多肽，D 细胞分泌血管活性肠肽。

二、胰岛素和胰高血糖素的作用

胰岛素和胰高血糖素主要调节糖代谢。胰高血糖素是促进分解代谢、促进体内能量动员的激素，而胰岛素是促进合成代谢、促进能量贮存的激素。两者机能相反，共同调节血糖的相对稳定。

胰岛结构与胰岛素生理

（一）胰岛素的生理作用

胰岛素是促进合成代谢，维持血糖相对稳定的重要激素，其生理作用主要体现在以下方面：

1. 对糖代谢的影响

胰岛素能促进全身组织，特别是肝、肌肉和脂肪组织对葡萄糖的摄取和利用，促进肝糖原和肌糖原合成，抑制糖的异生，促进葡萄糖分解和葡萄糖转化为脂肪，从而降低血糖。胰岛素缺乏时，会导致血糖升高，甚至引起糖尿病。

2. 对脂肪代谢的影响

胰岛素可以促进脂肪合成和贮存，抑制脂肪分解，使酮体减少。胰岛素不足时，导致脂肪代谢障碍，使脂肪贮存减少，分解增加，血脂升高，容易诱发动脉硬化及各种心、脑血管疾病。同时由于脂肪酸分解增多，生成大量酮体，容易引起酮症酸中毒。

3. 对蛋白质代谢的影响

胰岛素一方面促进蛋白质的合成和贮存，另一方面抑制蛋白质分解，因而有利于生长。生长激素促进蛋白质的合成作用也必须在有胰岛素存在的情况下才表现出来。

(二)胰高血糖素的生理作用

胰高血糖素的作用主要在于升高血糖，是机体动员功能物质的重要激素之一。

(1)胰高血糖素可以促进糖原分解，促进糖的异生，因而可以升高血糖。

(2)胰高血糖素可以促进脂肪分解，促进脂肪酸氧化，使酮体生成增多。

(3)胰高血糖素可以抑制蛋白质的合成，使组织蛋白质含量下降。

三、胰岛素和胰高血糖素分泌的调节

胰岛素和胰高血糖素分泌主要受血糖浓度的影响，血糖浓度升高时，可以促进胰岛素分泌，抑制胰高血糖素的分泌；反之，促进胰高血糖素分泌，抑制胰岛素的分泌。此外，胰高血糖素、胃泌素、胆囊收缩素、甲状腺激素、生长激素、皮质醇、孕激素、雌激素等对胰岛素分泌有促进作用；而肾上腺素可以抑制胰岛素的分泌。

此外，胰岛素和胰高血糖素分泌还受交感神经和迷走神经支配。迷走神经兴奋时，促进胰岛素的分泌，而抑制胰高血糖素的分泌；交感神经兴奋时，促进胰高血糖素的分泌，而抑制胰岛素的分泌。

任务六　肾上腺的内分泌功能

【任务要求】

了解肾上腺的结构与内分泌特点；掌握肾上腺皮质激素和肾上腺髓质激素的作用。

【认知与解读】

一、肾上腺的结构与内分泌特点

肾上腺实质分为周围的皮质和中央的髓质两部分，皮质部的细胞由外向内排列成三种不同的结构形式，即球状带，束状带和网状带。皮质分泌的激素称为皮质激素，包括近百种类固醇物质，按其作用大致可分为三类：①以醛固酮为代表的盐皮质激素，它们主要由球状带细胞所分泌；②以皮质醇（氢化可的松）和皮质素（可的松）为代表的糖皮质激素，它们主要由束状带细胞所分泌；③以脱氧异雄酮和雌二醇为代表的少量性激素，它们主要由网状带细胞所分泌。这三类皮质激素都是类固醇衍生物，故统称类固醇激素。肾上腺髓质的分泌细胞有两种，一种分泌去甲肾上腺素，另一种分泌肾上腺素。上述两种激素统称髓质激素，均为胺类激素。

二、肾上腺皮质激素的作用

以醛固酮为代表的盐皮质激素的机能主要是调节机能水盐代谢，其中醛固酮的主要作用是促进肾的远曲小管和集合管重吸收 Na^+、水，同时促进 K^+ 排出，称为“保钠排钾”作用。

以皮质醇和皮质素为代表的糖皮质激素的机能非常广泛，几乎对全身所有细胞都起作用，其主要作用有以下方面：

（一）对物质代谢的作用

1. 糖代谢

皮质醇可以促进糖原异生，使糖原贮存增加；同时，通过抗胰岛素作用，使外周组织对葡萄糖的利用减少，使血糖升高。因此，如果皮质醇分泌不足，可出现低血糖；而皮质醇分泌过多则可引起血糖升高，甚至糖尿病。

2. 蛋白质代谢

皮质醇可以促进肝外组织，特别是肌肉组织的蛋白质分解，抑制肝外组织对氨基酸的摄取，减少蛋白质的合成，促使氨基酸入肝异生为糖原。因此，皮质醇分泌过多常引起生长停滞、肌肉消瘦、骨质疏松、淋巴组织萎缩、伤口愈合延迟等现象。

3. 脂肪代谢

皮质醇可以促进脂肪分解（尤其是四肢部脂肪），增加脂肪酸在肝内氧化，但面部、躯干部脂肪增多。因此，皮质醇分泌过多时，会出现面圆、背厚、躯干部脂肪堆积而四肢消瘦的“向中性肥胖”。

4. 水盐代谢

皮质醇有较弱的保钠排钾作用，还可以降低入球小动脉阻力，增加肾小球血流量而增加肾小球滤过率。

（二）参与应激反应

当机体受到各种有害刺激（如创伤、手术、饥饿、寒冷、疼痛、惊恐、紧张等）时，血中 ACTH 浓度立即增加，糖皮质激素也相应增多。能引起 ACTH 与糖皮质激素分泌增加的各种刺激称为应激刺激，而产生的反应称为应激反应。在应激反应中，除 ACTH、皮质醇分泌增加外，生长激素、催乳素、抗利尿激素、醛固酮、肾上腺素、去甲肾上腺素分泌也明显增加，表明应激反应是一种非特异性全身反应。但大量实验表明，在应激反应中，以糖皮质激素的作用最重要。切除肾上腺皮质的动物，一旦遭受到上述有害刺激时很容易死亡。

（三）对其他器官的作用

皮质醇可以使红细胞，血小板和中性粒细胞增多，而使淋巴细胞和嗜酸性粒细胞减少；糖皮质激素可以增强血管平滑肌对儿茶酚胺的敏感性（允许作用），有利于提高血管张力和维持血压，还可以降低毛细血管壁的通透性，减少血浆渗出；糖皮质激素能使胃酸和胃蛋白酶分泌增多，使胃黏膜的保护和修复功能减弱；皮质醇还可以提高中枢神经的兴奋性。

此外，糖皮质激素还有抗炎、抗过敏、抗休克等多种药理作用。

三、糖皮质激素分泌的调节

糖皮质激素分泌的分泌主要受下丘脑-腺垂体-肾上腺皮质轴控制（图 10-7）。垂体分泌的 ACTH 对束状带细胞类固醇激素的合成和分泌有直接的刺激作用，而 ACTH 分泌又受下丘脑 CRH 的控制。血中糖皮质激素的水平对其自身分泌可起反馈调节作用，这种反馈调节可作用

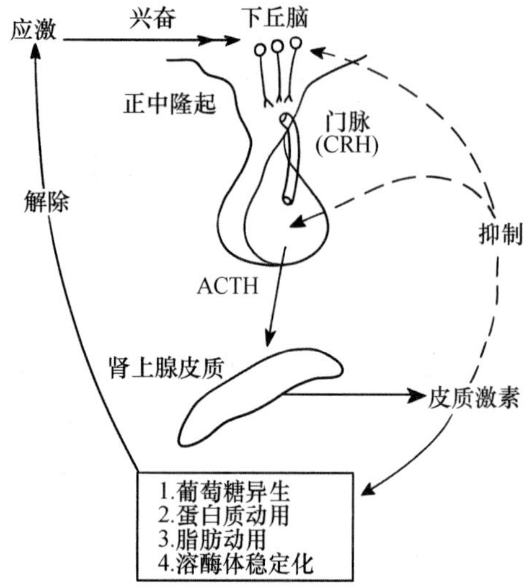

图 10-7　糖皮质激素分泌的调节机制

于垂体、下丘脑或更高级脑水平上。

四、肾上腺髓质激素的作用

肾上腺髓质激素能合成和分泌肾上腺素和去甲肾上腺素，前者主要与循环的调整有关，后者主要与代谢变化有关，都属于儿茶酚胺类化合物。

肾上腺髓质与交感神经组成“交感-肾上腺髓质系统”，髓质激素的机能与交感神经的活动密切联系。Cannon 最早全面研究了该系统的作用，提出了“应激学说”。该学说认为：机体遭遇紧急情况时(如畏惧、焦虑、剧痛、失血、脱水、缺氧、暴冷、暴热以及剧烈运动等)，交感-肾上腺髓质系统将立即被调动起来，肾上腺素和去甲肾上腺素的分泌大大增加，它们作用于中枢神经系统，提高其兴奋性，使机体进入警觉状态，反应变灵敏，称为“应急反应”。

引起应急反应的各种刺激也是引起应激反应的刺激，但应急是交感-肾上腺髓质系统活动加强，使血液中儿茶酚胺含量升高，从而充分调动机体贮备的潜能，提高“战斗力”，克服环境变化给机体造成的困难；而应激是下丘脑-腺垂体-肾上腺皮质轴活动加强，使血液中 ACTH 和糖皮质激素浓度明显提高，以增强机体对有害刺激的“耐受力”。两者相辅相成，共同提高机体抵抗病害的能力。

去甲肾上腺素和肾上腺素都是在动物遇到紧急状况时分泌加强。两者对心血管系统、呼吸器官、代谢、中枢神经系统、肌肉等生理活动，具有广泛的作用，但两者对某一器官的作用不完全相同。

肾上腺髓质激素的分泌一方面受交感神经支配，交感神经兴奋时，引起肾上腺髓质分泌增强；另一方面受 ACTH 调节，ACTH 间接促进儿茶酚胺的合成与分泌，也可直接作用于肾上腺髓质，促进其激素分泌。

任务七　性腺的内分泌功能

【任务要求】

了解性腺活动的调节；掌握雌激素、孕激素、雄激素的生理作用。

【认知与解读】

一、性腺的分泌特点

性腺是雄性睾丸和雌性卵巢的统称。睾丸和卵巢不仅是形成精子、卵子的场所，其内也分布有分泌性激素的内分泌细胞。

性激素主要指由睾丸和卵巢分泌的一些激素，也还包括一些不是由睾丸、卵巢分泌的性激素。性激素可以分为雄激素、雌激素、孕激素和松弛激素四大类。还应该指出的是，不论雄性还是雌性，身体中都拥有雄、雌两类激素，不过量各有大小。雄性动物体中以雄激素为主，也有少量雌激素；雌性动物体中以雌激素为主，也有少量雄激素。

睾丸的内分泌细胞为睾丸间质细胞，它分布于曲细精管之间的结缔组织(睾丸间质)中。

睾丸间质细胞体积大，常常三五成群，能分泌雄激素（主要是睾丸酮）。

卵巢的内分泌细胞为卵泡内膜细胞和黄体细胞。当卵泡生长时，周围的结缔组织也在变化，形成卵泡膜包围着卵泡。卵泡膜分为内、外两层。内膜上的细胞多，富含毛细血管，能分泌出雌激素；排卵后，卵泡壁的卵泡细胞和卵泡内膜细胞在黄体生成素的作用下，演变为黄体细胞。黄体细胞分泌孕激素（主要是孕酮）。

二、性激素的作用

性激素的作用主要是提高生殖机能，见表 10-2。

表 10-2　性激素的化学性质和主要作用

种类	英文缩写	化学性质	主要作用
雄激素	T	类固醇	1. 促进雄性副性器官生长发育，并维持成熟状态 2. 刺激公畜产生性欲和发生性行为 3. 促进精子发育成熟，并延长睾丸内精子的寿命 4. 促进雄性副性征出现，并维持其正常状态 5. 促进蛋白质合成，使肌肉骨骼发达，体脂减少 6. 促进公畜皮脂腺分泌
雌激素	E	类固醇	1. 促进雌性生殖器官生长发育 2. 促进雌性副性征出现，并维持其正常状态 3. 促进母畜发情 4. 刺激母畜发生性欲和性兴奋
孕激素	P	类固醇	1. 在雌激素基础上，促进子宫增殖肥厚，促进子宫腺体分泌，为受精卵定植和发育准备条件 2. 抑制子宫平滑肌的自然活动和对催产素的反应，保证胚胎安全发育 3. 在雌激素基础上，进一步刺激乳腺腺泡的生长发育，使乳腺发育完全，准备泌乳
松弛激素	/	多肽	1. 松弛荐髂关节，扩大骨盆缝，加宽硬产道 2. 扩张子宫颈，放松软产道 3. 与雌激素和孕激素协同作用，促进乳腺生长

三、性激素分泌的调节

（一）雄激素分泌的调节

雄激素分泌主要受下丘脑-腺垂体-性腺轴的调控和雄激素对下丘脑－腺垂体的负反馈调节（图 10-8）。

1. 下丘脑-腺垂体对睾丸雄激素分泌的调节

在内外环境因素刺激下，下丘脑释放 GnRH，GnRH 通过垂体门脉作用于腺垂体，促进 FSH 和 LH 的分泌，FSH 和 LH 作用于睾丸，促进精子生成和雄激素的分泌。

2. 雄激素对下丘脑-腺垂体的负反馈调节

当血浆中雄激素达到一定浓度时，可反馈性作用于下丘脑和腺垂体，抑制 GnRH、FSH 和 LH 的分泌，进而抑制雄激素的分泌。

此外，睾丸支持细胞分泌的抑制素也对下丘脑和腺垂体的分泌产生抑制作用。

（二）雌激素、孕激素分泌的调节

和雄激素分泌调节一样，雌激素、孕激素的分泌也受下丘脑-腺垂体-性腺轴的调控和雌激

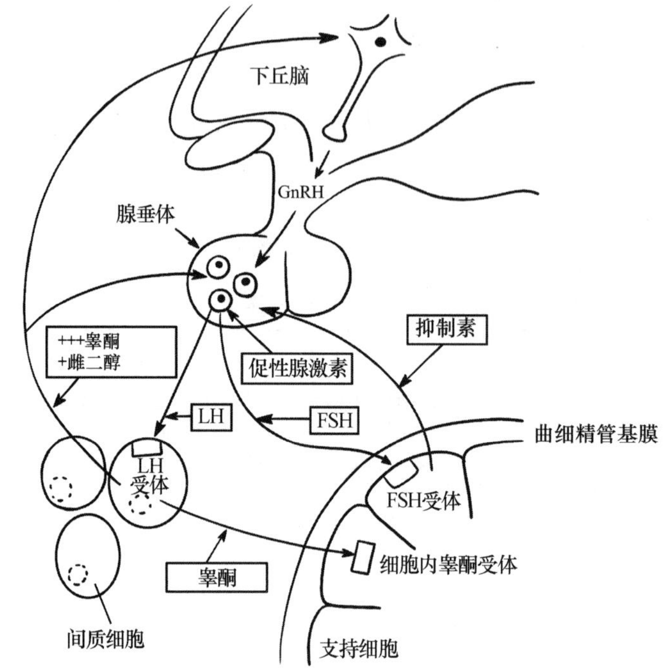

图 10-8　下丘脑和垂体调节睾丸激素分泌(左)和生精作用(右)的途径

素、孕激素对下丘脑-腺垂体的负反馈调节(图 10-9)。

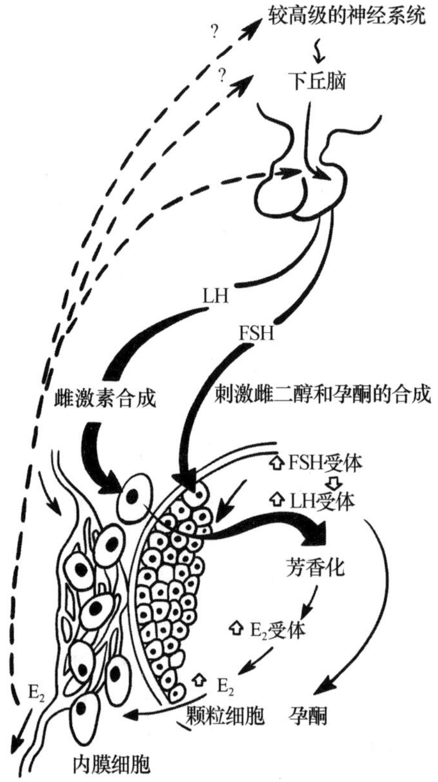

图 10-9　下丘脑和垂体对卵巢激素分泌和卵泡成熟的调节

任务八　松果腺的内分泌功能

【任务要求】

了解松果腺的内分泌功能。

【认知与解读】

松果腺又称松果体，位于四叠体前丘之间的凹陷处，有一个柄与第三脑室背面相连，接受由颈上神经节发出的交感神经节后纤维的支配。松果腺一般在初情期以前已开始退化。松果腺所分泌的激素有两大类：①吲哚样类，如褪黑素、5-甲氧基色醇等；②肽类，如8-精催产素、促性腺激素释放激素等。

褪黑素（MLT）具有抗生殖作用，MLT 对下丘脑-垂体-性腺轴和下丘脑-垂体-甲状腺轴均有抑制作用，幼年时可以防止性早熟。如切除幼年动物的松果体，则出现性早熟，性腺和甲状腺的重量增加；成年则可影响整个生殖过程。

MLT 的释放有着明显的昼夜节律变化，即光照下分泌减少，黑暗时则分泌增加。

8-精催产素（AVT）具有抗利尿和催产作用，并对性腺活动具有很强的抑制作用。

任务九　禽类的内分泌特点

【任务要求】

了解家禽的内分泌特点。

【认知与解读】

禽类的内分泌腺主要有垂体、甲状腺、甲状旁腺、腮后腺、肾上腺、胰岛、胸腺、松果体和性腺。

一、垂体

垂体呈长椭圆形，位于脑的底部，蝶骨颅面的蝶鞍内，分为前叶（又称腺垂体）和后叶（又称神经垂体），由间脑的底部向下突起形成。垂体前叶为重要的激素分泌部位，它接受来自下丘脑的各种信号，并调节相关靶器官的功能，构成生理功能的调节轴，主要分泌生长激素、促肾上腺皮质激素、促性腺激素等多种激素，调节其他内分泌腺的功能活动，从而影响机体的生长发育、新陈代谢及生殖活动。垂体后叶释放的加压素和催产素有增高血压、抗利尿和刺激输卵管平滑肌收缩的作用。

二、甲状腺和甲状旁腺

甲状腺有一对，呈椭圆形暗红色，位于颈部腹外侧、气管的两旁。禽类甲状腺分泌的是 T_3 和 T_4，受控于腺垂体分泌的 TSH 影响。甲状腺分泌的激素调节机体的新陈代谢、生长发育、繁殖和换羽等生理活动。甲状旁腺有两对，紧靠甲状腺后端，大致呈暗褐色。甲状旁腺分泌的甲状旁腺激素能促进禽类破骨细胞的分化，调节机体的钙和磷的代谢，对促进雌性禽类的蛋壳形成有重要意义。

三、腮后腺

腮后腺是一对 2～3 mm 的小腺体，呈血红色或淡红色，位于甲状旁腺的后面，靠近颈动脉和锁骨下动脉发出处，其大小和位置在不同个体有一定程度的变化。腮后腺分泌的激素称为降钙素，可调节血浆中钙离子的浓度，促进钙在骨质中沉积，并有抑制动用骨中钙质的作用。

四、肾上腺

肾上腺为一对黄褐色或紫红色的小腺体，形状为三角形或椭圆形，位于两肾前叶的前方，紧接肺的后方。肾上腺分泌肾上腺皮质激素和肾上腺素。肾上腺皮质激素维持机体的正常新陈代谢，调节水盐平衡；肾上腺素则可升高血糖、血压，加速心跳，影响性腺、胸腺等的活动。

五、胰岛

禽类胰腺悬于U形十二指肠袢中，能合成和分泌消化酶。胰岛为胰脏内散在的细胞团，它分泌两种激素，即胰岛素和胰高血糖素。胰岛素促使血中的葡萄糖转化为糖原；胰高血糖素可促使血糖浓度升高。

六、松果体

松果体为钝圆锥形小腺体，淡红色，位于大脑背侧和小脑之间的三角地带。禽类松果体细胞与哺乳动物相似，主要为分泌功能，分泌褪黑素。研究证明，褪黑素可影响睡眠、行为和脑电活动，此外可使生殖腺延迟发育。

七、性腺

雄性禽类的睾丸产生雄性激素（睾酮），雌性禽类的卵巢产生雌性激素（雌二醇、孕酮），能促进副性征的正常发育。禽类鸡冠的大小、被羽的色泽和结构、鸣声和性情等均受到性激素的影响。

【操作与体验】

技能一　肾上腺素、胰岛素对血糖的影响

【实验目的】了解胰岛素、肾上腺素对血糖的影响。

【实验原理】血糖含量主要受激素的调节。胰岛素使血糖浓度降低，肾上腺素可使血糖浓度升高。通过对实验动物注射适量的胰岛素，来观察低血糖症状的出现，然后注射适量肾上腺素，可见低血糖症状消失，从而了解胰岛素和肾上腺素对血糖的影响。

【实验对象】兔或小鼠。

【实验材料】胰岛素、0.1%肾上腺素、20%葡萄糖溶液、生理盐水、注射器、恒温水浴锅等。

【方法与步骤】

1.实验准备

取禁食 24～36 h 的兔 3 只，称重后分别编号，甲兔为对照兔，乙兔和丙兔为试验兔。

2.实验项目

(1)给甲兔从耳缘静脉按每千克体重 20 IU 的剂量注射胰岛素，同时给甲兔皮下注射 0.1%肾上腺素，用量为每千克体重 0.4 mL。给乙兔和丙兔分别静脉注射胰岛素，用量为每千克体重 20 IU，经 1～2 h，观察并记录各兔有无不安、呼吸急促、痉挛甚至休克等低血糖反应。

(2)待试验兔出现低血糖症状后，立即给乙兔静脉注射温热的20%葡萄糖溶液20 mL；给丙兔静脉注射0.1%肾上腺素，用量为每千克体重0.4 mL；仔细观察实验动物，记录观察结果。

若实验对象采用小鼠时，则选4只体重相近的小鼠4只，按兔的实验方法分组。给3只试验鼠每只皮下注射1～2 IU胰岛素，对照鼠同法注入等量生理盐水。等试验鼠出现低血糖症状后，1只腹腔(或尾静脉)注射20%葡萄糖溶液1 mL，一只皮下(或尾静脉)注射0.1%肾上腺素0.1 mL，1只腹腔(或尾静脉)注射1 mL生理盐水做对照，观察并详细记录实验结果。

【注意事项】

实验动物在实验前须禁食24 h以上。

【实验思考题】

1.调节血糖的激素主要有哪些？各有何生理功能？

2.影响这些激素分泌的主要因素是什么？

技能二　动物肾上腺摘除后的影响

【实验目的】掌握摘除动物肾上腺的方法；观察摘除肾上腺对动物存活率、姿态活动、肌肉紧张度及游泳运动的影响；了解肾上腺皮质激素对动物应激能力的影响。

【实验原理】肾上腺分皮质和髓质两部分。皮质主要释放糖皮质激素和盐皮质激素。糖皮质激素的主要功能是影响体内糖、蛋白质和脂肪的中间代谢，并能增加机体对有害刺激的应激能力；盐皮质激素主要参与水盐代谢的调节。因此，肾上腺皮质激素为维持机体生命活动所必需。动物摘除肾上腺后，糖皮质激素缺失，引起糖、蛋白质、脂肪代谢发生紊乱，应激能力降低，对寒冷等有害刺激的耐受力降低；盐皮质激素缺失，水盐代谢紊乱，动物最终因循环衰竭而死亡。

【实验对象】小鼠。

【实验材料】手术器械、蛙板、500 mL烧杯、秒表、内盛4～5℃冷水的水槽、天平、棉球、生理盐水、75%乙醇、乙醚。

【方法与步骤】

1.动物分组

选择成熟、健康、体重相近的小鼠20只，分别称重编号后分为对照组和实验组，每组各10只，雌雄数量对等。

2.摘除动物两侧肾上腺

取实验组小鼠置于倒盖的大烧杯中，投入一小团浸有乙醚的棉球，将其麻醉后，取俯卧位固定于蛙板上，剪去背部的毛，用75%乙醇消毒手术部位和手术者的手，手术器械也需消毒。

在小鼠背部胸腰椎交界处正中线割一长约2 cm的皮肤切口，切口前端起自第10胸椎水平。用镊子夹住创口皮肤，将切口牵向左侧，再用小剪刀或纹式止血钳轻轻分离肌层。在左肋弓下缘中线旁0.5 cm处割一长约1 cm的斜向切口，用镊子撑开此肌层切口，并以小镊子夹盐水棉球，轻轻推开腹腔内的脏器组织，便可在肾的上方找到被脂肪组织包裹的淡黄色绿豆大小的肾上腺。用小镊子紧紧夹住肾上腺与肾之间的血管和组织，再用小镊子将肾上腺摘除。夹住血管断端的小镊子仍应再夹片刻才松开以止血。

将背部正中线切口牵向右侧，再按上述方法摘除右侧肾上腺。注意，右肾上腺的位置略高于左侧，且靠近腹主动脉和下腔静脉，手术时应加小心，切勿损伤大血管。

手术完毕后，依次用细线缝合肌层和皮肤切口，并用75%乙醇消毒皮肤缝合口。

对照组小鼠也应进行与实验组相同的手术创伤，但不摘除肾上腺。

3. 术后动物饲养

术后两组动物在相同条件下饲养1周，室温应尽量保持在20～25℃，喂以高热量和高蛋白饲料，饮水供应充分。

4. 观察肾上腺摘除对动物存活率的影响

小鼠经上述手术后饲养1周，于第8天分别统计两组小鼠的存活率，并将存活的小鼠分别称体重。比较实验组与对照组的存活率和体重增减有何不同？

5. 观察肾上腺摘除对禁食2 d的小鼠的活动姿态及肌肉紧张度的影响

对术后饲养1周仍存活的小鼠从第8天起停止喂食，只供饮水2 d，第10天分别从实验组和对照组各取小鼠2只，置于实验桌上，观察比较它们经过2 d禁食后活动姿态及肌肉紧张度等方面的不同。

6. 观察肾上腺摘除对小鼠游泳运动的影响

将禁食2 d的两组小鼠各取3只投入盛有4～5 ℃冷水的水槽中，并按动秒表记录各组小鼠在水中的游泳时间，直至该组小鼠全部溺水下沉时止。比较两组小鼠游泳运动时间。

7. 观察小鼠游泳运动后恢复情况

将溺水下沉的小鼠及时捞起后，分别观察记录两组小鼠恢复活动的时间和活动情况，并进行比较。

将上述4项观察结果列成表格，进行比较分析。

【注意事项】

1. 麻醉勿过深。

2. 进行肾上腺摘除术时动作要轻柔，勿用力按压小鼠，以避免动物窒息致死。

3. 分离背部肌层，寻找肾上腺时，注意避开该处附近的血管，尽量减少出血。

4. 术后的小鼠尽可能分笼单独饲养，以免其互相撕咬致死。

【实验思考题】

1. 摘除肾上腺后的小鼠与保留肾上腺的小鼠在冷水中的游泳能力及溺水后恢复活动的时间有何差异？为什么会有这些差异？

2. 如果只摘除小鼠的肾上腺髓质而保留皮质，其对寒冷刺激的耐受力如何？为什么？

【拓展与链接】

我国首次人工合成结晶牛胰岛素

人和动物胰脏内有一种呈岛形分布的细胞，能分泌一种叫作胰岛素的激素，具有降低血糖和调节体内糖代谢的功能。胰岛素是一种小分子的蛋白质，蛋白质是生物体的主要功能物质，生命活动主要通过蛋白质来体现。1889年，德国的敏柯夫斯基首次发现了胰脏和糖尿病的关联后，就不断有人研究胰脏的“神秘内分泌物质”。1921年，加拿大的弗雷德里克·班廷等因首次成功提取到了胰岛素，并成功地应用于临床治疗，获得了1923年诺贝尔医学奖；英国化学家弗雷德里克·桑首次阐明了胰岛素分子的氨基酸序列，获得了1958年诺贝尔化学奖。

胰岛素由51个氨基酸组成A、B两条肽链，A链21个氨基酸，B链30个氨基酸。人工合成胰岛素，首先要把氨基酸按照一定的顺序连起来，组成A链、B链，然后再把A、B两条链连在一起，这是一项复杂而艰巨的工作。1958年12月底，我国人工合成胰岛素课题正式启动，中科院上海生物化学研究所会同中科院上海有机化学研究所、北京大学组成联合研究小组，在前人对胰岛素结构和多肽合成的研究基础上，开始探索用化学方法合成胰岛素。中科院上海有机化学研究所和北京大学化学系负责合成A链，中科院上海生物化学研究所负责合成B链，并负责把A链与B链正确组合起来。

研究小组经过6年多坚持不懈的努力，终于在1965年9月17日，在世界上首次用人工方法合成了结晶牛胰岛素。原国家科学技术委员会先后两次组织著名科学家进行科学鉴定，证明人工合成牛胰岛素具有与天然牛胰岛素相同的生物活力和结晶形状。1966年3月“人工全合成结晶牛胰岛素”的研究工作在《科学通报》杂志上全文对外发表，得到各国科学家的祝贺。

人工牛胰岛素是当时人工合成的具有生物活力的最大的天然有机化合物，实验的成功使中国成为第一个合成蛋白质的国家，标志着人类在认识生命、探索生命奥秘的征途中迈出了关键性的一步，促进了生命科学的发展，开辟了人工合成蛋白质的时代，在我国基础研究尤其是生物化学的发展史上有巨大的意义。

【复习与思考】

1. 含氮激素与类固醇激素的作用机制是什么？
2. 试述下丘脑-垂体轴在内分泌系统中的重要地位和作用。
3. 糖皮质激素的主要作用是什么？
4. 胰岛分泌的激素有哪些？其主要作用是什么？
5. 性激素由哪些分泌细胞分泌？分为哪些激素？主要作用是什么？
6. 简述甲状腺激素的主要生理功能。

项目十复习与思考答案

项目十一

生殖与泌乳

【知识目标】

- 理解和掌握性成熟、体成熟的概念及对生产实践的意义。
- 掌握睾丸、卵巢分泌激素的生理作用。
- 掌握雄性和雌性动物生殖生理的规律及特点。
- 了解和掌握交配与受精过程。
- 了解妊娠、分娩过程。
- 掌握母畜泌乳的规律。

【能力目标】

- 能运用动物生殖生理的规律特点为畜牧业生产服务。
- 能够准确判断母畜是否发情和妊娠。
- 能掌握母畜适宜的配种时期。

【素质目标】

- 培养学生崇尚科学、勇于探索的职业素养。
- 培养学生理论联系实际、理论指导实践的专业素养。
- 培养学生具备一定的语言表达能力和逻辑思维能力。
- 培养学生具备分析问题、解决问题的能力。

任务一　概　　述

【任务要求】

理解和掌握性成熟、初情期、体成熟的概念及对生产实践的意义。

【认知与解读】

动物产生与本身相类似的子代，借以繁衍种族的功能称为生殖，它是保证种族的延续繁衍的最重要和最基本的生理活动。哺乳类动物的生殖过程必须由雌雄两性个体共同完成，包括配子的形成、交配、受精、妊娠、分娩和哺乳等一系列过程。

一、性成熟

(一)性成熟和初情期

哺乳动物生长发育达到一定阶段，生殖器官和副性征的发育已经基本完成，开始具备了生殖能力，这个时期称为性成熟。性成熟个体的性腺中开始形成成熟的两性配子（精子和卵子），动物具有明显的性行为和性功能，表现出明显的性欲。这时雌、雄个体能交配和受精，并能完成妊娠和胚胎发育过程。

性成熟过程的开始阶段称为初情期，它指动物第一次排出精子或卵子的年龄。常见家畜初情期一般是牛 6～12 月龄，羊 4～8 月龄，猪 3～6 月龄，马 12 月龄。母畜达到初情期的标志是首次发情，但此时雌性发情行为不明显，发情周期和发情持续期的长短无规律，生殖器官和生殖机能仍在发育和完善，交配不一定受精。公畜的初情期比较难于判断，因为这时公畜虽然能表现出各种性行为，如阴茎勃起、有交配动作等，但一般不射精或者精液中没有成熟的精子。处于初情期的动物不宜配种，为防止早配，此时应将公母分开饲养。

（二）影响性成熟的因素

性成熟的年龄可因物种、品种、性别、饲养管理和外界环境等而有差异。一般而言：小动物比大动物性成熟早；母畜比公畜早；气温高的地区的家畜比气温低的地区的家畜早；营养水平高和环境条件好可使性成熟的年龄提早，饲养管理和环境条件差则可推迟性成熟年龄。此外，季节性繁殖动物的初情期受出生时期的影响。例如，绵羊如果在出生当年繁殖季节不出现第一次发情，常需延迟到第二年的繁殖季节才首次发情。

（三）性成熟和体成熟的关系

性成熟后，动物机体继续发育，直到具有成年动物所固有的形态和结构特点，称为体成熟。家畜性成熟时，正常的生长发育仍在继续进行，因此，体成熟比性成熟晚。母畜过早妊娠会妨碍其本身的生长发育，并产生弱的后代。公畜过早配种易引起早衰，并常因精子质量较差而影响后代的生活力和生产性能。因此在畜牧业实践中往往要在公、母动物体重达成年体重的 70%时才允许配种和繁殖，此时家畜生殖器官发育完善，生殖机能达到成熟，交配即能受精。几种家畜的性成熟和初配适龄见表 11-1 和表 11-2。

表 11-1　几种雄性动物的性成熟月龄和初配月龄

畜种	性成熟月龄	适宜初配月龄
牛	10～18	18～24
马	18～24	30～36
骆驼	24～26	60～72
猪	5～8	10～12
羊	6～10	12～15
兔	3～4	6～8

表 11-2　雌性动物的初情期、性成熟和初配月龄

时间	马	驴	牛	水牛	绵羊	山羊	猪	骆驼
初情期月龄	12～15	12	6～10	12～15	6～8	4～6	3～7	36
性成熟月龄	18	15	12	18～24	12	12	8	
适宜初配月龄	36	30～36	18～24	30～36	12～18	12～18	8～12	48

二、繁殖季节

野生动物都只在环境条件最适于孕畜和新生幼畜生活的季节里进行繁殖。大多数家畜在没有驯化前都有明显的繁殖季节。家畜驯化后，生活条件不再受到季节的限制，繁殖季节逐渐延长，甚至转变为常年繁殖。

大多数公畜发情不受季节限制，主要随母畜的发情而显现性活动(公鹿的发情则有季节性)。母畜在一年中除妊娠期外都周期性地出现发情，称为终年多次发情，如牛、猪、兔、鸡等都是常年繁殖动物；只在一定季节里表现多次发情，称为季节性多次发情，如马、羊、骆驼、鹿等都不同程度地保持季节性繁殖的特点。如果动物在一个发情季节只发情一次，称为季节性一次发情，如正常犬每年发情两次，一般在春季 3—5 月和秋季的 9—11 月各发情一次。在相邻两段发情季节之间经过的一段无发情表现的时间，称为乏情期。在乏情期内，垂体的促性腺机能处于抑制状态，动物停止周期发情。

影响繁殖季节的主要因素是光照时间、温度和食物来源。主要是光照的刺激，通过神经系统作用于下丘脑－垂体系统，引起下丘脑－垂体－性腺轴的周期性活动，从而使动物表现周期性发情。

任务二　雄性生殖生理

【任务要求】

了解雄性动物的生殖器官；理解和掌握雄性生殖器官的功能；能运用生殖生理的规律为畜牧业生产实践服务。

【认知与解读】

雄性动物的生殖器官包括睾丸、附睾、输精管、尿生殖道及精囊、前列腺、尿道球腺、阴茎、包皮等。睾丸为主要性器官，具有生精和内分泌功能，其他合称副性器官，担负着精子贮藏、成熟和运输等任务。

一、雄性生殖器官的功能

(一)睾丸的功能

1. 生精作用

生精作用是指从精原细胞发育为精子的过程。睾丸由曲细精管和间质细胞组成。曲细精管是生成精子的部位，由生精细胞和支持细胞构成。支持细胞为各级生殖细胞提供营养，并起着保护与支持作用，为生精细胞的分化发育提供合适的微环境。原始的生精细胞为精原细胞，紧贴于曲细精管的基膜上，进入初情期后，精原细胞开始发育分化，经初级精母细胞、次级精母细胞、精子细胞等几个阶段，逐渐形成精子。不同发育阶段的生精细胞在发育过程中自曲细精管基部逐渐向管腔方向移动，最后成熟的精子则脱离支持细胞进入曲细精管管腔中央。曲细精管之间存在由结缔组织构成的间质，起支持作用。间质组织中有间质细胞，是合成、分泌雄激素的重要部位。

精子的发生是一个连续过程，以绵羊为例(图 11-1)，精子生成经历以下三个阶段：

(1)精原细胞增殖期　精原细胞经过增殖分裂，形成初级精母细胞。为保证精子发生的延

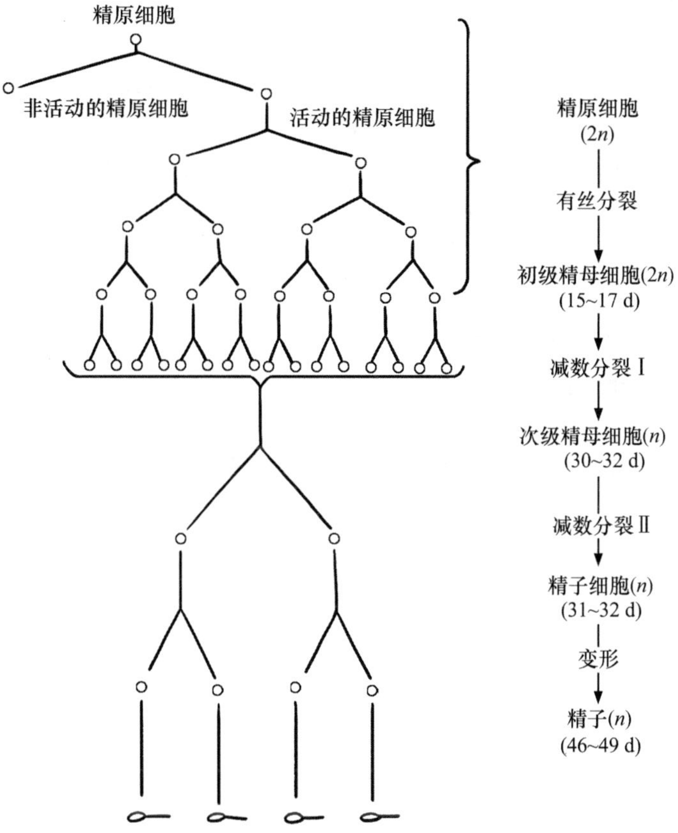

图 11-1　绵羊精子发生图解

续，每个精原细胞分裂成一个非活动的精原细胞和一个活动的精原细胞，此后，后者分裂 4 次，最终获得 16 个初级精母细胞。

(2)精母细胞减数分裂期　初级精母细胞经两次减数分裂，先后形成次级精母细胞与精子细胞。第一次分裂生成 2 个次级精母细胞，染色体数减半。每一个次级精母细胞经第二次分裂生成 2 个精子细胞，此时细胞核中的 DNA 减半，成为单倍体。

(3)精子分化期　经过复杂的形态变化，精子细胞变态为精子。这一过程除了形态的变化以外，大部分细胞质，包括核糖核酸、水分和糖原均消失。此外，核浓缩，高尔基体转变成精子顶体，中心粒形成精子尾部。

1 个精原细胞经过上述有丝分裂和减数分裂，依次形成初级精母细胞、次级精母细胞，最后从球形的精细胞变为 64 个(绵羊、牛和兔等)或 96 个(大鼠和小鼠等)带尾的成熟精子。各种家畜精子的发生周期(从精原细胞完全变成精子所需时间)有所不同，公羊约 50 d，公牛约 60 d，公猪约 45 d，公马约 50 d。

2. 内分泌功能

睾丸是一个重要的内分泌器官，主要分泌雄激素(间质细胞)和抑制素(支持细胞)。它们除了参与生殖功能的调节外，还是重要的代谢调节激素。

(二)附睾的功能

附睾是精子浓缩、成熟、贮藏和转运的部位。在附睾内精子的形态和代谢都发生变化，变得成熟，并获得了运动和受精能力。附睾内精子的密度很高，大约 1/2 的精子贮藏在附睾尾。以牛为例，成年公牛两侧附睾可容纳 741×10^8 个精子，相当于睾丸 3.6 d 的产量。精子借助于睾网液的流动和纤毛的活动进入附睾，并由附睾头到达尾部。精子经过附睾的时间有一定差异，牛约为 10 d，绵羊 13～15 d，猪 9～12 d，马 8～11 d，人 12 d。

附睾生殖功能的实现取决于附睾上皮细胞的吸收和分泌。附睾上皮的功能主要受雄激素的调节，睾丸切除后，附睾上皮退化，注射睾酮则可逆转这种变化。

(三)副性腺及副性器官的功能

副性腺是雄性生殖系统的重要组成部分，包括精囊腺、前列腺、尿道球腺、壶腹腺及尿道腺。它们各自分泌的特异性液体是精液的组成部分，对于精子的运送、保护及存活都有一定意义。副性腺的功能都受雄激素的调节。副性腺分泌物和附睾液的混合物称为精清。精子与精清组成精液。

副性器官包括阴茎、龟头、阴囊等。阴囊及提睾肌伸缩可调节睾丸所处的位置，保证睾丸始终处于生理状态，从而适应外界温度的变化，为生成正常的精子创造必要条件。不同种类动物的副性腺结构、睾丸方向、阴茎类型均不同。

二、性反射

公畜在交配过程中，表现出强烈的性反射活动。公畜的性反射包括勃起反射、爬跨反射、抽动反射和射精反射四个阶段。在交配过程中，这些反射的出现有着一定的顺序，而每一种反射又是独立的，可以单独发生的。

射精过程中，家畜非常安静，易受环境的干扰。射精过程的长短，因家畜的种类及射精量的大小而有所不同。

任务三　雌性生殖生理

【任务要求】

了解雌性生殖器官；掌握雌性生殖器官的功能；掌握发情与发情周期的概念；能准确鉴定发情周期；了解影响发情周期和发情期的因素；能运用生殖生理的规律为畜牧业生产实践服务。

【认知与解读】

雌性生殖器官主要包括卵巢、输卵管、子宫、阴道、尿生殖前庭等部分。卵巢是产生卵细胞和分泌雌激素、孕激素的器官，输卵管是卵子、受精卵运行的管道以及受精的地方，子宫是胎儿生长和发育的地方，而尿生殖前庭则是母畜的交配器官和产道，它们共同完成受精、妊娠、分娩等一系列生殖生理过程。

一、雌性生殖器官的功能

(一)卵巢的生卵功能

1. 卵泡的发育

在达到一定性成熟期的母畜卵巢中，存在着不同发育阶段的卵泡，卵子在卵泡中发育和成长，直到卵泡成熟破裂时，卵子才从卵泡中排出。原始卵泡和初级卵泡在母畜出生时的卵巢中就大量存在。初级卵泡由卵母细胞（未成熟的卵子）和排列在其周围的一层卵泡细胞组成；进一步发育成为次级卵泡后，形成多层卵泡细胞（也称颗粒细胞）围绕卵母细胞，并进一步发育成生长卵泡。此时多层的卵泡细胞中开始形成空腔，其中充满由卵泡细胞分泌的卵泡液。卵泡液逐渐增多，卵泡腔继续扩大，将卵母细胞及其周围的卵泡细胞推向一边，形成半岛状的卵丘。生长卵泡逐渐发育，成为成熟卵泡（图 11-2），发情时继续发育，并破裂而排卵。母畜在第一次发情以前，就有卵泡增长，但都不能达到最后成熟而闭锁退化。

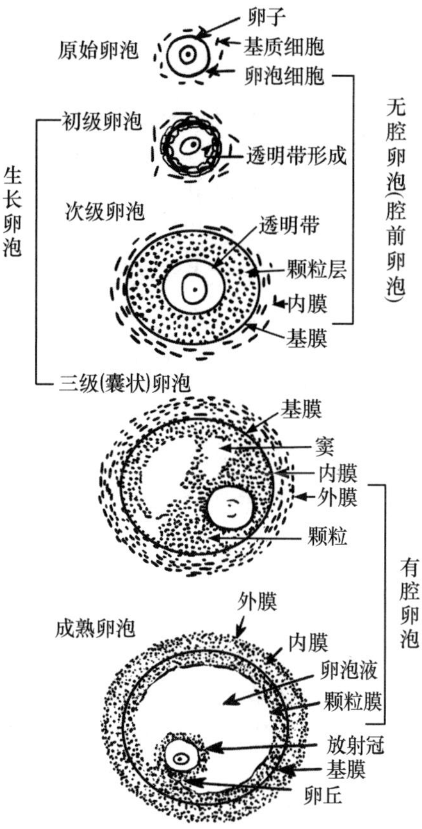

图 11-2　各种类型卵泡结构

2. 卵子的发育

卵子的发育与卵泡发育并不同步，成熟卵泡中的卵子仍处于次级卵母细胞阶段。卵子的发育大致分为三个阶段：

（1）增殖期　当卵泡由原始卵泡发育成初级卵泡时，卵原细胞经过多次有丝分裂发育为初级卵母细胞。

（2）生长期　当卵泡由初级卵泡发育成次级卵泡时，初级卵母细胞经过第一次成熟分裂，形成次级卵母细胞和第一极体。

（3）成熟期　当次级卵泡发育成成熟卵泡时，次级卵母细胞在第二次成熟分裂时中途停止，等排卵后，卵子进入输卵管并受精后，第二次成熟分裂才继续进行，形成卵细胞和第二极体。

在卵泡发育过程中，大部分卵泡及其中的卵母细胞不经排卵而退化消失，称为卵泡闭锁。只有极少数卵泡（单胎动物一般一个发情期只有一个）能发育至排卵。

3. 排卵

成熟卵泡壁发生破裂，卵母细胞及部分卵丘细胞液一起排入腹腔，随即进入输卵管的过程，称为排卵。多数母畜的排卵时间都在接近发情结束以前，而母牛则在发情结束后若干小时。根据家畜的排卵特点，排卵可以分为两种类型：自发性排卵和诱发性排卵。自发性排卵是指卵泡发育成熟后，可自行破裂而排卵，如猪、牛、羊、马等。而猫、兔、骆驼、水貂等动物卵泡发育成熟后，必须通过交配才能排卵，称为诱发性排卵。

4. 黄体形成和退化

排卵后，卵泡内膜细胞、颗粒细胞内陷，原来卵泡液部分留下，卵泡膜血管由于负压而破裂流血，淤血积于卵泡腔内，形成红体。血液被吸收后，大量新生血管进入，转变为一个血管丰富的内分泌腺细胞团，外观呈黄色，故称黄体。黄体经历早期黄体、成熟黄体和退化黄体 3 个发育阶段。早期黄体是新形成的黄体，成熟黄体(周期黄体)是具有分泌功能的黄体。黄体是重要的分泌器官，其主要功能是分泌孕酮，是子宫启动和维持妊娠的基础。排卵后，如卵子受精，周期黄体转变为妊娠黄体而继续存在；若排出的卵子未受精，则周期黄体在一定时间内退化，成为退化黄体。黄体退化时，黄体细胞逐渐为成纤维细胞所代替，最后纤维化成为白体。

(二)卵巢的内分泌功能

卵巢是重要的内分泌器官，可分泌雌激素、孕激素、松弛素、抑制素等，对于维持雌性动物生殖器官的生长发育及正常的生殖机能具有重要的影响。

二、发情与发情周期

(一)发情

雌性动物达到性成熟后，在生殖激素的调节下，伴随着卵巢上卵泡的发育，所出现的一系列生理和行为上的变化称为发情。完整的发情通常有以下三个方面的变化：

(1)卵巢变化　卵泡的生长发育和排卵。

(2)行为变化　发情母畜精神兴奋、烦躁不安、食欲减退、不断鸣叫，主动寻求雄性，表现强烈的交配欲。

(3)生殖器官变化　外阴部充血肿胀，子宫颈、阴道分泌黏液增多，子宫颈松弛、充血、蠕动加强，子宫内膜腺体细胞增长。输卵管蠕动，纤毛颤动增强，管腺增大，分泌液增多。

(二)发情周期

母畜生长到达初情期后，直至性机能衰退以前，在非妊娠情况下，表现出周期性发情的现象。从一次发情开始至下一次发情开始的间隔时间(或由这一次排卵至下一次排卵的间隔时间)称为一个发情周期，各种家畜发情周期的时间因动物种类不同而异，黄牛、水牛、乳牛平均 21 d，山羊平均 21 d，绵羊 16～17 d，猪 19～23 d，马 19～25 d，兔 15～16 d。

(三)发情周期的分期

根据母畜的内部和外部变化特点，家畜的正常发情周期包括四个不同的时期，即发情前期、发情期、发情后期和间情期。这几个时期周而复始，不断循环。

1. 发情前期

在这个时期生殖系统开始为卵巢排出卵子做准备。新的卵泡开始发育，在发情期前 2～3 d 卵泡迅速增长，其中充满卵泡液。生殖道上皮开始增生，腺体活动开始加强，分泌增多，但还看不到从阴道流出黏液。此期发情表现不明显，没有交配欲表现。

2. 发情期

这一时期是集中表现发情征状的阶段。性兴奋强烈，有交配欲，母畜接受爬跨只限于这个时期。卵巢中卵泡发育很快，达到成熟，破裂并排卵。生殖道特别是子宫和子宫角呈现水肿，同时血管大量增生。子宫和输卵管有蠕动，腺体分泌活动加强，子宫颈口开张，可以看到由阴道中流出黏液。所有这些变化都有利于精子和卵子的运行和受精。

3. 发情后期

这是发情期结束后的一个时期。此时生殖系统处于新生黄体所分泌的孕酮影响下，子宫为接受胚泡做准备，子宫内膜的子宫腺增殖。如已妊娠，发情周期也就停止，直到分娩以后再重新出现。如未受精，就进入间情期。

4. 间情期

在此期子宫和生殖道向着近似发情前期以前的状态退化，重新开始新的发情周期。卵巢的黄体在这个时期处于逐渐退化状态。如黄体持续存在，间情期则延长。

部分动物的发情周期、发情期、排卵时间见表 11-3。

表 11-3　部分动物的发情周期、发情期、排卵时间

动物种类	发情周期	发情持续时间	排卵时间
马	19～25 d	4～8 d	发情结束前 1～2 d
乳牛	21～22 d	18～19 d	发情结束后 10～11 h
黄牛	20～21 d	1～2 d	
水牛	20～21 d	1～3 d	
猪	19～21 d	48～72 h	发情开始后 35～45 h
绵羊	16～17 d	24～36 h	发情开始后 24～30 h
山羊	19～21 d	32～40 h	发情开始后 30～36 h

(四)影响发情周期和发情期的因素

家畜发情周期在本身的神经和内分泌的调节下正常进行。影响发情周期和发情期的外在因素是多方面的，主要是季节、饲料营养水平、气温等条件，它们通过神经和内分泌的调节发生作用。

1. 季节

季节的更替直接影响家畜的繁殖过程。季节变化包含很多因素，主要是光照时间、气温和湿度等气候条件的改变，以及由此而出现的植被和其他饲养条件的改变。一般猪、奶牛和兔全年均可发情，黄牛多在 5—9 月份发情，水牛 8—11 月份发情，羊 8—10 月份发情，马 3—7 月份发情，犬春秋两季发情，狐 2—3 月份发情。

2. 营养水平

只有在良好的条件下，雌性动物才能正常发情。营养缺乏可以造成不发情，长期饲喂热能不足的饲料，或缺少某种特殊营养因素，将逐渐造成完全不发情。营养缺乏可能造成垂体促性腺激素的释放发生障碍，或是卵巢对垂体的促性腺激素缺乏反应。另外，光照对下丘脑、垂体和卵巢的影响可能受营养状况的限制。在饲养管理完善的条件下，马和羊的发情季节开始得较早，结束较晚，甚至可以全年发情。

3. 气温

一般认为温度的影响不如营养和光照大。但有很多试验说明，在异常寒冷的冬天，牛的发情趋于减少。春天当温度适宜时，母马的卵泡迅速发育，突然降温，可影响卵泡的生长发育。

此外,使役不当、过度劳累、家畜的品种和年龄也是影响发情周期、发情期持续时间及发情表现程度的因素。

任务四 受精、妊娠与分娩

【任务要求】

了解雌性动物的受精、妊娠与分娩过程。

【认知与解读】

交配后,精子和卵子结合形成受精卵,此后进入妊娠阶段。妊娠是指受精卵在雌性动物子宫内生长发育为成熟的胎儿的过程,包括受精、着床、妊娠的维持、胎儿的生长以及分娩。

一、受精

精子和卵子运行到母畜输卵管峡部,精子进入卵细胞,形成雄原核和雌原核,两种原核进一步融合,形成合子的过程称为受精。受精主要包括以下几个过程。

(一)精子的运行

精子的运行是指精子在母畜生殖道内由射精部位到受精部位的运动过程。家畜射精按精液到达部位可分为阴道授精型(牛、羊、兔等)和子宫授精型(马、驴、猪、骆驼等),前者精液量小、密度大,后者相反。精子依靠阴道、子宫、输卵管蠕动时的抽吸作用、射精力量及自身的运动,通过子宫颈口、宫管结合部,最终到达受精部位——输卵管峡部。

1.精子运行的动力

精子的运行除靠其本身的前进运动外,更重要的是借助子母畜阴道和子宫收缩以及输卵管的逆蠕动。实验证明,牛和羊的精子可在 15 min 以内到达受精部位,单靠精子本身的运动是不可能的。但是趋近卵子时,精子本身的运动是十分重要的。

2.精子保持受精能力的时间

对精子保持活力的时间了解得较多,可是对精子保持受精能力的时间则知道得很少。后者肯定要比前者短得多。多数材料表明,精子在雌性生殖道内保持受精能力的时间为 1～2 d。母马和母犬是例外,在母马生殖道内精子可存活长达 6 d,母犬为 90 h。

3.精子的受精获能作用

经过附睾贮存的精子具有使卵子受精的能力,但只是一种潜能,因为在它们能够穿入卵子之前,必须在母畜生殖道内经过某种变化才能具有进入透明带和使卵子受精的能力。这一过程叫作精子的受精获能作用(简称获能作用)。如把精子直接放在输卵管的受精地点,它们并不立即进入卵子,而是要等待几小时后才能进入。这说明精子必须在子宫或输卵管内至少经过一段时间(长短因动物而异),才能获得受精能力。在一般情况下,交配往往发生在发情开始或盛期,而排卵发生在发情结束时或结束后。因此精子一般先于卵子到达受精部位,其间可自然地完成获能过程。获能作用的本质在于解除覆盖在精子表面的去能因子对精子的束缚,使精子表面的结合素得以与透明带表面的精子受体相识别,进而发生顶体反应,而后发生受精作用。还发现雌激素可刺激获能作用,而孕酮抑制获能作用。

(二)卵子的运行

1.卵子运动的过程

排卵时,输卵管的伞部紧紧包围着卵巢,卵子随卵泡液被纳入伞部,借助于伞部的纵皱襞上皮细胞纤毛的颤动和平滑肌的收缩,很快地进入输卵管。马、犬和狐的卵子在排出时是初级卵母细胞,并在输卵管中成熟;绵羊、牛和猪排卵时,释放的是次级卵母细胞,第一极体已被排出,第二次成熟分裂已进行到分裂中期,直到受精,第二次成熟分裂才完成。各种家畜在排卵后,放射冠细胞迅速消失,使卵子裸露出来。卵子在输卵管前半段通过很快,到输卵管后半段时,卵子的运行显著变慢,通过整个输卵管的时间为 50～98 h。

2.卵子保持受精能力的时间

卵子在输卵管内可以保持受精能力的时间也就是运行至输卵管峡部以前的时间。这个时间在马为 6～8 h,牛为 8～12 h,猪为 8～10 h,绵羊为 16～24 h。卵子受精能力的消失是逐渐的,先是能受精而不能正常发育,以后才完全不能受精。卵子排出后,如未遇到精子,则继续沿输卵管下行,此时卵子逐渐衰老,且包上一层输卵管分泌物,阻碍精子进入,即失去受精能力。

(三)受精过程

一次射精中精子总数以几亿或几十亿计,但到达壶腹部的数目是很少的,在哺乳动物中不超过 1 000 个。射精后精子一般在 15 min 之内到达受精部位。哺乳动物受精过程见图 11-3。

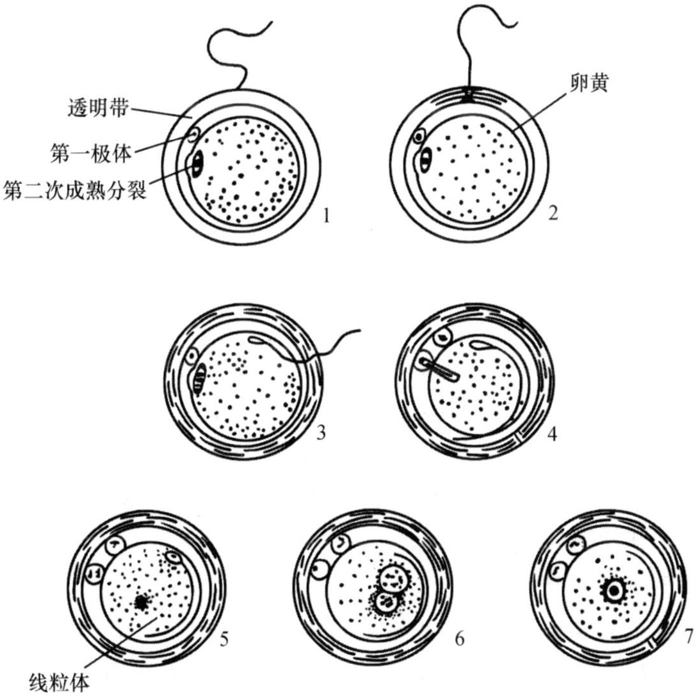

图 11-3　受精过程模式图

1.精子与透明带接触,第一极体被挤出,卵子的细胞核正在进行第二次成熟分裂　2.精子已过透明带,与卵黄接触,引起透明带反应,阴影表示透明带的扩展　3.精子头部进入卵黄,平躺在卵黄的表面之内,该处表面凸出,透明带围绕卵黄转动　4.精子几乎完全进入卵黄之内,头部胀大,卵黄体积缩小,第二极体被挤出　5.雄原核和雌原核发育,线粒体聚集在原核周围　6.原核充分发育,含有很多核仁,雄原核比雌原核大　7.受精完成,原核消失,以染色体团代替,染色体团并成一组染色体,处于第一次卵裂的前期

1.精子进入卵子

大多数哺乳动物的受精在卵子进行第二次成熟分裂时，精子穿入卵子，而马和犬的精子在第二次成熟分裂开始前进入卵子。家畜的放射冠在受精前解体，卵子完全裸露，经过获能的精子，靠精子的活力和顶体蛋白酶的作用进入透明带。进入透明带的精子头部接触并进入卵黄膜，激活卵子，使其从静止状态开始发育。

2.原核形成和配子配合

精子入卵后，头部胀大，失去其特有形态，呈凝胶状，顶突和尾部脱落。细胞核内出现若干核仁，继而融合，周围生成一层核膜，最后的结构很像一个体细胞的细胞核，此时即形成雄原核。大多数动物的卵子在受精后不久即排出第二极体，然后形成雌原核。

雄原核和雌原核在充分发育后的某一阶段进行接触。它们很快就开始缩小体积，同时融合，核仁和核膜消失。接近第一次卵裂时，来自父系和母系的两组染色体出现，合并形成一组，受精至此完成。从精子入卵到完成受精的时间，兔为 12 h，猪 12～14 h，绵羊 16～21 h，牛 20～24 h。

（四）透明带反应和卵黄封阻作用

透明带在第一个精子进入之后能发生某种变化，使以后的精子不容易进入，这种变化称为透明带反应。该反应是在第一个精子与卵黄表面接触时立即发生，并由卵黄放出某种物质到达透明带使其变质硬化，以阻止多精子受精。在接纳一个精子之后，卵黄膜对于以后给予卵黄表面的接触不发生反应，不再接纳精子，这一作用称为卵黄封阻作用，也起着防止多精子受精的作用。

二、妊娠

（一）受精卵的卵裂和胚泡的附植

受精卵在输卵管即发生卵裂，需 3～4 d 才能到达子宫，卵裂达到 16～32 细胞期时，形似桑葚，称为桑葚胚。此时体积仍与卵细胞相似，其发育主要靠消耗卵细胞贮备的营养物质。在桑葚期以后，由于分裂球分裂速度上的差异，结果在细胞中间形成空腔，腔内积有透明液体，此时称为胚泡。牛的胚泡期开始于排卵后第 8 天，猪约为第 6 天。胚泡迅速增大，对营养物质的需要量也大为增加，主要由胚泡的滋养层从“子宫乳”中摄取。以后逐渐与子宫黏膜发生联系，称为附植（或着床）。胚泡的附植是一个渐进的过程，开始疏松，最后变为非常紧密。早期胚泡虽然与子宫黏膜上皮接触很紧，但并没有附植，至第 10 周时开始初步附植，至第 14 周才完成附植。猪胚泡的附植在受精后第 12～24 天完成，马在受精后第 90～105 天完成。

（二）母畜妊娠时的生理变化

妊娠期内母畜发生的一系列变化是对胚胎营养、胎盘和胚胎本身所产生的各种影响的适应。母畜妊娠时，卵巢的黄体不退化，保持着功能旺盛的妊娠黄体，产生大量的孕酮。卵巢中新的卵泡虽然仍在不断生长，但一般不能成熟，即使达到排卵时的大小，也不出现排卵。子宫黏膜在发情前期就开始出现的各种变化在受精后变得更为明显，使胚胎顺利地在子宫内固着，并进一步形成胎盘，保证胎儿继续生长发育。随着胎儿的发育，子宫的体积和重量都逐渐增加。子宫颈分泌黏液，形成黏液塞，封闭子宫颈通道。内脏受到子宫的挤压向前方移动，这样就引起消化、循环、呼吸、排泄等器官为了适应新的活动条件而发生各种变化。

(三)各种动物的妊娠期

不同种类的动物妊娠期不相同,同种动物的妊娠期也因胎儿的性别和数目以及品种、年龄、饲养管理等条件而变化。各种动物的妊娠期见表 11-4。

表 11-4　各种动物的妊娠期　　d

妊娠期	马	牛	水牛	绵、山羊	猪	犬	猫	兔
平均妊娠期	340	282	310	152	115	62	58	30
变动范围	307～402	240～311	300～327	140～169	110～140	59～65	55～60	28～33

(四)妊娠期间的发情

发情周期一般因开始妊娠而中断,但妊娠母畜可能出现发情。绵羊在妊娠早期或迟至产前 5d 都可能有发情表现。大约有 10%的妊娠母牛可能发情,这是值得注意的。如果此时给妊娠母牛人工授精,子宫颈黏液塞可能被输精管破坏,以致发生流产。

(五)假妊娠

家畜发情排卵后,如卵子并未受精,而黄体继续存在,经一定时间后出现乳腺发育、泌乳、做窝等妊娠征状,这一现象称为假妊娠。假妊娠的持续期较真妊娠为短,绝大多数的母犬于每次发情后如未妊娠,有为期 2 个月的假妊娠。猫和家兔也常有这种现象,猪和山羊则极为少见。

三、分娩

发育成熟的胎儿和胎盘通过母畜生殖道产出的生理过程称为分娩。

母畜分娩前有一定预兆,生理、行为和生殖器官都发生一系列变化,以适应胎儿产出和仔畜哺育的需要。分娩前几天,母畜食欲下降,行为谨慎,寻找僻静场所,放牧家畜有离群现象。母猪分娩前 6～8 h,有衔草做窝现象,俗称"猪拉窝"。母兔临产前用自己身上的毛做窝。分娩前乳房开始肿胀,乳腺硬度增加,乳头变大,分娩前 1～2 d 可挤出少量乳汁。临产前,母畜外阴部松弛、肿胀,阴户皮肤皱褶展平,阴道黏液由浓稠变稀,某些家畜子宫颈黏液栓软化,有透明牵缕性的黏液排出阴门。子宫颈在临产前几天变松弛。在松弛素作用下,骨盆韧带和肌肉在临产前变松弛。

胎儿从子宫中产出的主要动力是子宫肌和腹壁肌的一系列强烈收缩。这种收缩具有波浪式的特性,每两次收缩之间出现一定时间的间歇,收缩与间歇交替着,所以通常称为阵缩。阵缩有重要生理意义,如果连续收缩没有间歇,胎盘和胎儿的血液循环将因子宫肌长期收缩而发生障碍,会引起胎儿的窒息和死亡。

分娩过程一般分为三个阶段,即开口期、胎儿排出期和胎衣排出期。

1. 开口期

在开口期,子宫肌出现阵缩。开始每次收缩时间很短,间歇时间较长,以后阵缩加强,收缩时间延长,间歇时间变短。阵缩时胎儿和胎水挤入子宫颈,迫使子宫颈开放。部分胎膜通过子宫颈突入阴道中。最后,胎膜因受到阵缩的强烈压迫而破裂,一部分胎水从裂孔排出,胎儿的前部也顺着液流进入骨盆腔。子宫的收缩是由植物性神经反射机制和平滑肌特有的自动节律性收缩引起的。神经反射可因胎儿的活动而增进,内分泌的调节也起着重要的促进作用。

2. 胎儿排出期

在这一时期，子宫肌发生更加强烈、频繁而持续的收缩，腹壁肌和膈肌也发生强烈的收缩，使腹腔内的压力显著升高，迫使胎儿从子宫经阴道排出体外。在反刍动物，胎儿被排出时仍与胎膜附着，子宫阜继续供应来自母体的氧。胎儿子宫阜一直要到幼畜产出后才与母体子宫阜脱离，在幼畜能独立呼吸以前保证氧气的供应。在猪和马，大部分胎盘的联系在第一阶段开始后不久就被破坏。

3. 胎衣排出期

胎儿排出后经过一定的时间，子宫肌又重新开始收缩，这时期阵缩的特点是收缩期短，收缩力较弱，间歇期较长。阵缩继续进行，把胎衣（胎膜和胎盘）从子宫中排出。犬、猫等肉食动物的胎衣随着胎儿同时排出，马胎衣较易脱落，故排出较快，一般不超过 2 h。牛胎衣不易脱落，故排出较慢，但一般不超过 12 h。猪在全部胎儿排出后很快就排出胎衣。

四、产后的恢复

产后母体生殖器官恢复到正常状况的时间过程，一般称为产后期。

（一）子宫的恢复

分娩后，子宫妊娠期的黏膜表层发生变性，最后脱落。同时子宫黏膜开始再生，由新生的黏膜代替妊娠期的黏膜。在这个变化过程中，常常由子宫内排出一些分泌物，称为恶露。其中包含变性的脱落的母体胎盘组织、白细胞、部分黏膜血管中的血液、残留的胎水、子宫腺体分泌物等，起初为红褐色，以后为淡黄色，最后变为无色透明，即不再排出。各种家畜停止排恶露的时间出入很大。马和猪较快，一般在分娩后第 3 天即停止排出，牛需 10～13 d 才能排净。

分娩后的子宫肌纤维变细，结缔组织退化变性，血管也变细，一部分退化被吸收，最后子宫壁变薄，这个过程称为子宫复原。

（二）卵巢机能的恢复

牛卵巢中的妊娠黄体，虽然到妊娠末期已有变性现象，但至分娩后才完全退化。乳牛于产后 30～72 d 才出现第一个发情期，肉牛是 46～104 d。马卵巢中的妊娠黄体在妊娠后期已开始萎缩，至分娩时已无黄体。分娩后很快就有卵泡发育，往往在第 6～13 天排卵。猪的妊娠黄体在分娩后迅速退化，3～5 d 后有卵泡发育和发情现象，但不排卵，一般在断奶后才能正常发情和排卵，但不能恢复到原来的大小。骨盆和韧带在分娩后 4～5 d 可恢复原状。

（三）其他器官的恢复

阴道和阴户一般在产后数天内即恢复原状。

任务五　家禽生殖生理

【任务要求】

了解公禽的生殖器官及其生理功能；了解母禽的生殖器官及其生理功能。

【认知与解读】

家禽的生殖机能与哺乳动物相比有很大的差别，如雌禽没有发情周期，排卵后卵泡不形成黄体，可连续排卵，胚胎在母体外经孵化发育，没有妊娠期和哺乳期，雌禽只有左侧的卵巢和输卵管发育，而雄禽则缺乏真正的阴茎和附属生殖腺。

一、公禽的生殖器官及其生理功能

公禽生殖器官主要由睾丸、附睾、输精管和退化的交配器官构成。睾丸悬于腹腔肾脏前叶下方，脊柱腹侧，附睾较短而不发达。无副性腺，输精管末端及泄殖腔内淋巴褶能分泌透明液。输精管一对，与附睾一起是精子成熟和贮藏的场所。没有阴茎，但有一个勃起的交媾器，交配时与母鸡外翻的阴道接通，精液通过乳嘴流入母鸡阴道。刚孵出的公雏，其生殖隆起比较明显，可用来进行鉴别雌雄。

公鸡约 12 周龄时，睾丸精细管中的次级精母细胞开始分裂为精细胞，形成精子。一般在 10～12 周龄时即可采到精液，但要到 22～26 周龄时，在自然交配中才可获得满意的精液量和受精力。

精子在精细管形成后，即进入附睾管和输精管，获得受精能力。公禽一次交尾排出的精液量的平均值，鸡 0.2～0.5 mL，火鸡 0.25～0.4 mL，鹅 0.2～1.3 mL。一般精子数约 3.5×10^9 个/mL，故每次射精量为 0.5～1 mL 时，其中含精子总数为 $(1.7～3.5)\times 10^9$ 个。公禽频繁交尾时，射精量和精子数都会减少。所以养鸡场公、母鸡的比例以 1∶(8～10)为好。

公鸡的正常精液呈白色而混浊，pH 在 7.0～7.6。由于禽类缺少精囊腺等副性腺，所以精液中氯化物含量低，而钾含量较高。

鸡交尾时，公鸡的泄殖腔紧贴母鸡的泄殖腔，将精子射入其中。精子进入母禽的泄殖腔后，立即沿输卵管向漏斗部移动，精子在漏斗部可存活 3 周以上，因此母鸡每次交尾后 10～19 d 内的卵都有可能受精。精子贮存于输卵管的皱褶（精子窝）中，当卵子排入漏斗部时，贮存的精子从皱褶中释放出来，发生受精。虽然受精过程中一个卵子与一个精子结合，但要获得高的受精率，一般要有 $(0.7～1.0)\times 10^9$ 个精子。交配后第 2～3 天受精率最高。

卵受精后发生第二次成熟分裂，并放出第二极体。鸡的受精卵一般在排卵后 5 h 在峡部发生第一次卵裂，20 min 后发生第二次卵裂而进入 4 细胞期。卵进入子宫后约 4 h，一般可达到 256 细胞期，以后继续分裂。当蛋产出时，通常胚盘已发育至原肠期。

二、母禽的生殖器官及其生理功能

雌禽的生殖器官包括卵巢和输卵管两个部分，存在于腹腔左侧。右侧的一般在出壳时已退化，仅留痕迹。

1. 卵巢

卵巢位于左肾前叶的下方，一端以韧带悬挂于腹腔的背侧壁，一端以腹膜褶与输卵管相连接。母鸡的卵巢含有许多直径 1～35 mm 的卵泡，其肉眼可见数为 1 000～3 000 个，高产鸡的更多。卵泡由卵黄和卵母细胞组成。最早的真性卵黄物质约在小鸡 2 月龄时进入卵母细胞。在接近性成熟时，未成熟的卵子迅速生长，经过 9～10 d 达到成熟。但卵巢中的卵泡仅有少数能达到成熟。每一个卵泡含有一个卵母细胞或生殖细胞，最初生殖细胞在中央，随着卵黄的积累，逐渐升到卵黄的表面，卵黄膜的下面。未受精的蛋，生殖细胞在蛋形成过程中，一般不再分裂，在蛋黄表面有一白点，称为胚珠。受精后的蛋，生殖细胞在输卵管中经过分裂，形成中央透明、周围暗的盘状原肠胚，称为胚盘。

2. 输卵管和蛋的形成

产蛋母鸡的输卵管为长而盘旋的导管，占据腹腔左侧的大部，管壁密布血管，富有弹性，适应由卵黄到蛋的形成过程中的巨大直径变化。输卵管的长度随禽种而异，如产蛋火鸡的输卵管长 90～115 cm，产蛋母鸡的输卵管长 60～75 cm，而鹌鹑仅 30～35 cm。蛋在输卵管内的全部滞留时间为 24～27 h。

输卵管分为漏斗部、膨大部（蛋白分泌部）、峡部、子宫（蛋壳腺）和阴道五部分。

（1）漏斗部　为伞状薄膜结构，靠近卵巢，呈游离状态，功能为接受卵巢的排卵。根部有管状腺，有精子贮存其中，与卵子在漏斗部相遇即发生受精作用。

（2）膨大部　为输卵管的最大部分，由此分泌蛋白将卵黄包裹。卵子离开膨大部之后，沿输卵管呈旋转运动下行，并有水分加入，形成卵带和浓稀不同的蛋白层。

（3）峡部　借助于膨大部的蠕动，卵子进入此处后形成内、外层蛋壳膜，两层膜互相粘连，仅在蛋的大端分开形成气室，逐渐成为椭圆形的软蛋。

（4）子宫　也称蛋壳腺，为袋状厚实肌组织，蛋在其中停留 20～24 h，以形成蛋壳，其间并有水分和盐类加入蛋白中。蛋壳的色素在产蛋前 5 h 形成。临产时分泌一层胶护膜，使蛋润滑以利于产出，并保护蛋免受微生物的侵袭。

（5）阴道　为子宫到泄殖腔的通道，相当于哺乳动物的子宫颈，其功能与蛋的排出有关。靠近子宫处有阴道腺，是贮存精子的主要部位，精子可在其中贮存 10～14 d 或更长时间。

3. 产蛋

家禽产蛋大多是连续性的。连续多天产蛋后，停产 1～2 d，然后又连续产蛋多天，停产 1～2 d。如此循环称为产蛋周期。

任务六　泌　　乳

【任务要求】

了解乳腺的结构功能和乳腺的发育；了解乳的化学成分；了解和掌握乳的生成和分泌。

【认知与解读】

泌乳是哺乳动物所特有的一种生理活动，对其繁衍后代具有重要的意义。家畜大多具有乳腺，并能分泌营养丰富的乳汁哺育幼畜，是幼畜的天然食物和主要的食物来源。

一、乳腺的结构和功能

乳腺是类似于皮脂腺和汗腺的一种皮肤腺，由实质和间质组成。

（一）实质

实质是由乳腺泡和导管系统构成的腺体组织。乳腺泡由一层分泌上皮构成，是生成乳汁的部位。每个腺泡像一个囊，有一条细小的乳导管通出。导管系统包括一系列管道与腔道，导管起始于与腺泡腔相连的细小乳导管，相互汇合成中等乳导管，后者再汇合成粗大的乳导管，最后汇合成乳池。乳池是乳房贮藏乳汁的较大腔道，乳头管一端与乳池相连，另一端向外界开口。以山羊为例，其结构见图 11-4。

腺泡和细小乳导管的外层围绕有一层星状的肌上皮细胞（图 11-5），互相联结成网状，当这些细胞收缩时，可使腺泡中的乳汁排出，较大的乳导管和乳池由平滑肌构成，这些平滑肌收缩能促使乳汁排出。围绕乳头管的平滑肌在乳头的末端排列成环形，形成乳头管括约肌，使乳头孔在不排乳时保持闭锁状态。

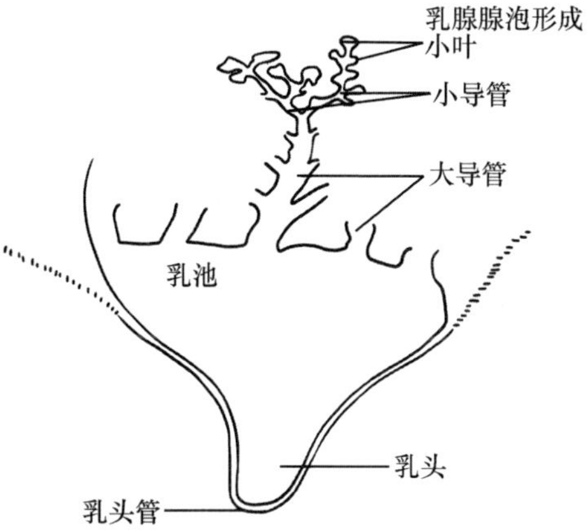

图 11-4　山羊乳腺腺泡与腺导管分布示意图

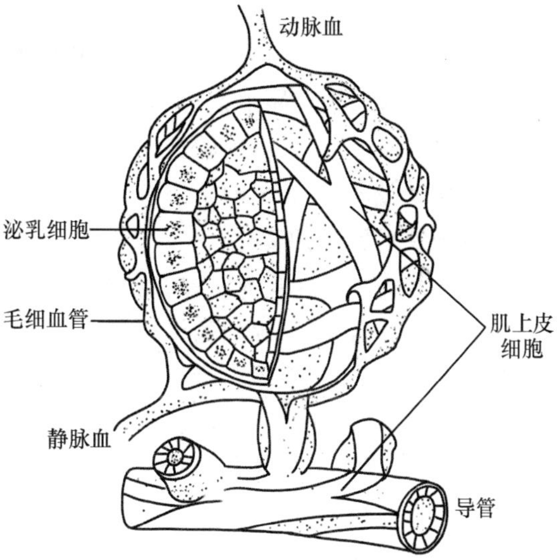

图 11-5　乳腺泡示意图

(二)间质

间质由纤维结缔组织构成，起保护和支持腺体组织作用。

乳腺有丰富的血液供应，每一个腺泡都被稠密的毛细血管网包围着，因此，血液可以充分将营养物质和氧带给腺泡，以供生成乳的需要。

乳腺中有丰富的传入和传出神经。传入神经主要为感觉神经纤维。乳房和乳头皮肤中存在机械和温度等外感受器，乳房内的腺泡、血管、乳导管等具有丰富的化学、压力等内感受器。传出神经属交感系统，包括支配血管和平滑肌的运动神经，也有人认为还含有支配腺组织的分泌神经纤维。这些神经纤维和各种感受器，保证了对泌乳的反射性调节。

二、乳腺的发育

(一)胚胎及胎儿期乳芽的发育

乳腺的分泌组织是从外胚层发育而来，最早能辨认的是胚胎腹侧面脐后的两条平行线，称为乳线，乳线在一定的间隔上形成乳芽，乳芽的数目决定以后乳腺发育的数目。牛的乳芽每行有两个，它们发育为乳房前后室的分泌组织。乳芽向下生长进入间质，形成原芽，原芽的数目决定成熟乳头的导管数。与此同时，围绕乳芽的间质细胞迅速增生，使乳芽高出身体表面。原芽是乳头管及乳池的前身。次级芽从原芽生长出来，继之形成管道，再分成三级芽，这些芽是乳房导管系统的原基。

(二)从出生到初情期乳腺的发育

幼畜雌雄两性的乳腺没有明显的差别。随着雌性动物的生长，乳腺中结缔组织和脂肪组织逐步增加。到初情期时，乳腺的导管系统开始发育，形成分支复杂的细小导管，而腺泡还没有形成，这时乳房的体积开始膨大。

(三)从初情期到妊娠期乳房的发育

在发情周期中乳腺组织经历周期性变化，这种变化相当于黄体的周期性变化，但时间较迟。在这些重复的发情周期中，乳房的导管系统生长，但腺泡不发育。

妊娠时，乳腺组织生长迅速，不但乳腺导管的数量增加，而且每个导管的末端开始形成没有分泌腔的腺泡。到妊娠中期，腺泡渐渐出现分泌腔，腺泡和导管的体积不断增大，逐渐代替脂肪组织和结缔组织，乳房内的神经和血管的数量也显著增多。到了妊娠后期，腺泡的分泌上皮开始具有分泌机能，乳房的结构也达到了活动乳腺的标准状态。

(四)分娩后乳房的变化

妊娠雌畜临产前乳腺泡已经开始分泌初乳。分娩后，乳腺即开始正常的泌乳活动。经过一定时期的泌乳活动后，腺泡的体积又重新逐渐缩小，分泌腔逐渐消失，与腔泡直接相连的细小乳导管也渐渐萎缩，腺组织最后被结缔组织和脂肪组织所代替。于是乳房体积缩小，泌乳活动停止。第二次妊娠时，乳房的腺组织又重新生长发育，并在分娩后开始第二次分泌活动。上述现象表明，乳腺的生长发育呈现明显的周期性变化，这些变化与卵巢的发育和周期性活动以及妊娠过程密切相关。

不同生长时期乳腺的生长发育见图 11-6。

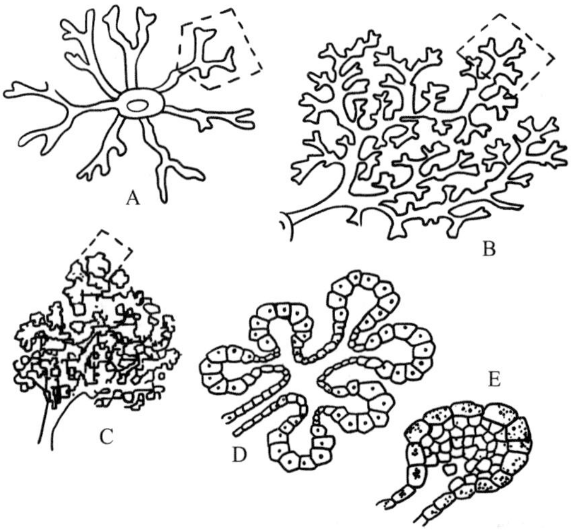

图 11-6　不同生长期乳腺的生长发育

A. 未成年动物的乳腺，只有简单导管由乳头向四周辐射　B. 已成年未孕动物的乳腺，导管系统逐渐增生和扩大　C. 妊娠后的乳腺，末端形成腺泡　D. 腺泡放大　E. 分娩后腺泡上皮分泌乳汁

(五)乳腺发育的调节

乳腺的发育既受内分泌腺活动的控制，又受神经系统的调节。

实验证明，把未达到性成熟的雌畜去势，将引起乳腺发育不全；周期性地把一定量的雌激素注射到已去势的豚鼠和猴等动物体内，可以引起乳腺泡和导管系统的生长发育；而给兔、大鼠和其他大多数动物注射雌激素，只能引起乳腺中导管系统的发育，但不能引起腺泡的生长；如果再周期性地注射孕酮，才能引起腺泡的正常发育。由此可见，雌激素和孕酮参与乳腺发育的调节过程。为促进乳腺的充分发育，除了上述两种激素外，还需要催乳腺素、生长激素、促肾上腺皮质激素及肾上腺皮质激素等多种激素参与调节。例如，在同时切除了大鼠脑垂体、卵巢及肾上腺后，如果能适当地注射雌激素＋孕酮＋生长激素＋催乳激素＋肾上腺皮质激素，可刺激萎缩的乳腺导管系统充分发育达到妊娠后期的程度。

乳腺的正常发育除了受激素调节外还受神经系统的调节与支配。神经系统是通过下丘脑-垂体系统或直接支配乳腺而影响其发育的。实验证明，按摩妊娠雌畜的乳房能增强乳腺的发育和产后的泌乳量；在性成熟前切断母山羊的乳腺神经，则将阻滞乳腺的发育；在妊娠期切断乳腺神经，腺泡发育不良；在泌乳期切断乳腺神经，泌乳量显著降低。

三、乳的分泌

（一）乳的化学成分

乳是乳腺生理活动的产物，乳中含有幼畜生长发育所必需的一切营养成分，是哺乳期幼畜的理想的营养物质。

各种哺乳动物的乳汁都是由水、蛋白质、脂肪、糖、无机盐、酶和维生素等组成。乳中的蛋白质主要为酪蛋白，其次是乳清蛋白和乳球蛋白；乳中的脂肪是油酸、软脂酸和其他低级脂肪酸的甘油三酯，它们形成很小的脂肪球，悬浮于乳汁中；乳中的糖类是乳糖；此外，乳还有少量磷脂及胆固醇等类脂。各种家畜乳的化学成分见表 11-5。

表 11-5　各种家畜乳的化学成分　　%

畜种	干物质	脂肪	蛋白质	乳糖	粗灰分
乳牛	12.8	3.8	3.5	4.8	0.7
水牛	17.8	7.3	4.5	5.2	0.8
绵羊	17.9	6.7	5.8	4.6	0.8
山羊	13.1	4.1	3.5	4.6	0.9
马	11.0	2.0	2.0	6.7	0.3
猪	16.9	5.6	7.1	3.1	1.1
兔	30.5	10.5	15.5	2.0	2.5

母畜分娩后最初 3～5 d 所产乳称为初乳。初乳浓稠，呈淡黄色，稍有咸味。初乳内各种化学成分含量与常乳相差很大，干物质含量较高，超出常乳数倍之多。初乳中含有非常丰富的球蛋白和清蛋白，这些蛋白质能透过初生仔畜肠壁而吸收入血，有利于迅速增加幼畜的血浆蛋白。初乳中含有丰富的抗体，新生幼畜经肠道直接吸收后，可以增强幼畜抗病力。初乳中维生素 A 的含量比常乳约多 10 倍，维生素 D 的含量约多 3 倍。初乳中含有较多的无机盐，尤其含镁盐较多，具有轻泻作用，能促使新生幼畜排出胎便。由此可见，初乳对新生幼畜具有重要的生理意义。

初乳的化学成分是逐日变化的。其中蛋白质和无机盐的含量逐渐减少，但酪蛋白在蛋白质中的比例逐步上升，乳糖含量不断增加，经 6～15 d 逐渐变为常乳（表 11-6）。

表 11-6 奶牛初乳化学成分的逐日变化情况 %

产犊后天数/d	干物质	脂肪	酪蛋白	清蛋白及球蛋白	乳糖	粗灰分
1	25.58	5.4	2.68	12.40	3.34	1.20
2	22.0	5.0	3.65	8.14	3.77	0.93
3	14.55	4.1	2.22	3.02	3.77	0.82
4	13.76	3.4	2.88	1.80	4.46	0.85
5	14.02	4.6	2.47	0.97	4.89	0.80
8	12.48	3.3	2.67	0.58	3.88	0.81
10	12.53	3.4	2.61	0.69	4.74	0.76

(二)乳的生成

乳的生成不仅靠乳腺的活动,也是整个机体参与的生理过程。当乳腺生成乳汁时,需要大量的血液流经乳腺,才能保证供应足够的原料生成乳汁,每天要有 400～500 L 血液流过乳房。乳的生成是在乳腺腺泡和细小乳导管的分泌上皮细胞内进行的,包括复杂的选择性吸收及新物质的合成过程。

1.乳腺的选择性吸收

乳中的球蛋白、酶、激素、维生素、无机盐和某些药物由血液进入乳中,是乳腺的分泌上皮细胞对血浆进行选择性吸收的结果。其中某些物质被乳腺吸收和浓缩,而另一些物质则被完全或部分地阻止从血浆中渗入。

2.乳腺的合成

乳中的蛋白质、脂肪和糖与血浆比较,不仅数量有明显差异,而且性质也不相同。乳汁的某些营养成分是乳腺从血液中吸取原料经过复杂的生化过程合成的。乳腺中进行的合成过程,都是在 ATP 提供能量和酶的参与下完成的。

乳中的主要蛋白质(酪蛋白、β-乳球蛋白和 α-乳清蛋白)是乳腺分泌上皮的合成产物,合成的原料来自血液中的游离氨基酸。氨基酸吸收入上皮细胞后,被细胞游离的或结合的核糖体聚合成小肽,呈溶解状态移行至高尔基体。在高尔基体内,小肽进一步缩合而形成蛋白质。

乳脂几乎完全是甘油三酯,在颗粒性内质网中形成。乳脂受食物脂肪的影响,但母牛并不靠食物脂肪来生成乳脂,因为它能利用糖类和蛋白质来生成乳脂。组成乳脂的脂肪酸是 C_4～C_{18} 饱和脂肪酸及不饱和脂肪酸,经碳链缩合而成。在反刍动物,乙酸盐是合成短链脂肪酸的碳链的主要来源,而在非反刍动物则是葡萄糖。乳脂中的甘油组分主要来自葡萄糖和血液甘油三酯中的甘油。

大约 80%的乳糖来源于血液内葡萄糖,或来源于能迅速转变为葡萄糖的物质。在乳糖合成酶的催化下,一部分葡萄糖先在乳腺内转变为半乳糖,然后再与葡萄糖结合生成乳糖。反刍动物瘤胃发酵产生的低级脂肪酸中,丙酸易被用于合成乳糖。

(三)乳分泌的调节

泌乳期间的泌乳,包括启动泌乳和维持泌乳两个过程。主要通过神经-激素的途径进行调节。

脑垂体前叶的催乳激素在妊娠期间被胎盘和卵巢分泌的大量的雌激素和孕酮所抑制，在分娩以后孕酮水平突然下降，结果催乳激素迅速释放，对乳的生成有强烈的促进作用，于是引起泌乳。

血液中含有一定水平的催乳激素才能维持泌乳。垂体分泌催乳激素是一种反射活动，哺乳或挤乳刺激乳房的感受器，神经冲动到达脑部，兴奋下丘脑的有关中枢，然后通过神经及体液途径解除中枢对垂体前叶催乳激素释放的抑制作用，使催乳激素释放增强，从而维持泌乳。除了催乳激素外，胰岛素、甲状腺素和肾上腺皮质激素等能调节机体的代谢活动，所以对乳的生成也有一定影响。

乳的生成还受大脑皮层的影响，增强大脑皮层兴奋水平可以加强乳的分泌。

四、排乳

乳在乳腺泡的上皮细胞内形成后，连续地分泌入腺泡腔，当乳充满腺泡腔和细小乳导管时，依靠腺泡周围的肌上皮和导管平滑肌的反射性收缩，将乳周期性地转移入乳导管和乳池内。乳腺的全部腺泡腔、导管、乳池构成蓄积乳的容纳系统。乳在容纳系统内逐渐蓄积，刺激压力感受器，反射性地使乳腺肌肉组织的紧张性下降，从而使乳房内压并不明显升高。但当乳腺容纳系统被乳充满到一定程度后，乳汁继续蓄积就使乳房内压升高，以致压迫乳腺中的毛细血管和淋巴管，阻碍乳腺的血液供应，结果使乳的生成减弱。

排乳是一种复杂的反射过程。哺乳刺激母畜乳头的感受器，于是反射性地引起腺泡和细小乳导管周围的肌上皮收缩，腺泡乳就流入导管系统；接着大的乳导管和乳池的平滑肌强烈收缩，乳头括约肌开放，于是乳汁排出体外。排乳后，乳房内压下降，乳的生成增强。牛排乳后最初 34 h，乳的生成最旺盛，以后逐渐减弱。因此，乳的生成过程与乳的排出过程间存在着密切的相互联系又相互制约的关系。

排乳反射是由条件反射和非条件反射所组成的复杂反射。反射的传入神经存在于精索外神经内，初级中枢在脊髓和延髓，基本中枢在间脑的视上核和室旁核，大脑皮层也有相应的代表区。反射的传出神经一部分存在于精索外神经内，另一部分存在于交感神经中。家畜排乳的调节可通过两种途径：①神经调节。当哺乳或挤乳时，刺激乳头区感受器，神经冲动经传入至排乳调节中枢，然后经交感神经传出至乳导管的平滑肌，使其收缩，乳从乳导管排出。②神经-激素性排乳反射。感受器的传入冲动传至间脑的排乳中枢后，刺激视上核和室旁核，引起垂体后叶释放催产素进入血液。催产素使乳腺腺泡和细小导管周围的肌上皮收缩，排出腺泡乳。排乳反射与大脑皮层有密切关系。排乳反射过程中的各个环节都能形成条件反射。排乳反射性调节过程见图 11-7。

异常刺激能抑制排乳反射，从而使乳产量下降。抑制过程可能是通过如下两条途径进行的：①脑较高级中枢阻止垂体后叶释放催产素。②通过交感神经使肾上腺髓质释放肾上腺素，肾上腺素能使乳房的小动脉收缩，因此血流量减少，到达肌上皮细胞的催产素不足，从而影响排出腺泡乳。实验证明，上述两条途径中前者较为重要。

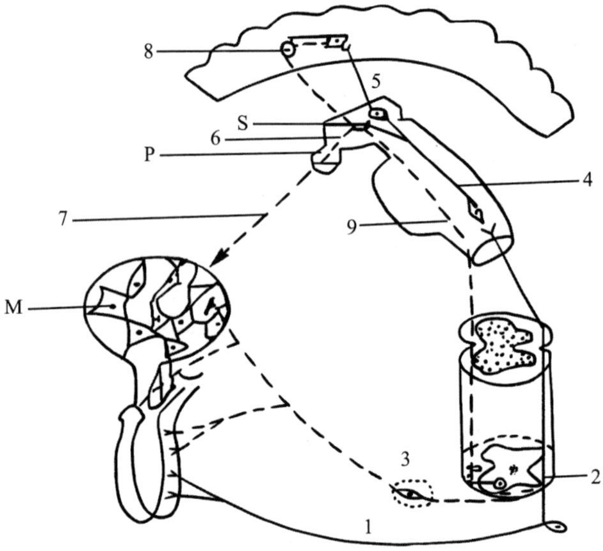

图 11-7　排乳的反射性调节模式图

1. 背根的传入神经　2. 与植物性神经元联系　3. 走向乳腺平滑肌的交感神经元　4. 自脊髓至下丘脑的上行途径　5. 自下丘脑至大脑皮层的途径　6. 视上核-垂体途径　7. 体液作用(催产素)　8. 皮层中枢　9. 自皮层至脊髓的下行途径　P. 垂体后叶　M. 肌上皮　S. 视上核

【拓展与链接】

人工授精技术

家畜的配种方法有两类,即自然交配和人工授精。自然交配是指公、母畜直接交配,畜牧学上又称“本交”。天然放牧的情况下,自然交配的受胎率一般不是很高,也不能够保证所产幼畜的品质。所以,在非放牧条件下的自然交配中,人工辅助交配是一种比较科学的方法。人工授精是指在人为操作的情况下,利用相应的器械采取公畜的精液,经过品质检查和适当处理,再用器械把精液适时输送到发情母畜的生殖器官内,使其妊娠的过程。

人工授精技术是对自然交配的重大突破,现已成为现代畜牧业的重要技术手段之一。它与自然交配相比,具有以下显著的优越性:

1. 提高了优良公畜的利用率

在自然交配的情况下,一头公畜每交配射精一次,只能使一头母畜怀孕,这样优良种公畜的作用就没有发挥出来。应用人工授精技术,一头优良种公畜的一次射精量可以给几头、几十头甚至上百头母畜输精,极大提高了优良种公畜的利用率。

2. 提高母畜的受胎率

人工授精时每次输精都使用经过检查的优质精液,而且选择最适当的时机输精,大大提高了母畜的受胎率。

3. 预防疾病传播

自然交配时,公、母畜的生殖器官直接接触,加之没有任何的清洗消毒措施,极易感染各种疾病。采用人工授精，防止了某些因交配而感染的传染病的传播。

4. 克服杂交改良和配种时的困难

人工授精可以为种间杂交、培育新品种提供技术措施，还可以克服公母畜因体格大小悬殊而不易完成交配的困难。

5. 克服母畜配种的地域限制

通过稀释保存的精液，可运送到不同地理位置的输精网点，或进行国际交流。

6. 作为胚胎移植、同期发情等其他繁殖技术的配套措施

胚胎移植技术的应用，是建立在超数排卵和及时准确的人工授精技术之上的；应用同期发情技术，可以使家畜在相对集中的时间段里发情，如果没有人工授精技术，是很难保证让全部的发情母畜怀孕的。

【复习与思考】

1. 简述睾丸和卵巢的生理功能。

2. 根据母畜的内部和外部变化特点，家畜的正常发情周期分为哪几个时期？各有什么特点？

3. 分娩过程一般分为哪几个阶段？

4. 试述母畜妊娠时的生理变化。

5. 名词解释：性成熟、初情期、发情、发情周期、受精、分娩、初乳。

项目十一复习与思考答案

附　　录

动物生理实验目的、要求和实验室规则

一、实验课的目的

生理是一门实验科学，它建立在实验和观察分析基础之上。生理的发展也离不开实验研究。动物生理实验课的目的是通过实验使学生逐步掌握生理实验的基本操作技术，了解生理实验设计的基本原理和获得生理知识的科学方法，验证某些生理基本理论，帮助学生理解、巩固和掌握部分理论内容。更重要的是通过实验，使学生学会科学的思维方法，提高分析问题和解决问题的能力，培养学生对科学实验的严肃的态度、认真的精神、严谨的工作方法和实事求是的工作作风。

二、实验报告的写作与要求

1. 实验报告的格式

（1）学号、姓名、专业、班级、组别、日期。

（2）实验序号及实验题目。

（3）实验目的。

（4）实验动物及主要器材、药物。

（5）实验方法。参考指导书，扼要描述实验步骤，方法若有变动，另外说明。

（6）实验结果。实验结果是报告的关键。对实验结果的记录可用文字说明、列表、绘图等方式进行，记录要真实、正确、详细。实验中得到的结果数据是原始资料，分为计数和计量两大类。计量的结果应以正确的具体的单位和数值来定量分析，不能只简单地提示。以曲线记录的实验，除应标注说明、做好标记外，要就频率、节律、幅度和基线做出定量分析。有的实验为了比较和分析的方便，可用表格和绘图来表示实验结果。

（7）讨论和结论。讨论和结论是实验报告的核心。讨论是根据已知的理论知识对结果进行解释和分析。要判断实验结果是否为预期的，如果出现非预期的结果，应该考虑和分析其可能的原因，还要指出实验结果的生理意义。实验结论是从实验结果中归纳出来的一般性、概括性的判断，也就是这一实验所能验证的概念、原则或理论的简明总结。在实验结果中未能得到充分证明的理论分析，不要写入结论。

2. 实验报告写作要求

（1）实验报告是对实验结果的总结，也是生理实验课的基本训练之一。不论是示教实验或自己操作的实验，均应独立完成实验报告。

（2）写作时应注意文字简练、通顺，书写清楚、整洁。

（3）实验的讨论和结论的书写是带有创造性的工作，应该严肃认真，不要盲目照抄书本。

三、实验室规则

1.遵守学习纪律

按时到实验室，做到有事请假，不得随意旷课。

2. 实验前

(1)预习实验教材，明确本次实验的目的、方法、步骤和注意事项，充分理解本次实验的意义。仔细阅读实验指导，了解实验目的、要求、操作程序和注意事项。

(2)结合实验内容复习有关理论，做到充分理解。

(3)预测实验的各个步骤应得的结果。

(4)估计实验中可能出现的异常情况及解决办法。

3. 实验中

(1)严格遵守实验室规则，保持安静和良好的课堂秩序，尊重指导老师。

(2)小组成员既要有明确分工，又要注意团结合作。这样既可提高实验的成功率，又能使每个同学都能得到应有的技能训练。

(3)实验用器材在方便使用的基础上，力求整齐、清洁、有条不紊。

(4)对实验仪器及器械采用正确的操作方式，认真填写实验原始记录。

(5)认真、全面和敏锐地观察实验中出现的各种现象；准确、及时、客观地记录结果。在没有获得预期结果时，也应据实记录。整个实验过程都不得敷衍、马虎和主观臆测。不许实验后单凭记忆来描述实验结果。

(6)实验全程要积极主动思考：

①取得了什么结果？②为什么出现这种结果？③这种结果的意义是什么？④出现非预期结果的原因是什么？力求了解每个实验步骤和实验结果的意义。

(7)爱护实验器材，注意节约药品和试剂，尽量避免或减少对动物造成不必要的损伤。

(8)按照实验步骤及操作规程，以严肃认真的态度进行操作，不能随意变更。不得进行与实验无关的活动。

(9)注意安全，严防触电、火灾、中毒、腐蚀或被动物咬伤等事故发生。

4. 实验后

(1)按要求关闭实验仪器，清洁仪器表面。清点实验器材并洗净擦干，交还借用的器械。如有仪器、器械损坏或遗失，要立即报告负责老师。

(2)把实验废弃物品、动物尸体及存活动物分类集中放到指定地点，严禁乱放乱弃。

(3)清洁实验桌(台)，摆齐桌(台)面上物品。

(4)安排值日生搞好实验室清洁卫生，离开实验室前应关好电源、水龙头和门窗。

(5)认真整理、分析实验结果，独立书写实验报告并按时交给负责老师评阅。

(6)实验结束时要对贵重仪器按要求填写使用记录。

动物生理学实验常用手术器械

一、蛙类手术器械

(1)探针　用于破坏脑和脊髓。

(2)粗剪刀　用于剪骨、肌肉、皮肤等较粗硬组织。
(3)眼科剪　用于剪神经、血管等细软组织。
(4)外科镊　用于夹捏组织和牵提切口处的皮肤。
(5)眼科镊　用于夹捏细软组织。
(6)玻璃分针　用于分离神经和血管等。
(7)蛙板　用于固定蛙类。
(8)玻璃板　用于制备神经肌肉标本。

二、哺乳类手术器械

(1)注射器　用于注射药液。
(2)剪毛剪　用于术部剪毛。
(3)手术刀　用于切割皮肤、肌肉和脏器。
(4)止血钳　除用于止血外,有齿的用于提起皮肤,无齿的用于分离皮下组织。
(5)外科镊　用于夹捏较大或较厚的组织,牵拉皮肤切口。
(6)外科剪　用于剪皮肤、皮下组织、肌肉等。
(7)眼科剪　用于剪血管、神经。
(8)眼科镊　用于捏合、分离神经、血管等。
(9)骨钳　用于剪切骨质。
(10)骨剪　用于剪切骨质。
(11)颅骨钻　用于钻孔开颅。
(12)持针钳　用于夹持缝合针。
(13)缝合针、线　用于缝合皮肤、肌肉、脏器等。

实验动物的抓取和固定

在进行实验时,为了不损伤动物的健康,不影响观察指标,并防止被动物咬伤,首先要限制动物的活动,使动物处于安静状态,工作人员必须掌握合理的抓取固定方法。抓取动物前,必须对各种动物的一般习性有所了解。操作时要小心仔细、大胆敏捷、熟练准确,不能粗暴操作,不能恐吓动物,要爱惜动物,使动物少受痛苦。

一、小鼠

小鼠性情较温顺,一般不会咬人,比较容易抓取固定。通常用右手提起小鼠尾巴将其放在鼠笼盖或其他粗糙表面上,在小鼠向前挣扎爬行时,用左手拇指和食指捏住其双耳及颈部皮肤,将小鼠置于左手掌心,无名指和小指夹住其背部皮肤和尾部,即可将小鼠完全固定。在一些特殊的实验中,如进行尾静脉注射时,可使用特殊的固定装置进行固定,如尾静脉注射架或粗的玻璃试管。如要进行手术或心脏采血,应先行麻醉再操作,如进行解剖实验,则必须先行无痛处死后再进行。

二、大鼠

大鼠的门齿很长,在抓取方法不当而受到惊吓或激怒时易将操作者手指咬伤,所以,不要突然袭击式地去抓它,取用时应轻轻抓住其尾巴后提起,置于实验台上,用玻璃钟罩扣住或置于大鼠固定盒内，这样即可进行尾静脉取血或注射。如要进行腹腔注射或灌胃等操作时，实验者应戴上棉纱手套(有经验者也可不戴)，右手轻轻抓住大鼠的尾巴向后拉，但要避免抓其尖端，以防尾巴尖端皮肤脱落，左手抓紧鼠两耳和头颈部的皮肤，并将大鼠固定在左手中，右手即可进行操作。

三、家兔

家兔比较驯服，不会咬人，但脚爪较尖，应避免家兔在挣扎时抓伤皮肤。常用的抓取方法是先轻轻打开笼门，勿使其受惊，随后手伸入笼内，从头前阻拦它跑动。然后一只手抓住兔的颈部皮毛，将兔提起，用另一只手托其臀部，放在实验台上，即可进行采血、注射等操作。

因家兔耳大，故人们常误认为抓其耳可以提起，或有人用手挟住其腰背部提起，均为不正确的操作。

在实验工作中常用兔耳采血、静脉注射等，所以家兔的两耳应尽量保持不受损伤。家兔的固定方法有盒式固定和台式固定。盒式固定适用于采血和耳部血管注射，台式固定适用于测量血压、呼吸和进行手术操作等。

四、豚鼠

豚鼠胆小易惊，抓取时必须稳、准、迅速。先用手掌扣住鼠背，抓住其肩胛上方，将手张开，用手指环握颈部，另一只手托住其臀部，即可轻轻提起、固定。

五、蟾蜍

抓取蟾蜍时，可先在蟾蜍体表包一层湿布，用左手将其腹部贴紧手掌固定，把后肢拉直，并用左手的无名指及小指夹住，前肢可用中指及食指压住，拇指控制其背部。右手即可进行实验操作。抓取蟾蜍时不要挤压两侧耳部突起的毒腺，以免蟾蜍将毒液射到使用者眼睛里。需要长时间固定时，可将蟾蜍麻醉或毁脑脊髓后，用大头针钉在蛙板上。

六、犬

用犬做实验时，为防止其咬伤操作人员，一般先将犬嘴绑住。对驯服的犬，绑嘴时操作人员可从其侧面靠近并轻轻抚摸颈部皮毛，然后迅速用布带绑住犬嘴；对笨犬或未经驯服的犬，先用长柄捕犬夹夹住犬的颈部，将犬按倒在地，再绑嘴。如果实验需要麻醉，可先使犬麻醉后再移去犬夹。当犬麻醉后，要松开绑嘴布带，以免影响呼吸。

生理学实验动物的麻醉方法

一、使用挥发性麻醉药

(一)乙醚、吗啡合并麻醉方法

乙醚麻醉的优点：深度易于掌握，比较安全，麻醉后恢复比较快。缺点：需要专人管理，麻醉初期出现强烈的兴奋现象，对呼吸道有较强的刺激性，需在麻醉前给一定量的吗啡和阿托品(基础麻醉)。通常在麻醉前 20～30 min，皮下注射盐酸吗啡或硫酸吗啡(每千克体重 5～10 mg)及阿托品(每千克体重 0.1 mg)。

(二)氯仿、乙醚合并麻醉方法

氯仿是吸入麻醉药，其麻醉作用比乙醚大，诱导期及兴奋期都极短，吸入气体中含 1%～

2%容量的氯仿即能使动物麻醉，达到外科麻醉期容易，但也易转入延髓麻醉期而危及生命。其麻醉剂量及致死量较为接近，使用时应加以注意。一般与乙醚混合成1∶1或1∶2比例进行麻醉。麻醉方法基本同乙醚。

二、使用非挥发性麻醉药

(一)苯巴比妥钠

该药作用持久，应用方便，在普通麻醉用量下对动物呼吸、血压和其他功能无多大影响。通常在实验前0.5～1 h用药。使用剂量和方法为犬、猫腹腔注射每千克体重80～100 mg，静脉注射每千克体重70～120 mg；家兔腹腔注射每千克体重150～200 mg。

(二)戊巴比妥钠

此药麻醉时间不是很长，一次给药有效时间可延续3～5 h，所以十分适合一般实验要求。给药后对动物循环和呼吸系统无显著抑制作用。用时配成1%～3%生理盐水溶液，配好的药液在常温下放置1～2个月不失药效。静脉或腹腔注射后很快进入麻醉期。使用剂量为：犬、猫、兔静脉注射每千克体重30～35 mg，腹腔注射每千克体重40～45 mg，皮下注射每千克体重40～50 mg；大鼠、小鼠静脉或腹腔注射每千克体重35～50 mg。

(三)氨基甲酸乙酯

此药是比较温和的麻醉药，较安全。多数动物都可以使用，更适合于小动物，一般用于基础麻醉。使用时常配成20%～25%水溶液。犬、猫、兔直肠灌注每千克体重1.5 g，皮下、静脉、腹腔注射每千克体重0.75～1 g。与水合氯醛按1∶1比例合并麻醉效果更好。缺点是该药可致癌，大型动物应用后不可食用。

(四)水合氯醛

此药有臭味、苦味及腐蚀性。其溶解度较小，常配成1%水溶液。使用前先在水浴锅中加热，促其溶解，但加热温度不宜过高，以免影响药效。使用剂量及方法：犬、猫静脉注射每千克体重80～100 mg，腹腔注射每千克体重100～150 mg；兔直肠灌注每千克体重180 mg，静脉注射每千克体重50～75 mg。

以上麻醉药种类虽较多，但对各种动物作用的种类多有所侧重，如做慢性实验的动物常用乙醚吸入麻醉(用吗啡和阿托品做基础麻醉)；一般性动物实验，对犬、猫和大鼠常用戊巴比妥钠麻醉；对家兔和蛙、蟾蜍常用氨基甲酸乙酯；对大鼠和小鼠常用硫喷妥钠或氨基甲酸乙酯麻醉。

三、使用全身麻醉剂的注意事项

(1)麻醉剂的用量，除参照一般标准外，还应考虑个体对药物的耐受性不同，而且体重与所需剂量的关系并不是绝对成正比的。一般来说，衰弱和过胖的动物其单位体重所需剂量较小。在使用麻醉剂过程中，随时检查动物的反应情况，尤其是采用静脉注射时，绝不可将按体重计算出的用量匆忙进行注射。

(2)动物在麻醉期体温容易下降，要采取保温措施。

(3)静脉注射必须缓慢，同时观察肌肉紧张性、角膜反射和对皮肤夹捏的反应，当这些活动明显减弱或消失时，立即停止注射。配制的药液浓度不可过高，以免麻醉过急；但也不能过低，以减少注入溶液的体积。

(4)做慢性实验时，在寒冷的冬季，麻醉剂在注射前应加热至动物体温水平。

四、麻醉过量的处理方法

麻醉过量时，应按过量的程度采取不同的处理方法。如动物呼吸极慢而不规则，但血压和心搏仍正常时，可施行人工呼吸(人工呼吸机)，并给苏醒剂(常用的苏醒剂有咖啡因、苯丙胺、尼克刹米等)。若动物呼吸停止，血压下降，但心搏仍可摸到时，应迅速施行人工呼吸，同时注射50%温热的葡萄糖溶液5～10 mL，并给予肾上腺素和苏醒剂。若动物呼吸停止，心搏极弱或刚停止时，应用5% CO_2 和60% O_2 的混合气体进行人工呼吸，同时注射温热葡萄糖溶液、肾上腺素和苏醒剂，必要时打开胸腔直接按摩心脏。

五、动物局部麻醉方法

(1)普鲁卡因　1%溶液，局部浸润麻醉。

(2)利多卡因　2%溶液，局部浸润麻醉。

(3)的卡因　表面麻醉。

六、实验动物用药量的确定和计算方法

动物实验所用的药物剂量，一般按毫克/千克或克/千克体重计算，应用时须从已知药液的浓度换算出每千克体重应注射的药液量(毫升数)，以便给药。

常用代体液的成分、用途及配制

代体液用于维持离体组织、器官及细胞的正常生命活动。它必须具备下列条件：渗透压与组织液相等；应含有组织、器官维持正常机能所必需的、比例适宜的各种盐类离子；酸碱度应与血浆相同，并具有充分的缓冲能力；应含有氧气和营养物质。

由于研究的目的不同，代体液的组成成分也可变动。生理实验中最常用的代体液有三种：蛙心灌注多用任氏液；哺乳动物的实验多用乐氏液；而哺乳动物的离体小肠实验多用台氏液(表附1)。

这些代体液不宜久置，一般临用时配制。为了方便可事先配好代体液所需的各种成分较浓的基础液(表附2)，使用时按所需量取基础液于量杯中，加蒸馏水到定量刻度即可。

表附1　常用代体液及其成分

药品名称	任氏液	乐氏液	台氏液	生理盐水	
	用于两栖类	用于哺乳类(离体心脏、子宫等)	哺乳类(离体小肠)	两栖类	哺乳类
氯化钠($NaCl$)	6.5 g	9.0 g	8.0 g	6.5 g	9.0 g
氯化钾(KCl)	0.14 g	0.42 g	0.2 g		
氯化钙($CaCl_2$)	0.12 g	0.24 g	0.2 g		
碳酸氢钠($NaHCO_3$)	0.2 g	0.1～0.3 g	1.0 g		
磷酸二氢钠(NaH_2PO_4)	0.01 g	—	0.05 g		
氯化镁($MgCl_2$)	—	—	0.1 g		
葡萄糖	2.0 g(可不加)	1.0 g	1.0 g		
加蒸馏水至	1 000 mL	1 000 mL	1 000 mL	1 000 mL	1 000 mL

表附2　配制代体液所需的基础溶液及所加量

成分	基础溶液浓度/%	任氏液	乐氏液	台氏液
氯化钠(NaCl)	20	32.5 mL	45.0 mL	40.0 mL
氯化钾(KCl)	10	1.4 mL	4.2 mL	2.0 mL
氯化钙($CaCl_2$)	10	1.2 mL	2.4 mL	2.0 mL
碳酸氢钠($NaHCO_3$)	5	4.0 mL	2.0 mL	20.0 mL
磷酸二氢钠(NaH_2PO_4)	1	1.0 mL	—	2.0 mL
氯化镁($MgCl_2$)	5	—	—	2.0 mL
葡萄糖		2.0 g(可不加)	1.0 g	1.0 g
加蒸馏水至		1 000 mL	1 000 mL	1 000 mL

配制生理盐溶液时，容易起反应而沉淀的主要是钙离子，所以氯化钙应最后加。葡萄糖应在临用时加入，加入葡萄糖的溶液不能久置。

实验动物常用麻醉药及使用方法

表附3　实验动物常用麻醉药、使用方法及参考剂量　　mg/kg

药物名称	给药途径	犬	猫	家兔	豚鼠	大鼠	小鼠
戊巴比妥钠	iv	25～35	25～35	25～40	25～30	25～35	25～70
	ip	25～35	25～40	35～40	15～30	30～40	40～70
	im	30～40					
苯巴比妥钠	iv	80～100	80～100	100～160			
	ip	80～100	80～100	150～200			
硫喷妥钠	iv	20～30	20～30	30～40	20	20～50	25～35
	ip		50～60	60～80			
氯醛糖	iv	100	50～70	60～80		50	50
	ip	100	60～90	80～100		60	60
氨基甲酸乙酯(乌拉坦)	iv	100～2 000	2 000	1 000	1 500		
	ip	100～2 000	2 000	1 000	1 500	1 250	1 250
氨基甲酸乙酯＋氯醛糖	iv			400～500＋40～50			
	ip					100＋10	100＋10
水合氯醛	iv	100～150	100～150	50～70(慢)			
	ip				400	400	400

注：iv为静脉注射；ip为腹腔注射；im为肌内注射。

常用实验动物一般生理常数表

表附4 常用实验动物一般生理常数参考值

动物种类	体温/℃	呼吸频率/(次/min)	潮气量/mL	心率/(次/min)	平均动脉压/(kPa)	总血量(占体重百分比)/%
家兔	38.5～39.5	10～15	19.0～24.5	123～304	13.3～17.3	5.6
犬	37.0～39.0	10～13	250～430	100～130	16.1～18.6	7.8
猫	38.0～39.5	10～25	20～42	110～140	16.0～20.0	7.2
豚鼠	37.8～39.5	66～114	1.0～4.0	260～400	10.0～16.1	5.8
大鼠	38.5～39.5	100～150	1.5	261～600	13.3～16.1	6.0
小鼠	37.0～39.0	136～230	0.1～0.23	328～780	12.6～16.6	7.8
鸡	40.6～43.0	22～25		178～458	16.0～20.0	
蟾蜍		不定		36～70		5.0
青蛙		不定		36～70		5.0

参考文献

1. 陈杰. 家畜生理学. 4版. 北京:中国农业出版社,2003.
2. 陈克敏. 实验生理科学教程. 北京:科学出版社,2001.
3. 陈守良. 动物生理学. 4版. 北京:北京大学出版社,2012.
4. 范少光,汤浩,潘伟丰. 人体生理学. 2版. 北京:北京医科大学出版社,2000.
5. 高建新. 生理学实验指导. 北京:人民卫生出版社,1999.
6. 胡还忠. 医学机能学实验教程. 北京:科学出版社,2002.
7. 滑静. 动物生理学. 2版. 北京:化学工业出版社,2018.
8. 刘玲爱. 生理学. 5版. 北京:人民卫生出版社,2004.
9. 刘宗柱. 动物生理学. 武汉:华中科技大学出版社,2015.
10. 吕永智,张福寿. 动物生理. 重庆:重庆大学出版社,2017.
11. 马恒东. 生理学实验教程. 成都:四川科技出版社,2004.
12. 曲强. 动物生理. 2版. 北京:中国农业大学出版社,2020.
13. 沈岳良. 现代生理学实验教程. 北京:科学出版社,2002.
14. 孙敬方. 动物实验方法学. 北京:人民卫生出版社,2001.
15. 徐睿. 动物生理实训教程. 武汉:武汉大学出版社,2016.
16. 徐淑云,卞如濂,陈修. 药理实验方法学. 3版. 北京:人民卫生出版社,2001.
17. 杨秀平,肖向红. 动物生理学. 北京:高等教育出版社,2016.
18. 姚泰. 生理学. 6版. 北京:人民卫生出版社,2005.
19. 张庆茹,王春光. 家畜生理学实验指导. 北京:中国教育文化出版社,2006.
20. 张庆茹. 动物生理学. 北京:中国农业出版社,2010.
21. 张玉生. 动物生理学. 长春:吉林人民出版社,2000.
22. 赵茹茜. 动物生理学. 6版. 北京:中国农业出版社,2020.